AF567873

Git und SAP®

SAP PRESS ist eine gemeinschaftliche Initiative von SAP SE und der Rheinwerk Verlag GmbH. Unser Ziel ist es, Ihnen als Anwendern qualifiziertes SAP-Wissen zur Verfügung zu stellen. SAP PRESS vereint das Know-how der SAP und die verlegerische Kompetenz von Rheinwerk. Die Bücher bieten Ihnen Expertenwissen zu technischen wie auch zu betriebswirtschaftlichen SAP-Themen.

Damit Sie nach weiteren Titeln Ihres Interessengebiets nicht lange suchen müssen, haben wir eine kleine Auswahl zusammengestellt.

Bernd Öggl, Michael Kofler
Git
Projektverwaltung für Entwickler und DevOps-Teams
423 Seiten, 2. Auflage 2022, gebunden
ISBN 978-3-8362-8845-3
www.sap-press.de/5478

Baumbusch et al.
ABAP RESTful Application Programming Model
Das umfassende Handbuch
558 Seiten, 1. Auflage 2022, gebunden
ISBN 978-3-8362-8685-5
www.sap-press.de/5412

Klaus Kopecz
Anwendungsentwicklung auf der SAP Cloud Platform
423 Seiten, 1. Auflage 2021, gebunden
ISBN 978-3-8362-7651-1
www.sap-press.de/5110

Häuptle et al.
Clean ABAP
398 Seiten, 1. Auflage 2022, gebunden
ISBN 978-3-8362-8659-6
www.sap-press.de/5403

Rene Glavanovits, Martin Koch, Daniel Krancz,
Maximilian Olzinger

Git und SAP®

Versionsverwaltung und Transporte

Liebe Leserin, lieber Leser,

vielen Dank, dass Sie sich für ein Buch von SAP PRESS entschieden haben.

Würde Git nicht existieren, müsste man es glatt erfinden. Bereits seit 2005 feiert das verteilte Versionsverwaltungssystem seinen Siegeszug im Open-Source-Bereich und darüber hinaus. Git erlaubt es Entwicklungsteams, nicht-linear und äußerst effizient gemeinsam an Projekten zu arbeiten. Doch Git und SAP? Das galt lange als schwierig, zumal SAP mit der SAP NetWeaver Development Infrastructure eine eigene Umgebung bot, die speziell auf die Anforderungen im SAP-Kontext zugeschnitten war. Doch Zeiten ändern sich, und Git setzt sich auch in der SAP-Welt immer mehr durch.

In diesem Buch zeigen Ihnen die Autoren, wie Sie Git erfolgreich für Ihre Entwicklungsarbeit nutzen können. Sie erhalten eine Einführung in die allgemeinen Grundlagen der Versionsverwaltung und die Funktionen von Git. Anhand vieler Beispiele erfahren Sie, wie Sie die Git-Funktionen bei der Entwicklung und Bereitstellung von ABAP-, SAPUI5-, SAP-HANA- und Cloud-Anwendungen einsetzen und wie die Implementierung von CI/CD-Prozessen aussehen kann. Sie werden nicht mehr anders arbeiten wollen!

Wir freuen uns stets über Lob, aber auch über kritische Anmerkungen, die uns helfen, unsere Bücher zu verbessern. Scheuen Sie sich nicht, sich bei mir zu melden; Ihr Feedback ist jederzeit willkommen.

Ihre Simone Bechtold
Lektorat SAP PRESS

simone.bechtold@rheinwerk-verlag.de
www.rheinwerk-verlag.de
Rheinwerk Verlag · Rheinwerkallee 4 · 53227 Bonn

Auf einen Blick

1 Einführung in Git ... 17

2 Technische Grundlagen ... 45

3 Deployment-Optionen und Anbieter von Git-Clients ... 103

4 Git in der SAPUI5-Entwicklung ... 149

5 Git in der ABAP-Entwicklung ... 177

6 Git in der Cloud-Entwicklung ... 217

7 Git in der SAP-HANA-Entwicklung ... 241

8 Continuous Delivery und Continuous Integration ... 271

Wir hoffen, dass Sie Freude an diesem Buch haben und sich Ihre Erwartungen erfüllen. Ihre Anregungen und Kommentare sind uns jederzeit willkommen. Bitte bewerten Sie doch das Buch auf unserer Website unter **www.rheinwerk-verlag.de/feedback**.

An diesem Buch haben viele mitgewirkt, insbesondere:

Lektorat Simone Bechtold
Korrektorat Monika Klarl, Köln
Herstellung Nadine Preyl
Typografie und Layout Vera Brauner
Einbandgestaltung Julia Schuster
Satz Typographie & Computer, Krefeld, gesetzt aus der TheAntiquaB (9,35/13,7 pt) in FrameMaker
Druck Beltz Grafische Betriebe GmbH, Bad Langensalza

Dieses Buch wurde mit mineralölfreien Farben auf chlorfrei gebleichtem und FSC®-zertifiziertem Offsetpapier (90 g/m²) gedruckt.

Der Umwelt zuliebe wurde es ohne Folienkaschierung hergestellt und auf die Einschweißfolie wurde verzichtet.

Hergestellt in Deutschland.

Das vorliegende Werk ist in all seinen Teilen urheberrechtlich geschützt. Alle Rechte vorbehalten, insbesondere das Recht der Übersetzung, des Vortrags, der Reproduktion, der Vervielfältigung auf fotomechanischen oder anderen Wegen und der Speicherung in elektronischen Medien.

Ungeachtet der Sorgfalt, die auf die Erstellung von Text, Abbildungen und Programmen verwendet wurde, können weder Verlag noch Autor*innen, Herausgeber*innen oder Übersetzer*innen für mögliche Fehler und deren Folgen eine juristische Verantwortung oder irgendeine Haftung übernehmen.

Die in diesem Werk wiedergegebenen Gebrauchsnamen, Handelsnamen, Warenbezeichnungen usw. können auch ohne besondere Kennzeichnung Marken sein und als solche den gesetzlichen Bestimmungen unterliegen.

Sämtliche in diesem Werk abgedruckten Bildschirmabzüge unterliegen dem Urheberrecht © der SAP SE, Dietmar-Hopp-Allee 16, 69190 Walldorf.

SAP, ABAP, ASAP, Concur Hipmunk, Duet, Duet Enterprise, Expenselt, SAP ActiveAttention, SAP Adaptive Server Enterprise, SAP Advantage Database Server, SAP ArchiveLink, SAP Ariba, SAP Business ByDesign, SAP Business Explorer (SAP BEx), SAP BusinessObjects, SAP BusinessObjects Explorer, SAP BusinessObjects Web Intelligence, SAP Business One, SAP Business Workflow, SAP BW/4HANA, SAP C/4HANA, SAP Concur, SAP Crystal Reports, SAP EarlyWatch, SAP Fieldglass, SAP Fiori, SAP Global Trade Services (SAP GTS), SAP GoingLive, SAP HANA, SAP Jam, SAP Leonardo, SAP Lumira, SAP MaxDB, SAP NetWeaver, SAP PartnerEdge, SAPPHIRE NOW, SAP PowerBuilder, SAP PowerDesigner, SAP R/2, SAP R/3, SAP Replication Server, SAP Roambi, SAP S/4HANA, SAP S/4HANA Cloud, SAP SQL Anywhere, SAP Strategic Enterprise Management (SAP SEM), SAP SuccessFactors, SAP Vora, Triplt, Qualtrics sind Marken oder eingetragene Marken der SAP SE, Walldorf.

Bibliografische Information der Deutschen Nationalbibliothek:
Die Deutsche Nationalbibliothek verzeichnet diese Publikation in der Deutschen Nationalbibliografie; detaillierte bibliografische Daten sind im Internet über *http://dnb.dnb.de* abrufbar.

ISBN 978-3-8362-8850-7

1. Auflage 2022
© Rheinwerk Verlag, Bonn 2022

Informationen zu unserem Verlag und Kontaktmöglichkeiten finden Sie auf unserer Verlagswebsite **www.rheinwerk-verlag.de**. Dort können Sie sich auch umfassend über unser aktuelles Programm informieren und unsere Bücher und E-Books bestellen.

Inhalt

Einführung 13

1 Einführung in Git 17

1.1 Herkunft von Git 18

1.2 Vergleich mit anderen Versionsverwaltungssystemen 19

1.2.1 Gängige Versionskontrollbegriffe 21
1.2.2 Perforce 21
1.2.3 CVS 23
1.2.4 Subversion 24
1.2.5 Mercurial 25

1.3 Verteilte Entwicklung mit Git 26

1.3.1 Zentralisierter Workflow 26
1.3.2 Integration Manager Workflow 27

1.4 Git im SAP-Umfeld 28

1.4.1 Versionskontrolle im SAP-NetWeaver-ABAP-Umfeld 28
1.4.2 SAP-Java-Entwicklung 32
1.4.3 SAP-HANA-Entwicklung 33
1.4.4 SAPUI5- und SAP-Fiori-Entwicklung 35

1.5 Git in DevOps-Projekten 38

1.6 Zusammenfassung 44

2 Technische Grundlagen 45

2.1 Lokales und Remote-Repository 46

2.1.1 Fork 50
2.1.2 Branches 50

2.2 Die wichtigsten Git-Befehle 53

2.2.1 Commit 54
2.2.2 Clone 57
2.2.3 Fetch 58
2.2.4 Merge 60

2.2.5 Checkout ... 61
2.2.6 Push ... 62
2.2.7 Pull ... 63
2.2.8 Rebase ... 64

2.3 Git-CLI ... 70

2.4 Das Arbeiten mit dem Git-CLI ... 73
2.4.1 Ein lokales Repository erstellen ... 73
2.4.2 Der erste Commit ... 75
2.4.3 Einen neuen Branch erstellen ... 79
2.4.4 Einen Branch löschen ... 81
2.4.5 Zwei Branches zusammenführen ... 83
2.4.6 Ein Remote-Repository anbinden ... 92

2.5 Konflikte lösen ... 95

2.6 Weitere hilfreiche Befehle ... 99
2.6.1 Tags ... 99
2.6.2 Cherry-Pick ... 100
2.6.3 Stash ... 101
2.6.4 Blame ... 101
2.6.5 Switch ... 101
2.6.6 Revert ... 102
2.6.7 Reset ... 102

3 Deployment-Optionen und Anbieter von Git-Clients 103

3.1 Cloud- oder On-Premise-Deployment ... 104
3.1.1 Cloudbasierte Git-Repositorys ... 104
3.1.2 On-Premise-basierte Git-Repositorys ... 107
3.1.3 Entscheidungshilfe Cloud vs. on-premise ... 109

3.2 SAP Git Service in der Neo-Umgebung ... 110
3.2.1 Was ist der SAP Git Service? ... 110
3.2.2 Technische Details des SAP Git Service ... 111
3.2.3 Vor- und Nachteile des SAP Git Service ... 115
3.2.4 Anlegen eines Repositorys ... 116
3.2.5 Abschließende Worte ... 120

3.3 GitHub ... 121
3.3.1 Was ist GitHub? ... 121
3.3.2 Technische Details zu GitHub ... 122

3.3.3 Anlegen eines Repositorys ... 124
3.3.4 Erstellen eines Security Tokens ... 127
3.3.5 Abschließende Worte ... 128

3.4 Bitbucket ... 129
3.4.1 Was ist Bitbucket? ... 129
3.4.2 Technische Details zu Bitbucket ... 130
3.4.3 Anlegen eines Repositorys ... 132
3.4.4 Abschließende Worte ... 134

3.5 GitLab ... 134
3.5.1 Was ist GitLab? ... 135
3.5.2 Technische Details zu GitLab ... 136
3.5.3 Anlegen eines Repositorys ... 138
3.5.4 Abschließende Worte ... 140

3.6 Ein On-Premise-Git-Repository über den Cloud Connector an die SAP BTP anbinden ... 140
3.6.1 Cloud Connector einrichten ... 141
3.6.2 SAP BTP konfigurieren ... 144
3.6.3 Repository in der SAP Web IDE klonen ... 146

4 Git in der SAPUI5-Entwicklung 149

4.1 Erstellen eines Git-Repositorys ... 150
4.2 Einbindung in die SAP Web IDE ... 152
4.3 Einbindung in SAP Business Application Studio ... 160
4.3.1 Git History ... 165
4.3.2 GitLens ... 166
4.4 Einbindung in Visual Studio Code ... 169

5 Git in der ABAP-Entwicklung 177

5.1 abapGit ... 177
5.1.1 Installation ... 181
5.1.2 SSL-Konfiguration ... 184
5.1.3 Allgemeine Einstellungen ... 186
5.1.4 Benutzerspezifische Einstellungen ... 189
5.1.5 Repository klonen ... 191

5.1.6 Bestehende Pakete in Git überführen ... 195
5.1.7 Mit Branches arbeiten ... 198
5.1.8 Verwendung fortgeschrittener Git-Befehle ... 204

5.2 Einbindung in Eclipse ... 207
5.2.1 Installation der ABAP Development Tools ... 207
5.2.2 Verbindung mit einem SAP-System ... 210
5.2.3 abapGit Repositories ADT-Plug-In installieren ... 211
5.2.4 abapGit-Repositorys in Eclipse ... 213
5.2.5 abapGit Staging in Eclipse ... 215

6 Git in der Cloud-Entwicklung 217

6.1 Einführung in das SAP Cloud Application Programming Model 218

6.2 Einbindung in SAP Business Application Studio ... 220
6.2.1 Feature-Branch und Main-Branch zusammenführen ... 227
6.2.2 Übersicht in GitLens ... 229

6.3 Einbindung in Visual Studio Code ... 230

7 Git in der SAP-HANA-Entwicklung 241

7.1 Einführung in SAP HANA XSA ... 241

7.2 Einbindung in die SAP Web IDE für SAP HANA ... 243

7.3 Einbindung in SAP Business Application Studio ... 258

8 Continuous Delivery und Continuous Integration 271

8.1 Einführung ... 271
8.1.1 Continuous Integration ... 276
8.1.2 Continuous Delivery und Continuous Deployment ... 283

8.2 SAP Continuous Integration and Delivery ... 285
8.2.1 Einführung ... 285
8.2.2 Pipelines ... 291

8.3 Integration mit weiteren Tools 311
8.3.1 Apache Jenkins 311
8.3.2 Azure DevOps 313
8.4 Zusammenfassung 328

Anhang 331

A Die wichtigsten Git-Befehle 331

Die Autoren 335
Index 337

Einführung

Im SAP-Umfeld war Git lange Zeit nicht von Bedeutung. SAP hatte mit der SAP NetWeaver Development Infrastructure ein eigenes Produkt, das auf die Anforderungen an die Softwareerstellung und Versionierung im SAP-Umfeld ausgelegt war. Die SAP NetWeaver Development Infrastructure ist aber sehr schwergewichtig und in der modernen Entwicklung nicht mehr state-of-the-art. Git ist zwar kein vollwertiger Ersatz für die SAP NetWeaver Development Infrastructure, stellt jedoch im Bereich der Verwaltung und Versionierung von Entwicklungen eine leichtgewichtige Alternative dar. Git ist der De-facto-Standard der modernen Softwareentwicklung. In diesem Buch zeigen wir Ihnen, dass SAP und Git nicht widersprüchlich, sondern eine fast perfekte Kombination sind.

Aufbau des Buches

Grundlagen

In **Kapitel 1**, »Einführung in Git«, erfahren Sie Wissenswertes über die Wurzeln von Git, die in der Linux-Entwicklung liegen. Die Linux-Entwicklung ist ein Best-Practices-Beispiel für eine global verteilte Entwicklung. Sie erfahren, was Git von anderen Quellcode-Management-Systemen unterscheidet und warum Git im SAP-Umfeld mittlerweile verstärkt eingesetzt wird. Es kann seine Stärken in der verteilten Entwicklung ausspielen und eignet sich auch für Continuous-Integration- und Continuous-Delivery-Projektmethoden, auf die in diesem Kapitel ebenfalls eingegangen wird.

In **Kapitel 2**, »Technische Grundlagen«, wird ausführlich auf die technischen Grundlagen von Git eingegangen. Git ist ein mächtiges Werkzeug, auf das Sie mit vielen grafischen Benutzeroberflächen zugreifen können. Doch auch die Verwendung dieser Benutzeroberflächen erfordert grundlegende Kenntnisse der dahinterliegenden Technologie. In diesem Kapitel erfahren Sie zunächst, wie das Git Command Line Interface (CLI) auf verschiedenen Plattformen installiert werden kann, um darüber Befehle abzusetzen. Im Anschluss erklären wir Ihnen das Zusammenspiel von lokalen und Remote-Repositorys und führen Sie in das Konzept der Branches ein. Es wird umfassend auf die wichtigen Git-Befehle `Commit`, `Merge`, `Stash` und `Rebase` eingegangen, die in der täglichen Arbeit mit Git permanent benötigt werden. Das Auflösen von Konflikten stellt Entwicklerinnen und Entwickler häufig vor Probleme. Daher möchten wir an dieser Stelle auch darauf ausführlich eingehen.

In **Kapitel 3**, »Deployment-Optionen und Anbieter von Git-Clients«, beleuchten wir die verschiedenen Deployment-Optionen und stellen verschiedene Anbieter von Git-Clients vor. Ein Teaser vorweg: Git verfolgt einen agnostischen Ansatz, der unabhängig von den Produkten bestimmter Hersteller ist. Git kann z. B. lokal im Netzwerk des Entwicklers oder der Entwicklerin laufen, um ein On-Premise-Repository bereitzustellen. Es kann aber auch als Public Repository in der Cloud verwendet werden. Es gibt eine Vielzahl an Anbietern: Die im SAP-Kontext am weitesten verbreiteten Anbieter stellen wir Ihnen in diesem Kapitel vor. SAP spricht hier keine Empfehlung aus. Daher heben wir die Unterschiede heraus. Des Weiteren wird auf die mit den jeweiligen Tools ausgelieferten grafischen Clients eingegangen. Abschließend sehen Sie, wie ein On-Premise-Repository über den Cloud Connector sicher an die SAP BTP angebunden wird.

Einsatzszenarien

Da Sie nach der Lektüre der ersten drei Kapitel mit allen wichtigen Grundlagen ausgestattet sind, geht es in den folgenden Kapiteln an die unterschiedlichen Einsatzszenarien von Git im SAP-Kontext. In **Kapitel 4**, »Git in der SAPUI5-Entwicklung«, starten wir mit dem aktuell prominentesten Szenario, der SAPUI5- und der SAP-Fiori-Entwicklung. Die SAPUI5-Entwicklung kann in verschiedenen Entwicklerwerkzeugen (auch *Integrated Development Environment*, IDE) erfolgen. Jedes Werkzeug hat seine Vor- und Nachteile und bringt jeweils eigene integrierte Git-Clients mit. In diesem Kapitel erlernen Sie, wie Git in der Cloud auf Basis der SAP Web IDE und von SAP Business Application Studio angewendet wird. Auch die lokale Entwicklung in Visual Studio Code wird in diesem Kapitel beleuchtet. Damit sind Sie für alle Eventualitäten gerüstet.

Die Programmiersprache ABAP ist aus unserer Sicht einer der Erfolgsfaktoren von SAP. Für Git im ABAP-Kontext gab es aufgrund der in die ABAP Workbench integrierte Versionsverwaltung lange keine Daseinsberechtigung. Doch auch an dieser Front hat sich mit abapGit einiges getan. In **Kapitel 5**, »Git in der ABAP-Entwicklung«, stellen wir Ihnen abapGit, einen Git-Client für ABAP vor. Sie lernen hier, wie die Installation und Konfiguration erfolgt. Danach gehen wir auf die Verwendung von abapGit aus Eclipse auf Basis der ABAP Development Tools für Eclipse ein. Eclipse eignet sich für die klassische Entwicklung von On-Premise-Anwendungen auf Basis des SAP GUI, aber auch ABAP-Cloud-Entwicklerinnen und -Entwickler können Eclipse für ihre Entwicklungen auf Basis des ABAP-RESTful-Programmiermodells verwenden.

SAP bietet mit der SAP Business Technology Platform (SAP BTP) ein Platform-as-a-Service-Angebot in der Cloud an. Für Cloud-Entwicklungen wird neben ABAP auch massiv auf das SAP Cloud Application Programming Model gesetzt. Hierbei handelt es sich um ein mächtiges Programmiermodell, mit dem der Aufwand in der Entwicklung, verglichen mit anderen Technologien und Frameworks, massiv reduziert wird. In **Kapitel 6**, »Git in der Cloud-Entwicklung«, erhalten Sie eine kompakte Einführung in das SAP Cloud Application Programming Model. Danach widmen wir uns den Entwicklungswerkzeugen: Zuerst wird SAP Business Application Studio im Kontext des SAP Cloud Application Programming Models beleuchtet. Danach gehen wir auf die lokale Entwicklung in Visual Studio Code ein. An dieser Stelle gibt es einige Überschneidungen mit Kapitel 4, Sie werden hier aber zusätzliche Kniffe rund um die Verwendung der Git-Clients kennenlernen, die zuvor nicht abgedeckt wurden.

SAP HANA ist die Grundlage für die Zukunft von SAP. Dies gilt sowohl für die Cloud als auch für On-Premise-Landschaften. Auch in der SAP-HANA-Entwicklung führt kein Weg mehr an Git vorbei. Daher stellen wir in **Kapitel 7**, »Git in der SAP-HANA-Entwicklung«, Git im Kontext der SAP-HANA-Entwicklung vor. Die Einsatzmöglichkeiten von Git liegen üblicherweise in der Entwicklung nativer Anwendungen auf der Basis von SAP HANA. Die Entwicklung findet in der On-Premise-Landschaft in der SAP Web IDE bzw. in der Cloud in SAP Business Application Studio statt.

CI/CD

In **Kapitel 8**, »Continuous Delivery und Continuous Integration«, stellen wir mit Continuous Delivery und Continuous Integration (CI/CD) den »heiligen Gral« der modernen und agilen Softwareentwicklung vor. Bei *Continuous Delivery* und *Continuous Integration* handelt es sich um eine Methode, um Kunden oder Auftraggebern in regelmäßigen Intervallen Entwicklungsergebnisse bereitzustellen und alle Phasen der Anwendungsentwicklung zu automatisieren. Dabei spielt die Anwendung von Git eine entscheidende Rolle. In diesem Kapitel führen wir in die drei Hauptkonzepte Continuous Integration, Continuous Delivery und Continuous Deployment ein. Anhand von Beispielen lernen Sie, wie Sie CI/CD im SAP-Umfeld für die Entwicklung mit dem SAP Cloud Application Programming Model und für die SAP-Fiori-Entwicklung einsetzen können. Außerdem lernen Sie gängige Tools wie Apache Jenkins und Microsoft Azure DevOps sowie den Service SAP Continuous Integration and Delivery kennen.

Zielgruppe des Buches

Dieses Werk richtet sich an Entwickler*innen, Administrator*innen und Architekt*innen im SAP-Umfeld – sowohl in der klassischen On-Premise-Welt als auch in der Cloud. Entwickler*innen lernen die Werkzeuge für SAPUI5, SAP Fiori, SAP HANA, ABAP, RAP und CAP kennen; sie benötigen keinerlei Vorkenntnisse.

Wir empfehlen Ihnen, bei der Lektüre dieses Werkes mit Kapitel 1 und Kapitel 2 zu starten. Sollten Sie bereits Erfahrung in der Anwendung von Git haben, können Sie beide Kapitel überspringen. Die in Kapitel 3 vorgestellten Deployment-Optionen und Git-Clients sind für Entwickler*innen zwar »nice to know«, für die Verwendung von Git aber nicht zwingend erforderlich. Sollten Sie jedoch eine Administratoren- oder Architektenrolle einnehmen, führt für Sie kein Weg an Kapitel 3 vorbei. Wenn Sie ausschließlich an der Verwendung von Git in diversen SAP-Entwicklerwerkzeugen und Technologien interessiert sind, empfehlen wir Ihnen, abhängig von der gewünschten Technologie, Kapitel 4, Kapitel 5, Kapitel 6 und Kapitel 7 ausführlich zu lesen. Kapitel 8 dürfte allen voran Administrator*innen interessieren, die auf DevOps setzen und sich mit Continuous Delivery und Continuous Integration beschäftigen.

Informationskästen

Um Sie auf wichtige Informationen hinzuweisen und Ihnen so die Arbeit mit diesem Buch zu erleichtern, verwenden wir im Text die folgenden Symbole:

[+] Kästen mit diesem Symbol geben Ihnen Empfehlungen zu Einstellungen oder Tipps aus der Berufspraxis.

[!] Mit diesem Icon haben wir Warnungen oder mögliche Fallen gekennzeichnet.

[»] Mit diesem Symbol haben wir zusätzliche, tiefer gehende Informationen gekennzeichnet.

Zusammenfassend haben wir versucht, ein möglichst rundes und vollständiges Bild der Verwendung von Git im SAP-Umfeld zu zeichnen. Wir danken Ihnen für das Interesse an unserem Buch und wünschen Ihnen viel Vergnügen bei der Lektüre.

Kapitel 1
Einführung in Git

Git ist aus der modernen Softwareentwicklung nicht mehr wegzudenken. Die Entwicklung in verteilten Teams jeglicher Größe lässt sich mit diesem Werkzeug problemlos umsetzen.

»Warum soll ich mich um die Versionskontrolle kümmern?«, ist eine häufig gestellte Frage unter den Softwareentwicklerinnen und Entwicklern, die sich sehr einfach beantworten lässt: Sobald sie erstmalig einen größeren Fehler in einen Ihrer Quellcodes eingebaut und diesen unzureichend getestet produktiv gesetzt haben, werden sie sich nichts mehr als eine Versionskontrolle wünschen. Die *Versionskontrolle* ist ein System, das Änderungen an Dateien chronologisch aufzeichnet und es dadurch ermöglicht, historische Versionen jederzeit abzurufen.

Viele Entwickler*innen starten ihre Karriere damit, dass sie sich lokale Verzeichnisstrukturen aufbauen und dort Backups bzw. Versionen ihrer Entwicklungen ablegen. Sobald die Softwareentwicklung in Teams stattfindet, ist dieser Ansatz aber nicht mehr valide, und es werden strukturierte Vorgehensweisen und Werkzeuge benötigt, die das jeweilige Team dabei unterstützen. Dieses Buch handelt von *Git*, dem am meisten verbreiteten Werkzeug in diesem Umfeld.

In diesem Kapitel zeigen wir Ihnen in Abschnitt 1.1, »Herkunft von Git«, warum und wie Git aus der Not heraus entstand. Danach ziehen wir in Abschnitt 1.2, »Vergleich mit anderen Versionsverwaltungssystemen«, einen Vergleich mit anderen populären Werkzeugen wie Perforce, Concurrent Versioning System, Subversion und Mercurial, um die Vorteile der Verwendung von Git zu unterstreichen. In Abschnitt 1.3, »Verteilte Entwicklung mit Git«, gehen wir auf die verteilte Entwicklung und die möglichen Workflows ein. Besonders spannend wird es in Abschnitt 1.4, »Git im SAP-Umfeld«. Dort lernen Sie die Einsatzszenarien von Git in der SAP-Welt kennen. Sie werden überrascht sein, welchen Stellenwert Git für SAP-Entwickler*innen mittlerweile einnimmt. Dabei spielt es keine Rolle, ob Sie in der klassischen ABAP-Welt oder in der Cloud unterwegs sind. Abschließend führen wir Sie in Abschnitt 1.5, »Git in DevOps-Projekten«, in die Rolle von Git in DevOps ein.

1.1 Herkunft von Git

Geschichte

Git hat seinen Ursprung in der Linux-Entwicklung und wurde aus der Not heraus vom Linux-Schöpfer und -Mastermind Linus Torvalds entwickelt. Bis zu diesem Zeitpunkt setzten die Kernel-Entwicklerinnen und -Entwickler für die Verwaltung ihrer Quellcodes auf das Versionsverwaltungssystem *BitKeeper*. Nachdem die Lizenz von BitKeeper geändert worden war, war eine kostenlose Nutzung nicht länger möglich. Ein anderes, zu diesem Zeitpunkt populäres Source-Code-Management-System namens *Subversion* konnte die hohen Anforderungen für den Releaseprozess von Linux nicht abdecken. Das war die Geburtsstunde von Git. Linus Torvalds, zum damaligen Zeitpunkt Linux-Chefentwickler, hat seine Arbeit zur Seite gelegt und innerhalb von nur zwei Wochen das Grundgerüst für Git programmiert. Damit hatte er im Jahr 2005 ein in der Funktionsweise vollkommen neuartiges Source-Code-Management-System von Grund auf neu entwickelt. *Git* ist entgegen vielen Vermutungen keine Abkürzung. Der Name steht aber sinngemäß für »Blödmann« bzw. »Depp«, wie man bei uns in Österreich zu sagen pflegt.

Der Fokus von Git lag initial darin, die Funktionen der Linux-Kernel-Entwicklung abzudecken. Doch auch andere Entwicklerinnen und Entwickler waren mit ähnlichen Problemen konfrontiert und fanden in Git eine passende Lösung. Eine Zielsetzung von Git ist es, eine verteilte Entwicklung zu ermöglichen, die auch offline durchgeführt werden kann.

GitHub und GitLab

Außerhalb der Linux-Kernel-Entwicklung hat vor allem der Hosting-Dienst *GitHub*, der im Jahr 2008 gestartet wurde, wesentlich zum Erfolg beigetragen – aber auch *GitLab* hat als Hosting-Dienst maßgeblich dazu beigetragen. Dass gerade der zentralistische Ansatz von Hosting-Diensten das Fundament des Erfolgs ist, hatte Linus Torvalds wohl nicht geplant. Sein Ziel war es lediglich, ein dezentrales Versionsverwaltungssystem zu designen. GitHub hat es innerhalb kurzer Zeit geschafft, zur weltweit am meisten verbreiteten Entwicklungsplattform für Open-Source-Projekte zu werden. Der Grund dafür ist sehr einfach: Auf GitHub können Open-Source-Projekte kostenlos gehostet werden. Die Relevanz von GitHub ist auch daran erkennbar, dass der Dienst im Jahr 2018 für rund 7,5 Mrd. USD von Microsoft gekauft wurde.

Git wurde von Torvalds grundsätzlich für die Champions League der Softwareentwicklung entworfen, für die Linux-Kernel-Entwicklerinnen und -entwickler. Im SAP-Universum war Git lange nicht präsent, gewinnt mittlerweile aber täglich an Bedeutung und ist aus vielen Bereichen wie beispielsweise der SAPUI5- oder SAP-Cloud-Entwicklung nicht mehr wegzudenken. Die Cloud-Entwicklung erfolgt auf Basis des SAP Cloud Application Programming Models oder auf Basis des ABAP RESTful Application Programming Models.

Dies ist eine beeindruckende Geschichte für ein Werkzeug, das aus der Not heraus entstanden ist, und von einem Mann entwickelt wurde, der eigentlich nie ein Source-Code-Management-Werkzeug bauen wollte. Mit Git hat Linus Torvalds neben Linux in einem weiteren Bereich eine Revolution gestartet, ohne die die Welt der Software vollkommen anders aussehen würde. Es gab einmal in einem Interview die Aussagen von Torvalds, dass er neben Datenbanken das Source Control Management für das langweiligste Thema in der Informationstechnologie hält.

1.2 Vergleich mit anderen Versionsverwaltungssystemen

Zweite vs. dritte Generation

Den Vergleich mit anderen Source-Code-Management-Systemen muss Git nicht scheuen. Git hat viele seiner Mitbewerber verdrängt bzw. dafür gesorgt, dass Kunden von anderen Systemen zu Git wechseln. Dies liegt einerseits daran, dass die Mehrheit der Entwicklerinnen und Entwickler grundsätzlich mit Git in der täglichen Arbeit umgehen kann, andererseits aber auch mit den vielen Features, die Git bietet. Es gab und gibt weiterhin eine Vielzahl an Systemen auf dem Markt. Einige prominente Vertreter darunter sind Perforce Helix, CVS, Subversion und Mercurial.

Git ist ein Versionskontrollsystem der sogenannten *dritten Generation*, während die meisten Vorgänger von Git Versionskontrollsysteme der zweiten Generation sind. Der wesentliche Unterschied liegt darin, dass Versionsverwaltungssysteme der dritten Generation verteilt sind, während Versionsverwaltungssysteme der zweiten Generation zentralisiert arbeiten.

Zentralisiertes System

In einem zentralen System haben alle an der Entwicklung beteiligten Personen eine Kopie der Daten auf ihrem Rechner (siehe Abbildung 1.1). Die historischen Daten werden auf dem Server verwaltet. Entwickler*innen übertragen ihre Änderungen direkt in das Remote-Repository. Das bedeutet, dass eine fehlerhafte Änderung einzelner Entwickler*innen alle *Builds* zerstören kann, wobei es sich um das Erstellen bzw. Kompilieren der Anwendung handelt. Zudem sind Remote Commits im zentralisierten System sehr langsam. Ein *Commit* ist eine permanent in das Git-Repository übernommene Änderung des Quellcodes.

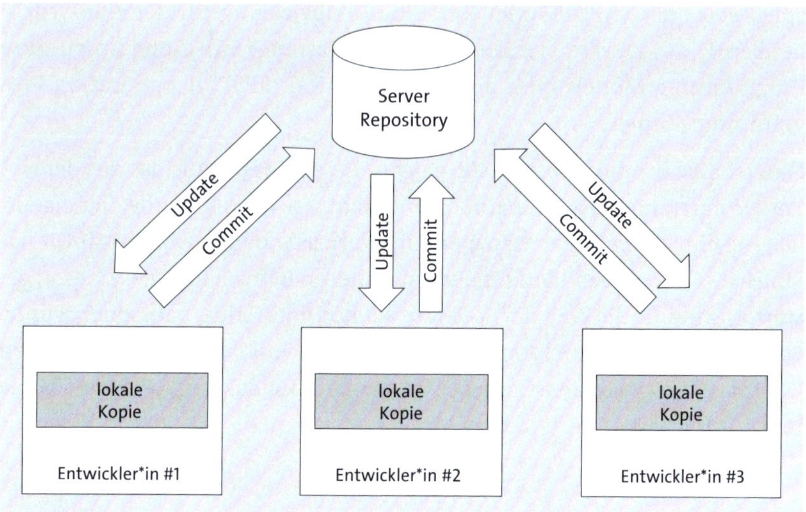

Abbildung 1.1 Zentralisiertes System der zweiten Generation

Dezentrales System

In einem dezentralen System wie Git haben alle Entwickler*innen lokale Kopien der Dateien (siehe Abbildung 1.2). Diese liegen in einem lokalen Repository, und wenn sie Änderungen pushen oder kommentieren, werden diese zuerst nur im lokalen Repository gespeichert. Danach können sie im zugehörigen Remote-Repository aktualisiert werden.

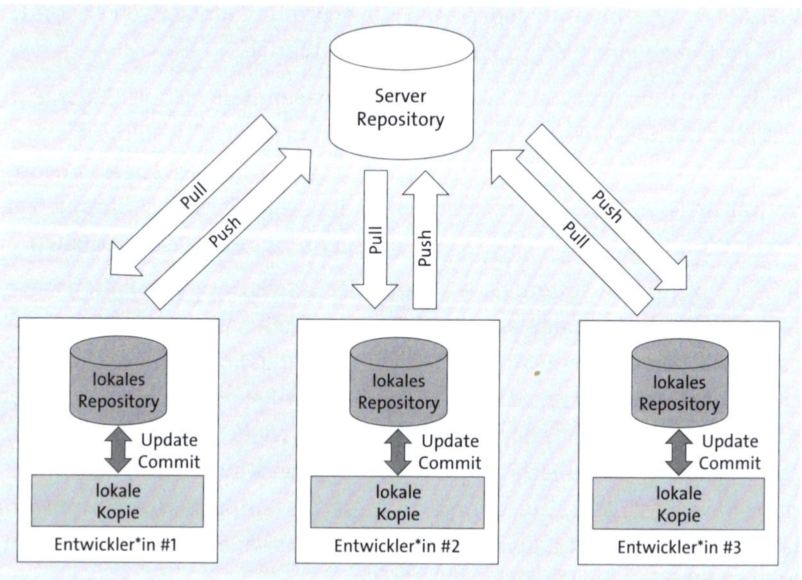

Abbildung 1.2 Dezentrales System der dritten Generation

1.2.1 Gängige Versionskontrollbegriffe

Bevor wir Ihnen die verschiedenen Systeme vorstellen, möchten wir Sie kurz mit einigen gängigen Begriffen aus dem Bereich der Versionskontrolle vertraut machen. Eine ausführliche Beschreibung der verschiedenen Konzepte finden Sie in Kapitel 2.

- **Repository**
  Ein *Repository* verfolgt und speichert den Verlauf aller Änderungen, die an den Dateien eines Git-Projekts vorgenommen wurden. Es speichert diese Daten in einem Verzeichnis namens **.git**. Es wird zwischen lokalen Repositorys auf dem Rechner der Entwickler*innen und dem Remote-Repository auf dem Server unterschieden.
- **Branch**
  Ein *Branch* in Git ist ein Zeiger auf ein Commit. Der Name des Standard-Branch in Git ist **master**. Mehr zur Benennung dieses Branch finden Sie in Abschnitt 2.1.2, »Branches«.
- **Commit**
  Mit dem Befehl `git commit` wird ein Snapshot der aktuellen Änderungen des Projekts erstellt.
- **Push**
  Mit dem Befehl `git push` können Sie die Commits aus Ihrem lokalen Git-Repository an das Remote-Repository senden. Um einen *Push* an das Remote-Repository durchführen zu können, müssen Sie sicherstellen, dass für alle Änderungen im lokalen Repository ein Commit durchgeführt wurde.
- **Pull**
  Mit dem Befehl `git pull` werden Änderungen aus einem Remote-Repository in den aktuellen Branch aufgenommen. Wenn der aktuelle Branch hinter dem Remote-Branch liegt, wird der aktuelle Branch standardmäßig mit einem sogenannten Fast-forward Merge an den Remote-Branch angepasst.
- **Merge**
  Mit dem Befehl `git merge` werden die Änderungen des Commits seit dem Zeitpunkt, an dem sich ihre Historie vom aktuellen Branch unterscheidet, in den aktuellen Branch integriert.

1.2.2 Perforce

SAP selbst war lange Zeit einer der größten Perforce-Kunden weltweit. *Perforce* gehört, wie bereits erwähnt, zu den Systemen der zweiten Generation. Dadurch, dass ich, Martin Koch, während meiner Tätigkeit bei SAP selbst einmal das Vergnügen hatte, Perforce in der Entwicklung mobiler Apps zu verwenden, kenne ich einige der Vor- und Nachteile dieser Lösung. Perforce hat eine sehr lange Historie, wurde es doch schon im Jahr 1995 erstmalig vorgestellt.

Vergleich zu Git

Einer der Hauptunterschiede zwischen dem Git- und dem Perforce-System ist, dass Git auf einem verteilten, dezentralen Modell basiert, während Perforce zentralisiert ist. Beide haben ihre Vorteile, aber bei einem zentralisierten System gibt es keine Möglichkeit, um es später zu dezentralisieren. Eine verteilte Versionsverwaltung (auch Version Control System, kurz VCS genannt) kann hingegen bei Bedarf nachträglich zentralisiert werden.

Ein einzelnes Perforce-Repository kann Hunderte verschiedener Softwareprojekte enthalten, jedes mit einem eigenen Verzweigungsmodell, während Git-Repositorys jeweils nur einzelne Softwareprojekte enthalten. Git verfolgt zudem den Inhalt der Dateien und nicht nur die Dateien selbst, wodurch die tatsächlichen Codeänderungen genauer wiedergegeben werden.

Perforce erfordert eine Verbindung zu einem Server, um den Verlauf der Codeänderungen anzuzeigen. In Git haben alle Beteiligten eine Kopie der Codebasis auf ihrem lokalen Rechner. Damit entfällt die Notwendigkeit, während des Arbeitsablaufs eine Verbindung zu einer zentralen Codebasis herzustellen.

Berechtigungen

Das flexible *Berechtigungssystem* von Git bietet Ihnen mehr Möglichkeiten in der Gestaltung Ihrer Workflows. Git bietet den Entwickler*innen viele Freiheitsgrade wie das Erstellen und Löschen von Branches. Auf der Ebene der Branches gibt es aber keine Möglichkeit der Vergabe von Berechtigungen. Berechtigungen werden immer auf der Ebene des Repositorys und damit für alle Branches vergeben. In Perforce können Sie hingegen feingranularer berechtigen, indem Sie beispielsweise die Erstellung von Branches einschränken können, sodass die Entwickler*innen um Erlaubnis fragen müssen, wenn sie einen Branch erstellen möchten. In Perforce ist jeder Branch eine vollständige Kopie.

In Perforce müssen die Entwickler*innen ein Mapping der Branches erstellen, was in Git nicht erforderlich ist. Das *Branch-Mapping* wird verwendet, um Branches zu erstellen und zu aktualisieren, die die Beziehung zwischen zwei Codelines spezifizieren. Branches erzeugen in Perforce eine enorme Menge an Metadaten, was bei größeren Entwicklungen zu Performanceproblemen führen kann.

Merge

Der Merge-Algorithmus von Perforce, mit dessen Hilfe zwei oder mehr Branches zusammengeführt werden, ist sehr kompliziert, während das Ergebnis eines Merge in Git grundsätzlich nichts anderes als ein neuer Commit ist, der alle Vorgängerdaten enthält.

In Git können Sie sich die Änderungen anderer Entwickler*innen einzeln »herauspicken« und Codeänderungen, die Sie behalten wollen, herausfiltern, ohne die Sorge haben zu müssen, dass unerwünschter Code oder nicht vollständig implementierte Funktionen eingeführt werden. In Perforce können zwar Dateien zwischen verschiedenen Entwickler*innen ausgetauscht werden, aber die empfangenden Personen müssen die relevanten Codeänderungen, die in das Projekt implementiert werden, in einem manuellen Prozess trennen.

Kosten

Was für viele ebenfalls ein ausschlaggebender Grund sein dürfte: Git ist grundsätzlich kostenlos, unabhängig davon, wie viele Personen an einem Projekt arbeiten oder wie viele Daten Ihre Git-Repositorys enthalten. Im professionellen Umfeld werden Sie dennoch zusätzlich einen Dienst oder ein Produkt eines kommerziellen Herstellers verwenden, das Lizenzkosten verursacht. Perforce ist hingegen immer kostenpflichtig.

1.2.3 CVS

Geschichte von CVS

Ein weiterer prominenter Vertreter von Versionsverwaltungssystemen aus dem 20. Jahrhundert ist das *Concurrent Versions System* (CVS). CVS begann als Sammlung von Shell-Skripten, die von Dick Grune im Jahr 1986 programmiert wurden. In der aktuellen Version von CVS ist zwar kein Code mehr aus diesen Shell-Skripten enthalten, aber ein Großteil der Algorithmen zur Konfliktlösung stammt noch aus dieser Zeit. Im Jahr 1989 entwarf und programmierte schließlich Brian Berliner das, was wir heute als CVS kennen. Später gesellte sich Jeff Polk dazu, um die Entwicklung des CVS-Moduls und im Speziellen die Unterstützung von Branches voranzutreiben.

Vergleich zu Git

Git speichert das Repository auf Ihrem lokalen Rechner in einem **.git**-Verzeichnis im obersten Verzeichnis Ihres Projekts. CVS erfordert hingegen die Einrichtung eines zentralen Ortes namens **CVSROOT** zur Speicherung von Versionskontrollinformationen für verschiedene Projekte (auch *Module* genannt). Das CVS-Repository speichert eine vollständige Kopie aller Dateien und Verzeichnisse, die unter der Versionskontrolle stehen.

Änderungen im CVS-Modul werden auf der Dateiebene vorgenommen, während sich Änderungen in Git in Form der Commits immer auf das gesamte Projekt beziehen. Dies ist ein sehr wichtiger Paradigmenwechsel und ein wesentlicher Vorteil, der darauf beruht, dass es in Git sehr einfach ist, Änderungen rückgängig zu machen.

Branches sind in CVS vergleichsweise kompliziert und schwer zu handhaben. Branches müssen zwingend mit Tags versehen werden, um einen Namen für einen ganzen Repository-Branch zu haben. Hinzu kommt, dass CVS keine Verfolgung von Merges anbietet. Daher müssen Sie sich Merges und Branching-Punkte entweder merken oder manuell entsprechend markieren. Git bietet Ihnen hier wesentlich mehr Möglichkeiten, wenn die Zusammenarbeit mit einer großen Anzahl von Entwicklern*innen erforderlich ist.

1.2.4 Subversion

Geschichte von Subversion

Subversion (SVN) ist ein Source-Code-Management-System, das von der Apache Software Foundation bereitgestellt wird. Die Historie von Subversion geht bis in das Jahr 2000 zurück. Es wurde initial von CollabNet Inc. entwickelt und wurde im Jahr 2010 zum Apache-Top-Level-Projekt gekürt. Subversion kann als Weitentwicklung von CVS gesehen werden. Es wurde entworfen, um die oftmals kritisierte Handhabung von Versionshistorien in CVS zu verbessern. Damit können Artefakte verschoben und umbenannt werden, ohne die Versionshistorie zu verlieren.

Vergleich zu Git

In SVN wird die sogenannte *Working Copy* auf den lokalen Rechner ausgecheckt. Dabei handelt es sich um den aktuell bearbeiteten Zweig und nicht um das gesamte Projekt, das heruntergeladen wird. Die Working Copy ist Ihr eigener privater Arbeitsbereich auf Ihrem lokalen Rechner. In Git haben hingegen alle Projektbeteiligten eine lokale Kopie der vollständigen Versionsgeschichte des Projekts auf ihrem Rechner.

SVN-Branches werden als Verzeichnisse innerhalb eines Repositorys angelegt. Wenn die Entwicklungen im Branch fertig sind, werden sie zurück zum Trunk übertragen. Der *Trunk* (englisch für Baumstamm) ist das Basisverzeichnis, das die Hauptentwicklungslinie des Projekts enthält. Git-Branches sind hingegen immer Verweise auf einen bestimmten Commit. Sie sind leichtgewichtig und trotzdem leistungsstark. Entwickler*innen können einen Branch jederzeit erstellen, löschen und ändern, ohne dass sich dies auf die Commits auswirkt. Mit SVN können Sie Lese- und Schreibzugriffskontrollen auf der Datei- und auf der Verzeichnisebene festlegen. Git geht im Gegensatz dazu davon aus, dass alle Entwickler*innen die gleichen Berechtigungen haben.

Git SVN ist eine Funktion in Git, mit der Änderungen zwischen einem Subversion- und einem Git-Repository übertragen werden können. Git SVN ist Teil von Git. Es handelt sich daher um kein Plugin, sondern es wird mit der Git-Installation mitgeliefert. Git SVN ermöglicht es Entwickler*innen, Code zu schreiben und Commits lokal mit Git zu erstellen und diese danach in ein zentrales SVN-Repository zu übertragen. Dies sollte nur eine vorübergehende Lösung sein, ist aber besonders dann hilfreich, wenn der Wechsel von SVN zu Git noch nicht vollständig durchgeführt worden ist.

1.2.5 Mercurial

Geschichte von Mercurial

Mercurial ist ein freies, verteiltes Versionsverwaltungssystem. Es wurde im Jahr 2005 eingeführt. Zu den größten Kunden zählen u. a. Facebook, das World Wide Web Consortium (W3C) und Mozilla. Der größte Unterschied zwischen Mercurial und Git ist die Branching-Struktur.

Vergleich zu Git

Die Syntax von Mercurial ist einfacher als die von Git, und die Dokumentation ist leichter zu verstehen. Wenn Sie Git einsetzen wollen, müssen sich Ihre Entwickler*innen entsprechend einarbeiten, bevor sie es sicher und effektiv einsetzen können. Sobald man die Lernkurve überwunden hat, bietet Git den Teams aber wesentlich mehr Flexibilität.

Die Sicherheit von Git im Vergleich zu Mercurial hängt von den technischen Kenntnissen über die zugrunde liegende Technologie ab. Zum Beispiel erlaubt Mercurial es standardmäßig nicht, die Historie zu ändern. Git erlaubt dies hingegen allen Beteiligten. Git speichert jede Änderung für 30 Tage im sogenannten *Reflog*, einem Referenz-Log, der die Abfolge lokal ausgeführter Kommandos nachhält. So können Sie beispielsweise die Commit-Nachricht der letzten Commits ändern und diese 30 Tage lang rückgängig machen. Die Änderungen können jedoch nur lokal vorgenommen werden, da sie standardmäßig nicht in das Remote-Repository übertragen werden.

Einer der Hauptgründe, warum sich Git bei den Entwicklern*innen durchgesetzt hat, ist sein effektives Branching-Modell. In Git sind Branches immer nur Verweise auf einen bestimmten Commit. Das macht sie leichtgewichtig und dennoch leistungsstark.

Staging

Git stellt daneben einen Staging-Bereich bereit, der auch als *Indexdatei* bezeichnet wird. Unter *Staging* versteht man das selektive Hinzufügen von Dateien für Ihren nächsten Commit. So können Sie frei auswählen, welche Dateien als Nächstes übertragen werden sollen. Dies ist vor allem dann hilfreich, wenn Sie nicht alle lokal geänderten Dateien gemeinsam übertragen möchten.

Changesets und Bookmarks

In Mercurial beziehen sich die Branches auf eine lineare Linie von aufeinanderfolgenden sogenannten *Changesets*. Ein Changeset bezieht sich auf einen vollständigen Satz von Änderungen, die an einer Datei in einem Repository vorgenommen wurden. Mercurial bettet die Branches in die Commits ein. Dies bedeutet, dass Branches nicht nachträglich entfernt werden können, da dies die Historie verändern würde. Sie können jedoch mit sogenannten *Bookmarks* auf bestimmte Commits verweisen und diese in ähnlicher Weise wie die Branches von Git verwenden. In Mercurial gibt es keinen Staging-Bereich vor dem Commit. Daher werden Änderungen so übertragen, wie sie sich im Arbeitsverzeichnis befinden.

1.3 Verteilte Entwicklung mit Git

Im Gegensatz zu zentralisierten Versionskontrollsystemen der zweiten Generation ermöglicht die verteilte Natur von Git eine weitaus flexiblere Zusammenarbeit in Teams. In zentralisierten Systemen stellen die einzelnen Entwickler*innen jeweils einen Knotenpunkt dar, der mit einem zentralen Knotenpunkt zusammenarbeitet. Die Knotenpunkte kennen sich untereinander nicht. Jeder Knoten ist grundsätzlich gleichberechtigt mit dem zentralen Knotenpunkt. In Git sind hingegen die Rechner der Entwickler*innen potenziell sowohl Knoten als auch Knotenpunkt. Dadurch können Entwickler*innen sowohl Code zu anderen Repositorys committen (der Entwickler fungiert in dieser Form als Knoten) als auch ein öffentliches Repository bereitstellen (der Entwickler fungiert in dieser Form als Knotenpunkt), zu dem wiederum andere Entwickler*innen beitragen können. Dies eröffnet Ihnen eine Vielzahl von Möglichkeiten für den Workflow. Folgende gängige Ansätze, die auch im SAP-Umfeld relevant sind, machen sich dies zunutze:

- zentralisierter Workflow
- Integration Manager Workflow

Im Folgenden stellen wir Ihnen diese beiden Ansätze detaillierter vor.

1.3.1 Zentralisierter Workflow

In sogenannten *zentralisierten Workflows* gibt es im Wesentlichen ein einziges Modell für die Zusammenarbeit: Ein zentraler Knotenpunkt (das Repository) verwaltet den Quellcode. Alle Beteiligten synchronisieren ihre Arbeit mit diesem zentralen Knotenpunkt. Die Entwickler*innen stellen also Knotenpunkte dar und synchronisieren sich mit diesem zentralen Knotenpunkt (siehe Abbildung 1.3).

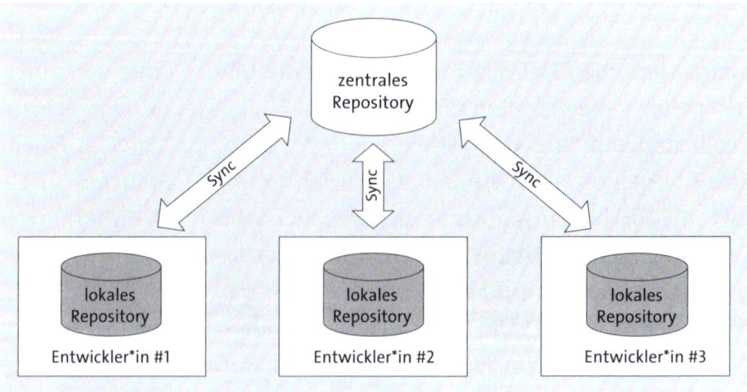

Abbildung 1.3 Zentralisierter Workflow

Das bedeutet, dass, wenn zwei Entwickler*innen vom zentralen Repository *klonen*, also eine lokale Kopie des Repositorys erstellen, und beide an ihrem Klon Änderungen vornehmen, die erste Entwicklerin ihre lokalen Änderungen problemlos wieder in das zentrale Repository pushen kann. Der zweite Entwickler muss zunächst seine Änderungen mit jenen der ersten Entwicklerin zusammenführen (also mergen), bevor die Änderungen in das zentrale Repository gepusht werden können. Damit wird verhindert, dass Änderungen der jeweils anderen Entwickler*innen überschrieben werden.

Beispiel

Sehen wir uns das anhand eines Beispiels an: Max und Susi arbeiten an einem gemeinsamen Projekt. Nachdem Susi ihre Entwicklungen fertiggestellt hat, pusht sie diese in das zentrale Repository. Nachdem auch Max seine Entwicklungen fertiggestellt hat, will er diese ebenfalls in das zentrale Repository pushen. Sein Versuch schlägt aber fehl, da er versucht, eine sogenannte *Non-fast-forward-Änderung* zu pushen, die die Änderungen von Susi noch nicht enthält. Erst nachdem er einen *Fetch* durchgeführt hat, mit dem er Susis Änderungen in sein eigenes Repository herunterlädt, und danach die beiden Branches (seinen eigenen und den von Susi) mit einem Merge verbunden hat, kann er seine Änderungen erfolgreich pushen.

1.3.2 Integration Manager Workflow

Mit Git können Sie mehrere Remote-Repositorys haben. Daher ist es möglich, einen Workflow zu verwenden, bei dem alle an der Entwicklung beteiligten Personen Schreibzugriff auf ihr eigenes öffentliches Repository und zusätzlich Lesezugriff auf das Repository aller anderen Entwickler*innen haben. In diesem Szenario wird häufig ein zentrales Repository verwendet, das das offizielle Projekt repräsentiert. Um an diesem Projekt mitzuarbeiten, erstellen Entwickler*innen einen eigenen öffentlichen Klon des Projekts in Form eines Repositorys und übertragen ihre Änderungen in dieses Repository. Das offizielle Projekt wird ausschließlich durch den sogenannten *Maintainer* (auch Integration Manager genannt) gepflegt. Daher müssen Entwickler*innen den Maintainer darüber informieren, dass Änderungen in ihrem öffentliche Repository zur Verfügung stehen und diese in das offizielle Projekt übernommen werden sollen. Der Maintainer kann dann das geänderte Repository als Remote-Repository hinzufügen und die Änderungen lokal testen. Danach werden die Änderungen in das offizielle Projekt-Repository übernommen (siehe Abbildung 1.4).

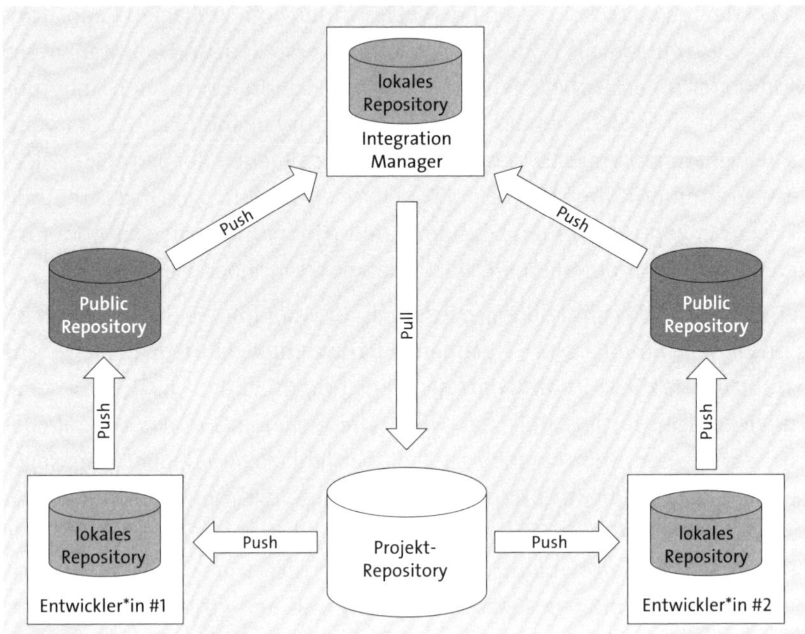

Abbildung 1.4 Integration Manager Workflow

1.4 Git im SAP-Umfeld

Im SAP-Umfeld kam man lange Zeit ohne den Einsatz von Git aus. Vor allem in der ABAP-Entwicklung gibt es ein seit Jahrzehnten etabliertes System für die Verwaltung von Quellcode. Auch im Java-Umfeld hat SAP mit der *SAP NetWeaver Development Infrastructure* ein passendes, wenn auch schwergewichtiges Werkzeug bereitgestellt. Doch die Anforderungen ändern sich: Entwicklerinnen und Entwickler sind plötzlich in global verteilten Teams tätig, Software wird nach dem Mobile-first-Ansatz entwickelt und soll auch in der Cloud oder hybrid lauffähig sein. Nachfolgend werden die in den verschiedenen SAP-Technologien verwendeten Ansätze der Versionsverwaltung gezeigt. Für jede Technologie wird zusätzlich beleuchtet, ob Git eine brauchbare Alternative darstellt.

1.4.1 Versionskontrolle im SAP-NetWeaver-ABAP-Umfeld

ABAP Workbench

In der klassischen ABAP-Welt auf der Basis von SAP NetWeaver müssen sich Entwickler*innen keine Gedanken über die Verwaltung des Quellcodes machen. Entwicklungen wurden bis SAP NetWeaver 7.4 meist in der *ABAP Workbench* (Transaktion SE80) durchgeführt. Sie ist eine vollständige Programmierumgebung, die mit jedem SAP-NetWeaver-ABAP-System ausgeliefert wird. Im Gegensatz zu nahezu allen anderen Technologien muss dann kein separates Entwicklungswerkzeug auf den Rechnern der Entwickler*innen installiert werden. Die ABAP Workbench hat aber auch einen Nachteil: Sie erfordert eine permanente Verbindung zwischen Ihrem lokalen Rechner und dem Applikationsserver. Änderungen, die Sie in der ABAP Workbench vornehmen, werden in den sogenannten *Repository-Tabellen* der SAP-Datenbank abgelegt. Der Inhalt dieser Tabellen wird als Repository-Daten oder Repository-Objekte bezeichnet. Die Repository-Daten sind, von wenigen Ausnahmen abgesehen, mandantenunabhängig.

CTS

Das *Change and Transport System* (CTS) ist ein Werkzeug, das Sie dabei unterstützt, Entwicklungsprojekte in der ABAP Workbench und im Customizing zu organisieren und die Änderungen zwischen den SAP-Systemen Ihrer Systemlandschaft zu transportieren. Das CTS zeichnet alle Änderungen in Änderungsaufträgen auf. Die Änderungen in Änderungsaufträgen können logisch miteinander verknüpft oder auch völlig unabhängig voneinander sein. In einem Team können alle Entwickler*innen einen gemeinsamen Auftrag verwenden.

Transport

Nachdem die Entwickler*innen ihre Arbeit in der ABAP Workbench beendet haben, können sie den Auftrag für den Transport freigeben. Der Änderungsauftrag wird dann verwendet, um die Änderungen aus diesem Mandanten in andere Mandanten oder Systeme zu kopieren. Dieser Vorgang wird als *Transport* bezeichnet. Der Transport von Änderungen durch das CTS ermöglicht es Ihnen, eine Trennung zwischen Entwicklungssystem, Testsystem und Produktivsystem zu erreichen.

Mit SAP NetWeaver 7.4 hat SAP dem Code-to-Data-Ansatz eine signifikante Bedeutung eingeräumt. Dabei wird die Verarbeitung und Aufbereitung der Daten, sofern es möglich ist, in der Datenbank durchgeführt und nicht im Applikationsserver. Mit SAP NetWeaver 7.4 wurden Entwicklungsobjekte wie beispielsweise *Core Data Service* (CDS) oder *ABAP Managed Database Procedures* (AMDP) eingeführt, die nur noch in der Entwicklungsumgebung Eclipse entwickelt werden können. Dazu ist es erforderlich, dass die ABAP Development Tools (ADT) für Eclipse installiert werden. Doch auch der teilweise Wechsel der Entwicklungsumgebung Richtung Eclipse macht keine neue Versionsverwaltung erforderlich.

abapGit

Da in der Community Git im ABAP-Umfeld dennoch als Anforderung erkannt wurde, ist im Jahr 2014 *abapGit* als Open-Source-Projekt entstanden. Seit dem Jahr 2018 trägt auch SAP mit einer signifikanten Anzahl an Beiträgen und Entwicklungen zu diesem Projekt bei. abapGit kann sowohl in der On-Premise-Welt ab Basisrelease 7.02 als auch in der SAP-BTP-ABAP-Umgebung verwendet werden. abapGit konzentriert sich auf die Verwendung von Git-Repositorys für den schnellen Austausch von ABAP-Code zwischen beliebigen Systemen, die normalerweise nicht über eine Transportlandschaft verbunden sind. Git arbeitet auf Dateibasis. Das bedeutet, dass ABAP-Objekte in das Dateisystem serialisiert werden müssen. abapGit behandelt die meisten, jedoch nicht alle gängigen Objekttypen der ABAP Workbench mit objekttypspezifischen Handlern. abapGit wird unter der MIT-Lizenz veröffentlicht. Ein wesentlicher Nachteil ist, dass es daher keinen offiziellen Support seitens SAP gibt. Die Community stellt zwar im Fehlerfall in der Regel Korrekturen in akzeptabler Zeit zur Verfügung, jedoch ohne jegliche Haftung oder Garantie. abapGit wird in Form eines Reports voll in das SAP GUI integriert (siehe Abbildung 1.5).

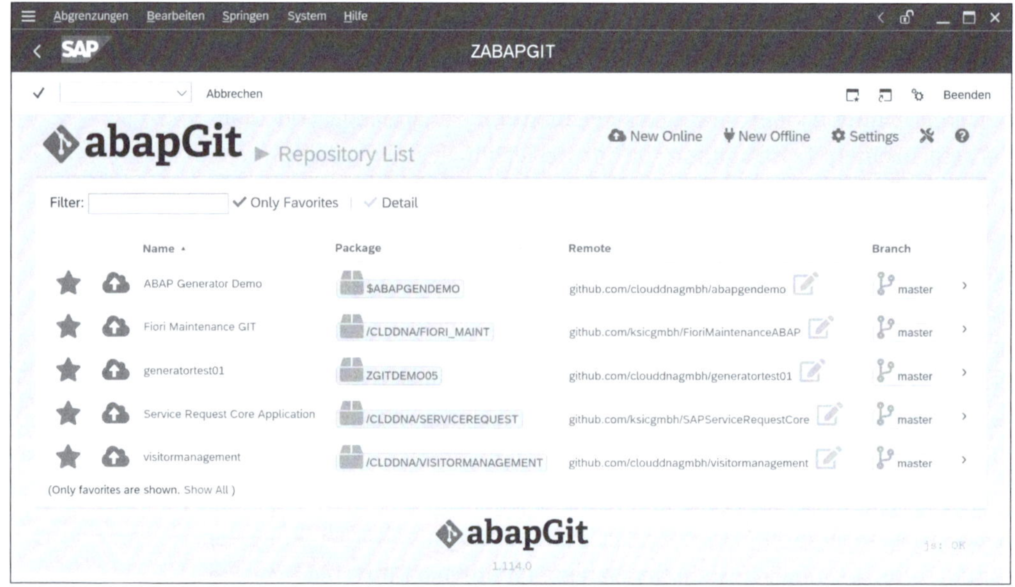

Abbildung 1.5 abapGit

Auf die Verwendung von Git für die ABAP-Entwicklung gehen wir in Kapitel 5, »Git in der ABAP-Entwicklung«, ausführlicher ein.

gCTS Wie Sie anhand der bereitgestellten Werkzeuge sehen, hat SAP bereits frühzeitig erkannt, dass ein einfaches und verständliches System zur Verwaltung und zum Transport von Entwicklungen ein Schlüssel zum Erfolg ist. Es gab zwar offensichtlich keinen Bedarf, auf eine andere Technologie zu wechseln, dennoch hat SAP im Jahr 2019 mit SAP S/4HANA 1909 das *Git-enabled Change and Transport System*, kurz gCTS eingeführt (siehe Abbildung 1.6). gCTS kann auch für die SAP-BTP-ABAP-Umgebung verwendet werden. gCTS unterstützt alle transportierbaren ABAP-Objekttypen mit einem generischen XML-basierten Dateiformat. Das generische Dateiformat von gCTS ist für Code Reviews auf Git aber nur bedingt geeignet, ganz im Gegensatz zu abapGit.

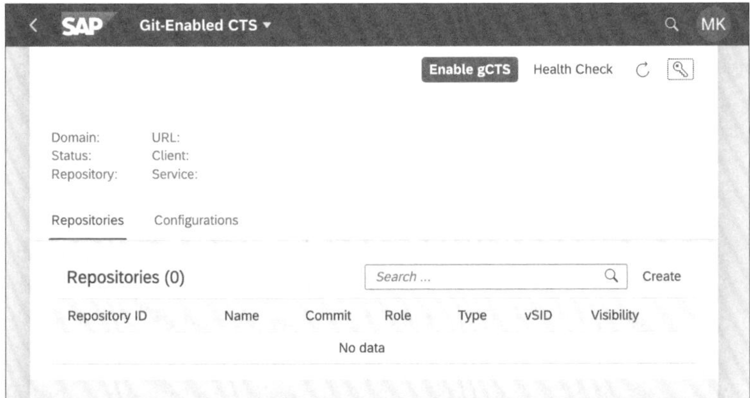

Abbildung 1.6 Oberfläche der gCTS-Fiori-App

Doch wann sollten Sie auf gCTS setzen? Die Antwort darauf lautet: wenn Sie planen, Ihren Entwicklungsprozess und den Betrieb mithilfe von DevOps auf neue Beine zu stellen. DevOps ist ein Paradigmenwechsel, wenn man aus der klassischen SAP-Welt kommt, findet aber erfahrungsgemäß immer mehr Verbreitung. gCTS liegt die Idee zugrunde, dass die Entwicklungsobjekte in Git verwaltet werden. Für die Entwicklerinnen und Entwickler ändert sich dabei nichts. Die Entwicklungen werden weiterhin in der ABAP Workbench oder in Eclipse durchgeführt und in Aufgaben aufgezeichnet. Die Aufgaben und Transportaufträge werden auch weiterhin wie gewohnt freigegeben. Bei der Freigabe wird der Transportauftrag jedoch nicht mehr in der Import-Queue des Nachfolgesystems hinzugefügt, sondern stattdessen wird ein Commit im Git-Repository erstellt. Die Nachfolgesysteme verbinden sich mit dem Git-Repository und holen sich von dort die gewünschten Entwicklungen.

Continuous Integration

Continuous Integration ist an dieser Stelle optional. Sollten Sie jedoch damit arbeiten, erkennt der Continuous-Integration-Server den Push in das Git-Repository und lädt die Änderungen. Danach werden die Änderungen im Qualitätssicherungs- oder Testystem getestet, und es wird eine Rückmeldung über Erfolg oder Misserfolg an die Entwickler*innen zurückgeliefert.

Continuous Deployment

Im nächsten und finalen Schritt folgt das Continuous Deployment. Dabei wird ein Merge der Änderungen in den Release-Branch durchgeführt. Der Release-Branch repräsentiert immer den vollständigen Funktionsumfang von Entwicklungen. Anschließend werden die Änderungen mittels gCTS in das Folgesystem übernommen und in die ABAP-Laufzeit importiert.

Infrastruktur

Aus Sicht der Infrastruktur wird neben den eigentlichen ABAP-Systemen zwingend eine Git-Plattform benötigt, auf der die Repositorys gehostet werden. Diese kann entweder on-premise oder über einen Cloud-Anbieter laufen. Auf allen beteiligten ABAP-Systemen muss gCTS aktiviert und konfiguriert sein. Dabei ist es zwingend erforderlich, dass die Git-Plattform über das Netzwerk erreichbar ist. Optional kann auch ein Continuous-Integration-Server wie beispielsweise Apache Jenkins verwendet werden.

1.4.2 SAP-Java-Entwicklung

In der Java-Entwicklung ist SAP schon immer eigene Wege gegangen. Mit dem *SAP NetWeaver Application Server Java* wurde die Grundlage für die Java-Entwicklung im SAP-Umfeld gelegt. Die Entwicklung erfolgt dabei in *SAP NetWeaver Developer Studio*. Dabei handelt es sich um eine auf Eclipse basierende und mit SAP-Funktionen erweiterte Entwicklungsumgebung. Für die Verwaltung des Quellcodes und den Transport gibt es *SAP NetWeaver Development Infrastructure* im SAP-Portfolio. SAP NetWeaver Development Infrastructure kann neben klassischen Java-Entwicklungen auch für Portalinhalte und Process Integration Content verwendet werden. SAP NetWeaver Development Infrastructure setzt sich aus den folgenden Komponenten zusammen:

- Design Time Repository (DTR)
- Component Build Service (CBS)
- Change Management Service (CMS)
- System Landscape Directory (SLD)
- Name Server

Design Time Repository

Das *Design Time Repository* ist für die Verwaltung des Quellcodes zuständig und bildet damit die Basis für die verteilte Entwicklung in Teams. SAP hat für Java-Entwicklungen ein eigenes Komponentenmodell etabliert: Die SAP NetWeaver Development Infrastructure ist eine eher schwergewichtige Lösung, die den gesamten Lebenszyklus abdeckt. Im Gegensatz zur ABAP-Entwicklung haben Entwickler*innen hier die Möglichkeit, lokal und offline zu entwickeln.

Im Zuge der Einführung der SAP Business Technology Platform (SAP BTP) hat man sich für Java-Entwicklungen jedoch von diesem Ansatz verabschiedet. Als Laufzeit wird auf einen leichtgewichtigen Apache-Tomcat-Webserver gesetzt. Die Verwaltung der Abhängigkeiten zu Bibliotheken von Drittanbietern werden in Maven oder Gradle verwaltet. Auch in der Verwaltung des Quellcodes hat man sich vom Design Time Repository verabschiedet:

Stattdessen wird die Verwendung von Git empfohlen. Die Wahl der Entwicklungsumgebungen ist dabei im Wesentlichen den Entwicklungsteams selbst überlassen. Neben der lokalen Entwicklung auf der Basis von Eclipse, Visual Studio Code oder JetBrains IntelliJ kann auch in der Cloud, in der SAP Web IDE oder in SAP Business Application Studio entwickelt werden.

1.4.3 SAP-HANA-Entwicklung

Die Entwicklung für SAP HANA wurde in SAP HANA 1.0 in SAP HANA Studio oder alternativ in der *SAP HANA Web-based Development Workbench* durchgeführt. SAP HANA Studio basiert dabei auf Eclipse und erweitert es um SAP-HANA-spezifische Funktionen. Die SAP HANA Web-based Development Workbench ist, wie es der Name schon andeutet, ein webbasiertes Entwicklerwerkzeug. Die Quellcodes liegen grundsätzlich im SAP HANA Repository. Das Repository ist eine SAP-Eigenentwicklung, die gemeinsam mit der SAP-HANA-Datenbank ausgeliefert wird. Es gibt aber auch an dieser Stelle die Möglichkeit einer Git-Integration.

Mit Support Package Stack 11 hat SAP in SAP HANA 1.0 den Applikationsserver SAP XS Engine abgelöst und durch *SAP HANA XS Advanced* ersetzt. SAP HANA XS Advanced basiert auf einer *Cloud-Foundry*-Architektur. SAP hat sich an dieser Stelle auch von Eclipse und der SAP HANA Web-based Development Workbench als Entwicklerwerkzeug verabschiedet und mit der *SAP Web IDE für SAP HANA* ein rein webbasiertes Werkzeug ausgeliefert. Die Entwicklerinnen und Entwickler benötigen daher lediglich einen Browser, um die Entwicklungen durchzuführen. Auch das SAP HANA Repository wurde mit der Einführung von SAP HANA XS Advanced abgelöst. Grundsätzlich werden die Entwicklungen im Workspace der Entwickler*innen abgelegt, jedoch empfiehlt SAP, die Quellcodes in einem Git-Repository zu verwalten.

Was ist Cloud Foundry?

Cloud Foundry bietet ein hocheffizientes, modernes Modell für die Bereitstellung nativer Cloud-Anwendungen. Hinter Cloud Foundry steht die Cloud Foundry Foundation. Sie ist eine unabhängige gemeinnützige Open-Source-Organisation, die gegründet wurde, um die Entwicklung, Förderung und Annahme von Cloud Foundry als Industriestandard für die Bereitstellung der besten Erfahrung für Entwickler*innen in Unternehmen jeder Größe zu unterstützen. Cloud Foundry wird von der Linux Foundation gehostet.

Eine rein webbasierte Entwicklung bringt aber auch Nachteile mit sich. Eine permanente Verbindung zum Server ist zwingend erforderlich, und Sie haben keine Möglichkeit, lokal zu entwickeln. Doch auch dafür gibt es eine Lösung: Seit geraumer Zeit haben Sie die Möglichkeit, Entwicklungen auch in *Visual Studio Code* und somit offline durchzuführen. Der Grund dafür ist, dass Plugins, die für *SAP Business Application Studio* entwickelt wurden, auch in Visual Studio Code lauffähig sind. Visual Studio Code bringt im Standard eine Git-Integration mit.

Classic vs. Advanced

Die SAP XS Engine wurde mit der Einführung der *SAP HANA XS Advanced* in *SAP HANA XS Classic* umbenannt und koexistiert aktuell noch mit SAP HANA XS Advanced. SAP empfiehlt jedoch, neue Entwicklungen nur noch auf der Basis von SAP HANA XS Advanced durchzuführen. SAP HANA XS Advanced setzt auf ein anderes Programmiermodell als SAP HANA XS Classic. In SAP HANA XS Classic wird entweder mit JavaScript oder mit Java entwickelt. Im JavaScript-Umfeld wird mit XSJS auf ein SAP-proprietäres-Programmiermodell gesetzt. SAP HANA XS JavaScript (XSJS) ist ein Framework, das von Anwendungsentwicklern*innen verwendet werden kann, um native SAP-HANA-Anwendungen zu erstellen. SAP liefert dafür eigene JavaScript-Bibliotheken aus. Im Java-Umfeld kann der gesamte Sprachumfang von Java 8 verwendet werden. Mit SAP HANA XS Advanced wird auf das SAP Cloud Application Programming Model gesetzt. Dabei handelt es sich um ein modernes Framework, das auch in der SAP Business Technology Platform in der Cloud-Foundry-Umgebung zum Einsatz kommt. Sowohl SAP HANA XS Classic als auch SAP HANA XS Advanced sind sowohl für traditionelle Entwicklungen als auch für analytische Funktionalitäten einsetzbar. Daher führen neben den typischen Anwendungsentwicklern auch Datenmodellierer und Data Scientists Entwicklungen in den dafür vorgesehenen Entwicklungsumgebungen und Entwicklungswerkzeugen durch. Ein typisches Entwicklungsartefakt sind beispielsweise Calculation Views. Dabei handelt es sich um eine grafische Modellierung des Zugriffs auf Daten in der SAP-HANA-Datenbank. Unsere Erfahrung zeigt, dass vor allem bei dieser Zielgruppe eine zielgerichtete Einführung in die Verwendung von Git im Entwicklungsalltag sehr nützlich ist, da in diesem Umfeld Git bis dato nicht verwendet wurde.

Die Entwicklungen für SAP HANA XS Advanced werden entweder als *Multi Target Applications* (MTAs) oder auf Basis des *SAP Cloud Application Programming Models* durchgeführt. SAP hat sich im Bereich JavaScript vom proprietären Programmiermodell verabschiedet und setzt nun auf das Framework node.js. Dabei handelt es sich um den De-facto-Standard für serverseitige JavaScript-Entwicklungen, wodurch sich ein entsprechend großer Kreis an Nicht-SAP-Entwicklerinnen und -Entwicklern ansprechen lässt.

Python

SAP hat auch das Potenzial der Programmiersprache Python erkannt und bietet in SAP HANA XS Advanced eine Python-Laufzeit an, in der Sie Ihre Python-Anwendungen ausführen können. SAP HANA XS Advanced bietet ein Buildpack, mit dem Sie Ihren Python-Code bereitstellen können. Im Gegensatz zu Java und node.js enthält SAP HANA XS Advanced jedoch keine vorgefertigten Python-Laufzeit-Bibliotheken. Dies bedeutet, dass Sie Ihre eigene Python-Laufzeitversion vor der Anwendungsbereitstellung deployen müssen. Während des Anwendungs-Deployments stellt das Buildpack sicher, dass diese Laufzeit der Anwendung zur Verfügung gestellt wird.

Full-Stack-Entwicklungen

Sowohl bei MTAs als auch beim SAP Cloud Application Programming Model handelt es sich um sogenannte *Full-Stack-Entwicklungen*. Darunter versteht man Applikationen, die Persistenz, Business-Logik, APIs (Programmierschnittstellen) und Benutzeroberflächen enthalten. Ein nicht zu unterschätzender Vorteil der Entwicklung von Anwendungen für SAP HANA XS Advanced ist die Tatsache, dass die Anwendungen sowohl in der Form von MTAs als auch in der Form des SAP Cloud Application Programming Models ohne Änderungen in der SAP Business Technology Platform lauffähig sind. Sie haben richtig gelesen: eine gemeinsame Codebasis für Cloud- und On-Premise-Anwendungen! Damit können Sie initial auf SAP HANA in Ihrer On-Premise-Landschaft starten und zu einem späteren Zeitpunkt problemlos und ohne signifikante Aufwände zur SAP BTP migrieren.

SAP HANA Cloud

Neben der SAP-HANA-Entwicklung in der On-Premise-Welt wurde 2020 *SAP HANA Cloud* vorgestellt. Dort wird anstelle der SAP Web IDE für SAP HANA auf SAP Business Application Studio gesetzt – und auch dabei haben Sie wieder die Option, lokal in Visual Studio Code zu entwickeln.

Wie Sie anhand dieser Beispiele bestimmt erkennen können, ist Git auch in der SAP-HANA-Entwicklung als Basistechnologie längst angekommen und wird nicht mehr infrage gestellt. Git nimmt im Bereich Continuous Integration und Continuous Delivery somit auch für SAP-HANA-Entwicklungen – on-premise und in der Cloud – eine zentrale Rolle ein.

1.4.4 SAPUI5- und SAP-Fiori-Entwicklung

Mit der Einführung des Frameworks *SAPUI5* und des Designsystems *SAP Fiori* hat SAP die User Experience auf eine neue Ebene gehoben. SAPUI5 ist ein clientseitiges JavaScript-Framework, das die Basis für moderne, webbasierende Benutzeroberflächen darstellt. SAP liefert mit den SAP Fiori Design Guidelines einen Leitfaden für Entwickler*innen aus, wie SAPUI5-basierte Anwendungen idealerweise aussehen und sich verhalten sollen. Eine SAPUI5-App wird dann als *SAP-Fiori-App* bezeichnet, wenn sie die fünf

SAP-Fiori-Design-Prinzipien einhält. SAPUI5 und SAP Fiori sind mittlerweile allgegenwärtig: egal, ob Sie in einer On-Premise-Landschaft oder in einem der vielen Software-as-a-Service-Produkte wie beispielsweise SAP SuccessFactors oder SAP S/4HANA Cloud arbeiten.

Die SAPUI5- und SAP-Fiori-Anwendungen wurden ursprünglich in Eclipse entwickelt. Danach wurde Eclipse durch die *SAP Web IDE* abgelöst, die in der Neo-Umgebung der SAP BTP läuft und auf Eclipse basiert. Sie bringt im Standard eine Git-Integration mit (siehe Abbildung 1.7).

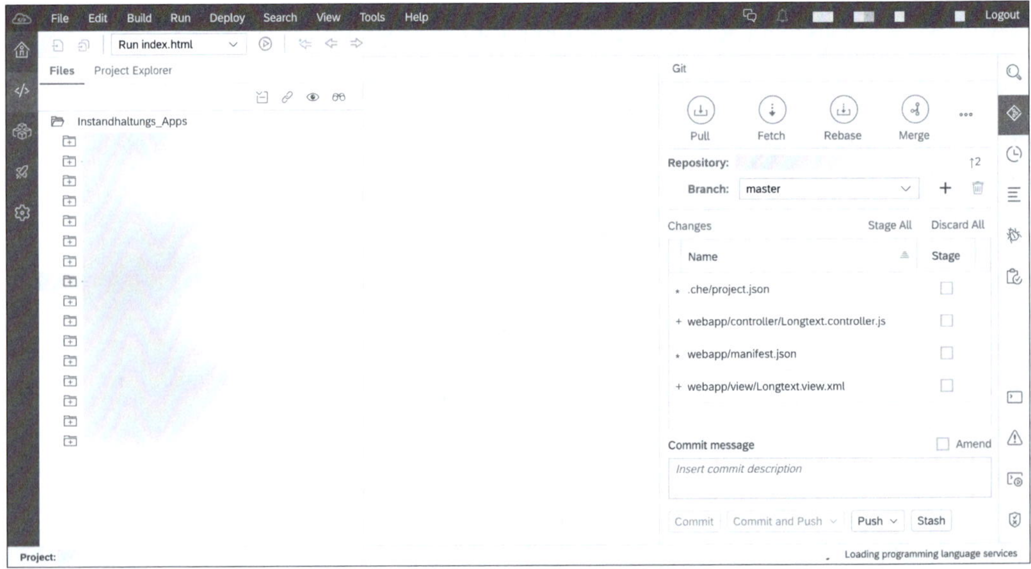

Abbildung 1.7 Git-Integration in der SAP Web IDE

Mittlerweile hat SAP in der SAP BTP einen Wechsel in die Cloud-Foundry-Umgebung vollzogen, und damit ist auch die SAP Web IDE zukünftig nicht mehr als Entwicklerwerkzeug gesetzt. Die Entwicklung erfolgt nun in SAP Business Application Studio oder in Visual Studio Code. Aber auch SAP Business Application Studio bietet eine vollständige Git-Integration (siehe Abbildung 1.8).

Die SAPUI5- und SAP-Fiori-Entwicklung ist bei vielen SAP-Entwickler*innen der erste Berührungspunkt mit der Versionsverwaltung abseits des SAP-NetWeaver-ABAP-Stacks. SAP empfiehlt, SAPUI5-Anwendungen in einer externen Versionsverwaltung zu administrieren. Da alle hier bereits erwähnten Entwicklungswerkzeuge im Standard eine Git-Integration mitbringen, ist es naheliegend, auch an dieser Stelle auf Git zu setzen.

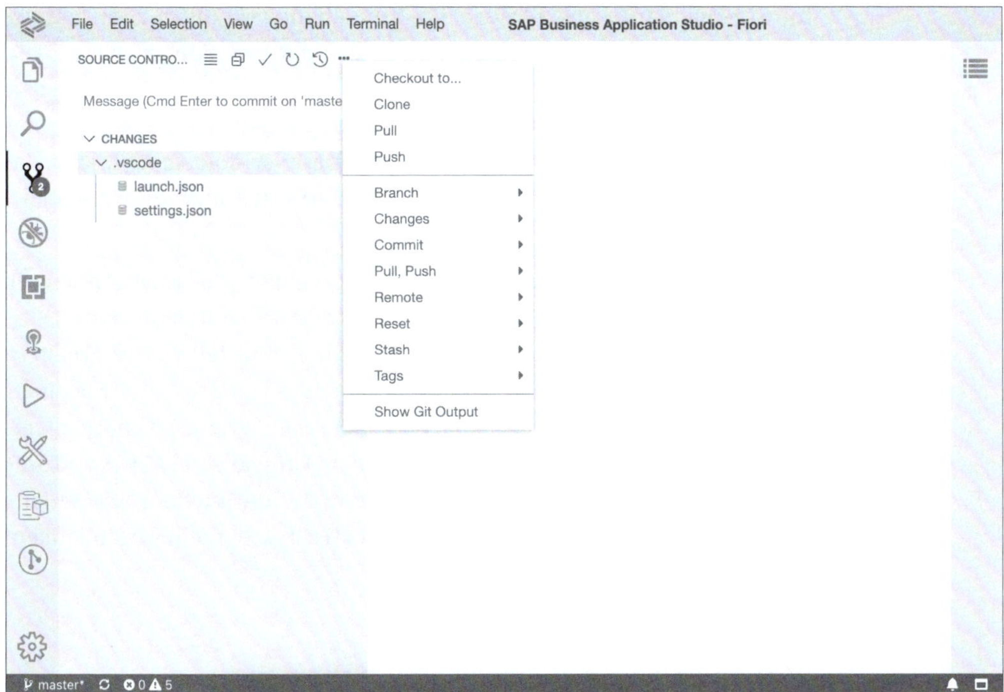

Abbildung 1.8 Git-Integration in SAP Business Application Studio

Migration zu SAP Business Application Studio

Da Unternehmen mittelfristig auf SAP Business Application Studio umsteigen müssen, kann Git auch für die Migration verwendet werden. Eine Migration der Projekte ist erforderlich, da SAP Business Application Studio eine andere Projektstruktur verwendet als die SAP Web IDE. Die Migration stellte sich dabei als sehr einfach heraus: Entwickler*innen müssen das Projekt lediglich in der SAP Web IDE in ein Git-Repository pushen. Danach steigen sie in SAP Business Application Studio ein und klonen das Git-Repository. SAP Business Application Studio erkennt, dass es sich um ein Projekt aus der SAP Web IDE handelt und bietet Ihnen die Möglichkeit einer automatischen Migration (siehe Abbildung 1.9).

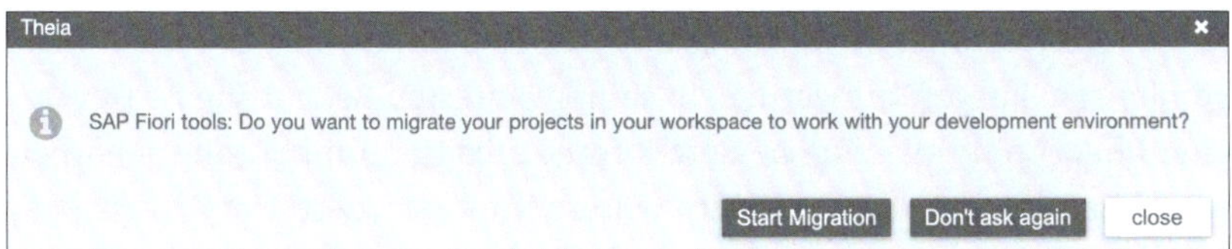

Abbildung 1.9 Projektmigration zu SAP Business Application Studio

Doch an dieser Stelle ist auch Vorsicht geboten! SAP Fiori bietet ein ausgeklügeltes Erweiterungskonzept für Applikationen an. Dies kommt sowohl für SAP-Standard-Apps als auch für Kundenentwicklungen zum Einsatz. Für Erweiterungen existieren, historisch bedingt, zwei Möglichkeiten. Die chronologisch älteren Optionen stellen SAP-Fiori-Erweiterungsprojekte dar. Diese werden nur in der SAP Web IDE unterstützt. SAP Business Application Studio bietet dafür keine Unterstützung. Das Nachfolgemodell sind die Adaptionsprojekte. Sie werden auch in SAP Business Application Studio unterstützt.

Aus unserer Erfahrung in vielen SAPUI5-Entwicklungsprojekten können wir bestätigen, dass die Verwendung von Git vor allem in umfangreicheren Projekten, an denen verschieden Entwicklerinnen und Entwickler arbeiten, sehr viele Vorteile mit sich bringt. Dabei spielt es keine Rolle, ob Sie einen Git-Service in der Cloud verwenden oder in Ihrer On-Premise-Landschaft einen eigenen Git-Server hosten. Da Git auch im Umfeld von SAPUI5 und SAP Fiori die Basis für Continuous Integration und Continuous Delivery darstellt, ist es aus dem Entwicklungsalltag praktisch nicht mehr wegzudenken.

1.5 Git in DevOps-Projekten

Jedes Unternehmen steht vor seinen eigenen Herausforderungen, aber zu den häufigsten Problemen gehören langwierige Releases, Software, die nicht den Erwartungen entspricht, und eine IT, die das Unternehmenswachstum und die Innovation einschränkt. Das liegt auch daran, dass in einer traditionellen Struktur die Entwicklungs- und Betriebsteams in Silos angesiedelt sind, die nur eingeschränkt miteinander kommunizieren und jeweils ihre eigenen Ziele verfolgen. Die Entwicklerinnen und Entwickler sind zufrieden, wenn ihr Code funktioniert – wenn die Version in der Produktion nicht funktioniert, ist es Sache des Betriebsteams, die Fehler zu beheben. *DevOps* hilft Ihnen dabei, dieses Problem systematisch zu lösen. Das Wort DevOps setzt sich aus den englischen Begriffen für Entwicklung (Development) und Betrieb (Operations) zusammen und steht für einen kollaborativen Ansatz, bei dem die erforderlichen Aufgaben von den Teams für die Anwendungsentwicklung und den IT-Betrieb eines Unternehmens gemeinsam ausgeführt werden. In seiner weitesten Bedeutung ist DevOps eine Philosophie, die eine bessere Kommunikation und Zusammenarbeit zwischen diesen Teams in einem Unternehmen fördert. DevOps ist zwar keine Technologie, aber DevOps-Umgebungen haben im Allgemeinen gemeinsame zugrunde liegende Methoden. In seiner engsten Auslegung beschreibt DevOps die Einführung von iterativer Softwareentwicklung, Automatisierung und programmierbarer Infrastrukturbereitstellung. Der Begriff umfasst auch kulturelle Veränderungen, wie den Aufbau von Vertrauen und den Zusammenhalt zwischen Entwickler*innen und Systemadministrator*innen. Auch die Ausrichtung technologischer Projekte an den Geschäftsanforderungen rückt mit DevOps in den Fokus.

In vielen Unternehmen ist die Einführung von DevOps ein Kulturschock, da es einen radikalen Schritt darstellt. Es ist einfach, Software *schnell* zu schreiben – Software zu schreiben, die *funktioniert*, ist eine andere Geschichte. DevOps ist eine Methode zur Verbesserung der Arbeit während des gesamten Lebenszyklus der Softwareentwicklung. Im Idealfall bedeutet DevOps, dass ein IT-Team Software schreibt, die die Anforderungen der Benutzer*innen perfekt erfüllt, ohne Zeitverluste bereitgestellt werden kann und beim ersten Deployment perfekt läuft. Um Verzögerungen zu vermeiden, nutzen IT-Teams CI/CD-Pipelines und andere Automatisierungen, um Code von einem Entwicklungs- und Bereitstellungsschritt zum nächsten zu bringen. Die beteiligten Teams prüfen Änderungen sofort und können Richtlinien durchsetzen, um sicherzustellen, dass die Releases den eigenen Standards entsprechen.

CALMS

DevOps liegt das sogenannte *CALMS*-Pattern zugrunde. CALMS setzt sich auf den Anfangsbuchstaben von Culture, Automation, Lean, Measurement und Sharing zusammen:

- **Culture**
  DevOps ist eine vollständig neue und andere Kultur: weg von funktionalen Silos hin zu funktionsübergreifenden Teams und mehr Autonomie. Risiken und Fehler werden bewusst eingegangen, da Scheitern zur Evolution gehört und aus Fehlern gelernt werden kann. Zusätzlich werden die Prozesse kontinuierlich begutachtet und im Bedarfsfall verbessert.
- **Automation**
  Automation bedeutet, dass sich wiederholende Aufgaben automatisiert und diese Tätigkeiten schnell und konsistent ausgeführt werden. Dabei gilt das Motto »Everything-as-Code«, egal ob Infrastruktur, Konfiguration oder der eigentliche Quellcode. Das dabei erworbene Wissen sollte dokumentiert und geteilt werden.
- **Lean**
  Lean steht für Leichtgewichtigkeit, und dabei steht das Denken in Systemen im Mittelpunkt. Der Fokus liegt immer auf dem Kunden und seinen Anforderungen, wobei auch riskiert wird, oft zu scheitern. Doch sollte man scheitern, dann sollte dies in einem frühen Stadium erfolgen und auf Basis der daraus erworbenen Kenntnisse eine kontinuierliche Verbesserung erfolgen.

- **Measurement**
  Ein nicht zu vernachlässigender Punkt ist die objektive Bestimmung der aktuellen Ergebnisse. Einerseits können problematische Situationen frühzeitig erkannt werden, und andererseits hilft es dabei, bei allen Beteiligten Vertrauen zu schaffen. Die ermittelten Messwerte dienen als wertvoller Input für die kontinuierliche Verbesserung.
- **Sharing**
  Das Teilen von Verantwortung, von Wissen und von Erfolg innerhalb der Teams, zwischen Teams und zwischen Unternehmen ist ein weiterer fundamentaler Baustein eines erfolgreichen Einsatzes von DevOps.

Agile Entwicklung

Für Unternehmen die erfolgreich DevOps einsetzen, ist die agile Entwicklung einer der Grundpfeiler des Erfolgs. *Agile Entwicklung* ist ein Softwareentwicklungsansatz, der im agilen Manifest definiert ist.

[!]

Das agile Manifest

Das agile Manifest ist ein kurzes Dokument, das auf vier Werten und zwölf Prinzipien für die agile Softwareentwicklung basiert. Das agile Manifest wurde im Februar 2001 veröffentlicht und ist das Werk von 17 Softwareentwicklungspraktikern, die den zunehmenden Bedarf an einer Alternative zu dokumentationsgesteuerten und schwerfälligen Softwareentwicklungsprozessen festgestellt haben. Folgende vier Werte sind Bestandteil des Manifestes:

1. Menschen und Interaktionen anstatt Prozessen und Werkzeugen
2. funktionierende Software anstatt umfassender Dokumentation
3. Zusammenarbeit mit dem Kunden statt Vertragsverhandlungen
4. Reagieren auf Veränderungen anstatt strikten Befolgens eines Plans

Zusätzlich basiert das Manifest auf den folgenden zwölf Prinzipien:

1. Oberste Priorität ist es, den Kunden durch die frühzeitige und kontinuierliche Bereitstellung wertvoller Software zufriedenzustellen.
2. Begrüßen Sie sich ändernde Anforderungen – auch in der späten Entwicklungsphase. Agile Prozesse machen Veränderungen zum Wettbewerbsvorteil des Kunden nutzbar.
3. Sie sollten häufig funktionierende Software bereitstellen, von einigen Wochen bis hin zu einigen Monaten, wobei der kürzere Zeitrahmen bevorzugt wird.
4. Anwender*innen aus den Fachabteilungen und Entwicklungsteams müssen während des gesamten Projekts permanent zusammenarbeiten.
5. Bauen Sie Projekte um motivierte Personen herum auf. Geben Sie ihnen das Umfeld und die Unterstützung, die sie brauchen, und vertrauen Sie darauf, dass sie ihre Arbeit erledigen.

6. Die effizienteste und effektivste Methode, um Informationen an und innerhalb eines Entwicklungsteams zu übermitteln, ist das persönliche Gespräch.
7. Funktionierende Software ist der wichtigste Maßstab für den Fortschritt.
8. Agile Prozesse fördern eine nachhaltige Entwicklung. Die Sponsoren, Entwickler und Benutzer sollten in der Lage sein, ein konstantes Tempo auf unbestimmte Zeit beizubehalten.
9. Die ständige Aufmerksamkeit für technische Spitzenleistungen und gutes Design erhöht die Flexibilität.
10. Einfachheit: Die Kunst, die Menge der nicht erledigten Arbeit zu maximieren ist entscheidend.
11. Die besten Architekturen, Anforderungen und Entwürfe entstehen in selbst organisierten Teams.
12. In regelmäßigen Abständen reflektiert das Team, wie es effektiver werden kann, und passt dann sein Verhalten entsprechend an.

Agile Entwicklungsteams konzentrieren sich auf inkrementelle und schnelle Zyklen der Codeerstellung und -auslieferung. Diese Zyklen werden als *Iterationen* bezeichnet. Jede Iteration baut auf der vorangehenden auf. Dies schafft ein hohes Maß an Flexibilität in der Software und erlaubt es, sich problemlos an veränderte Anforderungen anzupassen. DevOps ist im Fahrwasser des Erfolgs der agilen Vorgehensweise entstanden. In einer agilen Welt haben Entwicklungs- und Betriebsteams getrennte Ziele und unterschiedliche verantwortliche Personen. Wenn DevOps und die agile Entwicklung zusammen eingesetzt werden, verwalten und verantworten sowohl die Entwicklungs- als auch die Betriebsteams den Code während des gesamten Lebenszyklus der Softwareentwicklung. Die agile Vorgehensweise wird oft mit einem Rahmenwerk wie beispielsweise Scrum oder Kanban formalisiert. Für DevOps gibt es hingegen kein dediziertes Framework. Wenn man über DevOps spricht, ist es sinnvoll, den Prozess in Phasen zu unterteilen, die zusammen eine *DevOps-Pipeline* bilden.

DevOps-Pipeline

Die DevOps-Pipeline setzt sich aus den folgenden Phasen zusammen (siehe Abbildung 1.10):

- **Plan**

  Die Planungsphase umfasst alles, was passiert, bevor die Entwickler*innen mit dem Schreiben von Code beginnen. Hier sind die Produkt- oder Projektmanager*innen gefordert. Anforderungen und Feedback werden von Stakeholdern und Kunden gesammelt und zur Erstellung einer Produkt-Roadmap verwendet, um die zukünftige Entwicklung zu steuern.

- **Code**
  Hier machen sich die Entwickler*innen an die Arbeit und setzen die Anforderungen aus der Planungsphase um.
- **Build**
  Sobald jemand im Entwicklungsteam eine Aufgabe abgeschlossen hat, überträgt er oder sie den Code in ein gemeinsames Code-Repository. In der Build-Phase kommt DevOps richtig zum Tragen. Es werden ein automatisierter Prozess ausgelöst, der die Codebasis aufbaut und eine Reihe von Ende-zu-Ende-, Integrations- und Unit-Tests durchführt, um etwaige Regressionen zu ermitteln.
- **Test**
  Sobald ein Build erfolgreich ist, wird er automatisch in einer Staging-Umgebung für tiefergehende Tests bereitgestellt. Danach wird eine Reihe von manuellen und automatisierten Tests durchgeführt. Bei den manuellen Tests kann es sich um herkömmliche Benutzerakzeptanztests handeln. Dabei wird die Anwendung wie von Endbenutzer*innen genutzt, um Probleme oder Verbesserungen zu ermitteln, die vor der Bereitstellung in der Produktion behoben werden sollten. Gleichzeitig können automatisierte Tests Sicherheits-Scans für die Anwendung durchführen und die Einhaltung von Best Practices überprüfen, die die Leistung der Anwendung testen oder Lasttests durchführen.
- **Release**
  Das Release beschreibt den Punkt, an dem ein Build bereit für die Bereitstellung in der Produktionsumgebung ist. Die Releasephase ist damit ein Meilenstein in der DevOps-Pipeline. Jede Codeänderung hat eine Reihe von manuellen und automatisierten Tests durchlaufen, und das Betriebsteam kann sicher sein, dass Probleme unwahrscheinlich sind.
- **Deploy**
  In der Deploy-Phase ist ein Build bereit für die Produktion. Es gibt verschiedene Tools und Prozesse, mit denen der Freigabeprozess automatisiert werden kann.
- **Operate**
  In dieser Phase ist die neue Version live und wird von den Kunden genutzt. Nun ist das Betriebsteam gefragt, um sicherzustellen, dass alles reibungslos läuft.
- **Monitor**
  Die letzte Phase des DevOps-Zyklus ist die permanente Überwachung der Umgebung. Sie baut auf dem Kunden-Feedback aus der vorangehenden Operate-Phase auf. Dabei werden Daten gesammelt und Analysen zum

Kundenverhalten durchgeführt. Ziel ist es, ausführliche Informationen zur Performance und zu Fehlern bereitzustellen.

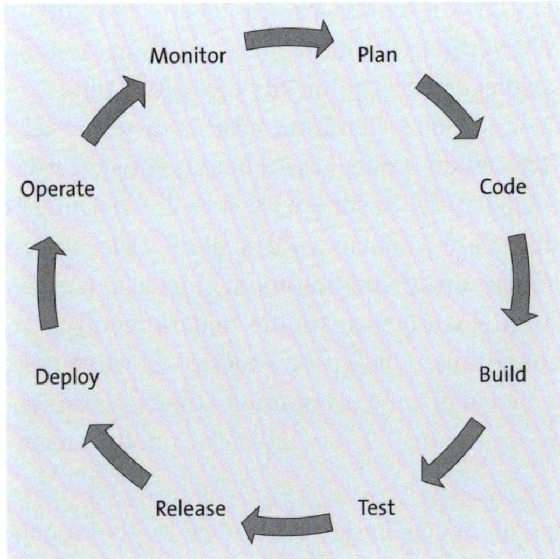

Abbildung 1.10 Phasen der DevOps-Pipeline

Kontinuität in DevOps

Kontinuität ist der Kern von DevOps. Daher lassen sich die zuvor vorgestellten acht Phasen wie folgt kategorisieren:

- **Continuous Integration**
  Sie ist auf die Code- und Build-Phasen der DevOps-Pipeline abgestimmt. Dabei wird der Code einer Entwicklerin regelmäßig in die zentralisierte Codebasis integriert, und es werden automatisierte Tests durchgeführt, um sicherzustellen, dass keine Regressionen eingeführt wurden.
- **Continuous Delivery**
  Eine Erweiterung der Continuous Integration, die den Prozess der Bereitstellung eines neuen Builds in der Produktion automatisiert.
- **Continuous Deployment**
  Sie ist eine erweiterte Version von Continuous Delivery. Die Ziele sind dieselben, aber die manuelle Freigabe neuer Versionen für die Produktion entfällt. In einem Continuous-Deployment-Modell werden alle Builds, die alle Prüfungen der Pipeline bestehen, automatisch in der Produktion bereitgestellt.
- **Continuous Feedback**
  Der Sinn von DevOps besteht darin, neue Funktionen und Fehlerbehebungen so schnell wie möglich zu veröffentlichen, damit das Unternehmen möglichst schnell Feedback von allen beteiligten Akteuren erhalten kann, um bessere Entscheidungen bei der Entwicklung der nächsten Än-

derungen zu treffen. Es geht darum, eine starke kontinuierliche Feedback-Schleife zu erreichen, um ein besseres Produkt zu entwickeln.

GitOps

Doch welche Rolle spielt eigentlich Git in DevOps? Das ist eine berechtigte Frage. Git ist das am meisten verbreitete Quellcode-Verwaltungssystem. Damit stellt es auch die naheliegendste Option für die Verwaltung von Code-Artefakten in DevOps dar. Im Speziellen kommt Git in der Code- und in der Build-Phase zum Einsatz. In der Codephase arbeiten Entwickler*innen mit einem lokalen Git-Repository. Nachdem sie ihre Entwicklungen erfolgreich lokal erstellt und getestet haben, werden die Entwicklungen mittels Push in das zentrale Repository übernommen. Einerseits können andere Entwickler*innen unmittelbar danach auf die Neuerungen zugreifen, und andererseits kann damit die Build-Phase angestoßen werden. Es gibt eine Vielzahl an Tools, die dabei zur Verwendung kommen können. Diese werden in Kapitel 8, »Continuous Delivery und Continuous Integration«, ausführlich erklärt.

Eine Ausprägung von DevOps, die auf Git basiert, ist *GitOps*. Es ist ein codebasiertes Infrastruktur- und Betriebsverfahren. Es setzt sich für eine deklarative Quellcode-Kontrolle sowohl für Anwendungs- als auch für Infrastrukturcode ein. Neben dem klassischen Verwalten des Quellcodes stellt Git in diesem Zusammenhang auch Kontrollmechanismen zum Erstellen, Aktualisieren und Löschen der Systemarchitektur bereit.

1.6 Zusammenfassung

In diesem Kapitel haben Sie verschiedene Versionskontrollsysteme der ersten, zweiten und dritten Generation kennengelernt. Git ist ein Versionskontrollsystem der dritten Generation. Dabei handelt es sich um ein verteiltes System. In Git sind die Rechner der Entwickler*innen potenziell sowohl Konten als auch Knotenpunkt. Dadurch können Entwickler*innen sowohl Code zu anderen Repositorys committen als auch ein öffentliches Repository bereitstellen, zu dem wiederum andere Entwickler*innen beitragen können. Damit lassen sich verschiedene Workflows umsetzen. In Abschnitt 1.3.1 haben Sie den zentralisierten Workflow kennengelernt und in Abschnitt 1.3.2 den Integration Manager Workflow.

In Abschnitt 1.4 haben wir Git im SAP-Umfeld eingeführt. Dabei haben wir die Einsatzszenarien von Git in der ABAP-Entwicklung, in der Java-Entwicklung, in der nativen SAP-HANA-Entwicklung und in der SAPUI5- und SAP-Fiori-Entwicklung beleuchtet. Abschließend wurde in Abschnitt 1.5 gezeigt, wie Git als Basis von DevOps dienen kann.

Kapitel 2
Technische Grundlagen

Die schier unendlich vielen Begrifflichkeiten und Funktionalitäten im Kontext von Git können auf den ersten Blick verwirren, sind jedoch für das Arbeiten mit Git unerlässlich. Einige dieser Begriffe werden Ihnen immer wieder begegnen und sollten deshalb bis ins kleinste Detail verstanden und richtig angewendet werden.

Das Arbeiten mit Git erfordert sowohl einige technische Grundlagen als auch Basiswissen über die wichtigsten Begrifflichkeiten und Funktionen. Wie schon im vorangehenden Kapitel eingeführt, existiert Git schon lange, und so sind auch die Funktionalitäten historisch gewachsen.

In diesem Kapitel führen wir Sie durch die Welt von Git und erklären einen Teil der vielen Begriffe und Funktionen. Dabei gehen wir auf die für dieses Buch relevanten Themen ein und schaffen somit auch die Grundlage für die weiteren Kapitel.

Englische Begriffe

Wie es auch in allen anderen Bereichen der Fall ist, ist Git von Fachausdrücken geprägt, die aus dem Englischen kommen und oft nicht übersetzt werden. So werden auch wir in diesem Kapitel mit vielen englischen Begriffen konfrontiert, die wir nicht versuchen zu übersetzen. In diesen Fällen bieten wir Ihnen eine geeignete Beschreibung, eine visuelle Darstellung und/oder Synonyme an.

Themen in diesem Kapitel

In Abschnitt 2.3, »Git-CLI«, gehen wir näher darauf ein, wo Git-Befehle abgesetzt werden können und welche Möglichkeiten Ihnen für grafische Tools statt einem Command Line Interface (CLI) zur Verfügung stehen. Anschließend erklären wir in Abschnitt 2.1, »Lokales und Remote-Repository«, wo der Quellcode Ihrer Entwicklungsprojekte grundsätzlich liegt und verwaltet werden kann. Welche Welten hierbei unterschieden werden, wie diese weiter unterteilt und wie diese, wie es auch bei Mehrsystemlandschaften der Fall ist, sauber konzipiert werden können, wird weiter in Abschnitt 2.1.2, »Branches«, erörtert.

Danach arbeiten wir uns immer weiter vor, bis Sie in Abschnitt 2.2, »Die wichtigsten Git-Befehle«, die wichtigsten Funktionalitäten kennengelernt haben. Mit diesem Wissen werden Sie einerseits Sourcen sichern und zusammenführen, diese aber auch mit anderen Personen teilen können.

In Abschnitt 2.4, »Das Arbeiten mit dem Git-CLI«, werden Sie das zuvor erlernte Wissen einsetzen und mit den Git-Befehlen arbeiten. Im letzten Schritt werden wir Konflikte simulieren und auch darauf zu sprechen kommen, wer diese Konflikte behebt und wie die Behebung überhaupt vonstattengeht. Alles rund um das Thema Konflikte behandeln wir in Abschnitt 2.5, »Konflikte lösen«. Hilfreiche Befehle inklusive einer kurzen Beschreibung finden Sie in Abschnitt 2.6, »Weitere hilfreiche Befehle«.

Weiterführende Informationen zu Git

Bevor wir die Integration Richtung SAP behandeln können, ist es unerlässlich, dass wir Git in dessen groben Zügen erklären. Sollten Sie weitere und ausführliche Informationen zu Git suchen, verweisen wir auf das Buch »Git – Projektverwaltung für Entwickler und DevOps-Teams« von Bernd Öggl und Michael Kofler (Rheinwerk Verlag, 2022).

2.1 Lokales und Remote-Repository

Repositorys können Sie sich wie Verzeichnisse vorstellen, die einen bestimmten Namen haben und Dateien speichern. Die Dateien können verschiedene Typen verwenden und müssen keinen ausführbaren Programmcode und auch kein funktionsfähiges Projekt beinhalten.

Historie

Ein Repository merkt sich alle Änderungen, die im Laufe des Projekts vorgenommen worden sind, sodass Sie auch im Nachhinein Schritt für Schritt die Entwicklungen der Dateien in Form einer Historie (engl. *History*) abrufen können.

Grundsätzlich werden zwei Arten von Repositorys unterschieden. Es gibt lokale Repositorys und Remote-Repositorys:

- *Lokale Repositorys* liegen tatsächlich bei der Entwicklerin bzw. beim Entwickler, egal ob auf einem privaten Computer oder in einer IDE in der Cloud. Dieses Repository ist nur für diese eine Person sichtbar und weder öffentlich noch von anderen Personen oder Personengruppen einsehbar.
- *Remote-Repositorys* liegen hingegen entweder selbst gehostet innerhalb des Unternehmensnetzwerks oder bei einem externen Anbieter in der Cloud. Auf diese Repositorys könnten auch mehrere Personen zugreifen. Im besten Fall sind diese Repositorys entweder selbst durch das Anbin-

den, z. B. eines *Active Directorys*, abgesichert, oder in der Cloud sind bestimmte Benutzer in bestimmten Rollen als Mitwirkende eingetragen.

Die Gestaltung der Zugriffe ist immer von der Art des Hostings abhängig. Entweder liegt das Remote-Repository in einem internen Netzwerk, und Sie können direkt auf den Git-Server zugreifen – auch wenn es einen Umweg über eine VPN-Verbindung erfordert –, oder Sie benötigen eine URL, weil das Remote-Repository bei irgendeinem Anbieter liegt. Gleichwohl möchten Sie als Tester*in, Entwickler*in oder Projektleiter*in Zugriff haben, um an diesem Projekt mitarbeiten zu können.

Repository klonen

Wenn für ein Projekt bereits ein Remote-Repository existiert, müssen alle Personen, die Zugriff auf dieses Repository haben und es verwenden wollen, es zunächst klonen (engl. *clone*), bevor sie damit arbeiten können. Mit dem Befehl `git clone <pfad/url>` klonen Sie das Remote-Repository; dabei werden Sie unter Umständen auch dazu aufgefordert, sich zu authentifizieren, um sicherzugehen, dass Sie dazu berechtigt sind, mit dem Repository zu arbeiten. Wo die Kopie des Remote-Repositorys bei Ihnen lokal abgelegt wird, hängt davon ab, in welchem Verzeichnis Sie den Befehl ausgeführt haben.

[+]

Verzeichnisstruktur

Wie bereits erwähnt, wird beim Klonen eines Repositorys eine lokale Kopie erstellt, und alle Dateien und Verzeichnisse, die im Remote-Repository existieren, werden auf dem eigenen Rechner abgelegt. Da Sie diese Befehlseingabe in einem CLI vorgenommen haben, müssen Sie darauf achten, auf welchem Pfad in Ihrer Verzeichnisstruktur Sie sich gerade befinden. Den aktuellen Pfad können Sie normalerweise am Zeilenanfang ablesen, wo Sie auch Befehle absetzen.

Sollten Sie nicht an der richtigen Stelle sein, können Sie mit dem Befehl `cd <pfad>` (`cd` steht für *Change Directory*) in ein anderes Verzeichnis wechseln. Hierbei spielt es eine Rolle, ob Sie als Parameter einen absoluten oder einen relativen Pfad angeben. Absolute Pfade können immer verarbeitet werden, egal auf welcher Hierarchieebene Sie in einer Verzeichnisstruktur stehen. Relative Pfade sind hingegen nur auf der aktuellen Ebene auswertbar.

Organisation der Repositorys

Eine Art, wie man Remote-Repositorys verwaltet, kennen Sie bereits. Anbei haben wir die wichtigsten *verteilten Arbeitsabläufe* im Git-Umfeld für Sie zusammengefasst. Für Administratorinnen und Architekten gibt es drei bekannte Arten, wie sie ihre Git-Repositorys verwalten können, um die Zusammenarbeit im Team zu organisieren:

- **Subversion-Style Workflow**
  Dies ist der klassische Fall und heißt übersetzt *zentralisierter Arbeitsablauf*. Es gibt ein Remote-Repository, das in diesem Fall auch *Shared Repository* genannt wird. Die Entwickler*innen klonen dieses Repository jeweils und haben somit eine Kopie auf ihren Rechnern (siehe Abbildung 2.1).

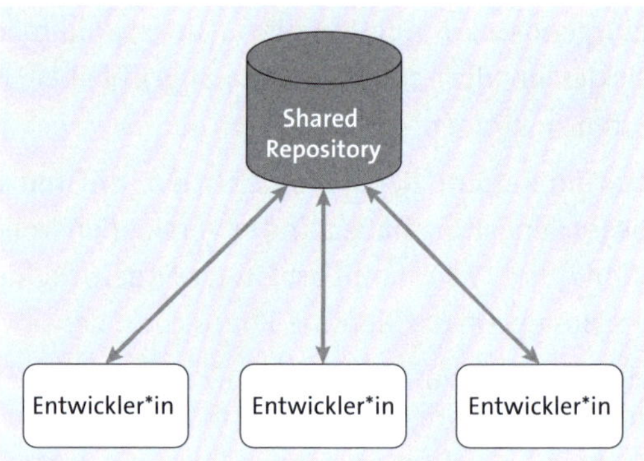

Abbildung 2.1 Subversion-Style Workflow (Quelle: Git SCM Documentation, siehe https://git-scm.com/about/distributed)

- **Integration Manager Workflow**
  Bei einem *Arbeitsablauf mit Integrationsmanager*, der eine beliebte Architektur für Open-Source-Projekte ist, existieren mehrere eigene Repositorys, mit denen die Entwickler*innen arbeiten. Ein oder mehrere sogenannte *Integration Manager* sorgen dafür, dass aus diesen öffentlichen Repositorys nur die Beiträge der Entwickler*innen übernommen werden, die einen Mehrwert für das Projekt haben. Die übernommenen Änderungen landen im *Blessed Repository*, einem Repository, das die öffentlichen Sourcen des Projekts beinhaltet (siehe Abbildung 2.2).

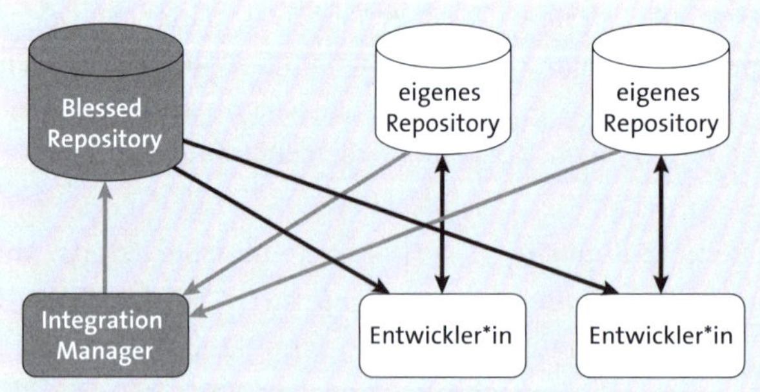

Abbildung 2.2 Integration Manager Workflow (Quelle: Git SCM Documentation, siehe https://git-scm.com/about/distributed)

- **Dictator and Lieutenants Workflow**
  Diese Variante ähnelt sehr der vorherigen, jedoch existieren hier drei verschiedene Rollen. Übersetzt wird diese Variante mit *Arbeitsablauf mit Diktator und Lieutenants*. Die Lieutenants sind für kleinere Teile des Projekts zuständig, die sie überwachen und für die sie die Änderungen der Entwickler*innen überprüfen und zusammentragen. Der Dictator sorgt anschließend dafür, dass die zusammengetragenen Projektteile zusammengesetzt und auf einem Blessed Repository zur Verfügung gestellt werden (siehe Abbildung 2.3).

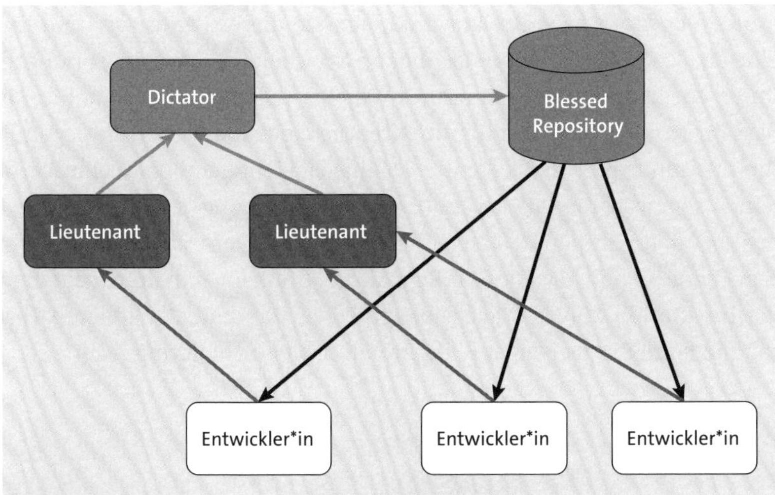

Abbildung 2.3 Dictator and Lieutenants Workflow (Quelle: Git SCM Documentation, siehe https://git-scm.com/about/distributed)

Repository erstellen

Wenn noch kein Remote-Repository existiert, muss jemand den ersten Schritt machen und eines erstellen. Ein lokales Repository legen Sie lokal auf dem Rechner mit dem Befehl `git init <repo_name>` an, wobei Sie sich im Verzeichnis befinden sollten, dass das Repository darstellen wird. Nach diesem Befehl wird ein ausgeblendeter Ordner mit der Bezeichnung **.git** angelegt.

Lokales und Remote-Repository verknüpfen

Nun können Sie dieses lokale Repository mit einem Remote-Repository verknüpfen. Dies ist notwendig, wenn Sie selbst ein lokales Repository erstellt haben und es einem Remote-Repository zuweisen möchten, oder weil Sie aus irgendwelchen anderen Gründen das zugehörigen Remote-Repository ändern möchten. Hierzu gibt es den Befehl `git remote add <name> <url>`. Als ersten Parameter geben Sie einen Namen für das Remote-Repository mit, und mit dem zweiten Parameter geben Sie den eindeutigen Pfad an, der auf das Remote-Repository zeigt.

2.1.1 Fork

Damit Entwickler*innen und Teams effizient, u. a. auch bei Open-Source-Projekten, zusammenarbeiten können, hat man sich überlegt, wie man diese Zusammenarbeit, technisch gesehen, am besten realisiert. In diesem Zuge wurde *Fork* (englisch für *Gabel*, da das Projekt, bildlich gesprochen, mehrere Zinken ausbildet) erfunden.

Fork-Prozess

Mithilfe eines Forks kopieren Sie ein Remote-Repository, das von einer anderen Person erstellt wurde, als separates Remote-Repository für Ihre eigene Arbeit (dafür müssen Sie natürlich Zugriff auf das entsprechende Remote-Repository haben). Danach klonen Sie dieses Repository und legen eine lokale Kopie auf Ihrem Rechner ab. So arbeiten Sie zunächst nur gegen Ihr eigenes Remote-Repository des Projekts. Sobald Sie der Meinung sind, dass Ihre Änderungen reif für die Öffentlichkeit sind, stellen Sie gegenüber Ihrer Ansprechperson (Integration Manager, Lieutenant usw.) eine Anfrage (einen sogenannten *Pull Request*), um Ihre Änderungen in das Blessed Repository übernehmen zu lassen. Diese Vorgehensweise kann gerade bei großen Teams helfen, das Blessed Repository »sauber« zu halten, da lediglich der Integration Manager Schreibzugriff hat, während alle anderen Teammitglieder in ihren eigenen Forks arbeiten (siehe Abbildung 2.4).

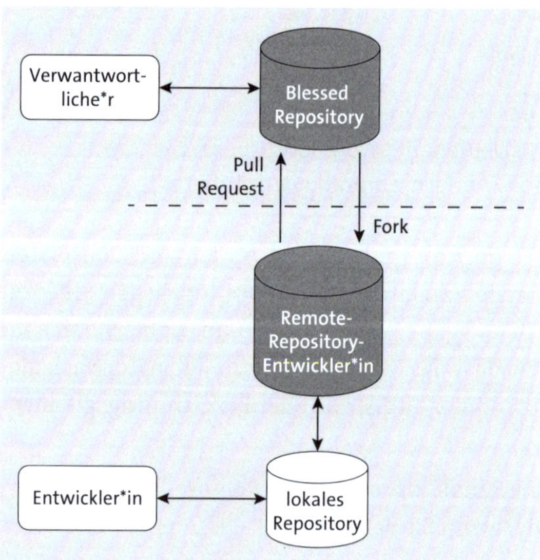

Abbildung 2.4 Fork-Prozess

2.1.2 Branches

Git bringt eine besondere Möglichkeit der Source-Code-Verwaltung und Versionierung mit. Sie können Ihre Entwicklung in mehrere Stränge bzw.

Abzweigungen aufteilen und diese getrennt voneinander weiterentwickeln, sie wieder zusammenführen oder einzelne Abzweige gar verwerfen. Diese Abzweigungen werden auch *Branches* (englisch für *Ast*) genannt.

Main-Branch

Ein Repository kann aus mehreren Branches bestehen, jedoch gibt es auch immer einen Hauptstrang, der sich in den meisten Fällen *Main-Branch* nennt. Dieser Name kann übersteuert bzw. mit der Konfigurationsmöglichkeit `init.defaultBranch` festgelegt werden.

Für Repositorys, die ausführbare Programme verwalten, gibt es das ungeschriebene Gesetz, dass sich auf dem Main-Branch immer ein problemlos ausführbarer Code befinden muss.

[«]

Diskriminierungsfreie Sprache in der IT

Sie werden an einigen Stellen sicher auch mit dem Begriff *Master-Branch* in Berührung kommen. Diesen Ausdruck sollten Sie allerdings nicht mehr verwenden.

Wie Sie es eventuell mitbekommen haben, begann im Jahr 2020 eine Bewegung, die die Sprache der IT, also Fachausdrücke, Design-Patterns, Architektur-, Referenzmodelle und vieles mehr, diskriminierungsfrei und frei von rassistischen Bemerkungen und Ausdrücken gestalten möchte. So sollten Sie z. B. Begriffe wie Primary und Replica statt Master und Slave oder Denylist und Allowlist statt Blacklist und Whitelist verwenden. In unserem Fall wäre das also Main-Branch statt Master-Branch.

Zwecke von Branches

Branches erfüllen mehrere Zwecke:

- Im Remote-Repository können mehrere Versionen des Quellcodes unterschieden werden. So können Sie z. B. eine Mehrsystemlandschaft simulieren und alle Entwicklungsstände von der Testversion bis hin zum Produktivstand der Applikation separieren.
- In einem lokalen Repository werden oft Branches für Neuentwicklungen angelegt (*Feature-Branch*). Sie werden vom Main-Branch abgezweigt, um Änderungen vorzunehmen und diese später im besten Fall wieder mit dem Hauptstrang zusammenzuführen.
- Ein Vorteil der Feature-Branches ist auch, dass Sie im Falle eines Scheiterns oder Verwerfens der Änderungen nicht mühselig nach den eingefügten Zeilen suchen müssen, sondern einfach den Branch löschen können, um zum vorherigen, im Normalfall ausführbaren Hauptstrang zurückzukehren.

Es gibt einen guten Grund, warum wir von einem oder mehreren Strängen oder Branches sprechen. Sie können sich den Aufbau wie Zweige vorstellen, die sich bei bestimmten Punkten vom Stamm abzweigen und entfernen, die sich aber auch wieder finden können (siehe Abbildung 2.5). Den Namen der Remote-Branches ist jeweils ein `origin/` vorangestellt um zu zeigen, dass wir hier nicht lokal unterwegs sind, sondern die Ressource woanders liegt. Die Namen der Branches an sich können frei gewählt werden. In diesem Beispiel bilden wir eine Dreisystemlandschaft ab, weshalb wir einen Zweig für die Entwicklungen (`dev`), einen für die Qualitätssicherung (`qas`) und einen für die Produktion (`prod`) haben.

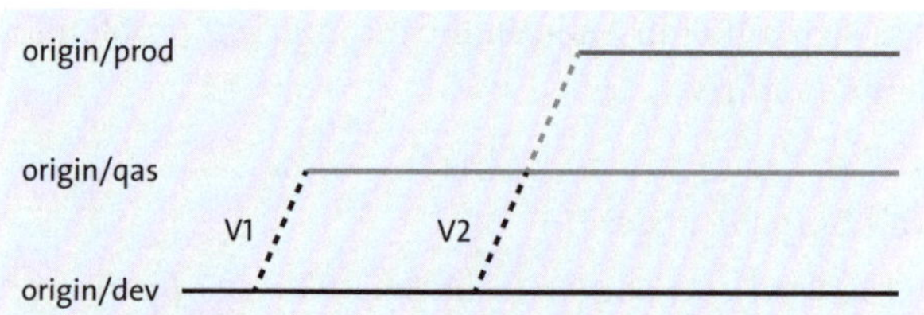

Abbildung 2.5 Branches im Remote-Repository

(Drei)systemlandschaft

Des Weiteren können Sie sehen, dass dieses Repository mit dem `dev`-Branch startet und zu einem bestimmten Zeitpunkt ein `qas`-Branch für die Qualitätssicherung mit einer ersten Version (V1) abgezweigt wurde. Nach einer Feedback-Schleife wurden Änderungswünsche im `dev`-Branch umgesetzt und, nachdem die zweite Version auf dem bereits bestehenden `qas`-Branch erfolgreich angenommen worden ist, wurde ein dritter Branch namens `prod` für die Produktion erstellt. Dieser Branch enthält den getesteten und produktiven Quellcode.

Dieses Beispiel zeigt nur eine von vielen Möglichkeiten, wie Sie Ihr Remote-Repository verwalten können. Davon, alles in einem Branch zu ändern und keine weiteren Branches zu haben wäre, als würde man immer etwas im Produktivsystem ändern und implementieren. Davon raten wir absolut ab.

Lokale Feature-Branches

Wir haben bei den Zwecken die Unterscheidung von Branches in lokalen Repositorys und Remote-Repositorys angeführt. In Abbildung 2.6 sehen Sie eine grafische Darstellung, wie man sich solche Feature-Branches auf lokalen Repositorys bildlich vorstellen kann.

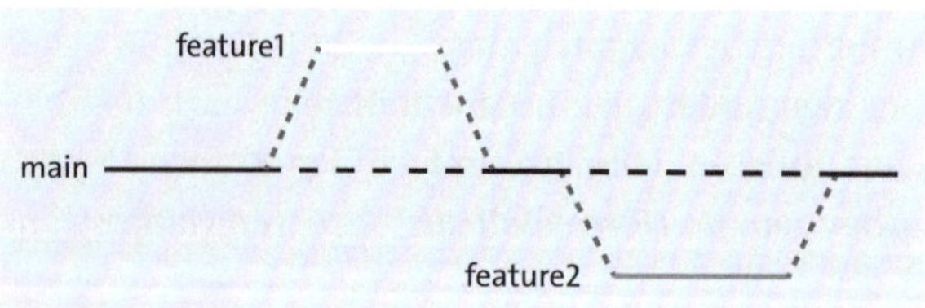

Abbildung 2.6 Feature-Branches in lokalem Repository

Hier sehen Sie, dass zunächst im Main-Branch entwickelt wurde und dass es zu einem bestimmten Zeitpunkt eine Abzweigung gab. Diese erste Abzweigung erhielt den Namen **feature1**. In diesem Feature-Branch wurden Anpassungen vorgenommen, und nachdem diese für gut befunden wurden, wurden die Änderungen wieder mit dem Main-Branch zusammengeführt. Das gleiche passierte auch bei der Implementierung eines weiteren Features im Branch **feature2**.

Auch in diesem Fall gilt, dass Sie die Aufteilung und Verwendung von lokalen Branches selbst in der Hand haben. Was sich in diesem Fall aber sehr gut zeigt, ist, dass im Falle einer Revidierung der Änderungen der Main-Branch nicht angegriffen, sondern lediglich der Feature-Branch gelöscht werden muss.

2.2 Die wichtigsten Git-Befehle

Sie haben bereits Repositorys und Branches kennengelernt, jedoch bieten diese lediglich einen Rahmen für die verschiedenen Funktionen und wichtigen Befehle, die Git bietet. In diesem Abschnitt werden die wichtigsten Befehle, die Sie üblicherweise auf der Kommandozeile ausführen, näher behandelt. Mit diesen Befehlen können Sie die Branches und Repositorys bearbeiten und Ihrem Projekt »Leben einhauchen«. In Kapitel 3, »Deployment-Optionen und Anbieter von Git-Clients«, werden Sie verschiedene grafische Tools kennenlernen, die das Auswendiglernen der Kommandos überflüssig machen. Diese Tools sind sehr hilfreich, jedoch hilft das beste Tool nichts, wenn Sie die logischen Zusammenhänge im Hintergrund nicht verstehen.

All diese Befehle sind mit der Zeit sehr mächtig geworden, und so könnten wir, wenn wir alle Befehlsoptionen und -parameter behandeln wollten, jeweils mehrere Seiten pro Befehl schreiben. Wir möchten daher an dieser Stelle darauf hinweisen, dass die Befehle, die Sie kennenlernen werden, nur so detailliert vorgestellt werden, wie es für die weiterführenden Kapitel und Beispiele notwendig ist. Überzeugen Sie sich selbst von der Fülle der Möglichkeiten, und werfen Sie nach der Lektüre dieses einführenden Abschnitts unter *https://git-scm.com/docs/git#_git_commands* einen Blick auf die offizielle Auflistung aller Git-Befehle. Doch zunächst möchten wir Ihnen die wichtigsten Befehle, die Sie definitiv in der täglichen Arbeit benötigen werden, vorstellen.

2.2.1 Commit

Die kleinsten messbaren Einheiten im Git-Umfeld nennen sich *Commits* und sind quasi eine Momentaufnahme (engl. *Snapshot*) des aktuellen Entwicklungsstands.

Bestandteile

Ein Commit wird mittels eines Befehls (auf den wir später zu sprechen kommen) durch eine*n Entwickler*in ausgelöst, und beinhaltet zumeist alle Änderungen, die seit dem letzten Commit vorgenommen wurden. Zudem speichert ein Commit, wer (`user.name` und `user.email` aus der Konfigurationsdatei) zu welchem Zeitpunkt (Datum und Uhrzeit) die Änderungen getätigt hat. Diese Informationen werden gemeinsam mit einer eindeutigen Commit-ID, einer Prüfsumme und einem Kommentar (engl. *Commit Message*), den die Person, die den Commit durchführt, ergänzen kann, zum Zeitpunkt der Ausführung des Befehls `commit` abgespeichert.

Staging Area

Es stellt sich natürlich die Frage, welche Änderungen, die seit dem letzten Commit getätigt wurden, mit dem nächsten Commit abgespeichert werden. Es handelt sich dabei um alle Änderungen, die sich in der sogenannten *Staging Area* befinden. Die Staging Area ist ein Bereich, der eine ausgewählte Anzahl an Änderungen beinhaltet, die im nächsten Commit aufgenommen werden. Welche Files es in die Staging Area schaffen, haben Sie mit folgendem Befehl in der Hand:

```
git add <dateiname>
```

Sollen alle Änderungen in die Staging Area aufgenommen werden, erledigen Sie das mit folgendem Befehl:

```
git add --all
```

Abbildung 2.7 zeigt den Ablauf der Befehle, damit die Änderungen zuerst in der Staging Area landen, um danach über `commit` ins lokale Repository übertragen zu werden.

Um den Umweg über die Staging Area abzukürzen, gibt es den Befehl `git commit -a`. Dieser Befehl schreibt alles, was gerade im Änderungsstatus ist, direkt in den Commit. Abbildung 2.8 zeigt diese verkürzte Methode.

Lebenszyklus von Dateien

Git bringt auch einen eigenen Lebenszyklus für die Dateien mit, um nachzuhalten, welche Dateien neu hinzugefügt, bearbeitet oder gelöscht wurden. Grundsätzlich werden zwei Arten von Dateien unterschieden: Dateien, die verfolgt (engl. *tracked*) werden, und Dateien, die nicht verfolgt (engl. *untracked*) werden. Der Name ist Programm. Hier wird unterschieden, ob Änderungen an einer Datei erkannt und dokumentiert oder eben nicht erkannt werden sollen.

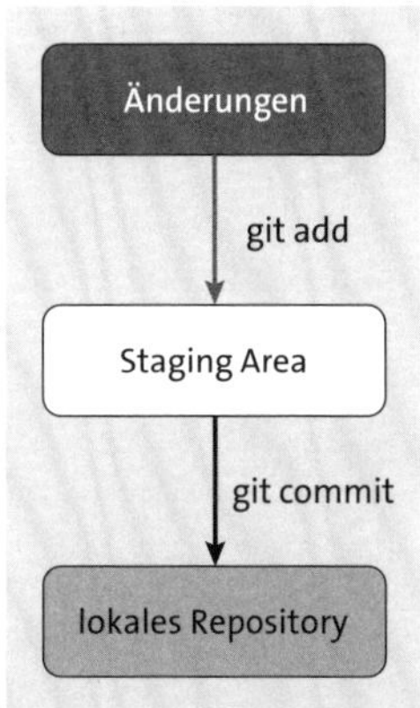

Abbildung 2.7 Befehle »add« und »commit«

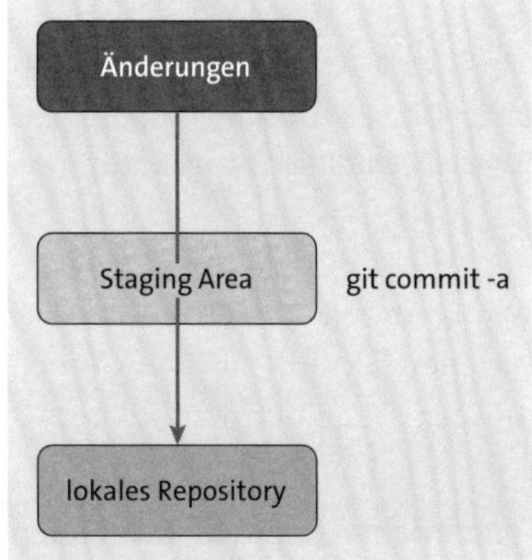

Abbildung 2.8 Alle Änderungen sofort bestätigen

Dateien nicht verfolgen mit .gitignore

Sollten Sie entscheiden, dass Git bestimmte Dateien oder Dateitypen nicht verfolgen soll, müssen Sie – insofern sie noch nicht existiert – die Datei **.gitignore** im Hauptverzeichnis des Projekts anlegen. In dieser Datei schreiben Sie Zeile für Zeile die Pfade zu bestimmten Dateien, zu kompletten Verzeichnissen oder mittels *Wildcards* zu Dateien mit bestimmten Dateiendungen. In Listing 2.1 sehen Sie drei Beispiele.

```
/data/mock.json
./node_modules
*.zip
```

Listing 2.1 Beispiel für Einträge in der Datei .gitignore

Ansonsten können verfolgbare Dateien zwischen nicht geändert (engl. *unmodified*), geändert (engl. *modified*) oder dem Zustand, wenn sie sich in der

Staging Area befinden (engl. *staged*), unterschieden werden. Da unserer Meinung nach diese Lebenszyklen in der offiziellen Dokumentation sehr gut beschrieben sind, verweisen wir an dieser Stelle auf die Git-Dokumentation, wollen Ihnen aber Abbildung 2.9 nicht vorenthalten, die genau diese Zyklen beschreibt und auch aufzeigt, welche Funktionen die Zyklusänderungen bewirken.

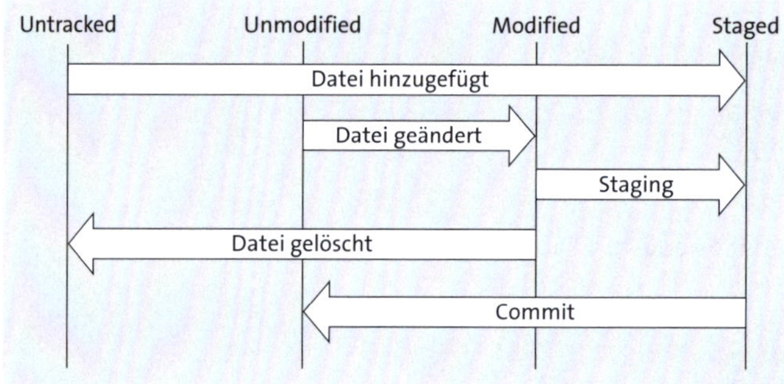

Abbildung 2.9 Lebenszyklus von Dateien (Quelle: Git SCM Documentation, siehe https://git-scm.com/book/en/v2/Git-Basics-Recording-Changes-to-the-Repository)

Commit-Befehl

Nachdem die geänderten Dateien in die Staging Area gebracht worden sind, führen Sie mittels `git commit -m <kommentar>` einen Commit aus und können mit der Option `-m` einen Kommentar hinzufügen. Den Kommentarparameter haben wir mit einem Platzhalter `<kommentar>` gekennzeichnet.

Commit-Message

Commit-Kommentare sollten im Präsens geschrieben sein und die nötigen Informationen – jedoch keine unnötigen Romane – enthalten. Verfassen Sie einfach in menschlich lesbarer Form die enthaltenen Änderungen des jeweiligen Commits.

Repositorys, Branches und Commits

In Abbildung 2.10 sehen Sie, wie die Beziehungen zwischen Repositorys, Branches und Commits in einem *gesunden* System abgebildet sind. Wir sprechen von einem gesunden System, weil Sie natürlich auch ein leeres Repository erstellen könnten, was jedoch wenig sinnvoll ist.

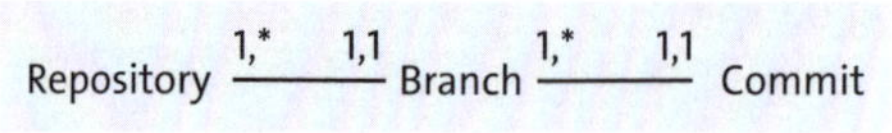

Repository 1,* ——— 1,1 Branch 1,* ——— 1,1 Commit

Abbildung 2.10 Repository-Branch-Commit-Beziehung

Durchgängiges Beispiel

Die Erfahrung hat gezeigt, dass visuelle Erklärungen bezüglich Git-Funktionen und -Befehlen immer hilfreich sind, um zu verstehen, welche Befehle welche Auswirkungen auf den aktuellen Stand des Quellcodes und des Git-Repositorys, sowohl lokal als auch remote, haben.

Die nächsten Funktionen behandeln wir in einem durchgängigen Beispiel. Wir laden Sie ein, die dazugehörigen Listings und Befehle selbst zu auszuprobieren. Für diesen Zweck haben wir ein öffentliches Git-Repository auf GitHub eingerichtet, damit Sie die untenstehenden Schritte nachvollziehen können. Dieses Repository erreichen Sie über die folgende URL:
https://github.com/clouddnagmbh/git-und-sap.git

2.2.2 Clone

In Abbildung 2.11 sehen Sie die Ausgangslage. Die Abbildung zeigt anhand des Kreises, dass sich im Remote-Repository auf **origin/main** ein Commit mit der eindeutigen Identifikation A befindet.

Remote-Repository
origin/main
A
lokales Repository

Abbildung 2.11 Ausgangssituation

Mit dem folgenden Befehl führen Sie einen *Clone* durch und bestimmen somit, dass Sie lokal ein genaues Abbild des Remote-Repositorys haben möchten, gegen das Sie arbeiten. Sie klonen das Remote-Repository also:

```
git clone https://github.com/clouddnagmbh/git-und-sap.git
```

Nun sehen Sie, dass ein lokales Repository und ein Main-Branch angelegt wurden. Abbildung 2.12 zeigt, dass eine lokale Kopie vom Remote-Repository erzeugt wurde.

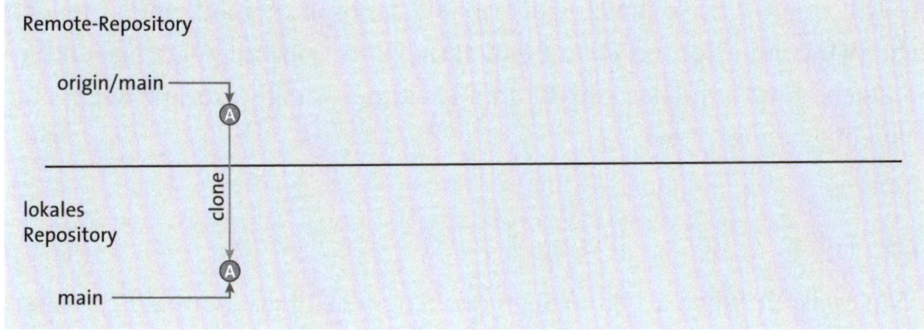

Abbildung 2.12 Clone erstellen

Das Ergebnis, wie sich ein Clone auf Ihr lokales Repository auswirkt, sehen Sie in Abbildung 2.13. Nach Abschluss dieses Vorgangs zeigt der Main-

Branch auf den aktuellen Commit; in diesem Fall verwendet dieser Commit die ID A.

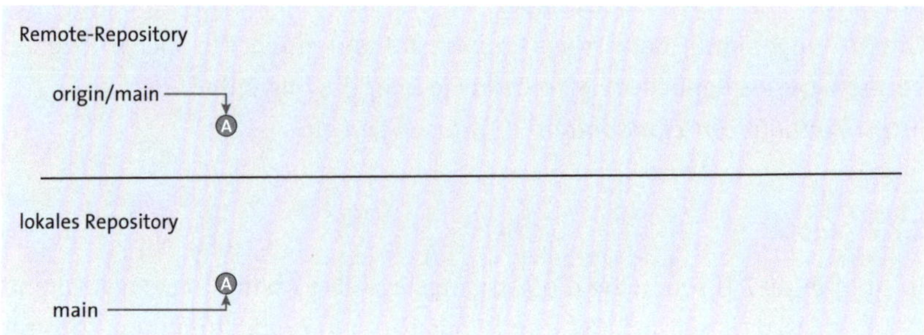

Abbildung 2.13 Nach dem Clone

Angenommen, Sie führen nun Änderungen durch, und es ergeben sich zwei weitere Commits mit den IDs B und C, die Sie im Main-Branch auf ihrem lokalen Repository tätigen, würde sich das Beispiel wie in Abbildung 2.14 entwickeln.

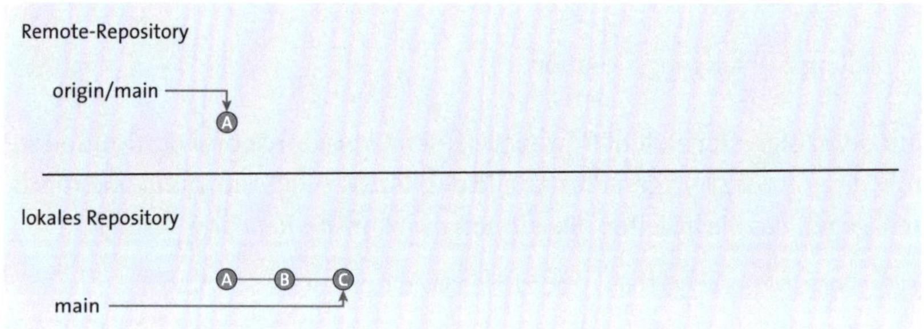

Abbildung 2.14 Änderungen im lokalen Repository

Bildliche Zeiger

Bildlich können Sie sich den zum Main-Branch zugehörigen Namen, in diesem Fall »main«, wie einen Zeiger vorstellen, der immer auf einen – jedoch nicht zwingend erforderlich auf den aktuellen – Commit zeigt. Neben diesen Zeigern auf Branches existieren auch andere Zeiger, auf die wir später noch eingehen werden.

2.2.3 Fetch

In den meisten Fällen arbeiten Sie natürlich nicht allein. Teamkolleg*innen arbeiten ebenso am Projekt und teilen ihre Änderungen im Remote-Repository mit Ihnen und allen anderen.

Wie in Abbildung 2.15 dargestellt, »weiß« Ihr lokales Repository von diesen Änderungen noch nichts. Bis zu diesem Zeitpunkt wissen Sie noch nicht, ob es irgendwelche Änderungen gegeben hat und wenn ja, welche und wie viele neue Commits sich im Remote-Repository befinden.

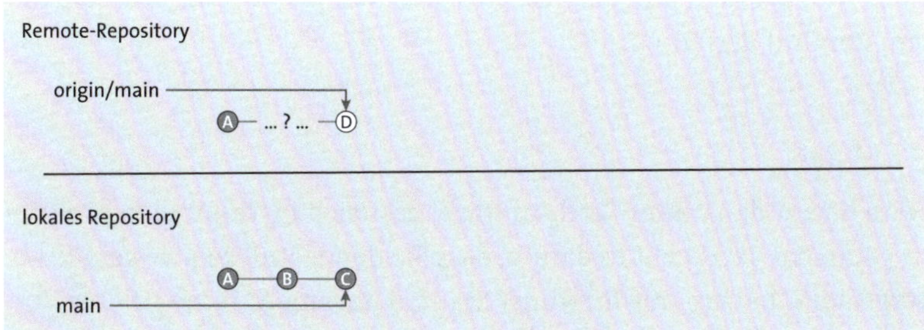

Abbildung 2.15 Änderungen im Remote-Repository

Sie müssen Git selbst anweisen, wann Ihr lokales Repository nachsehen soll, ob sich etwas im Remote-Repository geändert hat. Wenn Sie den folgenden Befehl ausführen, prüft Ihr lokales Repository, ob sich etwas in allen verbundenen Remote-Repositorys geändert hat:

```
git fetch --all
```

Wenn Sie nur in einem bestimmten Remote-Repository nachsehen möchten, erfolgt dies mit diesem Befehl:

```
git fetch <repository>
```

Sollten Sie lediglich ein Remote-Repository haben, reicht der Befehl ohne den Namen des Remote-Repositorys aus. Sollten Sie nur einen bestimmten Branch fetchen, können Sie den folgenden Befehl ausführen:

```
git fetch <repository> <branch>
```

In Abbildung 2.16 sehen Sie, dass durch den *Fetch* ein Kreis mit der ID D erzeugt wurde, der das Nachsehen darstellt und auch zeigt, dass etwas gefunden wurde.

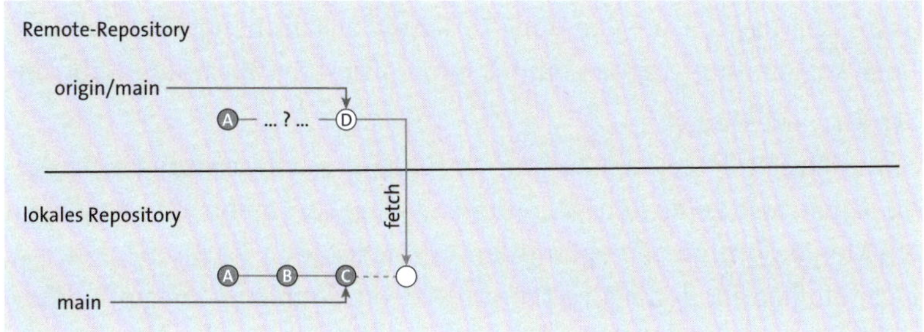

Abbildung 2.16 Der Fetch prüft die Änderungen im Remote-Repository und lädt sie herunter.

Beachten Sie, dass ein Fetch eigentlich keinen neuen Commit erstellt, wie es in unserer Abbildung zu sehen ist. Der Commit wurde lediglich für das Verständnis hinzugefügt, und Sie werden sehen, wie wir bei einem Merge mit diesem Commit verfahren.

2.2.4 Merge

Sie wissen jetzt dank Ihrer Fetch-Abfrage, dass sich im Remote-Repository etwas getan hat. Jetzt geht es darum, dass Sie den Stand, den Sie gerade heruntergeladen haben, mit Ihrem Ist-Stand zusammenführen. Dieser Vorgang nennt sich *Merge*.

Das Zusammenführen von Dateien kann sich als heikle Angelegenheit herausstellen, vor allem, wenn es zu Konflikten kommt. Wir werden uns für das Erste nicht mit Konflikten aufhalten, denn diese Probleme besprechen wir näher in Abschnitt 2.5, »Konflikte lösen«.

In erster Linie geht es darum zu verstehen, was einen *Merge* auszeichnet. Sie haben in Abbildung 2.16 gesehen, dass der Main-Zeiger auf einen älteren Commit (nämlich C) zeigt. Sie müssen also den Commit C mit dem neu aus dem Remote-Repository heruntergeladenen Commit zusammenführen, also mergen.

Für den Merge müssen Sie zunächst auswählen, welcher Strang mit welchem Strang verglichen werden, also überführt werden soll. In unserem Fall stehen Sie gerade im lokalen Main-Branch (das ist in diesem Fall der *Basisstrang*), und wollen die Änderungen vom `origin/main`-Branch mit Ihrem Basisstrang zusammenführen.

Merge-Verfahren

Grundsätzlich gibt es zwei Arten von Merge-Abläufen:

- **Three-Way Merge**
  Ein Three-Way Merge findet statt, wenn sich sowohl im Basisstrang als auch im zum Mergen ausgewählten Strang seit der letzten Zusammenführung neue Commits ergeben haben. Hier werden die Dateien nach bestimmten Merge-Strategien und -Verfahren zusammengeführt, und ein neuer, sogenannter *Merge-Commit* symbolisiert die Zusammenführung.
- **Fast-forward Merge**
  Wenn sich seit der letzten Zusammenführung am Basisstrang nichts geändert hat, also keine neuen Commits dazugekommen sind, muss auch kein Merge-Commit erzeugt werden. Es reicht, wenn Sie Ihren bildlichen Zeiger einfach auf den neuen Commit setzen, denn zum Zusammenführen gibt es in diesem Fall nichts.

Der folgende Befehl stellt unseren Merge Request mit dem origin- bzw. main-Branch dar:

```
git merge <branch_name>
```

Das Ergebnis nach einem Merge mit dem origin-/main-Branch sehen Sie in Abbildung 2.17.

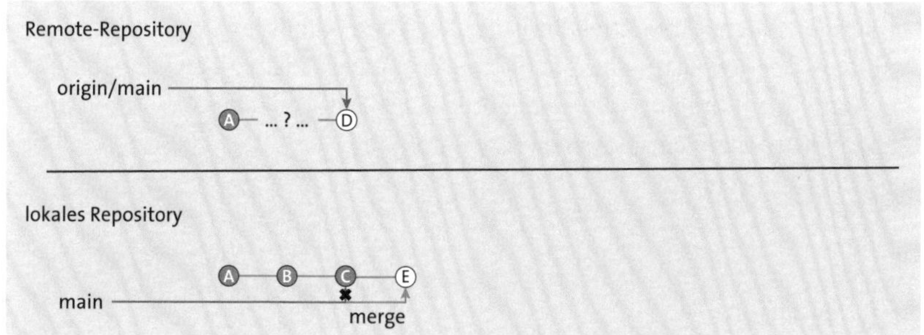

Abbildung 2.17 Verbinden von Commit C mit Commit D durch Merge

Sie sehen hier gut, dass einerseits ein Merge-Commit erzeugt wird, der die Zusammenführung darstellt – deswegen hatten wir beim Fetch für ein einfacheres Verständnis diesen Punkt schon gesetzt. Der Zeiger vom lokalen Main-Branch muss natürlich auch weitergesetzt werden, was aber beim bzw. nach dem Merge automatisch geschieht.

2.2.5 Checkout

Im Hintergrund und für die Benutzer*innen fast unbemerkt setzt Git immer einen Zeiger, der die Stelle markiert, an der Sie sich gerade befinden. Die Änderungen, die Sie tätigen, werden auf die Stelle angewendet, zu der dieser Zeiger hinzeigt. Dieser Zeiger wird *Head* genannt und Ihnen später in den Beispielen auch begegnen.

Damit Sie diesen Zeiger verschieben können, müssen Sie noch den wichtigen Befehl checkout kennenlernen:

```
git checkout <id>
```

Der Platzhalter <id> kann mehrere Werte entgegennehmen. Diese Werte können entweder Dateinamen, Commits oder Branches sein. Sie werden diesen Befehl häufiger nutzen müssen, um zwischen einzelnen Branches zu wechseln.

[!]

Losgelöste Änderungen

Wir raten davon ab, diesen Befehl für das Auschecken von Commits zu verwenden, sofern Sie sich der Auswirkung nicht sicher sind. Solche Aktionen erhöhen das Risiko, dass losgelöste Änderungen (englisch *Detached HEADs*) auftreten. Auf losgelöste Änderungen gehen wir jedoch nicht weiter ein.

Damit solche losgelösten Änderungen nicht entstehen können, können Sie für einen Wechsel zwischen Branches auch den Befehl `git switch <branch>` nutzen. Der Vorteil ist, dass Sie hier nur einen Branch angeben können und es somit nicht möglich ist, versehentlich eine Datei oder einen Commit anzugeben. Hier ein Beispiel zu diesem Befehl:

```
git switch main
```

2.2.6 Push

Eine zusammengeführte Version hat, solange Sie sie nicht wieder mit anderen Personen teilen, keinen wirklichen Mehrwert, außer, dass Sie lokal auf dem neuesten Stand der Entwicklungen sind.

Damit Sie Ihren Entwicklungsstand mit anderen Personen teilen können, müssen Sie einen sogenannten *Push* ausführen. Dieser Befehl versucht, alle Commits, die seit dem letzten Push entstanden sind, Richtung Remote-Repository zu schicken und so anderen Personen zur Verfügung zu stellen. Sie pushen (schieben) also Ihre Änderungen in das Remote-Repository:

```
git push
```

Sie brauchen hierbei keine Angst zu haben, wenn Sie vergessen haben, vorher einen Fetch und Merge durchzuführen, denn Git gibt Ihnen in diesem Fall eine Fehlermeldung aus. Alles, was Sie pushen möchten, sollte im Remote-Repository durch einen Fast-forward Merge zusammenführbar sein. Das Ergebnis nach dem Push sehen Sie in Abbildung 2.18.

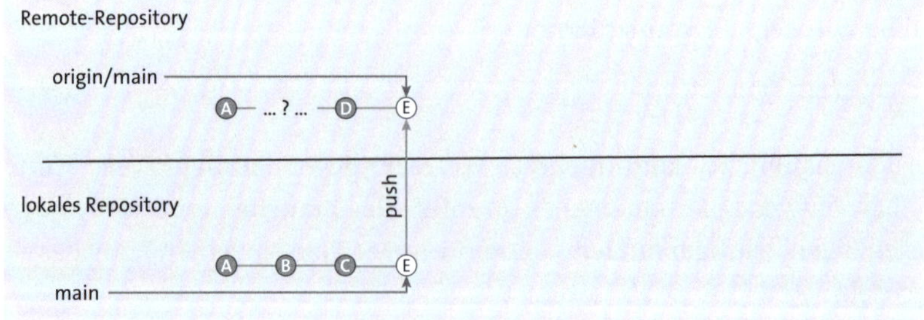

Abbildung 2.18 Überführen von Änderungen in das Remote-Repository durch einen Push

2.2.7 Pull

Sie werden wahrscheinlich schon denken, dass, wenn man vor einem Push jedes Mal Fetch und Merge ausführen muss, diese beiden Befehle fast immer in Verbindung auftreten. Ja, das stimmt, und Sie können mit dem Befehl *Pull* Abhilfe schaffen.

In Abbildung 2.19 sehen Sie die Ausgangssituation. Sowohl Sie als auch Ihre Teammitglieder haben fleißig weitergearbeitet. Es befinden sich im lokalen Repository und auch im Remote-Repository neue Änderungen, die noch nicht im lokalen Umfeld zu sehen sind.

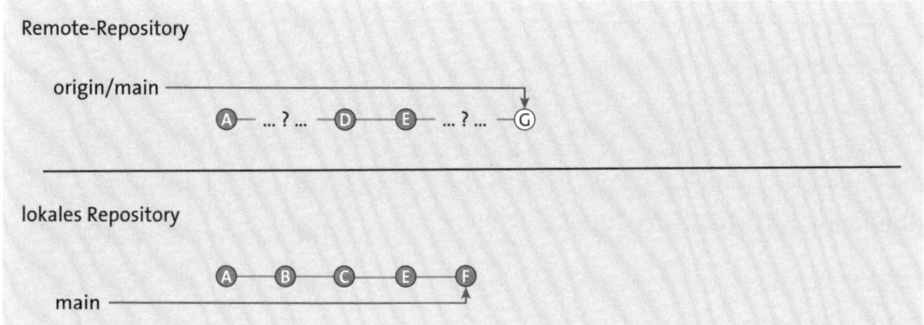

Abbildung 2.19 Vor dem Pull

Führen Sie nun den Befehl `git pull` aus, werden Fetch und Merge gemeinsam ausgeführt: Es wird in einem Schritt geschaut, ob es Änderungen gibt, und wenn ja, wird sofort versucht, die Änderungen mittels einer Merge-Abfrage zusammenzuführen.

Pull = Fetch + Merge?

Wir werden später noch darauf eingehen, dass ein Pull nicht immer einen Merge-Commit als Ergebnis hat. Einfachheitshalber gehen wir aber zunächst nur auf diesen Weg ein. Die weiteren Optionen und Möglichkeiten bei einem Pull sehen Sie in Abschnitt 2.5, »Konflikte lösen«.

Wie gewohnt, haben wir das Ergebnis nach dem Merge Request visuell aufbereitet (siehe Abbildung 2.20).

Mit Pull auf dem neuesten Stand bleiben

Sie sollten sich angewöhnen, immer einen Pull durchzuführen, sobald Sie die lokalen Entwicklungen teilen möchten. So sparen Sie nicht nur Zeit, sondern vermeiden auch lästige Fehlermeldungen.

Auch wenn Sie nicht immer Ihren aktuellen Stand teilen möchten, zahlt es sich aus, ab und zu mit einem Pull zu schauen, ob der aktuelle Stand des lokalen Repositorys – natürlich nachdem Sie einen bestimmten lokalen Stand erreicht haben – sich auch mit den aktuellen Entwicklungen im Remote-Repository zusammenführen lässt.

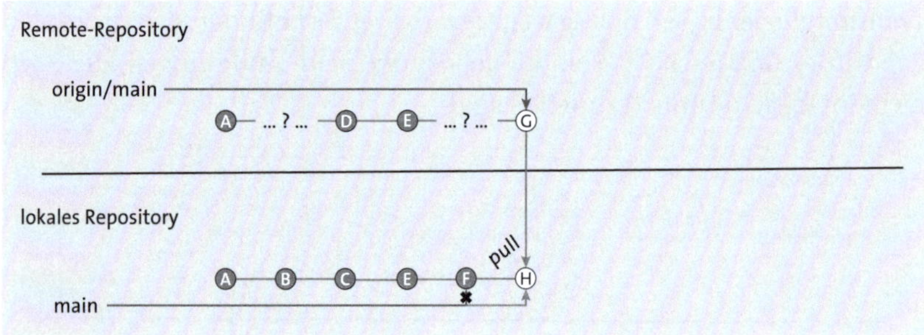

Abbildung 2.20 Nach dem Pull

2.2.8 Rebase

Rebase ist im Grunde genommen eine »Alternative« zu Merge. Warum die Anführungszeichen? Wenn es um die Diskussion der besseren Variante zwischen Rebase und Merge geht, scheiden sich die Geister.

Befehl »git rebase <branch>«

Die Kurzfassung würde lauten, dass Sie bei einem Rebase einen ausgewählten Strang mit all seinen Commits nehmen und ihn an einen anderen Strang anhängen. Mit dem Befehl `git rebase <branch>` fügen Sie den Strang, in dem Sie sich aktuell befinden, an einen anderen Branch an, den wir mit dem Platzhalter `<branch>` markiert haben. So sieht es im Nachhinein in der Historie aus, als wären diese Commits in dem jeweiligen Branch ausgeführt und nie ein separater Branch erstellt und genutzt worden.

Erklärung anhand eines Beispiels

Der restliche Teil dieses Abschnitts zeigt anhand eines konkreten Beispiels mit einer Schritt-für-Schritt-Beschreibung die Unterschiede zwischen Merge und Rebase.

Fast-forward Merge herbeiführen

Fassen wir noch einmal im Schnelldurchlauf die Eigenschaften des Merge Requests zusammen, um danach näher auf Rebase und die Unterschiede eingehen zu können: In Abbildung 2.21 sehen Sie wieder die Ausgangssituation, die zeigt, dass ein Feature-Branch aus dem Commit mit der ID H angelegt wurde. Einen neuen Branch legen Sie mit dem folgendem Befehl an:

```
git branch <branch_name>
```

Der erste Stand im Feature-Branch entspricht somit dem Stand von Commit H, und von diesem Commit ausgehend, wurden zwei weitere Commits X und Y hinzugefügt.

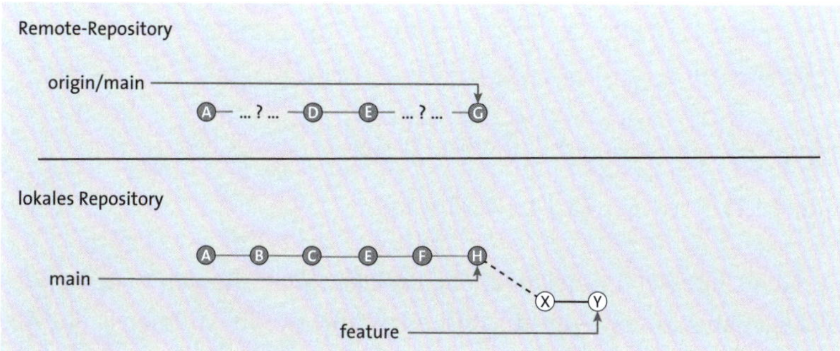

Abbildung 2.21 Mit Commits erstellter Feature-Branch

Im nächsten Schritt stellen Sie fest, dass die Entwicklungen im Feature-Branch fertig und würdig sind, um wieder mit dem Main-Branch zusammengeführt zu werden. Sobald Sie einen Merge Request ausführen, wird ein Fast-forward Merge ausgeführt, da im Basisstrang, in unserem Fall im Main-Branch, seitdem keine Commits dazugekommen sind.

Dies wird auch in Abbildung 2.22 sichtbar: Hier wird kein neuer Merge-Commit erzeugt, so wie Sie es von einem gewöhnlichen Merge her kennen, sondern der Zeiger vom Main-Branch kann ganz einfach weiterbewegt werden.

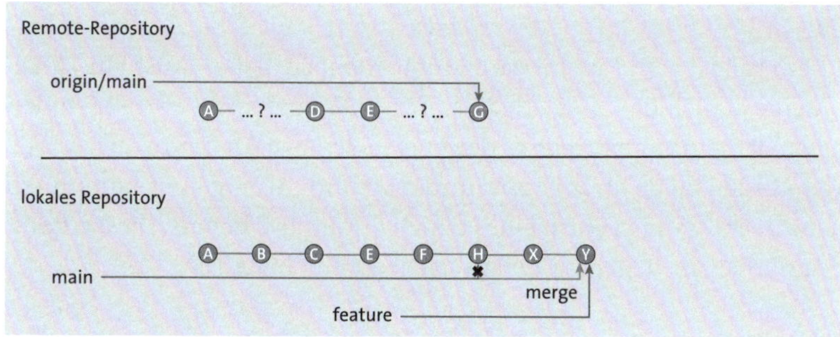

Abbildung 2.22 Fast-forward Merge mit »feature«

Wie in Abbildung 2.23 dargestellt, existiert nach dem Löschen des Feature-Branch der Zeiger nicht mehr, jedoch kennt der Main-Branch diese neuen Commits, die Teil der Historie geworden sind.

Three-Way Merge herbeiführen

Spulen Sie noch einmal zurück zum Zeitpunkt, an dem zwei neue Änderungen im Feature-Branch durchgeführt worden sind. Gehen wir nun davon aus, dass auch im Main-Branch ein neuer Commit dazugekommen ist (hier mit der ID I).

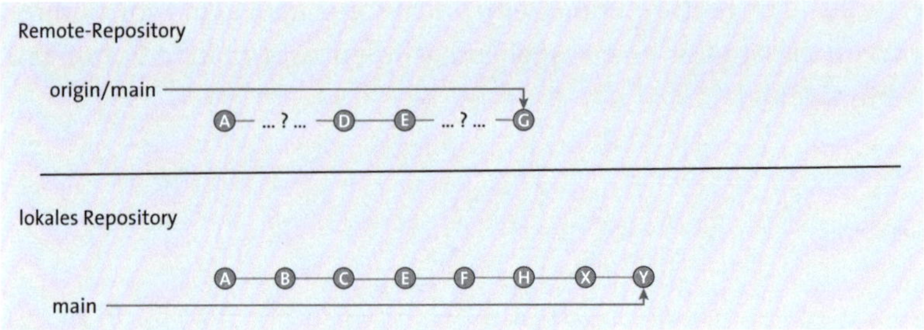

Abbildung 2.23 Nach dem Fast-forward Merge

Somit haben Sie zwei unterschiedliche Projektstände, die sich voneinander wegbewegt haben und wieder zusammengeführt werden müssen (siehe Abbildung 2.24).

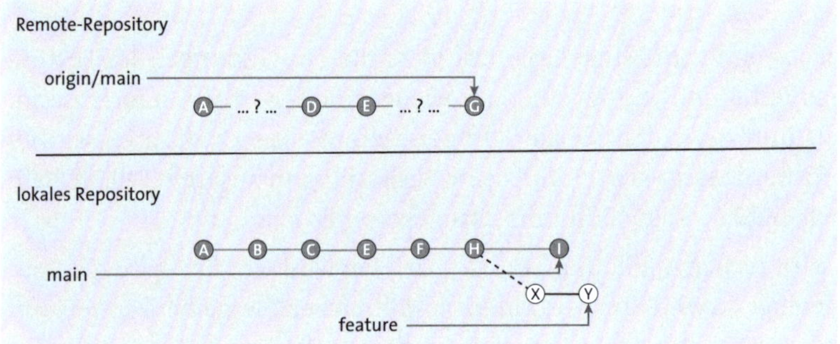

Abbildung 2.24 Änderungen in beiden Branches

Merge-Commit

In diesem Fall ist kein Fast-forward Merge möglich; daher muss ein Three-Way Merge stattfinden. Das erledigt Git für Sie und sucht sozusagen den kleinsten gemeinsamen Nenner der beiden Stränge. Durch rekursive Methoden werden beide Stränge zusammengeführt. Als Ergebnis kommt ein gemeinsamer Strang in Form eines neuen Commits Z heraus. Diesen Commit nennt man auch *Merge-Commit* (siehe Abbildung 2.25).

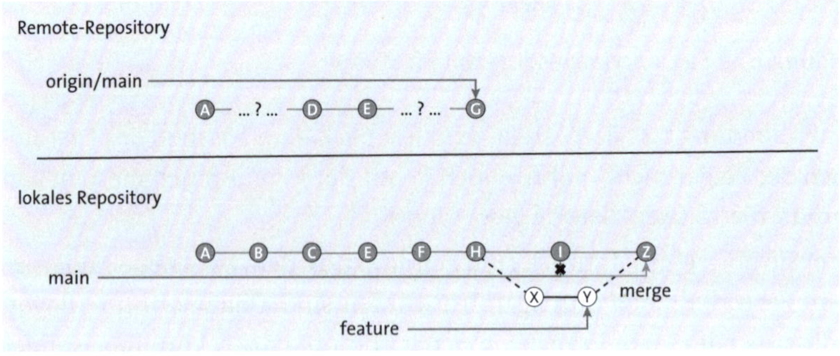

Abbildung 2.25 Three-Way Merge mit Feature-Branch

Nach dem Löschen des Feature-Branch stellen Sie fest, dass in der Historie des Projekts ein Umweg gemacht wurde und die beiden Commits X und Y aus der Reihe tanzen (siehe Abbildung 2.26). Auch nach dem Löschen des Feature-Branch bleibt dieser Umweg bestehen und wird durch grafische Tools sichtbar und nachweisbar, wenn Sie die Vorgänger der einzelnen Commits auslesen.

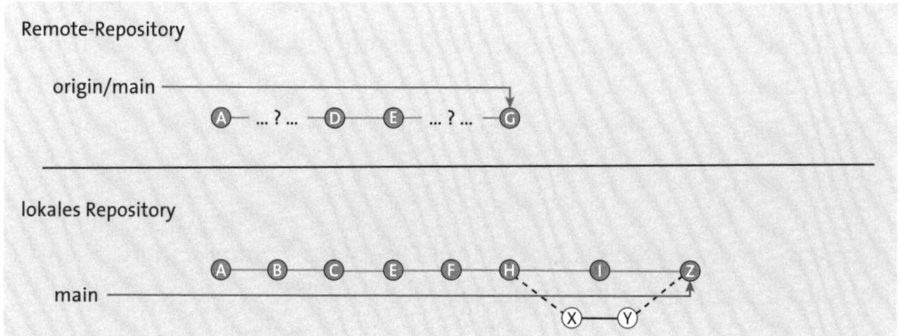

Abbildung 2.26 Nach dem Three-Way Merge

Das »Problem« mit Merge

An diesem Punkt scheiden sich die Geister, denn für einige zählt dieser Entwicklungsstand nicht zu einem sauberen Strang. Dies ist auch nur ein kosmetisches Problem für unser menschliches Auge, jedoch keinesfalls ein Problem oder Hindernis für Git.

Gehen Sie nun wieder ein paar Schritte zurück, und stellen Sie sich vor, dass Sie einen Feature-Branch erstellt und wieder die beiden Commits X und Y in diesen Feature-Branch hinzugefügt haben (siehe Abbildung 2.27). Diesmal wollen Sie jedoch den kompletten Entwicklungsverlauf aus dem Feature-Branch in den Main-Branch integrieren.

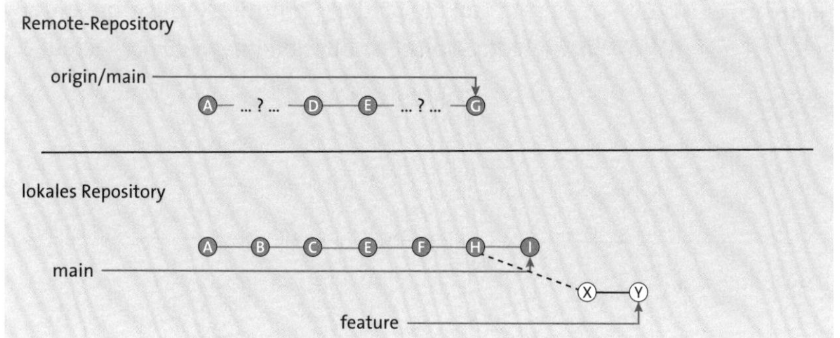

Abbildung 2.27 Main- und Feature-Branch mit Änderungen

Checkout

Bei einem Merge müssen Sie in dem Branch unterwegs sein, den Sie mit einem anderen Branch zusammenführen möchten. Bei einem Rebase müssen Sie hingegen in den Branch wechseln, den Sie in einen anderen Branch integrieren möchten. Der folgende Befehl zeigt, wie Sie mittels *Checkout* den Branch auschecken bzw. wechseln:

```
git checkout feature
```

Rebase Jetzt sind Sie im richtigen Branch und können einen Rebase vornehmen. Bildlich können Sie sich das Ganze so vorstellen, dass Sie Ihren Feature-Branch, mit all den vorgenommenen Commits in den Main-Branch integrieren wollen. Mit dem folgenden Befehl können Sie, vom aktuellen Branch ausgehend, einen Rebase Richtung Main-Branch starten:

```
git rebase main
```

In diesem Prozess werden alle Commits im Feature-Branch in die Historie des Main-Branch integriert (siehe Abbildung 2.28).

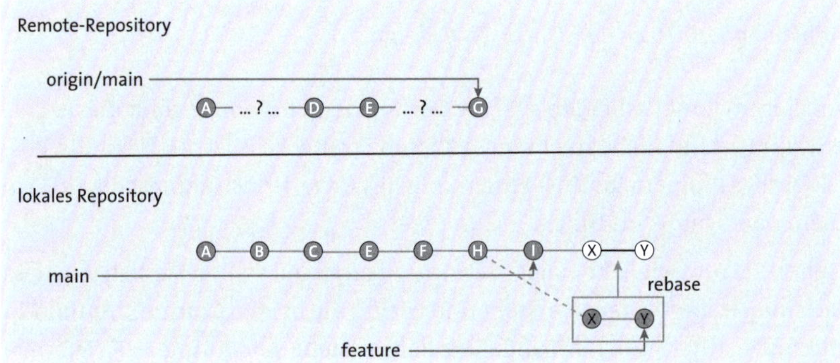

Abbildung 2.28 Rebase Richtung Main-Branch

Natürlich existieren in diesem Fall die beiden Commits X und Y nicht doppelt. Der eigentliche Entwicklungsstand ist in Abbildung 2.29 dargestellt.

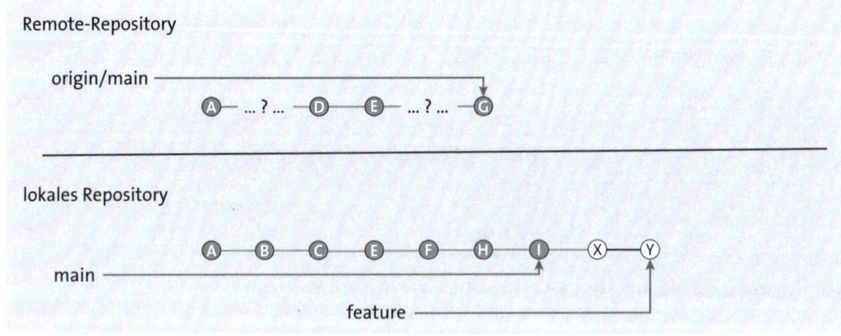

Abbildung 2.29 Verlauf nach dem Rebase

Jetzt kann im letzten Schritt noch ein Fast-forward Merge gemacht werden, damit der Zeiger vom Main-Branch auf den aktuellen Commit zeigen kann (siehe Abbildung 2.30). In diesem Fall fehlt von einem Merge-Commit jede Spur.

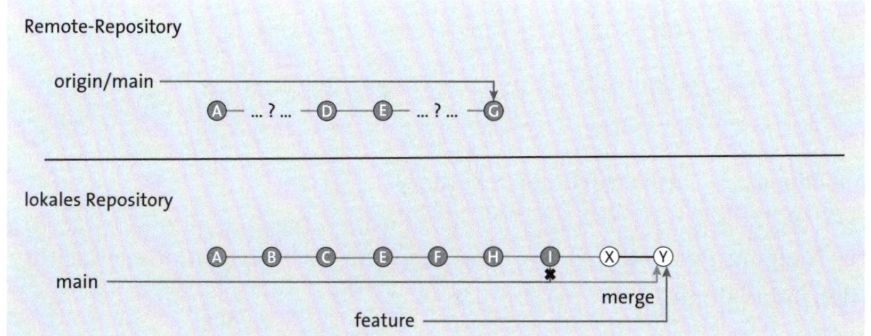

Abbildung 2.30 Fast-forward Merge nach dem Rebase

Abbildung 2.31 zeigt den aktuellen Stand des Projekts, nachdem der Feature-Branch gelöscht worden ist.

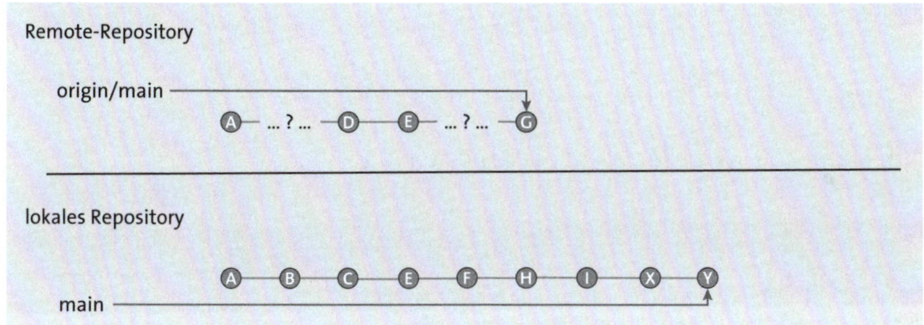

Abbildung 2.31 Gelöschter Feature-Branch

Unterschiede zwischen Merge und Rebase

Wenn wir in den direkten Vergleich gehen, können wir aufzeigen, dass sich die folgenden Unterschiede zwischen Merge und Rebase ergeben:

- Bei einem Rebase entsteht, ganz im Gegensatz zu einem Merge, normalerweise kein weiterer Commit.
- Bei einem Rebase gibt es in der Historie keinen Umweg und keine Commits, die im Entwicklungsstrang aus der Reihe tanzen.

In einem letzten Schritt pushen Sie noch den aktuellen Stand in das Remote-Repository, damit die neu entstandenen Commits H, I, X und Y anderen Entwickler*innen auch zur Verfügung stehen (siehe Abbildung 2.32).

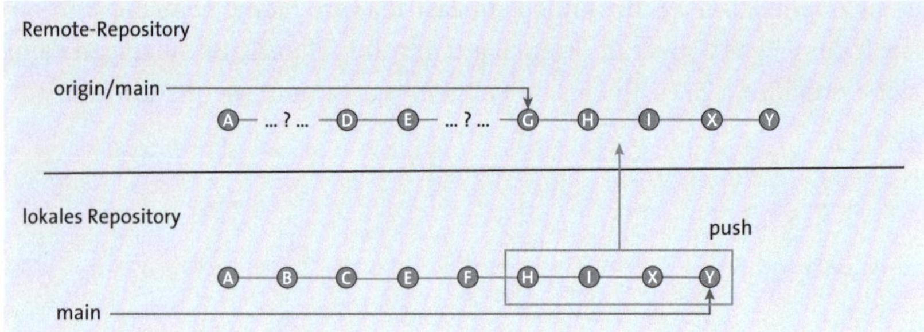

Abbildung 2.32 Push im Remote-Repository

Nach einem Push erscheinen diese vier Commits im Remote-Repository (siehe Abbildung 2.33).

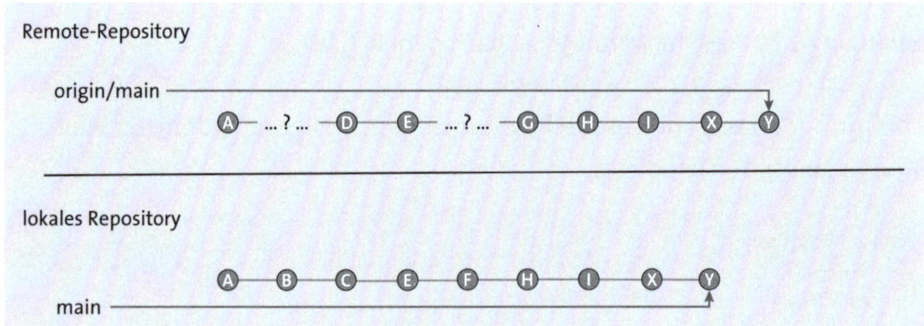

Abbildung 2.33 Aktueller Stand der Repositorys

2.3 Git-CLI

Heutzutage gibt es schon für alles grafische Tools und Applikationen, jedoch nehmen diese Ihnen nur Arbeit ab. Befehle, die ansonsten z. B. mittels eines Terminals eingegeben werden müssten, sind mithilfe von Klicks auszuführen. So hat auch Git ein *Command Line Interface* (CLI), das sich *Git Bash* nennt und unter Windows, Linux und macOS läuft.

Vorteile

In unserer Praxis hat sich mit der Zeit gezeigt, dass Personen, sobald sie ein Verständnis für die Bedienung von Git mittels der Kommandozeile entwickelt haben, auch besser in der Lage sind, die grafischen Tools zu bedienen. Ohne dieses technische Verständnis ist auch die Arbeit mit den grafischen Tools oft verwirrend. Erwähnenswert ist auch die Tatsache, dass die meisten grafischen Tools nur einen Bruchteil der Funktionalitäten zur Verfügung stellen, hingegen über die Kommandozeile aber alle möglichen Befehle ausgeführt werden können. Daher wollen wir Ihnen zunächst die Arbeit mit Git Bash vorstellen.

Installation

Zunächst installieren Sie einfach die Open-Source-Git-Lösung, sprich den Client. Sollten Sie Git noch nicht lokal installiert haben, verweisen wir Sie auf die offizielle Dokumentation und die darin enthaltenen Installationsmöglichkeiten, passend zu Ihrem Betriebssystem. Die offizielle Dokumentation in deutscher Sprache finden Sie auf dieser Seite: *https://git-scm.com/book/de/v2/Erste-Schritte-Git-installieren*. Nach der Installation steht Ihnen unter Windows die Git Bash zur Verfügung, jedoch kann Git, wie in Abbildung 2.34 dargestellt, mit dem Schlüsselwort `git` auch in einem gewöhnlichen Terminal bzw. in der Kommandozeile aufgerufen werden.

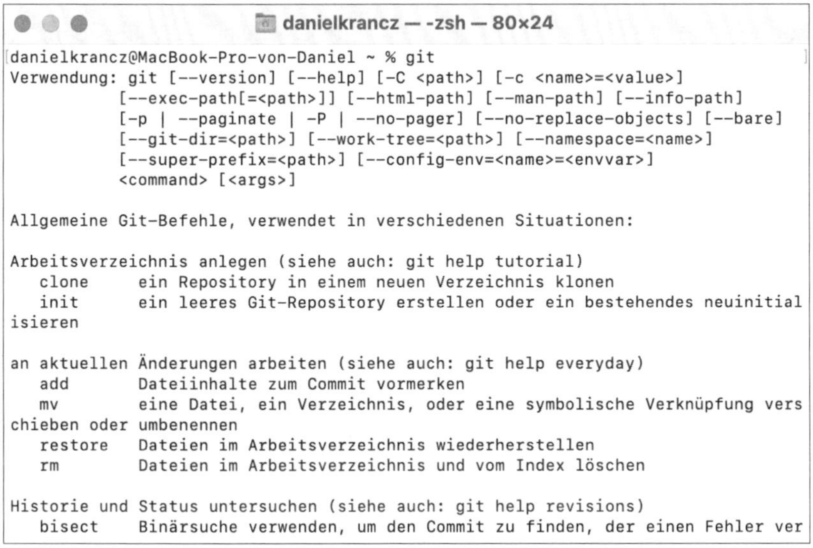

```
danielkrancz — -zsh — 80×24
danielkrancz@MacBook-Pro-von-Daniel ~ % git
Verwendung: git [--version] [--help] [-C <path>] [-c <name>=<value>]
           [--exec-path[=<path>]] [--html-path] [--man-path] [--info-path]
           [-p | --paginate | -P | --no-pager] [--no-replace-objects] [--bare]
           [--git-dir=<path>] [--work-tree=<path>] [--namespace=<name>]
           [--super-prefix=<path>] [--config-env=<name>=<envvar>]
           <command> [<args>]

Allgemeine Git-Befehle, verwendet in verschiedenen Situationen:

Arbeitsverzeichnis anlegen (siehe auch: git help tutorial)
   clone     ein Repository in einem neuen Verzeichnis klonen
   init      ein leeres Git-Repository erstellen oder ein bestehendes neuinitial
isieren

an aktuellen Änderungen arbeiten (siehe auch: git help everyday)
   add       Dateiinhalte zum Commit vormerken
   mv        eine Datei, ein Verzeichnis, oder eine symbolische Verknüpfung vers
chieben oder umbenennen
   restore   Dateien im Arbeitsverzeichnis wiederherstellen
   rm        Dateien im Arbeitsverzeichnis und vom Index löschen

Historie und Status untersuchen (siehe auch: git help revisions)
   bisect    Binärsuche verwenden, um den Commit zu finden, der einen Fehler ver
```

Abbildung 2.34 Git im Terminal

Folgenden Befehl können Sie verwenden, um die aktuelle Version Ihrer Git-Komponente zu prüfen:

```
git --version
```

Konfigurationsdateien

Mit der Installation von Git erhalten Sie verschiedene Konfigurationsdateien. Hier werden verschiedene Daten global, systemweit oder lokal (pro Repository) gespeichert, die Sie als Mitwirkende*r eines Projekts generieren, bzw. es werden Informationen gespeichert, die für das Arbeiten in Git notwendig sind. Diese Konfigurationen können Sie auflisten, indem Sie den folgenden Befehl in das CLI eingeben:

```
git config --list
```

Mit dem folgenden Befehl können Sie die Konfigurationen ändern:

```
git config <key> <value>
```

In Tabelle 2.1 finden Sie einige der wichtigsten Parameter der Konfigurationsdateien, die Sie unbedingt pflegen sollten, falls diese noch nicht in der Liste der Konfigurationen eingetragen sind. Ob Konfigurationen systemweit (für alle Benutzer in diesem System), global (nur für den gerade angemeldeten Benutzer) oder lokal (das aktuelle Projekt, in dem Sie sich befinden) gespeichert und von Git beim Arbeiten angewendet werden sollen, können Sie mit den Optionen `--system`, `--global` oder `--local` angeben.

Parameter	Beschreibung und Beispiel
`user.name`	Hier sollten Sie als Wert Ihren Namen eingeben, unter dem Ihre Kolleg*innen, mit denen Sie zusammenarbeiten, Sie kennen. Dieser Name wird bei den Commits als Autor*in angeführt. Beispiel: `git --global user.name "Daniel Krancz"`
`user.email`	Hier gilt das Gleiche wie beim Namen, jedoch müssen Sie hier Ihre E-Mail-Adresse angeben, also z. B: `git config --global user.email daniel.krancz@clouddna.at`
`init.defaultBranch`	Branches behandeln wir zwar in Abschnitt 2.1.2, »Branches«, aber nichtsdestotrotz passt die Konfiguration für den Standardnamen hier hinein. Mit dieser Einstellung können Sie den Namen des standardmäßigen Branch vergeben. Beispiel: `git config --global init.defaultBranch main`
`core.editor`	Bei dieser Variable geben Sie an, welches ausführbare Programm geöffnet werden soll, sollte Git Sie etwa zu einer Eingabe auffordern. Beispiel: `git config --global core.editor <pfad>`

Tabelle 2.1 Wichtigste Konfigurationen

2.4 Das Arbeiten mit dem Git-CLI

Bevor Sie sich in den weiteren Kapiteln mit etlichen grafischen Tools befassen dürfen, möchten wir Ihnen das Arbeiten mit dem hauseigenen Command Line Interface bzw. mit den Git-Befehlen nicht vorenthalten. Wir haben schon erwähnt, wie wichtig es ist, dass Sie auch mit dem Command Line Interface gearbeitet und dessen Funktionalitäten hier gesehen haben. Dieses Wissen dient als Grundlage, damit Sie später besser verstehen, was die grafischen Tools im Hintergrund für Sie erledigen.

2.4.1 Ein lokales Repository erstellen

In diesem Abschnitt werden Sie das durchgängige Beispiel, das Sie in den letzten Abschnitten kennengelernt haben, in Aktion sehen. Dafür haben wir ein Verzeichnis mit dem Namen **GitExercise** erstellt und werden Ihnen Schritt für Schritt die Befehle zeigen, sodass Sie, nachdem Sie Git installiert und auf Ihrem Rechner das Verzeichnis **GitExercise** angelegt haben, mitmachen können. Mit dem folgenden Befehl navigieren Sie in dieses Verzeichnis:

```
cd GitExercise/
```

Git initialisieren

Initialisieren Sie das Verzeichnis als lokales Git-Repository:

```
git init
```

Abbildung 2.35 zeigt den Hinweis, den Sie unter Umständen an dieser Stelle von Git bekommen.

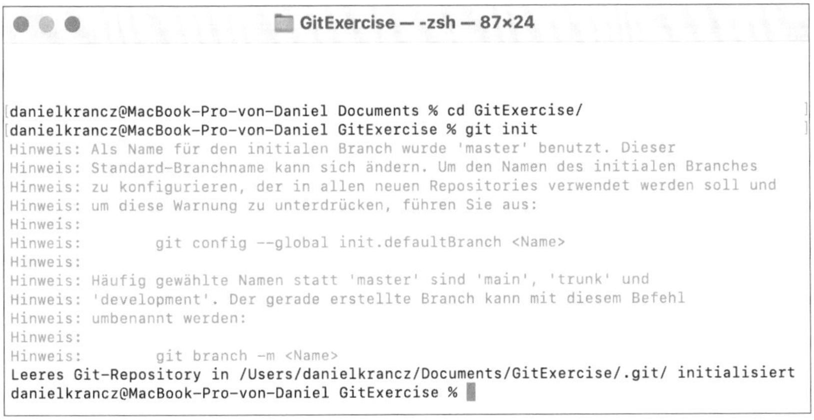

```
GitExercise — -zsh — 87×24

danielkrancz@MacBook-Pro-von-Daniel Documents % cd GitExercise/
danielkrancz@MacBook-Pro-von-Daniel GitExercise % git init
Hinweis: Als Name für den initialen Branch wurde 'master' benutzt. Dieser
Hinweis: Standard-Branchname kann sich ändern. Um den Namen des initialen Branches
Hinweis: zu konfigurieren, der in allen neuen Repositories verwendet werden soll und
Hinweis: um diese Warnung zu unterdrücken, führen Sie aus:
Hinweis:
Hinweis:        git config --global init.defaultBranch <Name>
Hinweis:
Hinweis: Häufig gewählte Namen statt 'master' sind 'main', 'trunk' und
Hinweis: 'development'. Der gerade erstellte Branch kann mit diesem Befehl
Hinweis: umbenannt werden:
Hinweis:
Hinweis:        git branch -m <Name>
Leeres Git-Repository in /Users/danielkrancz/Documents/GitExercise/.git/ initialisiert
danielkrancz@MacBook-Pro-von-Daniel GitExercise %
```

Abbildung 2.35 Git initialisieren

Standardnamen für den Branch vergeben

Diese Meldung soll Sie darüber informieren, dass der initiale Branch mit Ihrer Git-Version »master« genannt wurde. Diese Einstellung können Sie für alle zukünftigen Branches mit dem folgenden Befehl übersteuern:

```
git config --global init.defaultBranch main
```

Um den aktuell erstellten Branch umzubenennen, führen Sie den folgenden Befehl aus:

```
git branch -m main
```

Versteckte Dateien und Ordner

Auf den ersten Blick hat sich in Ihrem Verzeichnis nichts verändert, jedoch liegt Ihnen als sogenanntes verstecktes Verzeichnis ein Ordner mit dem Namen **.git** vor (siehe Abbildung 2.36). Um diesen Ordner sehen zu können, müssen Sie auf dem Mac die Tastenkombination [cmd] + [⇧] + [.] ausführen und in Windows oben in der Menüleiste den Pfad **Ansicht • Optionen • Order- und Suchoptionen • Versteckte Dateien, Ordner** wählen.

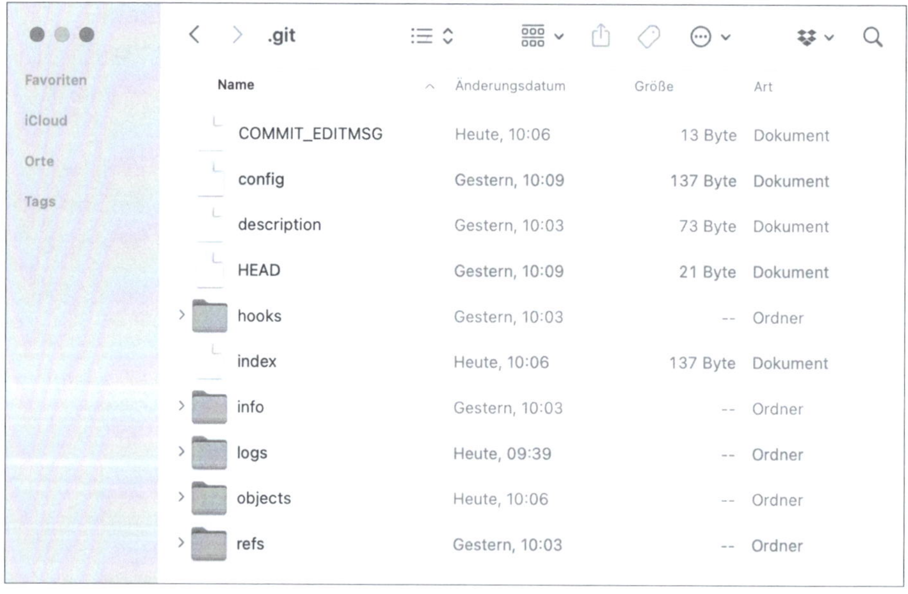

Abbildung 2.36 Versteckte Verzeichnisse anzeigen

Erstellen Sie nun direkt in der Kommandozeile eine Textdatei, die Sie mit einem einfachen Satz auch befüllen:

```
echo "Herzlich Willkommen" > datei.txt
```

Änderungen in die Staging Area aufnehmen

Damit Sie die Änderungen an dieser Datei, sprich das Erstellen und das Hinzufügen dieses Satzes, in einen Commit aufnehmen können, müssen Sie zunächst die Änderungen in die Staging Area überführen. Es gibt zwei Befehle, mit denen Sie entweder alle momentanen Änderungen oder auch nur eine bzw. mehrere ausgewählte Dateien in die Staging Area bringen können:

```
git add -a
```

und

```
git add datei.txt
```

Änderungen aus der Staging Area nehmen

Wollten Sie diese Datei **datei.txt** wieder aus der Staging Area entfernen, können Sie das folgende Kommando ausführen:

```
git rm --chached datei.txt
```

2.4.2 Der erste Commit

Mit dem folgenden Befehl fassen Sie die aktuelle Staging Area in einem Commit zusammen und vergeben einen Kommentar:

```
git commit -m "Initial commit"
```

Nach jedem Commit bekommen Sie eine Zusammenfassung, die wie in Abbildung 2.37 aussehen könnte und Informationen wie die eindeutige ID des Commits, den Kommentar und eine Auflistung aller Änderungen mit der Information, ob diese Änderungen dazugekommen, geändert oder entfernt worden sind, enthält.

```
GitExercise — -zsh — 87×5
danielkrancz@MacBook-Pro-von-Daniel GitExercise % git add datei.txt
danielkrancz@MacBook-Pro-von-Daniel GitExercise % git commit -m "Initial commit"
[main (Root-Commit) 5b120fb] Initial commit
 1 file changed, 1 insertion(+)
 create mode 100644 datei.txt
```

Abbildung 2.37 Commit-Zusammenfassung

Statusbericht

Bearbeiten Sie nun Ihre Datei **datei.txt**, indem Sie die erste Zeile anpassen und danach eine zweite Zeile hinzufügen. Mit dem folgenden Befehl werden alle aktuell offenen Änderungen in einer (standardmäßig detaillierten) Zusammenfassung angezeigt:

```
git status
```

Änderung revidieren

Sind Sie der Meinung, dass diese Änderungen oder die Änderung in einer bestimmten Datei verworfen werden sollten, führen Sie den folgenden Befehl aus:

```
git restore datei.txt
```

Fügen Sie nun wieder Ihre Änderungen hinzu, und sehen Sie sich mit dem folgenden Befehl die Kurzzusammenfassung aller von Git erfassten Änderungen an:

```
git status --short
```

Da wir in diesem Fall alle Änderungen in den nächsten Commit aufnehmen möchten und schneller zum Ergebnis kommen wollen, verwenden Sie den Befehl aus Abschnitt 2.2.1, »Commit«, der den Weg über die Staging Area überspringt:

```
git commit -m "Zweite Zeile" -a
```

Historie

Um sich den Arbeitsverlauf anzeigen zu lassen und die Historie, die von Git laufend erfasst wird, ansehen zu können, verwenden Sie den folgenden Befehl:

```
git log
```

Mit der Option `--oneline` können Sie auch eine kompaktere Ansicht der Historie anfordern.

In Abbildung 2.38 sehen Sie den zeitlichen Verlauf, wann welcher Commit, mit allen wichtigen Informationen durchgeführt wurde. Hier sehen Sie auch sehr gut, dass der aktuelle Zeiger Ihres Branch `HEAD ->` mit dem Namen **main** auf den aktuellen Commit zeigt.

```
GitExercise — -zsh — 87×24
danielkrancz@MacBook-Pro-von-Daniel GitExercise % git log
commit 7a59e98216b1de3fa43b425528ac4e6f28afe593 (HEAD -> main)
Author: Daniel Krancz <daniel.krancz@clouddna.at>
Date:   Sun Mar 6 10:06:08 2022 +0100

    Zweite Zeile

commit 5b120fb0a5399d5a0caa2f508060495ccd232491
Author: Daniel Krancz <daniel.krancz@clouddna.at>
Date:   Sun Mar 6 09:39:03 2022 +0100

    Initial commit
```

Abbildung 2.38 Git-Historie

Details eines Commits

Möchten Sie einen Commit näher betrachten und auch im Nachhinein eine Zusammenfassung aller Änderungen, die in diesem erfasst worden sind, ansehen, verwenden Sie den folgenden Befehl:

```
git show 7a59e98216b1de3fa43b425528ac4e6f28afe593
```

Achten Sie auf den Parameter (in unserem Fall eine lange SHA-1-Prüfsumme), denn hier müssen Sie die Prüfsumme des Commits mitgeben, den

Sie sich ansehen möchten. Die Prüfsumme, die Sie mitgegeben haben, finden Sie in Abbildung 2.38 in der zweiten Zeile, die mit `commit` startet. Diese Prüfsumme setzt sich aus mehreren Faktoren zusammen, u. a. der ID des Commits. Es wäre auch möglich, nur die ID mitzugeben. Die Ausgabe zu diesem Aufruf sehen Sie in Abbildung 2.39.

```
GitExercise — -zsh — 87×24
danielkrancz@MacBook-Pro-von-Daniel GitExercise % git show 7a59e98216b1de3fa43b425528ac
4e6f28afe593
commit 7a59e98216b1de3fa43b425528ac4e6f28afe593 (HEAD -> main)
Author: Daniel Krancz <daniel.krancz@clouddna.at>
Date:   Sun Mar 6 10:06:08 2022 +0100

    Zweite Zeile

diff --git a/datei.txt b/datei.txt
index 81e865b..b847410 100644
--- a/datei.txt
+++ b/datei.txt
@@ -1 +1,2 @@
-Herzlich Willkommen
+Herzlich Willkommen!
+Das ist die zweite Zeile.
\ No newline at end of file
```

Abbildung 2.39 Details eines Commits

Änderungsverfolgung

Vor allem in der Entwicklung von Applikationen werden Sie häufig Hilfsinformationen benötigen, wie z. B. Entwicklungs- und Schnittstellenschlüssel (z. B. sogenannte *API-Keys*), die unerlässlich sind und auch in einer Datei gespeichert werden müssen. Sie wissen bereits, dass Git alle Änderungen verfolgt und erfasst, die in diesem Verzeichnis **GitExercise** vorgenommen werden.

Im nächsten Schritt erstellen Sie ein Verzeichnis mit einer weiteren Datei, die Informationen speichert, die nur Ihre lokale Entwicklung betreffen und nicht für andere Personen von Interesse sind. Dieses Verzeichnis mit dem Namen **privat** wird in einer Datei namens **daten.txt** einen fiktiven Schlüssel `apiKey=1234` speichern. Erstellen Sie das Verzeichnis mit der Datei, und befüllen Sie sie mit Daten (siehe Listing 2.2).

```
mkdir privat
cd privat
echo "apiKey=1234" > daten
git add .
```

Listing 2.2 Privaten Ordner und Datei erstellen

Führen Sie nun wieder die Statusanzeige von Git durch, werden Sie erkennen, dass das Anlegen des Verzeichnisses und der Datei von Git erfasst wurden (siehe Abbildung 2.40).

```
GitExercise — -zsh — 88×24
danielkrancz@MacBook-Pro-von-Daniel GitExercise % git status
Auf Branch main
Zum Commit vorgemerkte Änderungen:
  (benutzen Sie "git restore --staged <Datei>..." zum Entfernen aus der Staging-Area)
        neue Datei:     privat/daten
```

Abbildung 2.40 Angelegter Ordner und angelegte Datei

In Zukunft möchten wir, dass dieser Ordner und alle Dateien, die sich darin befinden, von Git nicht verfolgt werden. Nehmen Sie dafür zuerst die Änderung auf dem Pfad **privat/daten.txt** wieder aus der Staging Area.

Verzeichnis nicht verfolgen

Wechseln Sie nun in den Hauptordner **GitExercise**, und legen Sie dort die Datei **.gitignore** an. Diese Datei beinhaltet Zeile für Zeile die Pfadangaben dahingehend, welche Verzeichnisse und darunterliegenden Dateien explizit von der Änderungsverfolgung ausgenommen sein sollen:

```
cd ..
echo "/privat" > .gitignore
```

Dateitypen nicht verfolgen

Nun benötigen Sie für Ihre Entwicklung z. B. Dateien vom Dateityp **.properties**. Sie möchten aber nicht, dass alle Dateien mit der Endung **.properties** verfolgt werden. Ergänzen Sie dafür in der Datei **.gitignore** den folgenden Befehl, und erstellen Sie im gleichen Zug eine **.properties**-Datei, um das Ignorieren zu testen:

```
echo "schluessel=wert" > entwicklung.properties
echo "*.properties" >> .gitignore
```

In Abbildung 2.41 sehen Sie, dass die Änderungen nicht mehr unter den nicht versionierten Dateien aufgelistet werden.

```
GitExercise — -zsh — 88×24
danielkrancz@MacBook-Pro-von-Daniel GitExercise % git status
Auf Branch main
Unversionierte Dateien:
  (benutzen Sie "git add <Datei>...", um die Änderungen zum Commit vorzumerken)
        .DS_Store

nichts zum Commit vorgemerkt, aber es gibt unversionierte Dateien
(benutzen Sie "git add" zum Versionieren)
```

Abbildung 2.41 Statusbericht nach den Änderungen in der Datei .gitignore

[»]

Datei .DS_Store

Lassen Sie sich nicht von der unversionierten Datei **.DS_Store** verwirren. Diese Datei hat nichts mit Git zu tun, sondern vielmehr mit macOS. Sie wird automatisch von macOS erstellt, wenn Sie mit dem Finder in einen Ordner navigieren oder eine Datei öffnen. Unter Windows und Linux gibt es diese Datei nicht.

Mit dem folgenden Befehl schalten Sie die Änderungsverfolgung für **.DS_Store** global und für alle zukünftigen, von Git verfolgten Ordner aus:

```
echo .DS_Store >> ~/.gitignore_global
git config --global core.excludesfile ~/.gitignore_global
```

Alternativ fügen Sie die Datei nur für dieses Projekt zur Datei **.gitignore** hinzu:

```
echo .DS_Store >> .gitignore
```

Vergleichen Sie nun die Einträge im Statusbericht von Git mit den tatsächlichen Verzeichnissen und Dateien in Ihrem Verzeichnis **GitExercise** (siehe Abbildung 2.42). Sie werden erkennen, dass weder die Datei **entwicklung.properties** noch das Verzeichnis **privat** mit dessen Dateien im Statusbericht auftaucht.

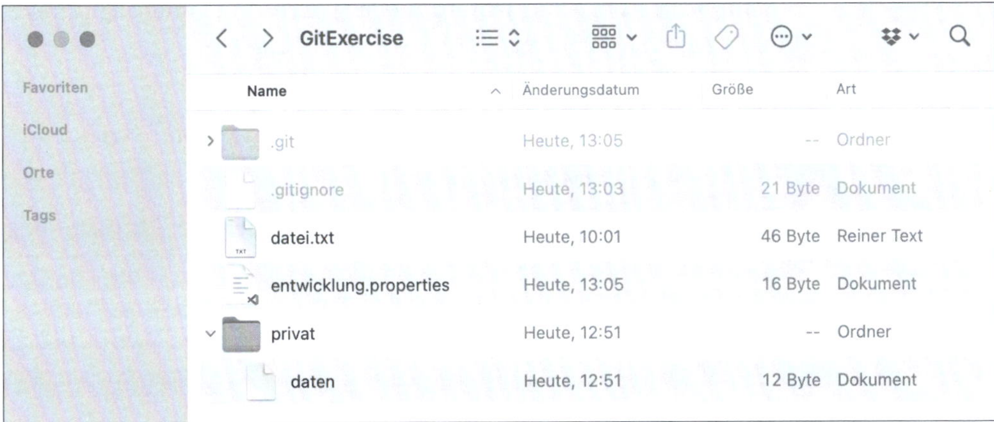

Abbildung 2.42 Zwischenstand der Projektstruktur

Verfassen Sie zum Schluss noch das Anlegen der **.gitignore**-Datei in einen Commit. Nutzen Sie dafür das bisher erlernte Wissen.

2.4.3 Einen neuen Branch erstellen

Gehen wir nun davon aus, dass Sie eine zweite Datei hinzufügen möchten. Da Sie aber nicht wissen, ob diese neue Anforderung mit Sicherheit der richtige Weg ist, sollten Sie die damit zusammenhängenden Änderungen in einen eigenen Branch auslagern. Nachteile werden Sie durch dieses Verfahren nicht haben, jedoch können Sie, falls die Änderungen verworfen werden müssen, leichter zum Ursprungszustand zurückgehen. Legen Sie einen neuen Branch namens »feature« an:

```
git branch feature
```

Würden Sie jetzt schon Änderungen vornehmen, würden diese den Main-Branch betreffen. Deshalb müssen Sie zunächst mithilfe eines Checkouts in den Feature-Branch wechseln:

```
git checkout feature
```

An dieser Stelle möchten wir Ihnen nicht vorenthalten, dass Sie mit dem Befehl `checkout` nicht nur zu den verschiedenen Branches, sondern auch zu den einzelnen Commits wechseln können. Das Wechseln zu einzelnen Commits kann Ihnen beim Wiederherstellen oder auch beim Erstellen von neuen Branches aus einem bestimmten und älteren Commit heraus hilfreich sein.

Zeiger in der Statusanzeige

Prüfen Sie nun den Stand des Projekts, sehen Sie, dass der Zeiger `HEAD ->` sowohl für **main** als auch für **feature** auf den gleichen Commit zeigt. Diesen Hinweis sehen Sie in der ersten Zeile von Abbildung 2.43.

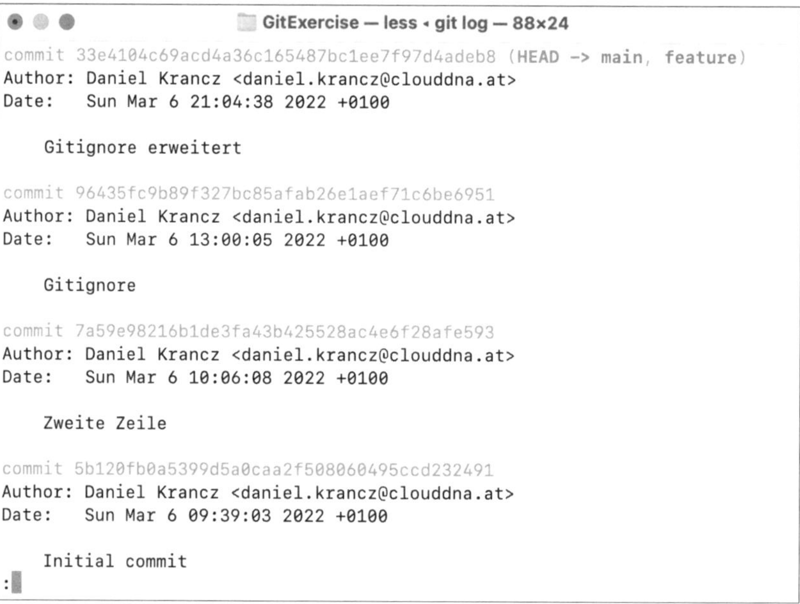

Abbildung 2.43 Historie nach dem Erstellen eines Branch

[«]

Zeiger HEAD ->

Wir sind in Abschnitt 2.2.5, »Checkout«, schon kurz auf diesen Zeiger eingegangen. Da er uns hier zum ersten Mal begegnet, folgt hier nochmals eine kurze Erklärung: In der ersten Zeile in Abbildung 2.43 sehen Sie einen Zeiger namens `HEAD ->`. Dieser Zeiger verweist auf den Branch, den Sie gerade ausgecheckt haben. Er verweist also auf den Branch, in dem Sie sich gerade befinden und in dem Änderungen und Commits angewendet werden.

Legen Sie nun eine neue Datei namens **datei2.txt** an, und befüllen Sie diese mit Daten. Diese Schritte sehen Sie in Listing 2.3.

```
echo "Zweite Datei:" > datei2.txt
echo "Eine weitere Zeile" >> datei2.txt
git add .
git commit -m "Zweite Datei"
```

Listing 2.3 Weitere Datei und Commit erstellen

2.4.4 Einen Branch löschen

Im Laufe der Zeit kommen Sie eventuell nach reiflicher Überlegung zu dem Schluss, dass Sie mit Ihrem aktuellen Feature-Branch in die falsche Richtung arbeiten und die Entwicklung so keinen Sinn ergibt. Deshalb möchten Sie alles, was Sie in diesem Branch gemacht haben, verwerfen. Dies erfolgt mit dem folgenden Befehl:

```
git checkout main
git branch -d feature
```

Nun erhalten Sie von Git den Hinweis, dass Sie zumindest einen Commit im Feature-Branch gemacht haben, jedoch die Änderungen mit Ihrem Main-Branch noch nicht zusammengeführt worden sind (siehe Abbildung 2.44).

```
GitExercise — -zsh — 88×24
danielkrancz@MacBook-Pro-von-Daniel GitExercise % git branch -d feature
error: Der Branch 'feature' ist nicht vollständig zusammengeführt.
Wenn Sie sicher sind diesen Branch zu entfernen, führen Sie 'git branch -D feature' aus.
```

Abbildung 2.44 Branch kann nicht gelöscht werden.

Da Sie sicher sind, dass Sie diesen Branch löschen wollen, führen Sie den folgenden Befehl aus:

```
git branch -D feature
```

Erstellen Sie mit `git branch feature` erneut einen Branch mit dem Namen »feature«, und wechseln Sie mit `git checkout feature` in diesen Branch. Sehen Sie sich nun den Statusbericht an, erkennen Sie, dass momentan keine Änderungen registriert sind und es auch nichts zu committen gibt (siehe Abbildung 2.45).

```
GitExercise — -zsh — 88×24
danielkrancz@MacBook-Pro-von-Daniel GitExercise % git status
Auf Branch feature
nichts zu committen, Arbeitsverzeichnis unverändert
```

Abbildung 2.45 Keine Änderungen

Führen Sie nun den folgenden Befehl aus. Dadurch legen Sie eine neue Datei an und fügen dort eine Zeile ein. Diese Änderungen bringen Sie gleich in die Staging Area und legen dort einen Commit an.

```
echo "Eine Zeile" > datei2.txt
git add .
git commit -m "Zweite Datei"
```

Ein Branch überholt den anderen

Führen Sie erneut `git log` aus, um die Historie zu sehen (siehe Abbildung 2.46). Sie erkennen, dass der Zeiger für Ihren Main-Branch noch immer auf den älteren Commit mit der Nachricht »Gitignore erweitert« zeigt. Der Feature-Branch ist jedoch schon weiter und hat einen neuen Commit, der für den Main-Branch noch nicht sichtbar ist.

```
GitExercise — less ◂ git log — 88×24
commit de592f2cc4cf3409e2a6941836262dd2c0040c2f (HEAD -> feature)
Author: Daniel Krancz <daniel.krancz@clouddna.at>
Date:   Wed Mar 9 19:17:15 2022 +0100

    Zweite Datei

commit ba5726198ecd29ef579a68ff927f35db5f6854e2 (main)
Author: Daniel Krancz <daniel.krancz@clouddna.at>
Date:   Tue Mar 8 20:59:45 2022 +0100

    Gitignore erweitert

commit 33e4104c69acd4a36c165487bc1ee7f97d4adeb8
Author: Daniel Krancz <daniel.krancz@clouddna.at>
Date:   Sun Mar 6 21:04:38 2022 +0100

    Gitignore erweitert

commit 96435fc9b89f327bc85afab26e1aef71c6be6951
Author: Daniel Krancz <daniel.krancz@clouddna.at>
Date:   Sun Mar 6 13:00:05 2022 +0100

    Gitignore
:
```

Abbildung 2.46 Historie nach den Änderungen im Feature-Branch

Abbildung 2.47 zeigt eine grafische Darstellung, wie die Zeiger gerade in Ihrem Projekt stehen. Der Zeiger des Feature-Branch ist »weiter vorne« und der Zeiger des Main-Branch steht einen Commit weiter hinten. Daher kennt er die Änderungen im Commit »Zweite Datei« noch nicht.

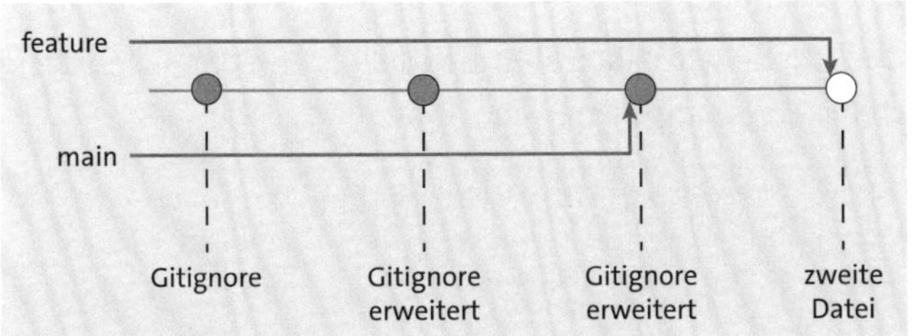

Abbildung 2.47 Weiter vorne stehender Zeiger von »feature«

2.4.5 Zwei Branches zusammenführen

Um den Feature-Branch mit dem Main-Branch zusammenzuführen, verwenden Sie einen Merge. Vor jedem Merge müssen Sie zu dem Branch wechseln, mit dem Sie zusammenführen möchten. Wir möchten alle Änderungen, die seit dem letzten gemeinsamen Commit im Feature-Branch vorgenommen wurden, laden und dem Main-Branch bekannt machen. Führen Sie dazu die folgenden Befehle aus:

```
git checkout main
git merge feature
```

Zusammenfassung vom Merge

Mit jedem Merge bekommen Sie auch eine Zusammenfassung dazu, was geschieht und wie der Request verlaufen ist (siehe Abbildung 2.48). In dieser Abbildung sehen Sie, dass die Datei **datei2.txt** überführt wurde. Hier wird auch deutlich, welche Methode verwendet wurde, um diese zwei Branches wieder zusammenzuführen. Die beiden Methoden haben wir in Abschnitt 2.2.4, »Merge«, bereits ausführlich beschrieben, aber hier noch einmal eine kurze Beschreibung, was »Fast-forward« in diesem Fall technisch bedeutet.

```
GitExercise — -zsh — 88×24
danielkrancz@MacBook-Pro-von-Daniel GitExercise % git merge feature
Aktualisiere ba57261..de592f2
Fast-forward
 datei2.txt | 1 +
 1 file changed, 1 insertion(+)
 create mode 100644 datei2.txt
```

Abbildung 2.48 Zusammenfassung des Merge

Da der Feature-Branch zu einem beliebigen Zeitpunkt aus dem Main-Branch entsprungen ist und seit dieser Abzweigung auf dem Main-Branch keine weiteren Änderungen dazugekommen sind, reicht es aus, dass der Zeiger des Main-Branch einfach auf den Commit des Feature-Branch weitergesetzt wird. Diese Methode der Zusammenführung, die von Git gewählt wurde, erfordert keinen weiteren Commit, den wir normalerweise bei einem Merge erwarten würden.

Fast-forward Merge

Die Fast-forward-Methode wird auch sehr deutlich, wenn Sie die Historie aufrufen und sich die Zeiger ansehen (siehe Abbildung 2.49).

Abbildung 2.49 Historie nach dem Merge

Sie sehen, dass der Zeiger von **main** einfach auf den letzten Commit bzw. auf den Commit, auf den der Feature-Branch gezeigt hat, gesetzt wurde. Vergleichen Sie dafür auch die eindeutigen Schlüssel der Commits zwischen Abbildung 2.49 und Abbildung 2.46 vor dem Merge. So können Sie mit Sicherheit sagen, dass kein neuer Commit erzeugt wurde.

Was unter Umständen noch interessant sein könnte, ist die Tatsache, dass die Datei **datei2.txt** natürlich ganz normal angelegt und auch mit Daten befüllt wurde. Daher sehen Sie die Datei auch im Explorer bzw. im Finder (siehe Abbildung 2.50). Das heißt, dass Git hier im Hintergrund agiert und die Dateien und Änderungen in den Dateien ganz normal in den lokalen Verzeichnissen landen und immer sofort auch sichtbar werden.

Im nächsten Schritt möchten wir herausfinden, was passiert, wenn Main-Branch und Feature-Branch zusammengeführt werden und beide Branches neue Commits beinhalten.

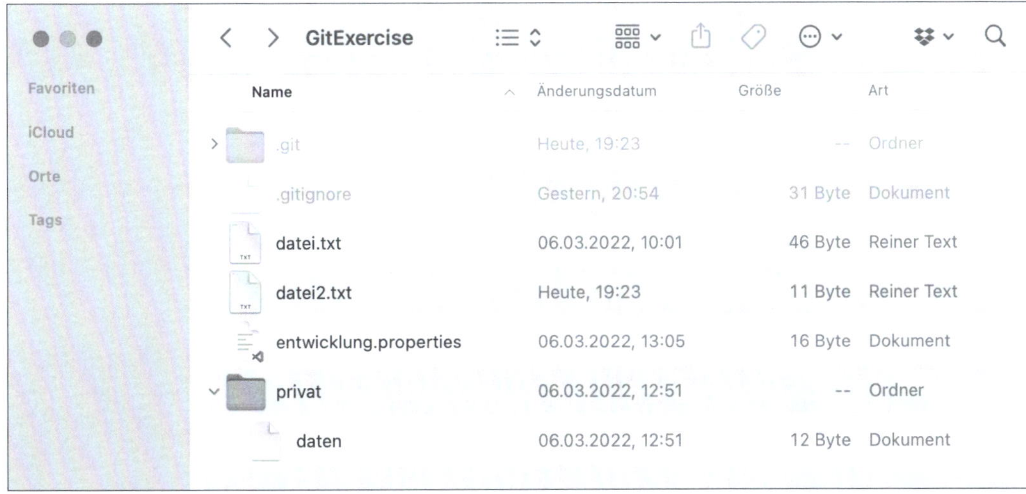

Abbildung 2.50 Dateistruktur vor und nach dem Merge

Three-Way Merge herbeiführen

Stellen Sie sicher, dass Sie im Main-Branch mit den Änderungen starten. Als Erstens fügen Sie der Datei **datei.txt** eine weitere Zeile mit Daten hinzu und verpacken diese Änderung in einen Commit. Danach wechseln Sie in den Feature-Branch, fügen dort der Datei **datei2.txt** eine Zeile hinzu und erstellen ebenfalls einen Commit. Lassen Sie sich danach die Historie vom aktuellen Branch, also vom Feature-Branch ausgeben (siehe Listing 2.4).

```
echo "Eine weitere Zeile im main Branch" >> datei.txt
git add .
git commit -m "Änderung am main Branch"
git checkout feature
echo "Hier wird auch eine neue Zeile eingefügt" >> datei2.txt
git add .
git commit -m "Änderung am feature Branch"
git log
```

Listing 2.4 Neue Commits in beiden Branches

Da Sie sich gerade im Feature-Branch befinden, wird natürlich die Historie in diesem Branch angezeigt. In Abbildung 2.51 sehen Sie , dass alle Änderungen, die vor der Abzweigung im Main-Branch vorgenommen wurden, angezeigt werden und auch der Commit mit dem Kommentar »Änderung am feature Branch« angezeigt wird. Den Commit, den Sie angelegt haben, als Sie sich im Main-Branch befanden, sehen Sie hier allerdings nicht. Auch sehen Sie an dieser Stelle nicht den Zeiger des Main-Branch, da dieser Zeiger auf einen Commit zeigt, der für den Feature-Branch nicht sichtbar ist.

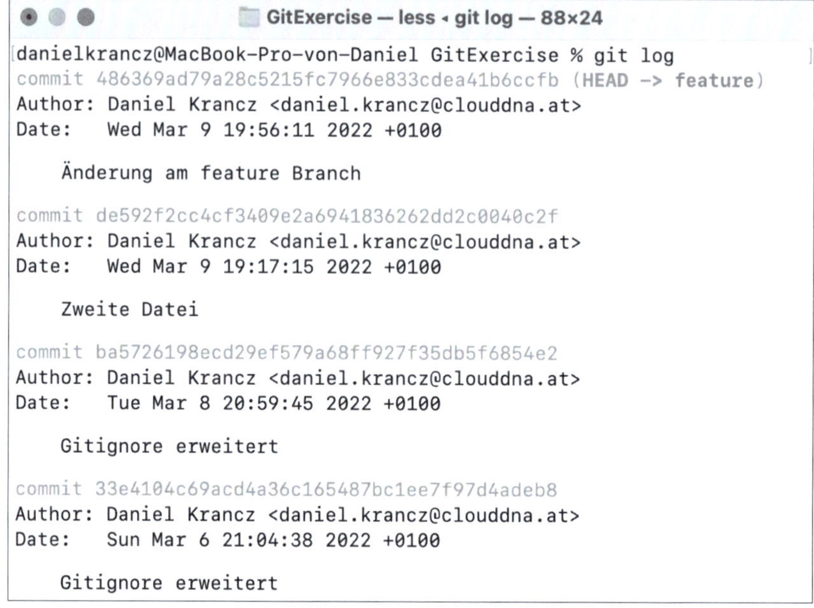

Abbildung 2.51 Historie des Feature-Branch

In Abbildung 2.52 sehen Sie die Historie des Main-Branch.

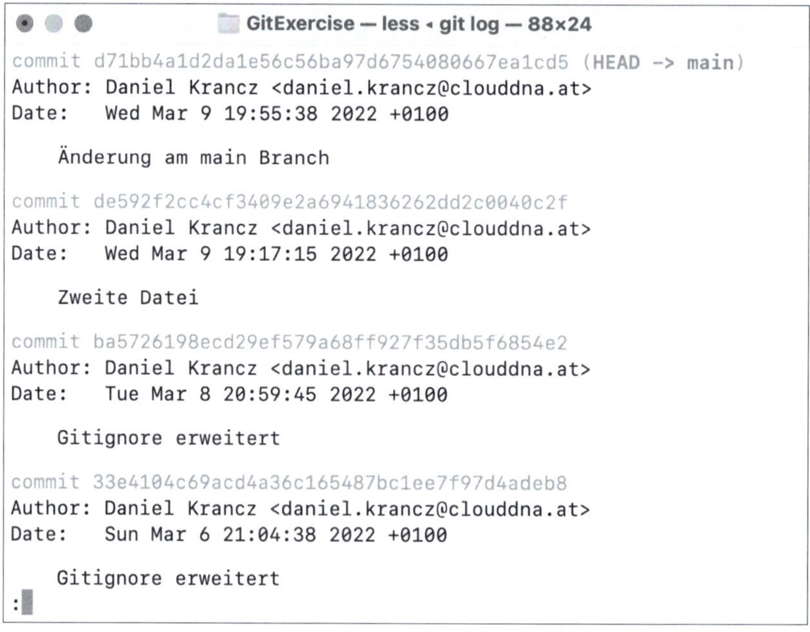

Abbildung 2.52 Historie des Main-Branch

Diese Historie sieht bis auf den letzten Commit genauso aus wie die Historie des Feature-Branch. Hier sehen Sie alle vergangenen Commits, die sich mit der Zeit ergeben haben, aber im Gegensatz zum Feature-Branch sehen Sie auch den Zeiger des Main-Branch. Der Zeiger des Main-Branch zeigt auf den letzten Commit mit dem Kommentar »Änderungen am main Branch«. Den Zeiger des Feature-Branch sehen Sie nicht.

Visuelle Historie vor der Zusammenführung

In Abbildung 2.53 sehen Sie diese Verzweigung des Main-Branch noch einmal grafisch dargestellt. In der unteren Zeile können Sie die Commits im Main-Branch erkennen. Beim Commit mit dem Namen »zweite Datei« hat es eine Abzweigung gegeben. Daraus ergibt sich der Feature-Branch. Der Main-Branch besteht zunächst unverändert fort.

Damit wir diese zwei Stränge wieder zusammenführen können, müssen Sie in den Main-Branch wechseln und mit dem Feature-Branch einen Merge ausführen.

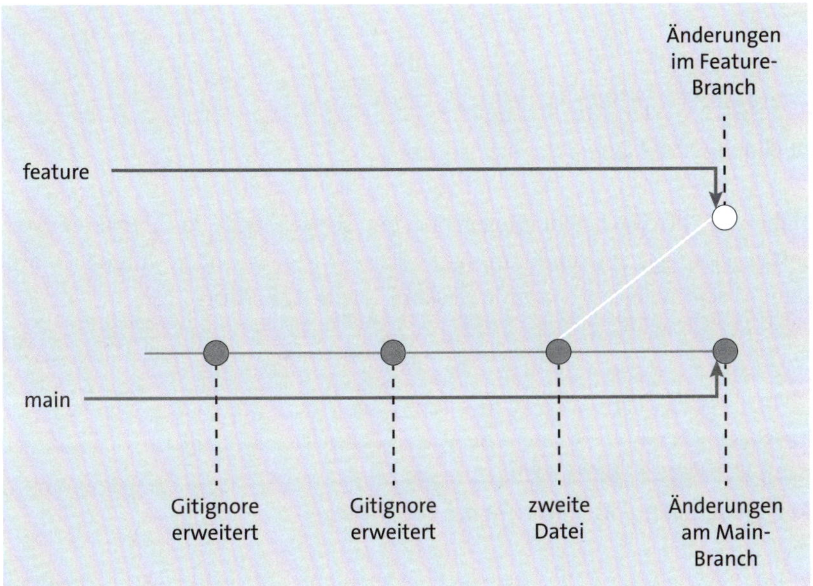

Abbildung 2.53 Unterschied zwischen Main- und Feature-Branch

Three-Way Merge

In diesem Fall handelt es sich um einen Three-Way Merge. Diesen Ansatz haben wir bereits in Abschnitt 2.2.4, »Merge«, erläutert. Dieser Merge-Commit erwartet von Ihnen eine Beschreibung, was genau bei der Zusammenführung passiert und welche Entscheidungen Sie getroffen haben (siehe Abbildung 2.54).

```
GitExercise — vi ◂ git merge feature — 88×24
Merge branch 'feature'
# Bitte geben Sie eine Commit-Beschreibung ein, um zu erklären, warum dieser
# Merge erforderlich ist, insbesondere wenn es einen aktualisierten
# Upstream-Branch mit einem Thema-Branch zusammenführt.
#
# Zeilen, die mit '#' beginnen, werden ignoriert,
# und eine leere Beschreibung bricht den Commit ab.
~
~
~
~
~
~
~
~
~
~
~
~
~
~
~
~
"~/Documents/GitExercise/.git/MERGE_MSG" 7L, 330B
```

Abbildung 2.54 Merge-Nachricht angeben

Haben Sie Ihre Nachricht eingegeben, und schließen Sie das Eingabefenster mit [Esc] + [ZZ], startet der Merge-Prozess. Wie gewohnt, erhalten Sie nach dem Abschluss eine Zusammenfassung (siehe Abbildung 2.55).

```
GitExercise — -zsh — 88×24
danielkrancz@MacBook-Pro-von-Daniel GitExercise % git merge feature
Merge made by the 'ort' strategy.
 datei2.txt | 1 +
 1 file changed, 1 insertion(+)
```

Abbildung 2.55 Erfolgsnachricht nach dem Merge

Historie nach dem Merge

Wenn Sie wieder auf die Historie blicken (siehe Abbildung 2.56), erkennen Sie, dass tatsächlich ein neuer Commit entstanden ist. Dieser Commit sieht etwas anders als alle anderen Commits aus: In der zweiten Zeile sehen Sie das Schlüsselwort `merge` und dahinter zwei Verweise. Diese Verweise zeigen anhand der kurzen Schlüssel auf die beiden Vorgänger. Da aus zwei Abzweigungen ein Commit entstanden ist, werden auch diese beiden Verweise von Git mit abgespeichert, zum einen zu Dokumentationszwecken und zum anderen, damit nachvollziehbar ist, wer die Vorgänger waren.

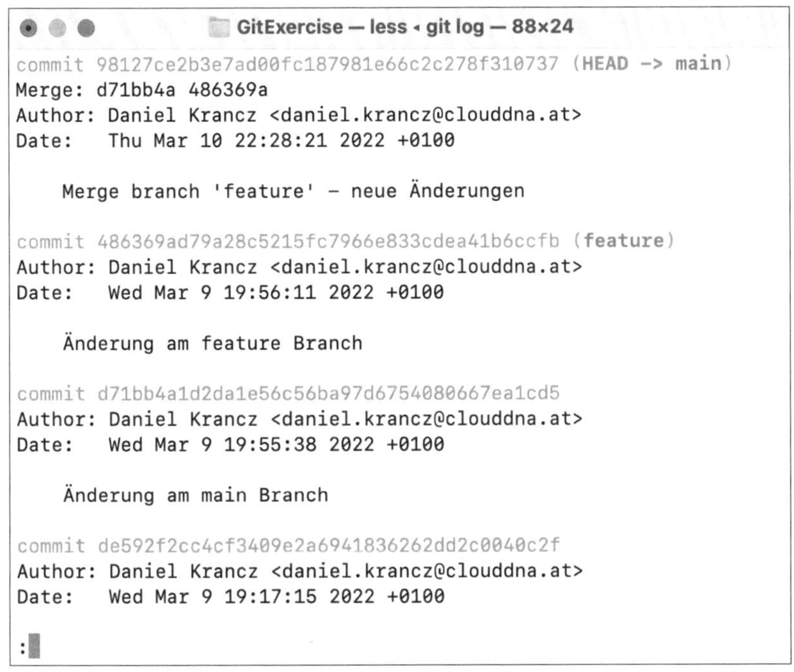

Abbildung 2.56 Historie nach dem Merge

Visuelle Aufbereitung der Historie

Abbildung 2.57 zeigt den momentanen Stand der Branches. Beim Commit »zweite Datei« entfernen sich die beiden Branches voneinander und treffen sich bei einem Merge-Commit wieder.

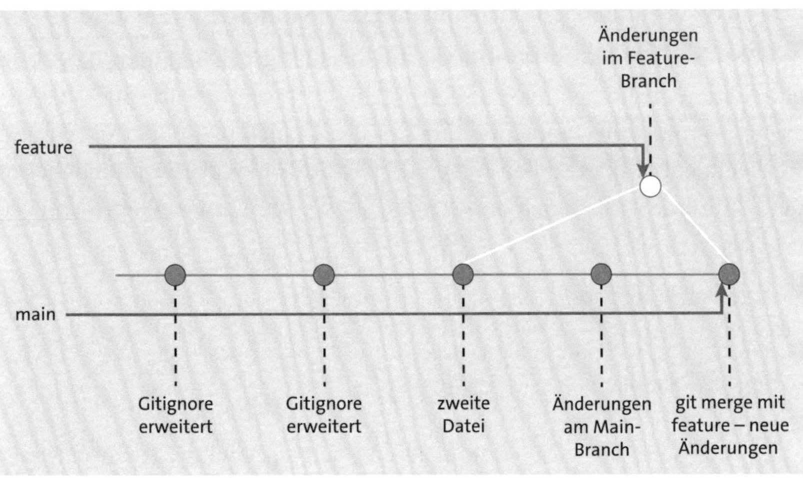

Abbildung 2.57 Unterschied zwischen Main- und Feature-Branch nach dem Merge

Rebase

Es gibt noch eine zweite Art, um zwei Branches zusammenzuführen. Legen Sie wieder einen neuen Branch an (wir haben diesen Branch »feature2« genannt) und führen Sie in beiden Branches zwei Commits durch. Diese einzelnen Änderungen haben wir in Abbildung 2.58 veranschaulicht.

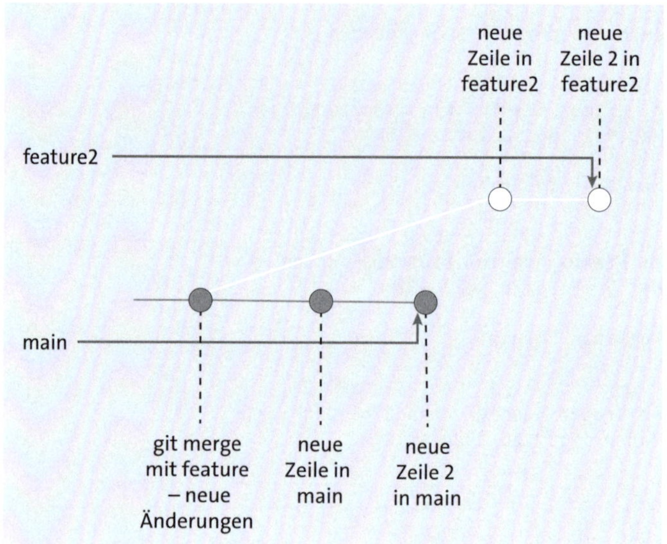

Abbildung 2.58 Veranschaulichung des aktuellen Projektstands

Rebase herbeiführen

Um die beiden Branches zusammenzuführen, können Sie einen *Rebase* verwenden. Ein Rebase transferiert Commits, die in einem Branch erstellt wurden, zu einem anderen Branch und integriert sie in dessen Historie.

Anders als bei einem Merge müssen Sie sich im Branch befinden, den Sie in einen anderen Branch integrieren wollen. In unserem Fall wollen wir die zwei Commits vom Branch **feature2** in den Branch **main** überführen und wechseln daher bzw. stellen sicher, dass wir uns in **feature2** befinden. Danach führen wir einen Rebase auf **main** aus. Diese Schritte sehen Sie in Listing 2.5.

```
git checkout feature2
git rebase main
```

Listing 2.5 Rebase

Nach einem Rebase würde nun unsere visuell aufbereitete Historie wie in Abbildung 2.59 dargestellt aussehen. Sie sehen, dass die beiden Commits nun Teil des Main-Branch geworden sind. Auch wenn diese Commits zeitlich gesehen später durchgeführt worden sind, sieht es so aus, als wären sie direkt im Main-Branch erstellt worden.

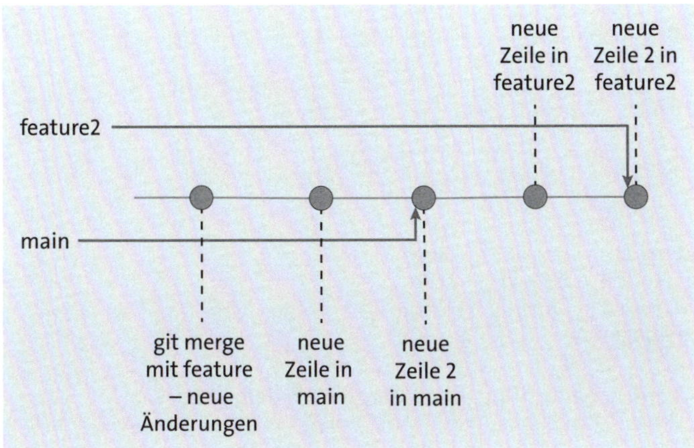

Abbildung 2.59 Nach dem Rebase

Merge nach dem Rebase

Damit der Zeiger des Main-Branch nun auf den aktuellen Commit zeigen kann, muss ein Merge durchgeführt werden. Mit dieser visuellen Historie können Sie schon ahnen, dass wir keinen Merge-Commit benötigen, da ein Fast-forward Merge durchgeführt werden kann. Die Zusammenfassung des Merge sehen Sie in Abbildung 2.60.

```
GitExercise — -zsh — 88x24
danielkrancz@MacBook-Pro-von-Daniel GitExercise % git checkout main
Zu Branch 'main' gewechselt
danielkrancz@MacBook-Pro-von-Daniel GitExercise % git merge feature2
Aktualisiere ecfb560..cf9071e
Fast-forward
 datei2.txt | 2 ++
 1 file changed, 2 insertions(+)
```

Abbildung 2.60 Merge nach dem Rebase

Abbildung 2.61 zeigt den aktuellen Stand und auch, dass in dieser Historie nirgends ein Umweg zu sehen ist. Alles liegt sauber in einem Strang, und die visuelle Aufbereitung ist leicht zu lesen.

Natürlich haben Sie hier nicht viel gewonnen, nur weil Sie statt eines initialen Merge auf Rebase gesetzt haben. Sie können mit beiden Befehlen zum gleichen Ziel gelangen, nämlich dass zwei Branches wieder zusammenfinden, jedoch mit dem einen Unterschied, dass hier der Verlauf klarer ist.

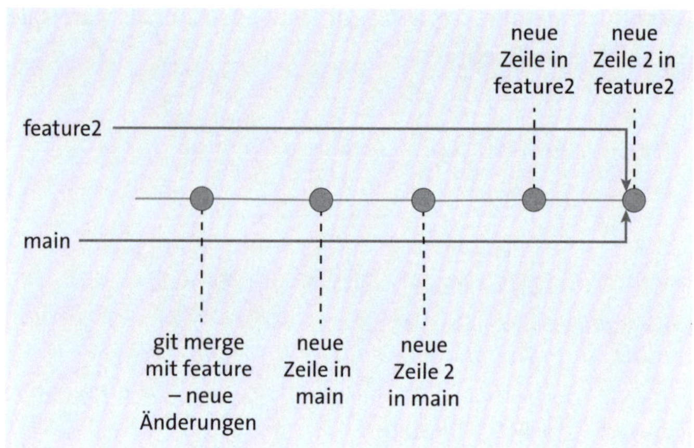

Abbildung 2.61 Veranschaulichung eines Merge nach dem Rebase

2.4.6 Ein Remote-Repository anbinden

Da Sie dieses Projekt angelegt haben und nun mit anderen Personen teilen möchten, müssen Sie es mit einem Remote-Repository verbinden. Das Klonen wäre an dieser Stelle nicht möglich, da das Remote-Repository noch nicht existiert.

Mit folgendem Befehl binden Sie ein Remote-Repository mit dem Namen »origin« an, das Sie angelegt haben oder das Ihnen zugewiesen wurde:

```
git remote add origin https://github.com/clouddnagmbh/git-und-sap.git
```

Sie können gerne ein Git-Repository Ihrer Wahl verwenden. Über die verschiedenen Anbieter und Möglichkeiten für Remote-Repositorys klären wir Sie in Kapitel 3, »Deployment-Optionen und Anbieter von Git-Clients«, auf.

Commits pushen Damit Ihre Änderungen im Remote-Repository landen, führen Sie einen Push-Befehl aus und geben als ersten Parameter den Namen des Remote-Branch und als zweiten optionalen Parameter die Quelle an:

```
git push origin main
```

Eine Zusammenfassung nach dem Push sehen Sie in Abbildung 2.62.

Fetch Mit dem folgenden Befehl können Sie überprüfen, ob im Remote-Repository Änderungen vorgenommen wurden. Wir haben für Sie eine solche Änderung simuliert: In Abbildung 2.63 sehen Sie eine mögliche Nachricht, die in einem solchen Fall angezeigt wird.

```
git fetch
```

```
GitExercise — -zsh — 88×24
danielkrancz@MacBook-Pro-von-Daniel GitExercise % git push origin main
Username for 'https://github.com': danielkrancz
Password for 'https://danielkrancz@github.com':
Objekte aufzählen: 61, fertig.
Zähle Objekte: 100% (61/61), fertig.
Delta-Kompression verwendet bis zu 10 Threads.
Komprimiere Objekte: 100% (53/53), fertig.
Schreibe Objekte: 100% (61/61), 5.25 KiB | 2.63 MiB/s, fertig.
Gesamt 61 (Delta 22), Wiederverwendet 0 (Delta 0), Pack wiederverwendet 0
remote: Resolving deltas: 100% (22/22), done.
To https://github.com/clouddnagmbh/git-und-sap.git
 * [new branch]      main -> main
```

Abbildung 2.62 Zusammenfassung nach »git push«

```
GitExercise — -zsh — 88×24
danielkrancz@MacBook-Pro-von-Daniel GitExercise % git fetch
remote: Enumerating objects: 5, done.
remote: Counting objects: 100% (5/5), done.
remote: Compressing objects: 100% (3/3), done.
remote: Total 3 (delta 1), reused 0 (delta 0), pack-reused 0
Entpacke Objekte: 100% (3/3), 740 Bytes | 246.00 KiB/s, fertig.
Von https://github.com/clouddnagmbh/git-und-sap
   d183fb3..1527448  main       -> origin/main
```

Abbildung 2.63 Erfolgsmeldung nach dem Fetch

Merge nach einem Fetch

Wie Sie es bereits in Abschnitt 2.2.3, »Fetch«, kennengelernt haben, reicht ein Fetch allein noch nicht aus. Mit einem Merge müssen die beiden Stände, nämlich der Stand, der vom Fetch kommt und Ihr aktueller Stand im Main-Branch, zusammengeführt werden. Diese Zusammenführung geschieht manuell mit einem Merge Request:

```
git merge origin/main
```

Pull

Prinzipiell müssen Sie diesen Umweg über Fetch und Merge nicht gehen, sondern können auch einen Pull durchführen:

```
git pull origin main
```

Im besten Fall erhalten Sie eine Erfolgsmeldung. In Abbildung 2.64 sehen Sie, dass ein Fast-forward Merge möglich war, da sich im Remote-Repository und im Remote-Branch nichts geändert hat.

Historie mit einem neuen Zeiger

Wenn Sie sich die Historie ansehen (siehe Abbildung 2.65), sehen Sie, dass auch der Zeiger von `origin/main` für Sie sichtbar geworden ist.

```
GitExercise — -zsh — 88×24
danielkrancz@MacBook-Pro-von-Daniel GitExercise % git pull origin main
Von https://github.com/clouddnagmbh/git-und-sap
 * branch            main       -> FETCH_HEAD
Aktualisiere 1527448..858daa0
Fast-forward
 datei.txt | 1 +
 1 file changed, 1 insertion(+)
```

Abbildung 2.64 Erfolgsmeldung nach dem Pull

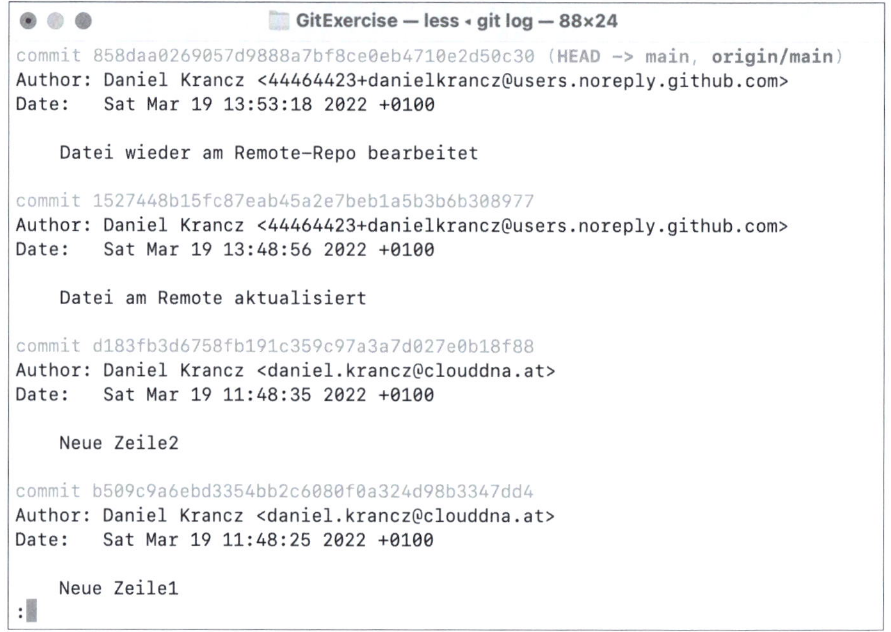

Abbildung 2.65 Historie nach dem Pull

Fehler beim ersten Pull

Natürlich wird es selten vorkommen, dass in Remote-Repository und Remote-Branch keine Änderungen vorgenommen wurden, während Sie lokal im eigenen Branch entwickelt haben. In diesem Fall zeigt ein Pull Request beim ersten Ausführen eine Fehlermeldung (siehe Abbildung 2.66), da nicht klar ist, wie das Zusammenführen dieser Änderungen vonstattengehen soll.

Sie können eine Einstellung in die Konfiguration aufnehmen und bestimmen, ob ein Merge, ein Rebase oder nur ein Pull durchgeführt werden soll, wenn ein Fast-forward-Ansatz verfolgt werden kann.

Verfahren für die Zusammenführung von Pull

In unserem Fall wollen wir, dass immer ein Merge durchgeführt wird, und nehmen in Kauf, dass unter Umständen ein Merge-Commit entsteht. Diese Einstellung legen wir global für alle Repositorys auf diesem System fest:

```
git config --global pull.rebase false
```

```
GitExercise — -zsh — 88×24
danielkrancz@MacBook-Pro-von-Daniel GitExercise % git pull origin main
Von https://github.com/clouddnagmbh/git-und-sap
 * branch            main       -> FETCH_HEAD
Hinweis: Sie haben abweichende Branches und müssen angeben, wie mit diesen
Hinweis: umgegangen werden soll.
Hinweis: Sie können dies tun, indem Sie einen der folgenden Befehle vor dem
Hinweis: nächsten Pull ausführen:
Hinweis:
Hinweis:   git config pull.rebase false  # Merge
Hinweis:   git config pull.rebase true   # Rebase
Hinweis:   git config pull.ff only       # ausschließlich Vorspulen
Hinweis:
Hinweis: Sie können statt "git config" auch "git config --global" nutzen, um
Hinweis: einen Standard für alle Repositories festzulegen. Sie können auch die
Hinweis: Option --rebase, --no-rebase oder --ff-only auf der Kommandozeile nutzen,
Hinweis: um das konfigurierte Standardverhalten pro Aufruf zu überschreiben.
fatal: Es muss angegeben werden, wie mit abweichenden Branches umgegangen werden sollen.
```

Abbildung 2.66 Pull mit Fehler

2.5 Konflikte lösen

Das Lösen von Konflikten kann sich als heikle Angelegenheit herausstellen, da Sie hier wichtige Entscheidungen für den weiteren Verlauf des Projekts, das in Git verwaltet und versioniert wird, treffen müssen.

Begriffserklärung

Klären wir zunächst einmal, was hinter dem Begriff *Konflikt* steckt. Im Kontext von Git spricht man immer dann von einem Konflikt, wenn beim Zusammenführen von zwei Projektständen Komplikationen entstehen. Wenn wir von *Zusammenführen* sprechen, meinen wir konkret die Funktionalität Merge, die wir in Abschnitt 2.2.4, »Merge«, schon ausführlich behandelt haben. Komplikationen ergeben sich aus der Tatsache, dass Änderungen in verschiedenen Branches in der gleichen Datei an der gleichen Stelle durchgeführt worden sind. Wenn Sie an Quellcode denken, kann man sagen, dass in der gleichen Zeile eine Änderung vorgenommen worden ist. In diesem Fall kann Git allein keine Entscheidung treffen und benötigt Ihre Hilfe.

Wo können Konflikte auftreten?

In Abschnitt 2.4.5, »Zwei Branches zusammenführen«, und Abschnitt 2.4.6, »Ein Remote-Repository anbinden«, haben Sie gelernt, dass ein Merge sowohl benutzt werden kann, um zwei lokale Branches (z. B. Main- und Feature-Branch) zusammenzuführen, aber auch um einen Remote-Branch mit einem lokalen Branch zusammenzuführen. Genau in diesen beiden Fällen (lokal-lokal und remote-lokal) können Konflikte auftreten.

Fiktives Beispiel

In Abbildung 2.67 sehen Sie, wie sich ein Konflikt ergeben kann, wenn eine Entwicklerin zu einem Zeitpunkt t1 die Änderungen des Remote-Repositorys und ein anderer Entwickler dieselben Änderungen zum Zeitpunkt t2 bezieht. Beide ändern den Wert der gleichen Variable A, jedoch beide in einen anderen Wert. Entwicklerin 1 ändert den Wert von 1 auf 2, und Entwickler 2 ändert den Wert von 1 auf 3. Sie haben in den letzten Abschnitten gelernt, dass Sie, bevor Sie einen Push durchführen, nachsehen sollten, ob sich etwas im Remote-Repository geändert hat. Dies tut Entwicklerin 1 und führt vor dem Push einen Pull aus. Entwickler 2 macht das Gleiche, jedoch tritt bei seinem Pull bzw. im Merge-Teil des Pulls ein Konflikt auf. Git »weiß« an dieser Stelle nicht, ob die Variable A nun den Wert 2 oder 3 erhalten soll, da zwei Personen an dieser Stelle eine Änderung vorgenommen haben. Nachdem der Entwickler bei seiner Variante geblieben ist, wird die ausgebesserte Version mit A = 3 auf das Remote-Repository gepusht.

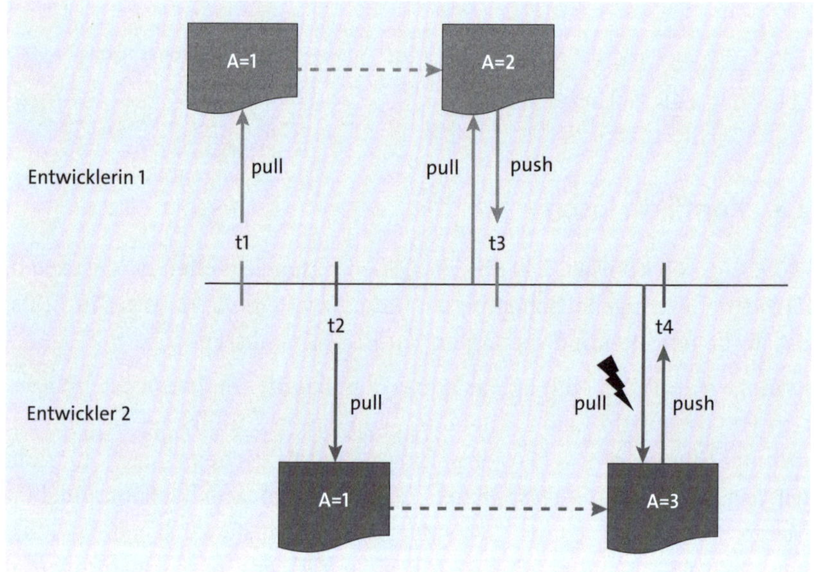

Abbildung 2.67 Visuell aufbereiteter Konflikt

Vorgehensweise

Die Macher von Git haben sich überlegt, welche Methode für das Lösen von Konflikten, die nicht automatisch behoben werden können, am besten geeignet ist. In diesem Fall wird auf die altbekannte Methode zurückgegriffen: manuelle Behebung durch Menschen.

Konflikt herbeiführen

Erstellen Sie zu Testzwecken einen lokalen Branch mit dem Namen »feature«. Bleiben Sie vorerst im Main-Branch, und fügen Sie in der Datei **datei.txt** eine Zeile hinzu. Wechseln Sie anschließend in den Feature-Branch, und fügen Sie dort auch eine Änderung in die erste Zeile der Datei ein (siehe Listing 2.6).

```
git branch feature
echo "Änderung Main" > datei.txt
git add .
```

```
git commit -m "Änderung Main"
git checkout feature
echo "Änderung Feature" > datei.txt
git add .
git commit -m "Änderung Feature"
git checkout main
```

Listing 2.6 Änderungen in der gleichen Datei und der gleichen Zeile

Konflikthinweis

Als letzten Schritt versuchen Sie mit `git merge feature`, einen Merge auszuführen. Bei diesem Merge merkt Git, dass auf beiden Branches in der gleichen Datei in der gleichen Zeile eine Änderung steht. Git möchte in diesem Fall keine Entscheidung treffen. Daher markiert es die jeweiligen Stellen für Sie und gibt Ihnen den Hinweis, dass bei der Zusammenführung etwas schiefgelaufen ist (siehe Abbildung 2.68).

```
GitExercise — -zsh — 88×24
danielkrancz@MacBook-Pro-von-Daniel GitExercise % git merge feature
automatischer Merge von datei.txt
KONFLIKT (Inhalt): Merge-Konflikt in datei.txt
Automatischer Merge fehlgeschlagen; beheben Sie die Konflikte und committen Sie dann das
 Ergebnis.
```

Abbildung 2.68 Konflikt beim Merge

Statusanzeige bei einem Konflikt

In der Statusanzeige sehen Sie, in welcher Datei der Konflikt aufgetreten ist (siehe Abbildung 2.69).

```
GitExercise — -zsh — 88×24
danielkrancz@MacBook-Pro-von-Daniel GitExercise % git status
Auf Branch main
Sie haben nicht zusammengeführte Pfade.
  (beheben Sie die Konflikte und führen Sie "git commit" aus)
  (benutzen Sie "git merge --abort", um den Merge abzubrechen)

Nicht zusammengeführte Pfade:
  (benutzen Sie "git add/rm <Datei>...", um die Auflösung zu markieren)
        von beiden geändert:    datei.txt

keine Änderungen zum Commit vorgemerkt (benutzen Sie "git add" und/oder "git commit -a")
```

Abbildung 2.69 Statusanzeige nach dem Konflikt

Zusammenführung abbrechen

Sollten Sie diese Zusammenführung zu irgendeinem Zeitpunkt abbrechen wollen, können Sie den folgenden Befehl ausführen:

```
git merge --abort
```

Damit Sie leichter eine Entscheidung treffen können, wie Sie den Konflikt beheben wollen, wird die entsprechende Stelle nicht nur markiert, sondern auch mit beiden Versionen angeboten.

Inhaltsänderung bei einem Konflikt

In Abbildung 2.70 sehen Sie den aktuellen Stand der Datei. Im ersten Teil des Konflikts wird der Stand des aktuellen HEAD angezeigt. Erinnern Sie sich zurück, mit HEAD wird der Branch markiert, den Sie gerade ausgecheckt haben. Die Gleichheitszeichen trennen den Stand von HEAD mit dem Stand der anderen Quelle. Welche Quelle hier gemeint ist, wird ganz am Ende der markierten Passage mit dem Namen des jeweiligen Branch gekennzeichnet.

Sollten außerhalb des Konfliktbereichs noch Daten in der Datei sein, werden diese ebenfalls mit angezeigt, bleiben jedoch vom Konflikt unberührt. In unserem Fall haben wir alles gelöscht und hatten in der Datei in beiden Branches jeweils nur eine Zeile.

Abbildung 2.70 Inhalt der Datei datei.txt

Konflikt beheben

Jetzt liegt es an Ihnen, diese Datei **datei.txt** so zu verändern, dass sie den neuen, zusammengeführten Stand erhält. Sie können die Datei direkt in der Kommandozeile nach Belieben bearbeiten – und da Sie jetzt alles in der Hand haben, könnten Sie sogar beide Versionen übernehmen. Genau diesen Schritt haben auch wir durchgeführt, sodass der aktuelle Stand der Datei in Abbildung 2.71 zu sehen ist.

Abbildung 2.71 Datei nach der Konfliktlösung

Ab jetzt folgt alles dem geregelten Ablauf. Die Änderung kann in die Staging Area gebracht werden, damit sie danach in einem Commit zusammengefasst wird. Da Sie jetzt zwei lokale Branches zusammengeführt haben, sehen wir uns noch an, wie es mit den Konflikten zwischen lokalen und externen Ressourcen aussieht.

Konflikt mit einem Remote-Branch

Abbildung 2.72 zeigt den Hinweis, den Sie erhalten, wenn Sie einen Pull durchführen und im Zuge der Zusammenführung auf einen Konflikt stoßen.

```
GitExercise — -zsh — 88×24
danielkrancz@MacBook-Pro-von-Daniel GitExercise % git pull origin main
remote: Enumerating objects: 5, done.
remote: Counting objects: 100% (5/5), done.
remote: Compressing objects: 100% (2/2), done.
remote: Total 3 (delta 0), reused 0 (delta 0), pack-reused 0
Entpacke Objekte: 100% (3/3), 719 Bytes | 719.00 KiB/s, fertig.
Von https://github.com/clouddnagmbh/git-und-sap
 * branch            main       -> FETCH_HEAD
   650ab9e..26469cc  main       -> origin/main
automatischer Merge von datei.txt
KONFLIKT (Inhalt): Merge-Konflikt in datei.txt
Automatischer Merge fehlgeschlagen; beheben Sie die Konflikte und committen Sie dann das
 Ergebnis.
```

Abbildung 2.72 Konflikt bei Pull

Wenn Sie sich die Datei ansehen, erkennen Sie, dass sich die Kennzeichnungen eines lokalen Konflikts ähneln. In Abbildung 2.73 sehen Sie, dass lediglich eine andere Quelle für den zweiten Stand eingetragen worden ist.

```
GitExercise — -zsh — 88×24
danielkrancz@MacBook-Pro-von-Daniel GitExercise % cat datei.txt
<<<<<<< HEAD
Änderung Main
=======
Änderung am Remote-Repo
>>>>>>> 26469ccdabbc4f688a2228d0a55db7bd5e440123
```

Abbildung 2.73 Inhalt der Datei nach dem Konflikt bei Pull

Hier können Sie wieder, wie gewohnt, die Datei verändern und dann die zusammengeführte Version in einem Commit verpacken. Vergessen Sie nicht, dass Sie die Änderung auch mit anderen Personen teilen, wenn Sie die Commits pushen.

2.6 Weitere hilfreiche Befehle

Die folgenden Abschnitte beinhalten kurze Beschreibungen von weiteren hilfreichen Befehlen, die Ihnen die Arbeit mit Git erleichtern werden.

2.6.1 Tags

Beim Tagging werden einzelne Entwicklungsstände markiert und hervorgehoben. Mit sogenannten *Tags* werden Commits gekennzeichnet, um z. B.

Versionen (1.0.0, 1.0.1 usw.) der Applikation zu symbolisieren. Mit dem folgenden Befehl listen Sie alle gegenwärtigen Tags auf:

```
git tag
```

Tags anlegen und löschen

Mit der Option -a legen Sie einen neuen Tag an, und mit -d löschen Sie ihn wieder:

```
git tag -a v1.0.0
```

Der Tag wird in diesem Fall bei HEAD hinzugefügt. Es ist auch möglich, nachträglich einen Commit zu taggen. Sie können nach der Versionsnummer einfach die ID oder die Prüfsumme des Commits mitgeben. Es besteht auch die Möglichkeit, ausgehend von Tags neue Branches anzulegen:

```
git checkout -b feature v1.0.0
```

[!]

Tags werden nicht automatisch gepusht

Tags, die Sie vergeben, werden bei einem Push nicht automatisch an das Remote-Repository übertragen. Das müssen Sie selbst übernehmen, indem Sie den dazugehörigen Befehl ausführen. Damit Tags mit anderen Personen geteilt werden können, müssen Sie explizit den folgenden Befehl aufrufen:

```
git push origin <tag>
```

2.6.2 Cherry-Pick

Man könnte sagen, dass *Cherry-Pick* eine Sonderform des Rebase ist oder zumindest Ähnlichkeiten aufweist. Hierbei suchen Sie sich einen speziellen Commit aus und setzen ihn in den aktuellen Branch ein.

Git-Befehl »Cherry-Pick«

Haben Sie einen Commit, in diesem Fall den Commit 1249bb9, ausgesucht, können Sie diesen mittels des folgenden Befehls »herauspicken«:

```
git cherry-pick 1249bb9
```

[!]

Konflikte bei Cherry-Pick

Cherry-Pick versucht, nach dem Herauspicken eines bestimmten Commits die Stände zusammenzuführen. Wenn alles gut geht, wird dabei mit Fast-forward nicht einmal ein Merge-Commit entstehen, jedoch kann es unter Umständen dazu kommen, dass Sie eine Konfliktbehebung vornehmen müssen. Gehen Sie wie in Abschnitt 2.5, »Konflikte lösen«, erklärt vor.

2.6.3 Stash

Ein *Stash* bzw. das *Stashing* kann verwendet werden, um Änderungen weder in einem Commit verpacken noch sie verwerfen zu müssen, sie aber trotzdem für eine Entwicklung in der Zukunft vorzuhalten. Einfach ausgedrückt, speichern Sie die Änderungen in einer kleinen lokalen Datenbank. Der folgende Befehl speichert alle momentanen Änderungen, die nicht in einem Commit sind, in den Stash:

```
git stash
```

Stash anwenden

Mit dem folgenden Befehl können Sie diese Änderungen wieder aus dem Stash holen:

```
git stash pop
```

Stash kopieren

Wichtig ist, dass die Änderungen mit `pop` aus dem Stash gelöscht werden. Möchten Sie die Änderungen aus dem Stash nur kopieren, da Sie möchten, dass die Änderungen im Originalzustand im Stash erhalten bleiben, müssen Sie den folgenden Befehl ausführen:

```
git stash apply
```

2.6.4 Blame

Datei-Informationen anzeigen

Mit *Blame* können Sie sich eine Datei genauer ansehen. Damit ist gemeint, dass Sie sowohl die einzelnen Zeilen mit Zeitstempel und Autor als auch den Inhalt einer Datei sehen:

```
git blame datei.txt
```

2.6.5 Switch

Mit einem *Switch* können Sie zwischen Branches wechseln:

```
git switch feature
```

Branch aus einem Commit heraus erstellen

Ein Switch kann auch verwendet werden, um aus einem älteren Commit heraus einen neuen Branch zu erstellen. Nehmen wir an, dass sich in Ihrem Repository ein Commit mit der ID `ef9cf84` befindet. Zunächst müssen Sie zu diesem Commit wechseln:

```
git checkout ef9cf84
```

Um von diesem Commit aus einen Feature-Branch zu erstellen, führen Sie den folgenden Befehl aus:

```
git switch -c feature22
```

2.6.6 Revert

Änderungen rückgängig machen

Mit einem *Revert* können Änderungen umgekehrt werden. Anders als beim Löschen können Sie sich vorstellen, dass Git die Änderungen von einem Commit ermittelt, die Änderungen rückgängig macht und daraus einen neuen Commit erstellt:

```
git checkout ef9cf84
git revert
```

Der Vorteil ist, dass keine Zeiger verschoben und Teile aus dem Strang abgeschnitten werden müssen. Durch den neuen Commit geht die Entwicklung ganz normal weiter, und die Historie bleibt erhalten.

2.6.7 Reset

Änderungen zurücksetzen

Im Gegensatz zum Revert kehrt ein *Reset* die Änderungen nicht um, sondern setzt sie gänzlich zurück. Dies bedeutet, dass ein Teil der Entwicklung entfernt wird und der Zeiger `HEAD` auf einen früheren Commit gesetzt wird:

```
git checkout ef9cf84
git reset
```

Bei einem Reset gibt es mehrere Verfahren, die als Option mitgegeben werden können. Tabelle 2.2 beschreibt die Optionen.

Befehl	Beschreibung
`--hard`	Der Zeiger wird zurückgesetzt, und alles danach verworfen.
`--mixed`	Standardmäßige Option, falls Sie nichts anderes mitgeben. Hier wird der Zeiger zwar zurückgesetzt, aber die offenen Änderungen bleiben erhalten.
`--soft`	Mit dieser Option werden nur die nachfolgenden Commits entfernt.

Tabelle 2.2 Optionen für Reset

In diesem Kapitel haben Sie die technischen Grundlagen zu Git kennengelernt. Sie kennen die wichtigsten Befehle und wissen, wie die Arbeit mit dem Git-CLI funktioniert. Im nächsten Kapitel stellen wir Ihnen verschiedene Deployment-Optionen und Anbieter von Git-Clients vor.

Kapitel 3
Deployment-Optionen und Anbieter von Git-Clients

Heutzutage gibt es etliche Anbieter lokaler und cloudbasierter Git-Repositorys. Daher ist es sehr wichtig, eine gute Übersicht zu haben, um das richtige Repository für das jeweilige Projekt zu finden.

GitHub, Bitbucket, GitLab, SAP Git Service .... – falls Sie mit diesen Begriffen nichts anfangen können, ermöglicht Ihnen dieses Kapitel den Einstieg. Auch wenn Sie den Überblick über die große Bandbreite an Git-Anbietern verloren haben oder sich bei einem konkreten Projekt für einen Anbieter entscheiden müssen, verzagen Sie nicht. In diesem Kapitel stellen wir Ihnen die wichtigsten Git-Anbieter im SAP-Kontext vor und geben Ihnen eine Übersicht der wichtigsten Informationen je Anbieter.

In Abschnitt 3.1, »Cloud- oder On-Premise-Deployment«, gehen wir zuerst der Frage auf den Grund, ob Sie auf eine cloudbasierte Git-Lösung oder auf ein von Ihnen aufgesetztes lokales On-Premise-Git setzen sollten.

SAP Git Service

Sobald Sie diese Frage für sich beantwortet haben, stellen wir Ihnen im nächsten Abschnitt 3.2, »SAP Git Service in der Neo-Umgebung«, den hauseigenen Git-Service von SAP vor.

Anschließend zeigen wir Ihnen Alternativen zum SAP Git Service. Wir haben uns hier die drei größten Anbieter in der Git-Versionsverwaltungswelt herausgesucht, die auch in Verbindung mit der Entwicklung in der SAP-Welt sinnvoll sind: GitHub (siehe Abschnitt 3.3), Bitbucket (siehe Abschnitt 3.4) und GitLab (siehe Abschnitt 3.5). Das soll jedoch nicht heißen, dass andere, hier nicht aufgeführte Anbieter, keine Daseinsberechtigung haben. Wir stellen Ihnen die drei populärsten Anbieter vor, damit Sie schnell und einfach eine Versionskontrolle in Ihr Unternehmen und in Ihren Projektalltag integrieren können.

SAP BTP

Sofern Sie sich nach Abwägung der aufgeführten Optionen für ein lokales On-Premise-Git entschieden haben, müssen Sie dieses für eine Entwicklung in der *SAP Business Technology Platform* (kurz: SAP BTP) noch per Cloud Connector mit der SAP BTP verbinden. Genau das wird im letzten Abschnitt

3.6, »Ein On-Premise-Git-Repository über den Cloud Connector an die SAP BTP anbinden«, in der Theorie und mit einem abschließenden praktischen Beispiel behandelt.

3.1 Cloud- oder On-Premise-Deployment

Sollten Sie Ihre Repositorys selbst hosten oder doch lieber auf die Services eines Cloud-Anbieters setzen? Wenn Sie sich diese Frage bereits gestellt haben, möchten wir Ihnen bei der Entscheidung behilflich sein und Ihnen die jeweiligen Vorgehensweisen beschreiben. Doch was ist der Unterschied zwischen einem Cloud- oder On-Premise Deployment eines Git-Tools? Der Hauptunterschied liegt darin, ob Sie auf einen Anbieter eines externen Git-Service vertrauen, der seine eigene Hardware besitzt und das Git-System für Sie in der Cloud hostet, oder ob Sie selbst Ihre eigene Hardware nutzen möchten, um ein Git-System bei sich im Unternehmen lokal zu deployen und zu hosten.

Es gibt noch weitere Unterschiede zwischen diesen beiden Hosting-Arten, und natürlich hat jede dieser beiden Varianten Vor- und Nachteile, die es für sich abzuwägen und zu klären gibt. Zunächst möchten wir Ihnen das Hosting bei einem externen Anbieter vorstellen.

3.1.1 Cloudbasierte Git-Repositorys

Anbieter für cloudbasierte Repositorys gibt es wie Sand am Meer. Sie alle bieten aber den Vorteil einer Cloud: Ihr Repository ist immer und überall erreichbar, Sie müssen sich nicht um Sicherheitsthemen kümmern, es fallen keine Hardwarekosten an usw.

Wenn Sie in Ihrem Unternehmen den Grundsatz *Cloud-only* (Sie setzen rein auf Cloud-Lösungen) oder *Cloud-first* (Sie setzen bevorzugt auf Cloud-Lösungen, sofern es auch lokale Alternativen gibt) leben, liegt es nahe, auf einen Anbieter eines Cloud-Gits zu setzen.

Anbieter von Cloud-Repositorys

Die fünf größten cloudbasierten Git-Repositorys sind GitHub, GitLab, Bitbucket, SourceForge und Azure Repos. Im Folgenden finden Sie kurze Steckbriefe für die verschiedenen Dienste, die Ihnen einen ersten Eindruck vermitteln:

- **GitHub**
  - Eigentümer: Microsoft (2018 aufgekauft)
  - Gründung: 2008
  - Programmiert in: Ruby on Rails, Erlang

- **GitLab**
  - Eigentümer: GitLab Inc.
  - Gründung: 2012
  - Programmiert in: Ruby, Go
- **Bitbucket**
  - Eigentümer: Atlassian
  - Gründung: 2008
  - Programmiert in: Python, Django-Webframework
- **SourceForge**
  - Eigentümer: Slashdot Media LLC.
  - Gründung: 1999
  - Programmiert in: Java
- **Azure Repos**
  - Eigentümer: Microsoft
  - Gründung: 2006 (Bestandteil des Azure-DevOps-Servers)
  - Programmiert in: C++

Sie sehen, dass die meisten Anbieter schon sehr lange am Markt sind. Teilweise stehen große Firmen hinter den jeweiligen Git-Anbietern, was Ihnen einiges an Sicherheit verschaffen kann.

Preismodelle

Wir haben Ihnen die drei größten Anbieter (GitHub, GitLab und Bitbucket) noch einmal bezüglich des Preismodells in einem direkten Vergleich dargestellt (siehe Tabelle 3.1).

	GitHub[1]	GitLab[2]	Bitbucket[3]
Gratisversion verfügbar?	ja	ja	ja
Gratisspeicher[4]	0,5 GB	5 GB	1 GB
Testversion verfügbar?	ja	ja	ja
Preispläne	3	3	3
Bezahlmodell	User/Jahr	User/Monat	User/Monat
Günstigster Plan (Stand Frühjahr 2022)	48 USD	19 USD	3 USD
Speicherplatz	2 GB	5 GB	5 GB

Tabelle 3.1 Preisinformationen der »großen Drei«

	GitHub[1]	GitLab[2]	Bitbucket[3]
Teuerster Plan	252 USD	99 USD	6 USD
Speicherplatz	50 GB	5 GB	10 GB

1. GitHub.com: Choose the plan that's right for you. (2022), https://GitHub.com/pricing [zuletzt aufgerufen am 01.02.2022]
2. GitLab.com: Get the DevOps platform (2022), https://about.GitLab.com/pricing/ [zuletzt aufgerufen am 01.02.2022]
3. Atlassian.com: Plans and pricing (2022), https://www.atlassian.com/software/Bitbucket/pricing [zuletzt aufgerufen am 01.02.2022]
4. Der Speicher bezieht sich entweder auf die Repository-Größe (GitHub, GitLab) oder auf die Größe von Media-Dateien (Bitbucket).

Tabelle 3.1 Preisinformationen der »großen Drei« (Forts.)

Bei vielen Anbietern ist die Git-Funktionalität Bestandteil eines Softwarepakets, das Git als Versionskontrollkomponente nutzt. Daher ist es von Vorteil, wenn Sie auch andere Softwarekomponenten des gleichen Unternehmens verwenden, da diese Komponenten meist sehr gut zusammenspielen.

Atlassian

Der britische Anbieter Atlassian ist mit seinem umfangreichen Repertoire an Softwareprodukten für den Projektalltag ein perfektes Beispiel dafür, wie diese Produkte zusammenarbeiten können.

Stellen Sie sich folgendes Szenario vor: Sie verwenden Jira als operatives Projektmanagement-Tool und Confluence als Wiki-Tool. Sollten Sie nun Bitbucket als Versionierungssoftware nutzen, spielen die drei Komponenten hervorragend zusammen, da sie alle aus dem Hause Atlassian kommen. Sie können Ihr Confluence-Projekt mit Ihrem Jira- und Bitbucket-Projekt verknüpfen und so auf Ihren Tickets basierende Git-Branches erstellen, Commits mit Tickets verknüpfen, eine automatische Zeitaufzeichnung für einzelne Tickets und deren Commits erstellen usw.

Kostenersparnisse

Unter Umständen bedeutet die Verwendung mehrerer Komponenten eines Unternehmens auch eine Kostenersparnis, da Sie die Softwarepakete meist gemeinsam lizenzieren können und nicht unterschiedliche Lizenzen bei verschiedenen Anbietern erwerben müssen. Die einzelnen Anbieter haben unterschiedliche Bezahlpläne und Lizenzen. Häufig werden Testversionen oder Repositorys für Open-Source-Projekte kostenlos zur Verfügung gestellt. Sollten Sie die Git-Repositorys jedoch für den produktiven Projektalltag nutzen, kann es schnell teuer werden. Anbieter setzen meist auf ein gestaffeltes Abonnementsystem, das pro x Nutzer/Repositorys oder je nach Speicherplatz in die nächste Bezahlstufe springt. Behalten Sie also die Anzahl Ihrer Nutzer und Projekte im Auge!

Vorteile

Die größten Vorteile einer extern gehosteten Lösung werden durch das System *Cloud* geliefert. Sie müssen sich nicht um die Erreichbarkeit, um erforderliche Hardware, Firewalls, Updates usw. kümmern und können einiges an Arbeit und auch an rechtlichen Dingen auf den Anbieter abwälzen. Sie müssen nur die richtige Lizenzierung auswählen und anschließend die Software nach Ihren Anforderungen konfigurieren. Viele der angebotenen Softwarepakete enthalten eine umfangreiche Benutzerverwaltung und eine generelle Konfiguration für die einzelnen Repositorys. Oft müssen Sie nicht einmal neue User anlegen, wenn Sie bereits andere Produkte von demselben Unternehmen nutzen, da die User wiederverwendet werden können oder Sie sich mit demselben Nutzer auf unterschiedlichen Produkten authentifizieren und autorisieren können.

3.1.2 On-Premise-basierte Git-Repositorys

Wenn Sie ein Git-Repository selbst hosten, haben Sie alle Fäden in Ihrer Hand. Von der Hardware bis hin zur Erreichbarkeit außerhalb Ihres Unternehmens können (und müssen) Sie alles selbst entscheiden. Die meisten großen Git-Anbieter bieten auch eine Lösung für das eigene Hosten von Git-Versionskontrollprogrammen.

Bitbucket-Server

Atlassian bietet z. B. den *Bitbucket-Server* zum selbst Hosten an. Bei Microsoft wäre es der Azure DevOps Server, GitHub bietet in der Enterprise Edition eine On-Premise-Version, und GitLab hat ebenfalls eine selbst verwaltete Version ihres Git Service.

Gitea und Gogs

Jedoch gibt es zu den großen bekannten Anbietern auch gute Alternativen, z. B. Gitea und Gogs. Diese Anbieter bieten meist Open-Source-Software und/oder kostenlose Software an, die gut erweitert werden kann. Zwei dieser Open-Source-Services möchten wir Ihnen gerne vorstellen.

- **Gitea**
  - Eigentümer: Open Source-Community
  - Gründung: 2016
  - Programmiert in: Go
- **Gogs**
  - Eigentümer: Open Source-Community
  - Gründung: 2014
  - Programmiert in: Go

Diese beiden Anbieter sind sich sehr ähnlich. Es handelt sich bei beiden um Open-Source-Software, die in der Programmiersprache *Go* geschrieben ist. Das liegt daran, das Gitea eine Weiterentwicklung/Abspaltung von Gogs ist, da die Weiterentwicklung seitens einer Open-Source-Community von Gogs limitiert war. Beide Lösungen bieten leicht zu installierende Git-Repository-Services und eine übersichtliche grafische Oberfläche an. Sie sind sehr schlank und benötigen kaum Speicherplatz. So können sie auch auf relativ hardwarearmen Servern wie einem Raspberry Pi installiert werden, für den es übrigens bei beiden Anbietern eigene Installationsmöglichkeiten gibt. Dies kann auch für kleinere Anwender mit geringerer Hardwareleistung interessant sein. Sofern Sie für Ihr Projekt keine komplexe graphische Oberfläche benötigen, können Sie auf sehr schlank gehaltene Git-Tools wie Gitea oder Gogs setzen, oder Git einfach per Kommandozeile bedienen und ohne viel Aufwand on-premise nutzen.

Wenden wir uns aber noch einmal allgemein den On-Premise-Lösungen zu. Da das selbst Hosten viele Freiheiten mit sich bringt, gibt es aber auch einige Dinge, die Sie selbst entscheiden und verwalten müssen, während sie bei einem Cloud-Anbieter fast obsolet sind.

Einrichtung

So müssen Sie sich selbst um die Hardware des Servers kümmern, auf dem das jeweilige Git-Tool läuft. Auch für die Wartung, die Verfügbarkeit und die Sicherheit des Servers sind Sie verantwortlich. Dies kann unter Umständen zu einem Investment werden, das bei einem Cloud-Anbieter natürlich nicht anfällt.

Klären Sie also vorab folgende Fragen:

- Haben Sie freie Ressourcen, um ein Git-Tool selbst on-premise zu hosten?
- Welches On-Premise-Git hat welche Hardwareanforderungen?
- Wie schnell muss die Hardware im Falle einer Skalierung aus-/umgetauscht werden?
- Ist genügend Speicherplatz für alle Projekte vorhanden?

Sofern Sie die benötigte Hardware und Infrastruktur in Ihrem Unternehmen haben, können Sie diese normalerweise direkt für das Hosten Ihrer eigenen Git-Lösung nutzen.

Sicherheit und Erreichbarkeit

Auch die generelle Sicherheit und Erreichbarkeit des On-Premise-Git spielt eine große Rolle. Hier müssen weitere Fragen beantwortet werden:

- Wie konfigurieren Sie die Benutzer der Repositorys?
- Können Sie ein bestehendes LDAP an Ihr Git anbinden?

- Sollten die Repositorys auch außerhalb des Intranetzes verfügbar sein?
- Wird im Falle einer Anbindung an die SAP BTP ein Cloud Connector benötigt?

Wenn es um das zu verwendende Git-Tool geht, können Sie sich entweder für einen Open-Source- oder einen lizenzpflichtigen Anbieter einer lokalen Software entscheiden. Hierbei müssen Sie die Software meist selbst installieren und warten. Unter anderem kommen daher die folgenden Fragen auf:

- Welche Software wird in welcher Version eingesetzt?
- Wann müssen Updates für die Tools eingespielt werden?
- Wie und in welchem Zyklus finden Backups der Daten statt?
- Wer haftet bei welchen Problemen?

Sie sehen also, dass hier mehr Fragen aufkommen als beim Cloud Hosting. Dies kann auf den ersten Blick abschreckend wirken, jedoch können Sie sich bei dem eigenen Hosten einige Vorteile erkaufen.

Vorteile

Sie haben volle Kontrolle über Ihr System und Ihren Git-Server. Dadurch sind Sie weniger von Drittanbietern oder externen Quellen abhängig. Sie können die bereits bestehende Hardware Ihres Unternehmens nutzen, sofern diese zur Verfügung steht. Hier steuern Sie auch die Erreichbarkeit des Git-Tools. So definieren Sie, ob das System auch außerhalb Ihrer On-Premise-Landschaft verfügbar sein soll.

3.1.3 Entscheidungshilfe Cloud vs. on-premise

Sie sollten nun einen groben Überblick über cloudbasierte und On-Premise-Git-Services haben. Sollten Sie sich noch nicht für einen der beiden Wege entschieden haben, möchten wir Ihnen gerne einige Entscheidungshilfen mit auf den Weg geben.

Wann sollten Sie sich für ein cloudbasiertes Git entscheiden?

Grob zusammengefasst: Entscheiden Sie sich für ein cloudbasiertes Git, wenn Sie nur wenig Arbeit und Zeit investieren möchten oder können. Dies kann vor allem jungen und kleineren Unternehmen einen Vorteil bringen, da sie den Fokus auf das Hauptgeschäft legen können und sich nicht mit den Konfigurationen und Tücken beschäftigen müssen, die ein On-Premise-Git mit sich bringt. Es kommen zwar höchstwahrscheinlich höhere Kosten auf Sie zu, diese werden aber durch die eingesparte Zeit für das Einrichten und die Wartung und die generellen Vorteile der Cloud wettgemacht.

VPN

Cloudbasierte Git Services erleichtern auch das gemeinsame Arbeiten außerhalb des Unternehmensnetzwerkes. Wenn Sie also (interne oder externe) Mitarbeitende haben, die nicht per *VPN* (Virtual Private Network) auf Ihr Unternehmensnetzwerk zugreifen können, können sich diese trotzdem in der Cloud einloggen und so gemeinsam entwickeln.

Wann sollten Sie sich für ein On-Premise-Git entscheiden?

Wenn Sie Ihre Infrastruktur gerne selbst in der Hand haben und nicht gerne auf Cloud-Lösungen setzen, holen Sie sich ein On-Premise-Git an Bord. So können Sie die Vorteile bereits existierender Verzeichnisprotokolle wie *LDAP* (Lightweight Directory Access Protocol) nutzen, um die Nutzer Ihres Active Directorys in Ihrem Git-Service zu nutzen. Damit lässt sich ein On-Premise-Git-Service perfekt in Ihre Infrastruktur integrieren.

Wenn Sie bereits die geeignete Hardware bei sich stehen haben, können Sie diese für Git nutzen und sparen sich die Lizenzierung von Cloud-Diensten. Dies hat den Vorteil, dass Sie die Performance, Erreichbarkeit und Skalierbarkeit Ihres Git-Service selbst steuern können.

Sollten Sie eine sehr strenge Sicherheitspolitik in Ihrem Unternehmen pflegen, liegt es auf der Hand, ein On-Premise-Git zu nutzen. Mitarbeitende innerhalb Ihres Unternehmensnetzwerkes können so anhand Ihrer eigens konfigurierten Sicherheitseinstellungen sicher und sauber auf Ihr Git zugreifen.

3.2 SAP Git Service in der Neo-Umgebung

SAP Web IDE

SAP bietet mit dem *SAP Git Service* eine hauseigene cloudbasierte Git-Lösung, die momentan ein Bestandteil/Service der *Neo*-Umgebung (Feature Set A und Feature Set B) der SAP BTP ist (siehe Abbildung 3.1). Dies erlaubt Ihnen die Integration angelegter Git-Repositorys in die SAP Web IDE, die ebenfalls Bestandteil bzw. Service der SAP BTP in der Neo-Umgebung ist.

3.2.1 Was ist der SAP Git Service?

Der SAP Git Service erlaubt das Speichern und Versionieren von Applikationen, die z. B. über die SAP Web IDE angelegt oder in die SAP BTP deployt wurden. Zudem kann SAP Git für die Versionierung von anderweitigen Dateien und Projekten genutzt werden, die nicht direkter Bestandteil der SAP BTP sind. Wenn Sie z. B. Ihren in ABAP geschriebenen Code (siehe auch Kapitel 5, »Git in der ABAP-Entwicklung«) unter eine cloudbasierte Git-Versionierung stellen möchten, bietet sich der SAP Git Service an. Somit bleiben Sie im SAP-Kontext und müssen, sofern Sie die SAP BTP in Ihrem Unternehmen nutzen, nicht auf einen externen Anbieter setzen.

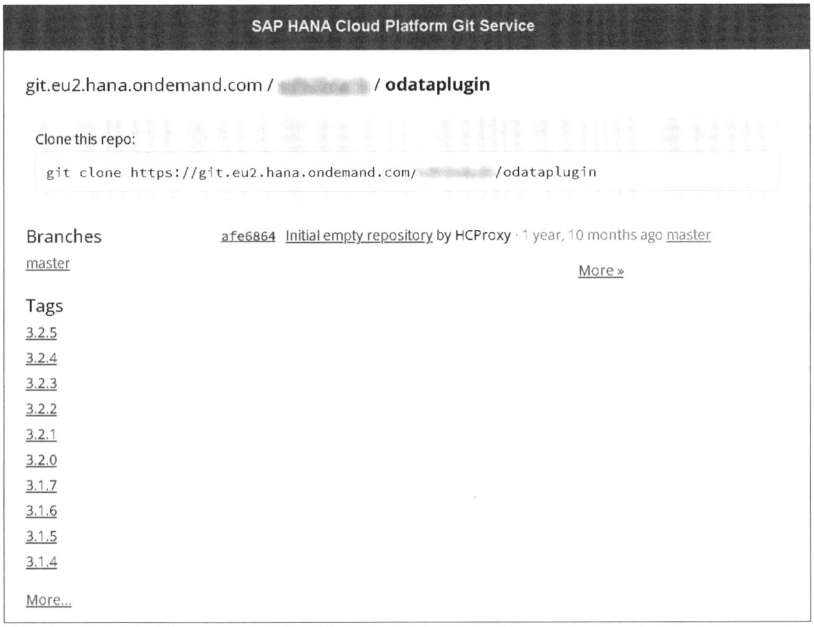

Abbildung 3.1 SAP Git Service

SAP BTP Deployment

Wussten Sie, dass bei einem Deployment einer Applikation in die SAP BTP automatisch ein Git-Repository für Sie angelegt wird?

Sobald die Applikation hochgeladen wurde, wird der Source Code in einem Git-Repository für Sie versioniert. Jedes Mal, wenn Sie eine neue Applikationsversion über das Deployment freigeben, wird automatisch ein Tag für Sie generiert, der auf den jeweiligen Codestand zeigt. Sie können dadurch jederzeit eine andere Version Ihrer Applikation starten und das Einführen oder Zurücknehmen neuer Features ganz einfach verwalten und umsetzen.

3.2.2 Technische Details des SAP Git Service

Speicherplatz

SAP bietet Ihnen über das SAP-Git eine unbegrenzte Zahl an Git-Repositorys an, die über das SAP BTP Cockpit angelegt werden können. Jedoch sind die Repositorys auf 500 MB pro Repository und 20 MB pro Datei begrenzt. Das unbegrenzte Anlegen von Repositorys in der SAP BTP ist zwar erlaubt und möglich, SAP hat jedoch Maßnahmen gegen den Missbrauch von angelegten Repositorys ergriffen und behält sich vor, unter Umständen Einschränkungen vorzunehmen.

Rollen

Um Git-Repositorys in der SAP BTP zu nutzen und zu verwalten, muss den Benutzer Ihres SAP-BTP-Neo-Subaccounts eine der folgenden Rollen zugewiesen werden:

- **Administrator**
  Administratoren haben den vollen Zugriff auf den Subaccount und können diesen administrieren.
- **Developer**
  Benutzer mit der Developer-Rolle können mit den Tools und Services des Subaccounts arbeiten und einfache Konfigurationen vornehmen.
- **Support User**
  Support User können Einstellungen prüfen, Logs auslesen und Fehler beheben. Alternativ können Sie hierzu auch die Administrator- oder Developer-Rolle mit den notwendigen Berechtigungen nutzen.

Berechtigungen

Die SAP BTP verwendet folgende Berechtigungen, um den Funktionsumfang einer Rolle zu definieren:

- **accessGit**
  Diese Berechtigung erlaubt den Lesenden und Schreibenden Zugriff auf angelegte Git-Repositorys. Alle Standard-Git-Befehle wie `Commit`, `Push`, `Merge`, `Pull` usw. können mit dieser Berechtigung durchgeführt werden. Administratoren und Developer bekommen diese Berechtigung automatisch.
- **manageGit**
  Benutzer mit dieser Berechtigung können Git-Repositorys in der SAP BTP anlegen, löschen, leeren und den Status des Repositorys temporär auf einen reinen Lesezugriff (read-only) umstellen. Mit dieser Rolle können Remote-Branches gelöscht und das Pushen von Commits erzwungen werden. Im Standard haben nur Administratoren diese Berechtigung.
- **readGit**
  Diese Berechtigung gibt Benutzern einen lesenden Zugriff auf bereits angelegte Repositorys. Diese können mit `readGit` geklont werden, und rein lesende Git-Befehle wie `fetch` stehen den Benutzern zur Verfügung. Alle drei Benutzerrollen verfügen über diese Berechtigung.

[»]

Zusätzliche Berechtigungen

Sollte einem Benutzer eine oder mehrere der oben angeführten Berechtigungen zugewiesen werden, muss auch die Berechtigung `readHTML5Appli-`

> `cations` vergeben werden, um auf deployte HTML5-Applikationen und deren Git-Repositorys zuzugreifen. Sollten Sie eine der drei Standardrollen **Administrator**, **Developer**, **Support User** verwenden, wird diese Berechtigung automatisch vergeben.

Nach dem Anlegen eines Repositorys (siehe Abschnitt 3.2.4, »Anlegen eines Repositorys«) können Sie in die Detailabsicht abspringen, die Sie in Abbildung 3.2 sehen.

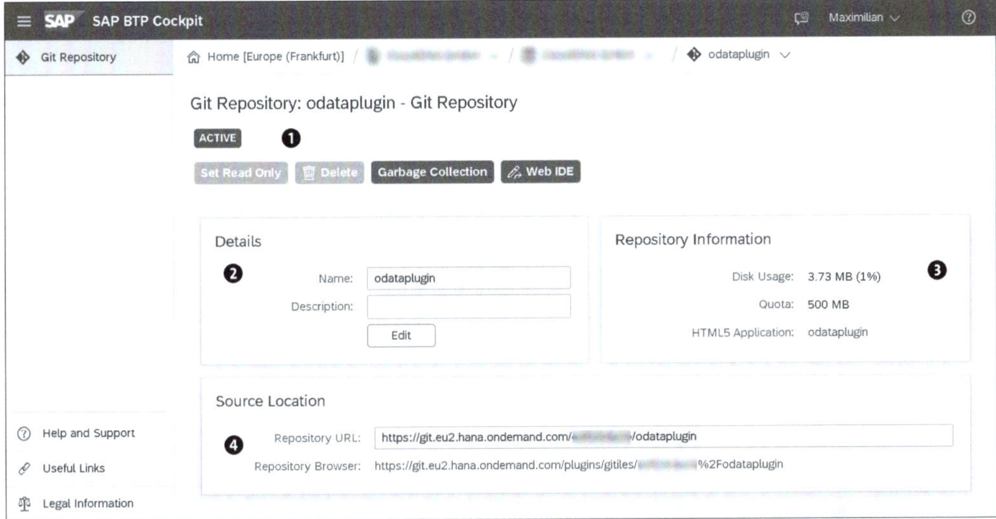

Abbildung 3.2 SAP Git Service: Detailansicht

Detailansicht

Die Detailansicht des SAP Git Services bietet eine Übersicht über die folgenden Funktionen:

❶ **Allgemeine Repository-Funktionen**
Hier können, sofern die benötigten Rollen vorhanden sind, diverse Funktionen aufgerufen werden, darunter das Umstellen auf einen reinen Lesezugriff, das Löschen des Repositorys, das Starten des Garbage Collectors und das Klonen des Projekts in die SAP Web IDE des Subaccounts.

❷ **Details**
Sichtbar sind hier der Name und die Beschreibung des Repositorys. Die Beschreibung kann angepasst werden, der Name jedoch nicht.

❸ **Repository Informationen**
Die momentane Auslastung des Speicherplatzes für das Repository wird hier angezeigt. Der maximal verfügbare Speicherplatz liegt bei 500 MB. Sofern das Repository automatisch beim Deployen einer Applikation erstellt wurde, ist hier eine Verknüpfung zu dieser Applikation eingetragen.

❹ Verknüpfungen
Die zum Klonen benötigte URL des Repositorys sowie der Absprungpunkt in den Repository Browser sind als letzter Punkt in der Detailansicht aufgeführt.

Sobald Sie auf die Verknüpfung zu dem Repository Browser klicken, gelangen Sie in die tatsächliche Ansicht des Repositorys (siehe Abbildung 3.3).

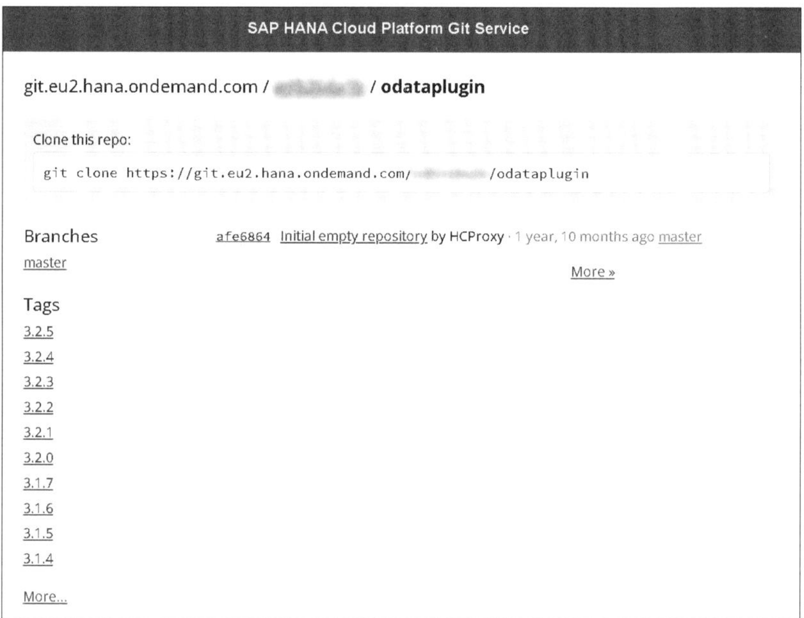

Abbildung 3.3 Repository Browser

Repository Browser

Der *Repository Browser* jedes Repositorys des SAP Git Service bietet eine sehr einfache Übersicht des Git-Repositorys. Wie es Ihnen vielleicht schon aufgefallen ist, bietet die angebotene Benutzeroberfläche nur geringe, absolut notwendige Ansichtsfunktionen des Repositorys. Das tatsächliche Arbeiten auf dem Repository findet nicht über den Repository Browser selbst statt, sondern über andere Wege, wie z. B. über die SAP Web IDE.

Aufgebaut ist der Repository Browser folgendermaßen: An erster Stelle ist oben die URL zum Klonen des Repositorys aufgeführt. Auf der linken Seite sehen Sie eine Übersicht über die Remote-Branches und die angelegten Tags. Per Klick kommen Sie in die jeweilige Detailansicht. Den Mittelpunkt des Repository Browsers bildet die Übersicht aller Commits, die gegen das Repository vorgenommen wurden. Diese können per Klick auf die blau hinterlegte Commit-Beschreibung geöffnet werden. Die Commit-Detailansicht zeigt Ihnen alle Dateien, die in dem Commit enthalten sind, plus ihre Differenzen zu vorherigen Versionen.

Die Dateien, die über das Repository verwaltet werden, können Sie sich über die Detailansicht der Tags ansehen. Hier sehen Sie die Dateien zum Stand des jeweiligen Tags. Bei jeder Datei werden die jeweiligen getätigten Änderungen angezeigt.

3.2.3 Vor- und Nachteile des SAP Git Service

Wie jede Software und jedes Tool hat auch der SAP Git Service Vor- und Nachteile, die bei einer Entscheidung für diesen Service berücksichtigt werden sollten. Diese möchten wir Ihnen nun näher bringen.

Vorteile

Sofern Sie schon mit der SAP BTP arbeiten und diese lizenziert haben, können Sie den SAP Git Service ohne zusätzlichen Aufwand für Registrierungen oder Zusatzlizenzierungen benutzen. Sie können den Arbeits- und Entwicklungsablauf für SAP-Applikationen im SAP-Kontext halten. Dies kommt vor allem bei dem Entwickeln von SAP-Fiori-Oberflächen zum Einsatz. Da hier meist die SAP Web IDE benutzt wird, liegt es nahe, zum Versionieren des Quellcodes den SAP Git Service zu nutzen. Somit besteht Ihrerseits keine Abhängigkeit zu Drittanbietern, und Ihr Applikationsentwicklungszyklus bleibt unter einem Dach.

Über die Rollen bzw. den hauseigenen *IdP* (Identity Provider) der SAP BTP können Sie eine einfache Zugriffsverwaltung auf die Repositorys realisieren. Sollten die Benutzer Ihres Subaccounts die auf ihren Arbeitsbereich zugeschnitten Rollen **Administrator**, **Developer** oder **Support User** haben, werden die Berechtigungen für die Git-Repositorys automatisch vergeben. **IdP**

Nachteile

Der größte Kontrapunkt ist die Verfügbarkeit im SAP-BTP-Neo-Stack, denn Kunden, die auf einen reinen Cloud-Foundry-Stack setzen, haben keine Möglichkeit, um den SAP Git Service zu nutzen,

Der Repository Browser des SAP Git Service liefert zwar nützliche Informationen über das Repository, ist aber im Vergleich zu anderen Anbietern recht mager. So können im Repository Browser keine neuen Git-Funktionalitäten und Objekte wie Branches, Tags, Pull Requests usw. angelegt oder verwaltet werden. Der Repository Browser bietet nur eine reine Ansicht des Repositorys, denn die Verwaltung geschieht über das jeweilige Programm, in dem das Git-Repository verwendet wird. So kann z. B. ein neuer Branch über die SAP Web IDE angelegt werden.

Die Zugriffsverwaltung ist zwar schnell über die drei verschiedenen Berechtigungen getätigt, kann aber nicht wie bei anderen Anbietern detaillierter ausgearbeitet werden. So können Sie keine Zugriffsrechte auf Branches vergeben, Merge Requests anlegen oder allgemein konkretere Autorisierungen vornehmen.

Open Source Der SAP Git Service eignet sich nicht für Open-Source-Projekte, da der Zugriff über die Benutzer des Subaccounts gesteuert wird, in dem das Repository liegt. Das SAP-Git ist eher für Projekte im eigenen Unternehmen sinnvoll und nicht für die Arbeit mit einer globalen Open-Source-Gemeinschaft. Dies würde Funktionalitäten zum Freigeben des Repositorys (Public bzw. Open Repositorys), das Freigeben von Änderungen, das Erstellen von Lizenzen (GNU, MIT usw.) und weitere open-source-relevante Einstellungen voraussetzen.

Die Repositorys im SAP Git Service sind auf 500 MB beschränkt, was für normale Projekte durchaus ausreichen sollte. Allerdings kann es sein, dass ein versioniertes Projekt diese Grenze überschreitet. Sollte dies der Fall sein, müssen Sie sich an SAP wenden. Die Größe kann bei einem lokal gehosteten Repository oder bei anderen Anbietern einfacher gesteuert werden.

3.2.4 Anlegen eines Repositorys

Wir zeigen Ihnen nun das Anlegen eines Repositorys über den SAP Git Service anhand eines einfachen Beispiels. Die Voraussetzungen für das erfolgreiche Durchführen der Übung sind:

- Ein Zugang zur SAP BTP muss vorhanden sein.
- Der Service SAP Web IDE in dem jeweiligen Subaccount muss aktiviert sein.
- Der Benutzer muss einem globalen Account und einem Subaccount zugewiesen sein.
- Dem Benutzer muss die Berechtigung `manageGit` zugewiesen sein.

Einstieg in die SAP BTP

Gehen Sie über *http://hana.ondemand.com* auf die Startseite der SAP BTP (siehe Abbildung 3.4) und authentifizieren Sie sich mit Ihrem Benutzernamen und Ihrem Passwort.

Anmelden Klicken Sie auf die Schaltfläche **Sign In**, um den Anmeldungsprozess zu starten. Dieser kann entweder über installierte Zertifikate, Anmeldedaten oder über die SAP Universal ID durchgeführt werden. Sollten Sie noch keinen Benutzer haben, können Sie sich hier für einen Trial Account registrieren.

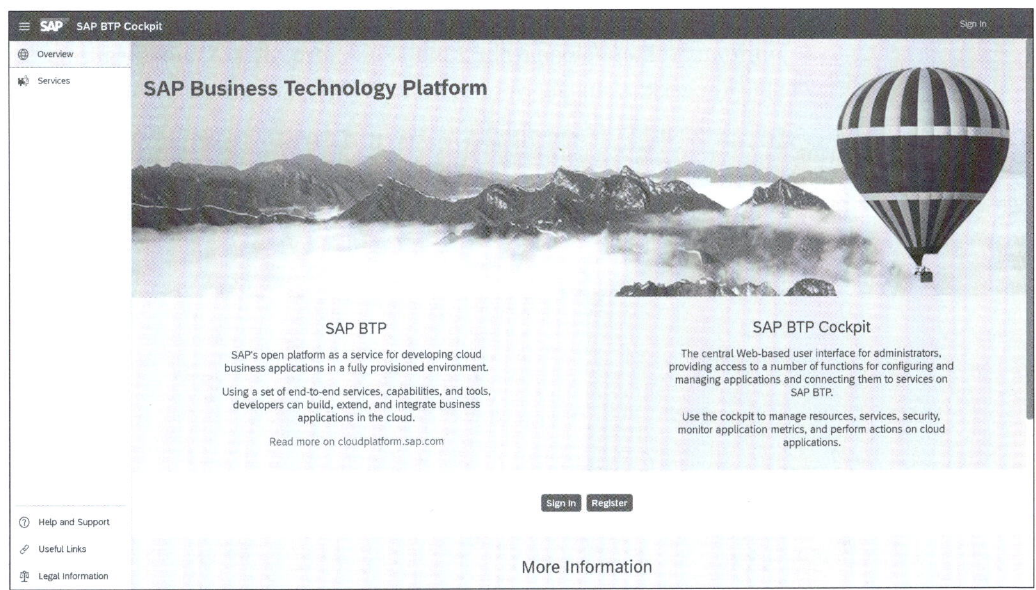

Abbildung 3.4 Startseite der SAP BTP

Sobald Sie angemeldet sind, beginnt die Auswahl des Global Accounts (siehe Abbildung 3.5).

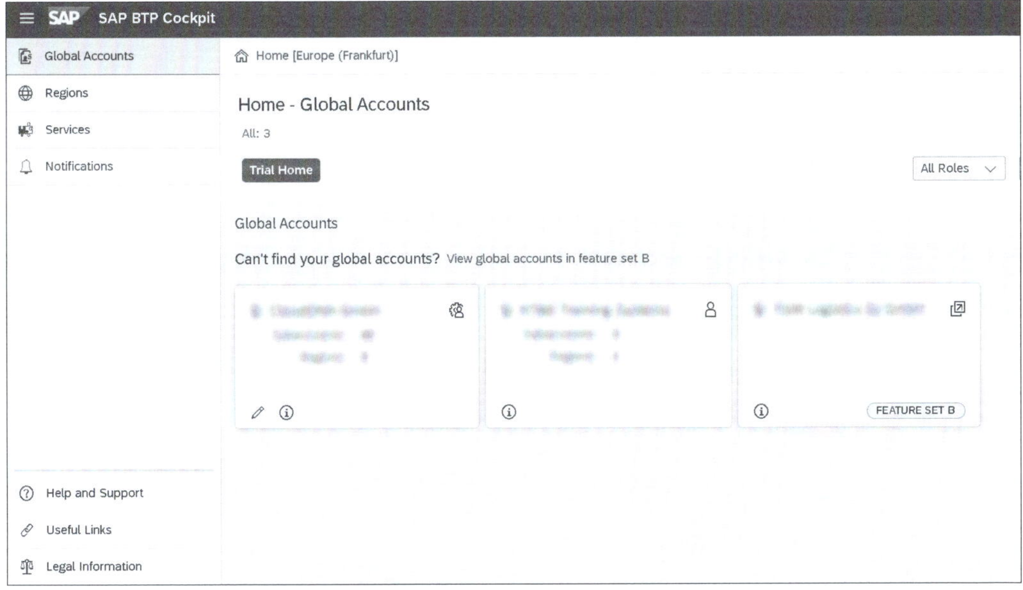

Abbildung 3.5 Global Account auswählen

Wählen Sie einen der Ihnen zugewiesenen Global Accounts der SAP-BTP-Neo-Umgebung aus. Dies geschieht per Klick auf die entsprechende Kachel

Global Account

des jeweiligen globalen Accounts. Anschließend müssen Sie noch einen Subaccount auswählen (siehe Abbildung 3.6). Alternativ können Sie auf die jeweilige Kachel klicken. Sie werden nun auf Ihren Subaccount weitergeleitet.

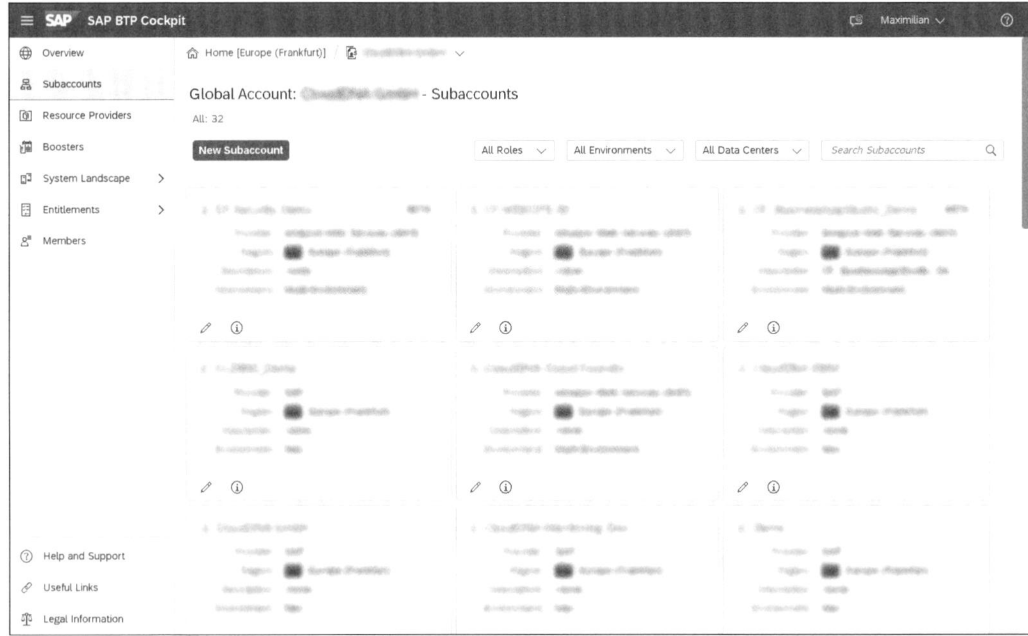

Abbildung 3.6 Subaccount auswählen

Anlegen eines neuen Repositorys

Wenn Sie nun ein neues Repository anlegen möchten, wählen Sie in der Seitennavigation den Eintrag **Repositories • Git Repositories**. Sofern Sie die Berechtigung `manageGit` besitzen, können Sie über die Schaltfläche **New Repository** den Dialog zum neu anlegen öffnen (siehe Abbildung 3.7).

New Git Repository

Repository Name: *

gitbookdemo

Description:

This is a demo repository

Options:

Create empty commit

OK Cancel

Abbildung 3.7 Neues Repository anlegen

Repository anlegen

Hier vergeben Sie einen Namen und eine Beschreibung. Achtung: Der Name darf keine Sonderzeichen und Großbuchstaben und höchstens 30 Zeichen enthalten. Sie können sich optional einen leeren initialen Commit erstellen lassen. Dadurch ist das Repository nach dem Erstellen nicht ganz »nackt«. Anschließend können Sie das Repository über die Schaltfläche **OK** erstellen.

Klonen in die SAP Web IDE

Nach dem erfolgreichen Erstellen können Sie in die Detailansicht des Repositorys wechseln. Dies geschieht per Klick auf den Namen in der Listansicht aller Repositorys (siehe Abbildung 3.8).

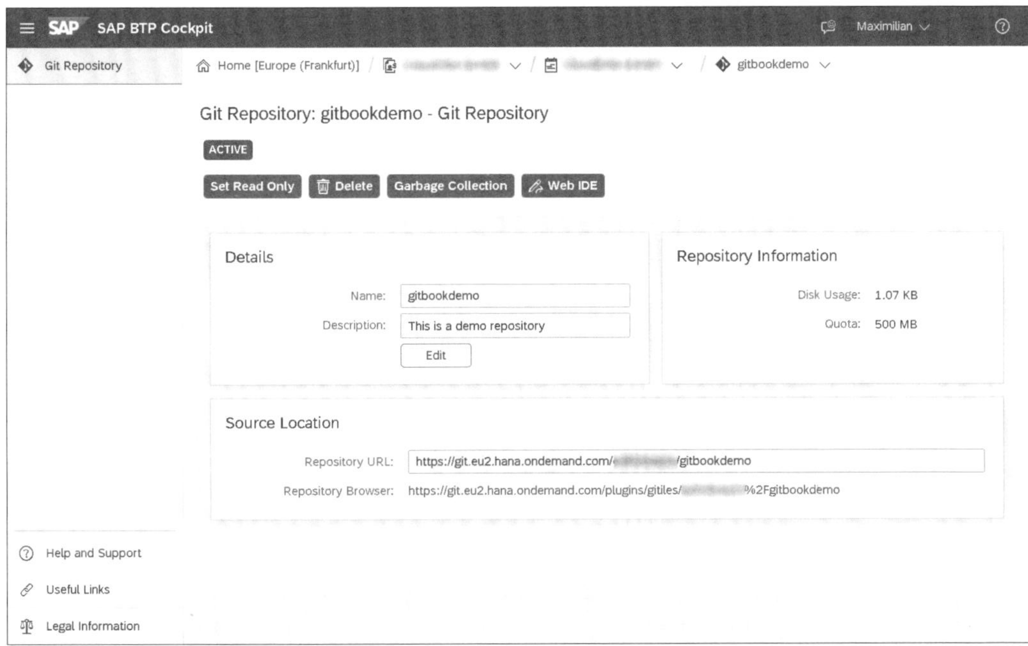

Abbildung 3.8 Angelegtes Repository

Repository klonen

Um das Repository in die SAP Web IDE zu klonen, klicken Sie auf die Schaltfläche **Web IDE** in der allgemeinen Funktionsübersicht ganz oben. Sie können auch die Repository-URL kopieren, in die SAP Web IDE einsteigen und das Repository manuell klonen. Sobald Sie auf **Web IDE** geklickt haben, startet die SAP Web IDE. In dieser öffnet sich nun ein Dialog, in dem Sie das Klonen des Repositorys bestätigen müssen. Anschließend ist noch die Authentifizierung mit Ihrem Benutzer notwendig. Gratuliere, das Repository befindet sich jetzt in Ihrer SAP Web IDE und Sie können durchstarten (siehe Abbildung 3.9).

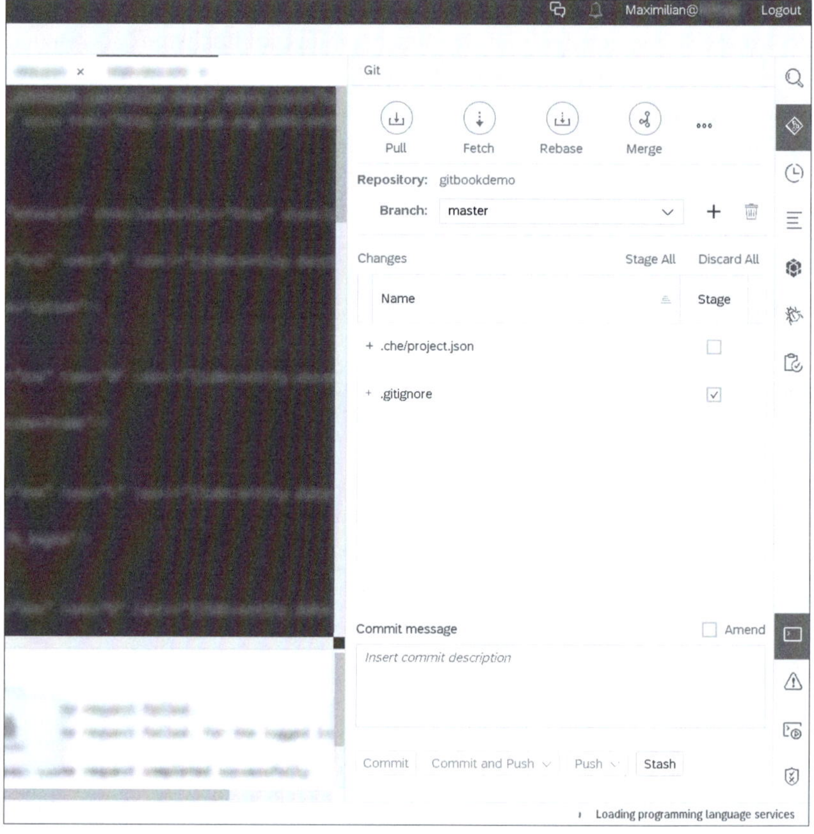

Abbildung 3.9 Geklontes Repository in der SAP Web IDE

Wenn Sie in der rechten Seitennavigation Ihrer SAP Web IDE auf das Icon **Git Pane** klicken, wird Ihnen die volle Funktionalität Ihres Repositorys geliefert. Hier können Sie alle notwendigen Git-Befehle durchführen und so Ihr Projekt verwalten.

3.2.5 Abschließende Worte

Der SAP Git Service bietet Ihnen eine einfache Möglichkeit, um Ressourcen innerhalb des SAP-Kontextes zu verwalten. Er bietet Ihnen ein Berechtigungskonzept, einen Repository Browser und eine einfache Integration in die SAP Web IDE.

Jedoch eignen sich Repositorys des SAP Git Service eher für unternehmensinterne Projekte und nicht für Open-Source-Projekte. Ebenso ist er nur für die SAP BTP im Neo-Stack verfügbar, was für Neukunden mit einer Cloud-Foundry-Umgebung nicht interessant ist.

Alles in allem bietet der SAP Git Service jedoch alles, was Sie für das Verwalten von Projekten im SAP-Kontext benötigen.

3.3 GitHub

GitHub

GitHub ist ein netzbasierter (Cloud-)Git-Service, der seit 2018 zu Microsoft gehört. Hier können Sie Repositorys anlegen, in Teams zusammenarbeiten und auf einen großen Pool an Open-Source-Produkten zurückgreifen (siehe Abbildung 3.10).

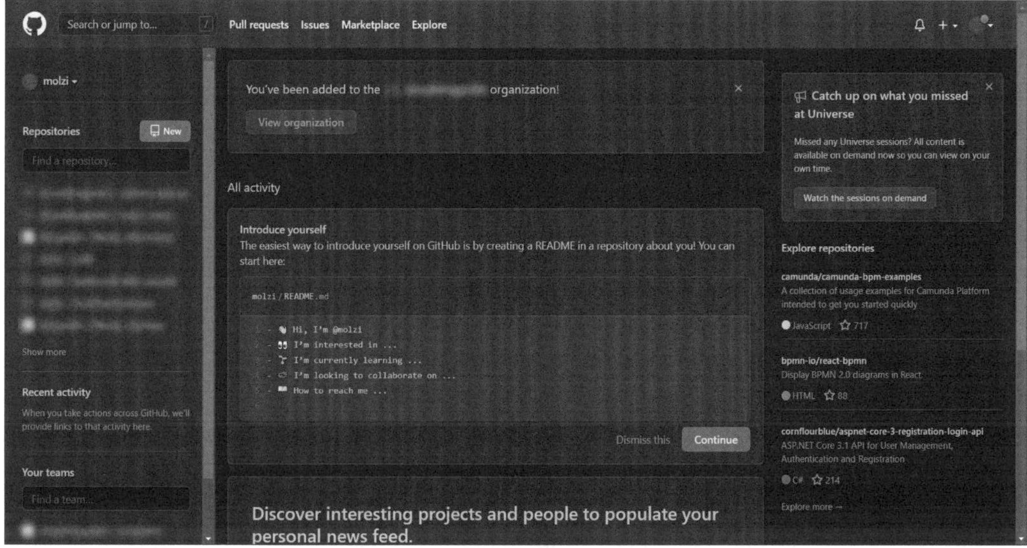

Abbildung 3.10 Dashboard von GitHub

3.3.1 Was ist GitHub?

Als Git-Anbieter bietet GitHub nicht nur cloudbasierte Repositorys an, sondern auch eigene On-Premise-Lösungen. GitHub glänzt mit einem übersichtlichen und intuitiven Webdienst, mit dem Sie Repositorys einfach und schnell erstellen und verwalten.

CI/CD

Daneben bietet GitHub auch Zusatz-Features wie Continuous Integration und Continuous Delivery, diverse Client-Applikationen und eine Team-Administration an, nur um ein paar zu nennen.

Frameworks

Hervorzuheben ist die große Anzahl an Open-Source-Repositorys, die in GitHub laufen. Viele gängige Web-Frameworks sind in GitHub versioniert, z. B.:

- **Vue.js**
  Vue.js ist ein clientseitiges JavaScript-Webframework, das auf dem Model-View-ViewModel-Muster basiert. Seit 2013 wird Vue.js in GitHub verwaltet und erfreut sich großer Beliebtheit.
- **React**
  React ist vor allem durch seinen Einsatz bei Facebook bekannt. Diese JavaScript-Softwarebibliothek wird hauptsächlich von Facebook und dessen Mutterkonzern Meta und einer großen Open-Source-Community weiterentwickelt.
- **Angular**
  Das TypeScript-basierte Web-Framework Angular hat eines der populärsten Git-Repositorys. Von Google LLC und einer Open-Source-Community werden alle Komponenten und Einzelteile von Angular in GitHub verwaltet und angeboten.

OpenUI5

Auch SAP ist in GitHub vertreten und versioniert hier seine Produkte. Nennenswert sind *OpenUI5* (die Open-Source-Variante zu SAPUI5) inklusive der *UI5 Web Components* (eine Komponentenbibliothek) und SAP-Tools wie *UI5 Tooling*, das SAP Cloud SDK for JavaScript oder die MTA Build Tools.

3.3.2 Technische Details zu GitHub

GitHub basiert auf den Programmiersprachen Ruby on Rails und Go und diente ursprünglich als Git-Versionierungswerkzeug. Mit der Zeit kamen jedoch einige Funktionen hinzu, die GitHub umfangreicher machten. So bietet GitHub heute die folgenden Funktionen an:

- **Kollaboratives Coden**
  Unter dem Begriff *Collaborative Coding* versteht GitHub das Zusammenarbeiten verschiedener Personen an einem Code. Dies beschreibt hauptsächlich die Git-Funktionalitäten, die um Funktionen wie Code Reviews, Pull Requests und Benachrichtigungen bei Änderungen erweitert wurden.
- **Automation und CI/CD**
  GitHub bietet Automatisierungsmöglichkeiten im Bereich Continuous Integration und Continuous Delivery an, z. B. können Webhooks eingerichtet werden.

[«]

Das Cloud Application Programming Model und GitHub

Wussten Sie, dass GitHub das Deployment Ihres SAP-Cloud-Application-Programming-Model-Projekts für Sie übernimmt? Wenn Sie Ihr Projekt in Git versionieren, können Sie in GitHub bei einem Push auf Ihr Repository über sogenannte *Webhooks* (ein Verfahren zur Kommunikation zwischen Webservern) die Applikation in die SAP BTP deployen lassen. Dazu müssen Sie in Ihrem Cloud Foundry Subaccount den Continuous Integration and Delivery Service lizenzieren. Anschließend können Sie diesen Service mit einem GitHub-Repository verbinden und einen Auftrag anlegen, der bei Änderungen auf dem GitHub-Repository den Codestand in die SAP BTP deployt.

- **Sicherheit**
  GitHub bietet automatisierte Code Reviews an, die vulnerablen Code erkennen und Sie auf Sicherheitsrisiken hinweisen. Sie können Zugriffseinschränkungen auf der Repository-Ebene erstellen, private Repositorys anlegen und die Zwei-Faktor-Authentifizierung aktivieren.
- **Client-Apps**
  Für Betriebssysteme wie Windows, MacOS und mobile Betriebssystemen liefert GitHub native Applikationen. Mit *GitHub Desktop* können Sie z. B. Ihre Repositorys verwalten, sodass Sie Git-Befehle nicht über eine Kommandozeile ausführen müssen.
- **Projektmanagement**
  Mit GitHub können Projekte angelegt und Applikationen ausgeliefert werden. Sie können Releases erstellen, Meilensteine anlegen und Probleme oder Bugs ausfindig machen und lösen.
- **Team-Administration**
  Das Verwalten von Teams und das Anlegen von Unternehmensprofilen ist in GitHub ebenfalls möglich. Sie können z. B. ein Team mit einem Azure Active Directory verknüpfen.

In Abschnitt 3.1.1, »Cloudbasierte Git-Repositorys«, haben wir Ihnen schon einen kurzen Einblick in das Preismodell von GitHub gegeben. Das Kostenthema möchten wir hier noch einmal vertiefen.

GitHub bietet drei Basispreispläne an: einen *Free*-Plan, einen *Team*-Plan und einen *Enterprise*-Plan. Der Free-Plan ist kostenlos; er bietet eine unlimitierte Anzahl an Repositorys (mit je 500 MB Speicherplatz für private Repositorys) und 2.000 Minuten/Monat CI/CD an. Der Team-Plan beinhaltet Zusatz-Features wie mehr Speicherplatz und das Anlegen von Wikis für ein Repository.

Enterprise-Plan mit SAML SSO

Der Enterprise-Plan ist am teuersten und stockt das Angebot mit *SAML SSO* (XML-Framework zum Austausch von Authentifizierungs- und Autorisierungsinformationen, Single Sign-On), einem Audit Log und mehr Sicherheitsfunktionen auf.

Enterprise Cloud und Enterprise Server

Für eine On-Premise-Installation müssen Sie das Sales-Team von GitHub kontaktieren. Jedoch können Sie eine Testversion der *GitHub Enterprise Cloud* oder des *GitHub Enterprise Servers* anfordern. Der Unterschied zwischen der GitHub Enterprise Cloud und den Enterprise Services ist, dass der Server bei der Enterprise Cloud von GitHub gehostet wird, während Sie bei einem Enterprise Service den Anbieter selbst wählen. Hier können Sie zwischen AWS, Microsoft Azure, der Google Cloud Platform oder einem eigenen unternehmensinternen Server wählen.

Syntax-Highlighting

GitHub erkennt die versionierten Programmiersprachen wie JavaScript, ABAP usw. Das Syntax-Highlighting hilft beim frühzeitigen Erkennen von Fehlern.

GitHub Desktop

Zum Schluss möchten wir noch *GitHub Desktop* hervorheben. Diese Applikation für Windows und macOS dient zur Verbindung Ihrer lokalen und Ihrer Remote-Repositorys. Über GitHub Desktop können Sie Git-Befehle wie `Commit`, `Push` oder `Fetch` ohne Kommandozeile durchführen. Dies erleichtert vor allem Einsteiger*innen das Versionieren von Code, denn sie müssen keine Git-Befehle auswendig lernen.

3.3.3 Anlegen eines Repositorys

Wir zeigen Ihnen in das Anlegen eines Repositorys mit GitHub anhand eines einfachen Beispiels. Die Voraussetzung für das erfolgreiche Durchführen dieser Übung ist ein Gratisbenutzer auf *http://github.com*.

Einstieg in GitHub

Steigen Sie mittels eines Browsers auf *http://github.com* ein, und melden Sie sich mit Ihrem Benutzer an. Anschließend gelangen Sie in Ihr GitHub-Dashboard (siehe Abbildung 3.11).

Anmelden

Das Dashboard ist die Standardansicht bei Ihrem ersten Login in GitHub. Hier werden Ihnen einige der wichtigsten Funktionen vorgeschlagen. Sie können neue Repositorys anlegen, bestehende Repositorys importieren oder den Hilfen in der Mitte des Bildes folgen.

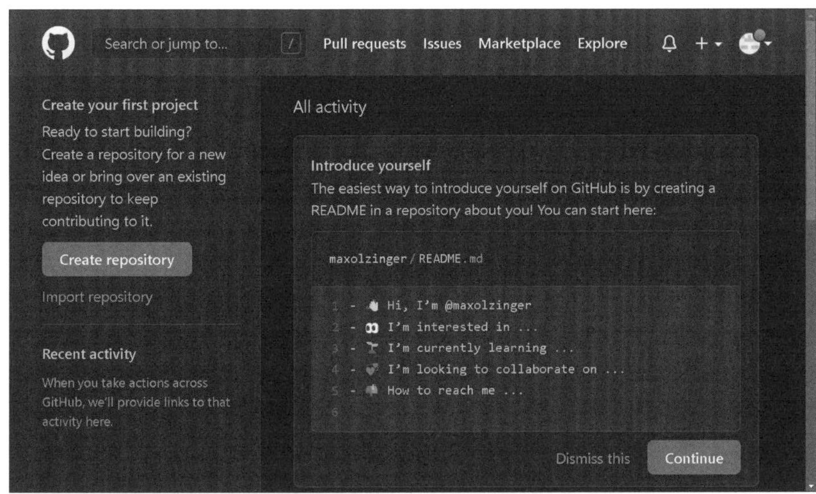

Abbildung 3.11 Ihr GitHub-Dashboard

Anlegen eines Repositorys

Legen Sie nun ein neues Repository an: Klicken Sie auf den großen grünen Knopf auf der linken Seite mit der Beschreibung **Create repository**. Sie gelangen in die Detailansicht des **Anlegen**-Vorgangs (siehe Abbildung 3.12).

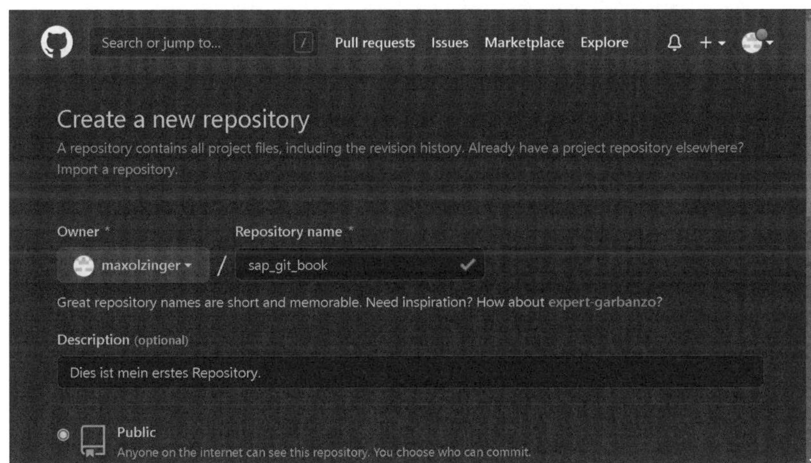

Abbildung 3.12 Repository anlegen

Beim Anlegen eines neuen Repositorys können Sie, im Gegensatz zur Arbeit mit dem SAP Git Service, diverse Einstellungen vornehmen.

Repository anlegen

Wählen Sie zunächst den Eigentümer (**Owner**) Ihres Repositorys aus. Das können entweder Sie selbst oder eine der Organisationen sein, denen Sie unter Umständen zugeordnet sind. Anschließend vergeben Sie in dem Eingabefeld **Repository name** einen sprechenden Namen für Ihr Repository. Im Feld **Description** vergeben Sie eine optionale Beschreibung. Scrollen Sie nun nach unten, um die weiteren **Anlegen**-Einstellungen zu konfigurieren (siehe Abbildung 3.13).

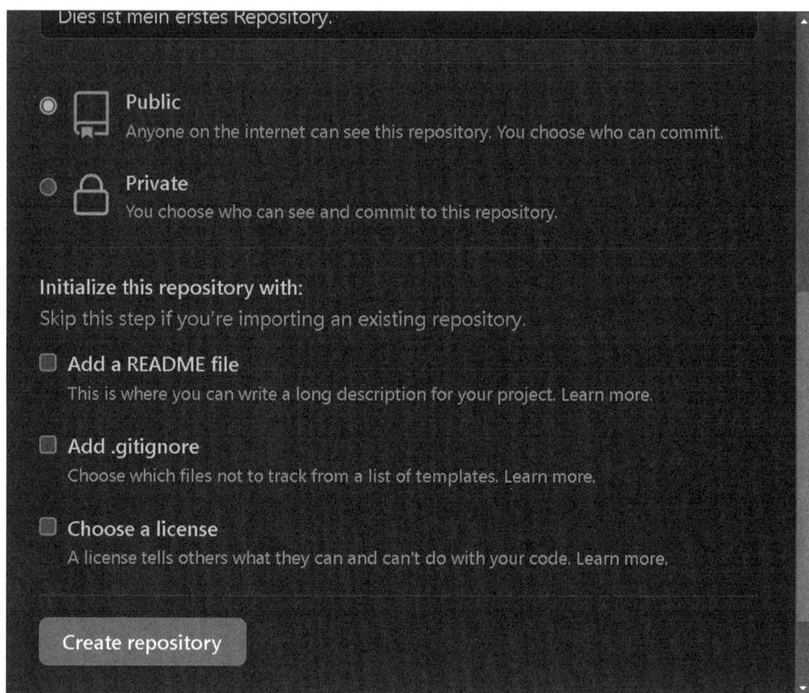

Abbildung 3.13 Weitere Repository-Einstellungen

Wählen Sie zwischen einem **Public**- oder einem **Private**-Repository. Dies bestimmt die Sichtbarkeit Ihres Repositorys. Public Repositorys sind für alle sichtbar, und Private Repositorys sind nur für Benutzer sichtbar, denen Sie die entsprechende Berechtigung erteilt haben.

Repository konfigurieren

Bevor Sie das Repository abschließend anlegen, schlägt GitHub vor, mehrere Dateien zu erstellen: eine Readme-Datei, die als Beschreibungsdatei dient, eine **.gitignore**-Datei, um Dateien zu definieren, die von der Versionierung ausgenommen werden sollten, und eine Lizenz. Die Lizenz ist vor allem für Public- oder Open-Source-Projekte interessant, da hier die Nutzungslizenz für Ihr Projekt angezeigt wird. Abschließend schließen Sie das Anlegen über die Schaltfläche **Create repository** ab. Gratuliere, Sie haben ein Repository in GitHub erstellt (siehe Abbildung 3.14)!

Dieses Repository kann nun für die Versionierung Ihres Projekts in der SAP Web IDE, in SAP Business Application Studio oder in Visual Studio Code verwendet werden (siehe auch Kapitel 4, »Git in der SAPUI5-Entwicklung«).

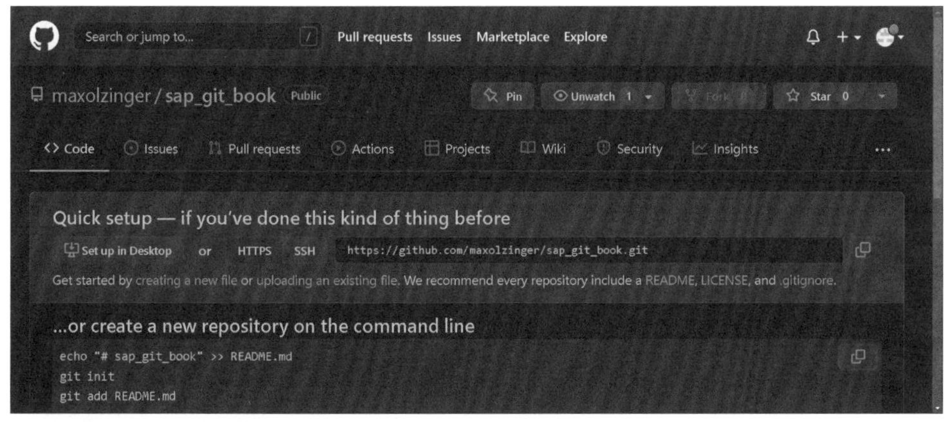

Abbildung 3.14 Ihr neues GitHub-Repository

3.3.4 Erstellen eines Security Tokens

Security Token

Die meisten Git-Anbieter stellen zurzeit die Authentifizierung zwischen den Repositorys und den Clients auf eine Token-basierte Authentifizierung (mit Zugriffs-Token, basierend auf einer Nutzeridentifikation) um. So benötigt GitHub seit dem 13. August 2021 eine Token-Authentifizierung statt eines normalen Passworts[1], denn in einem Security Token (einer sicheren Zeichenfolge) sind auch spezifisch für dieses Security Token diverse Autorisierungen hinterlegt. Wir zeigen Ihnen exemplarisch das Anlegen eines Security Tokens (auch *Personal Access Token* genannt). Gehen Sie hierzu in Ihre Profileinstellungen (siehe Abbildung 3.15).

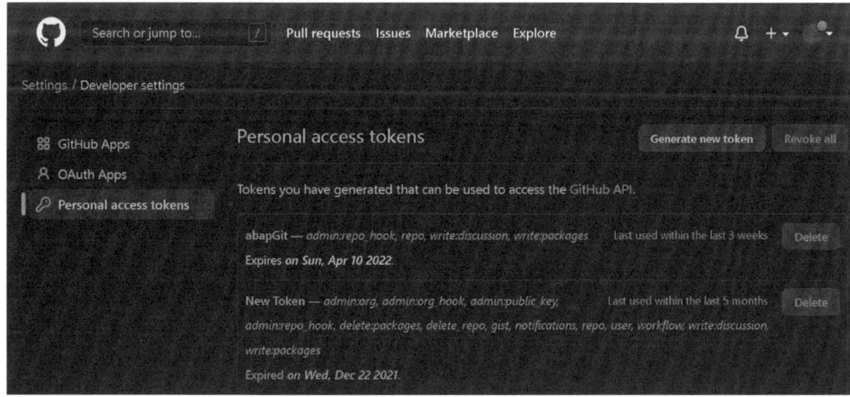

Abbildung 3.15 Security Token in GitHub

1 Matthew Langlois, Token authentication requirements for Git operations (2020), *https://github.blog/2020-12-15-token-authentication-requirements-for-git-operations* [zuletzt aufgerufen am 28.03.2022]

Navigieren Sie zu **Settings • Developer settings • Personal access tokens**. Klicken Sie auf **Generate new token**, um ein neues Security Token anzulegen. Mit ihm können Sie sich anschließend clientseitig authentifizieren (siehe Abbildung 3.16).

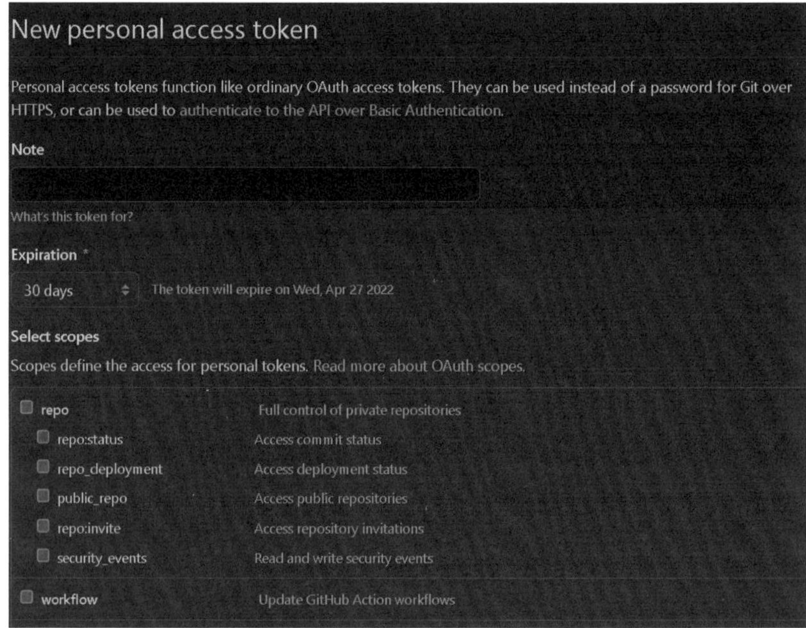

Abbildung 3.16 Security Token anlegen

Vergeben Sie im Feld **Note** eine Beschreibung, und wählen Sie eine Gültigkeitsdauer (**Expiration**) von mindestens sieben Tagen für Ihr neues Token. Auch eine zeitlich unbegrenzte Gültigkeit ist möglich. Anschließend können Sie den Berechtigungsumfang (**Scope**) Ihres Tokens deklarieren. Setzen Sie hierzu ein Häkchen in den Feldern, die Sie in den Umfang Ihres Tokens hinzufügen möchten. Für eine umfangreiche Beschreibung aller Scopes besuchen Sie *https://docs.github.com/en/developers/apps/building-oauth-apps/scopes-for-oauth-apps*.

Token erstellen

Anschließend generieren Sie am Seitenende über die Schaltfläche **Generate Token** das Security Token. Danach können Sie das Security Token anstatt eines Passwortes für die Authentifizierung gegen Ihr GitHub-Repository verwenden.

3.3.5 Abschließende Worte

GitHub besticht durch seine Zugänglichkeit und die einfache Handhabung. Wie Sie es gesehen haben, ist das Anlegen eines neuen Repositorys in einfachen Schritten erledigt. GitHub sticht durch seine große Auswahl an Open Source Repositorys hervor, die hier versioniert und angeboten werden.

Zusatzangebote wie GitHub Desktop und mehrere Preispläne machen GitHub flexibel und auch für Cloud-Kunden interessant. Möchten Sie ein einfach zu bedienendes Repository mit einem auf den ersten Blick nicht direkt ersichtlichen Tiefgang in der Cloud haben, können Sie mit GitHub nichts falsch machen.

3.4 Bitbucket

Atlassian

Bitbucket ist der Atlassian-eigene Git-Online-Dienst. Atlassian, bekannt durch andere Dienste wie Jira und Confluence, bietet hier ein gut in andere Tools integrierbares Git-Repository an (siehe Abbildung 3.17).

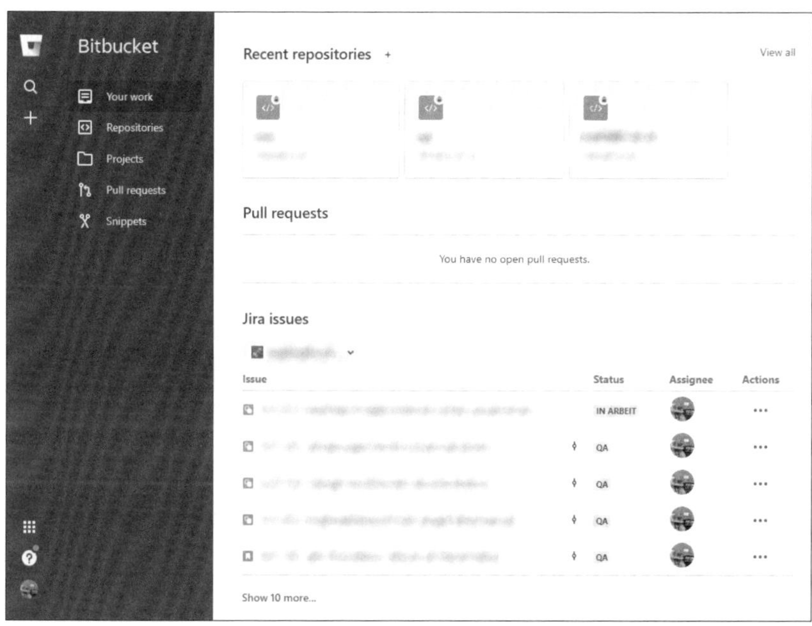

Abbildung 3.17 Bitbucket: Arbeitsansicht

3.4.1 Was ist Bitbucket?

Bitbucket ist seit 2008 am Markt und bietet neben der reinen Codeverwaltung mit Git eine große Vielfalt an Zusatzfunktionen an.

Jira

Bitbucket legt einen großen Fokus auf Teamarbeit und Integration in andere, meist Atlassian-eigene Programme. Die Integration in andere Tools funktioniert meist nahtlos. In Jira, einem operativen Projektmanagement-

und Ticket-Tool, werden angelegte Commits automatisch mit einem korrespondierenden Ticket verknüpft. Die Nachvollziehbarkeit der getätigten Codeänderungen wird erheblich erleichtert.

Der Fokus auf die Teamarbeit wird mit den umfangreichen Funktionen wie einem detaillierten Code Review ersichtlich. Sie können den Genehmigungsprozess für Änderungen durch Pull Requests starten. Bevor Änderungen von einem Branch in einen anderen Branch transferiert werden, muss der Code der Änderungen auf seine Richtigkeit und Sinnhaftigkeit hin geprüft werden. Dies geschieht mit Kommentaren, Änderungsvorschlägen, dem Ablehnen oder dem Annehmen der Änderungen. Ein zweiter Blick kann Fehlern vorbeugen und führt zu einem besseren und sauberen Ergebnis.

Bitbucket ist sehr interessant für Unternehmen und Teams, die bereits mehrere andere Lizenzen für Atlassian-Produkte haben. Sollten Sie also Jira, Confluence oder Ähnliches benutzen, ist das Verwalten Ihres Quellcodes mit Bitbucket sicherlich sinnvoll.

3.4.2 Technische Details zu Bitbucket

Mercurial

Ursprünglich war Bitbucket kein reines Git-Tool, denn es wurde 2008 als Mercurial-System (ein Python-basiertes Versionskontrollsystem) entwickelt[2]. Erst 2011 wurde die Git-Unterstützung eingeführt, die seit 2020 Mercurial als Versionsverwaltung ersetzt.

Bitbucket bietet folgende Grund-Features:

- **Code Review**
  Unter dem Begriff *Code Review* versteht man das Bewerten und Genehmigen von getätigten Änderungen in Bezug auf die Teamarbeit.
- **Zugriffsbeschränkungen**
  Zugriffsbeschränkungen (auch *Branch Permissions* genannt) können in Bitbucket auf Branch-Ebene getätigt werden. So können nur autorisierte Benutzer bestimmte Branches sehen und mit diesen arbeiten.
- **Pipelines**
  Bitbucket enthält ein integriertes CI/CD-Werkzeug. Es erlaubt das automatische Testen, Builden und Deployen eines Projekts.

---

2 Denise Chan: Sunsetting Mercurial support in Bitbucket. (2020), *https://Bitbucket.org/blog/sunsetting-mercurial-support-in-Bitbucket* [zuletzt aufgerufen am 27.02.2022]

- **Planungs- und Ticket-Tools**
  Feature Branches Ihres Repositorys können automatisch aus einem Jira-Ticket heraus erstellt werden. Ein Ticketstatus kann auch auf dem Status des automatisch angelegten Branches basieren. Wenn Sie einen mit einem Jira-Ticket verknüpften Branch mit einem Pull Request in Ihren Haupt-Branch zurückführen, ändert sich auch der Status Ihres Tickets und kann so z. B. die Fertigstellung des Tickets signalisieren.
- **Zusammenarbeit im Team**
  Ein sehr großer Fokus von Bitbucket sind wichtige Teamfunktionen wie das Anlegen von Projekten, die Repositorys gruppieren und das gemeinsame Arbeiten erleichtern.
- **Projektmanagement**
  In dieses Feature fallen Funktionen wie die Autorisierung und das Managen des eigenen Repositorys.
- **Deployment**
  Über Pipelines (mehr dazu in Kapitel 8, »Continuous Delivery und Continuous Integration«) können Sie den Test-, Build- und Deploy-Vorgang Ihres Projekts automatisieren.

Bitbucket lässt sich einerseits in der Cloud hosten, es kann aber auch im unternehmenseigenen Netzwerk oder Namensraum laufen.

Bitbucket Data Center

In der Cloud haben Sie die Wahl, Ihr Projekt direkt auf *http://bitbucket.org* laufen zu lassen oder ein sogenanntes *Bitbucket Data Center* zu verwenden. Sie bekommen dann eine eigene Bitbucket-Instanz in einem von Atlassian gehosteten Data Center und haben mehr Kontrolle über Ihre Umgebung wie in der Standard-Bitbucket-Cloud. Die Data Center bieten z. B. *SAML 2.0* (zum Austausch von Security-Informationen zwischen Domänen), *OpenID Connect* (eine Authentifizierungsschicht, basierend auf OAuth 2.0) oder ein Atlassian-eigenes Wiederherstellungskonzept an.

In Abschnitt 3.1.1, »Cloudbasierte Git-Repositorys«, sind wir bereits kurz auf die Preisstrukturen der verschiedenen Anbieter eingegangen. Für ein Bitbucket Data Center gibt es eine 30-Tage-Testversion. Die darüber hinausgehende Zeit läuft über einen Preisplan, der ab 25 Benutzer pro Jahr mit ca. 2.300 USD startet. Wie bei GitHub müssen Sie sich für eine selbst gehostete Version direkt an Bitbucket wenden und erhalten einen eigenen Preisplan.

Free und Standard

In der Cloud werden drei Preispläne zur Verfügung gestellt: Der Plan *Free* bietet einen Zugang für bis zu fünf Benutzern. Diese erhalten eine unlimitierte Anzahl an privaten Repositorys und eine Integration in andere Atlassian-Produkte. Der Plan *Standard* bietet mehr Speicherplatz für Media-Dateien und 2.500 Minuten pro Monat Cloud-Build-Zeit, in der Projekte den Build-Vorgang durchlaufen können.

Premium Als teuerste und umfangreichste Option wird der Plan *Premium* angeboten. Dieser stockt die Build-Zeit noch einmal auf und bietet exklusive Features wie Merge Checks, Deployment Permissions, eine Zwei-Faktor-Authentifizierung und *IP Whitelisting* (das Zulassen bestimmter IP-Adressen) an.

Das besondere an Bitbucket ist, dass Pläne in zwei Punkten ausgebaut werden können. Sie können also mehr Build-Zeit und einen größeren Media-Datei-Speicherplatz hinzukaufen, ohne auf einen anderen Plan springen zu müssen.

Sourcetree Atlassian bietet mit *Sourcetree* einen Git Client, ähnlich wie einen GitHub Desktop an. Diese Applikation ist für Windows und macOS verfügbar und bietet eine graphische Git-Oberfläche an, mit der Sie Ihr lokales Repository verwalten und mit einem Remote-Repository verbinden können. Das besondere an Sourcetree ist die Visualisierung Ihres Git-Zeitstrangs mit allen Branches und Commits, die in einem übersichtlichen Graphenmodell dargestellt werden.

3.4.3 Anlegen eines Repositorys

Wir möchten Ihnen das Anlegen eines Repositorys mit Bitbucket anhand eines einfachen Beispiels zeigen. Die Voraussetzung für das erfolgreiche Durchführen der Übung ist lediglich ein Gratisbenutzer auf http://*bitbucket.org*.

Einstieg in Bitbucket

Melden Sie sich mit Ihrem Benutzer auf http://*bitbucket.org* an. Sie kommen in Ihr Bitbucket Dashboard mit einer Übersicht über Ihre Repositorys, Projekte und diversen Absprungmöglichkeiten (siehe Abbildung 3.18).

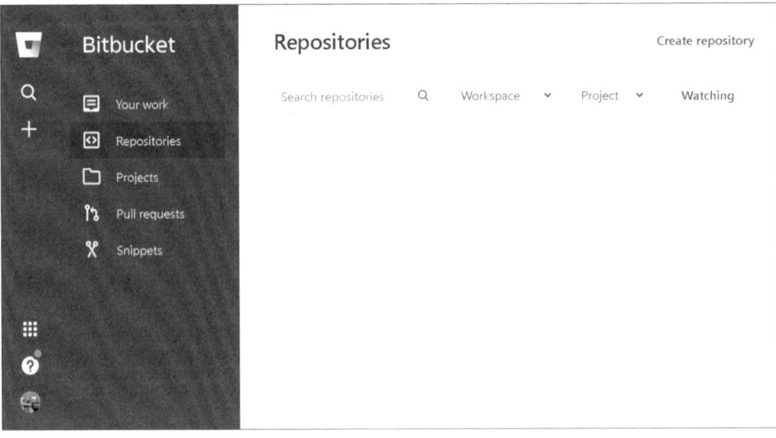

Abbildung 3.18 Repository-Übersicht

Anlegen eines Repositorys

Repository anlegen

Wählen Sie in der Seitennavigation den Eintrag **Repositories** aus, um in die entsprechende Ansicht zu navigieren. Hier können Sie auf die Schaltfläche **Create repository** in der rechten oberen Ecke klicken, um den **Anlegen**-Vorgang zu starten (siehe Abbildung 3.19).

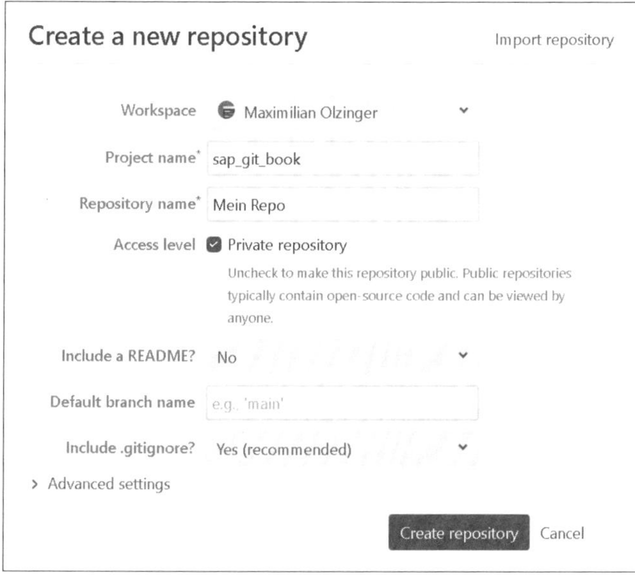

Abbildung 3.19 Neues Repository anlegen

In der nun sichtbaren Ansicht verwalten Sie die Einstellungen Ihres anzulegenden Repositorys. Zuerst müssen Sie einen **Workspace** auswählen. Dies kann entweder Ihr eigener oder der eines Ihnen zugeteilten Teams/Projekts sein. Anschließend vergeben Sie im Feld **Project name** einen technischen Namen für Ihr Projekt und im Feld **Repository name** einen beschreibenden Namen. Über das Kästchen **Access level** können Sie die Sichtbarkeit Ihres Repositorys zwischen Public und Private umstellen.

Readme

Eine vorgefertigte Readme-Datei fügen Sie über die Schaltfläche **Include a README?** ein; Zudem können Sie sich eine **.gitignore**-Datei für das Definieren von nicht versionierbaren Dateien generieren lassen. Den Standard-Branch-Namen legen Sie über das Eingabefeld **Default branch name** fest. Wenn Sie das Feld leer lassen, wird automatisch ein Branch mit dem Namen **master** angelegt. Geben Sie daher gegebenenfalls einen anderen Namen, z. B. »main«, ein. Jetzt können Sie mit einem Klick auf **Create repository** ein neues Repository erstellen.

Wunderbar, Ihr neues Repository wurde in Bitbucket angelegt und ist bereit für den Einsatz (siehe Abbildung 3.20)!

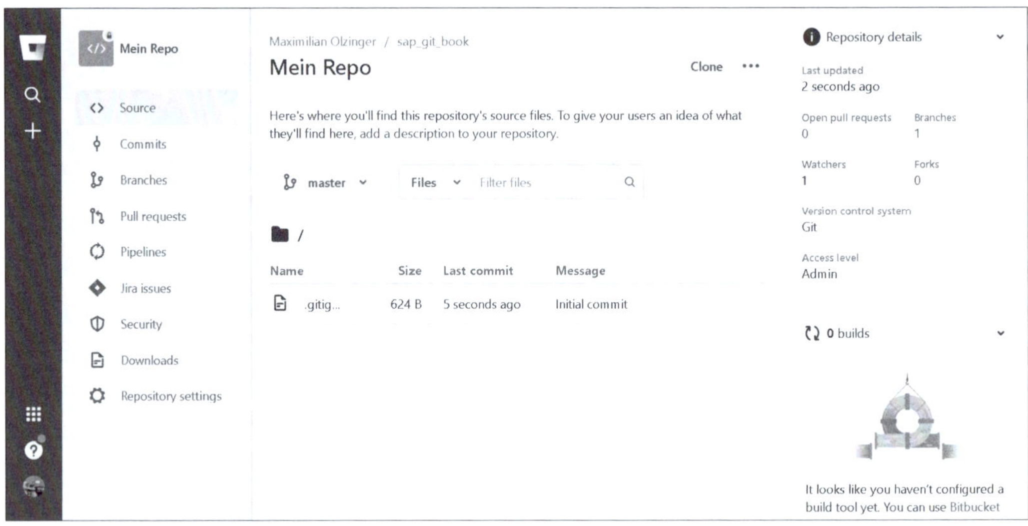

Abbildung 3.20 Ihr neues Bitbucket-Repository

Git-Befehle In der Repository-Detailansicht stehen Ihnen alle Bitbucket-Funktionen zur Verfügung. Hier führen Sie Ihre Git-Befehle aus und greifen auf die Zusatzfunktionen wie Pull Requests und Pipelines zu. Der Git-Link, den Sie zum Klonen dieses Repositorys benötigen, befindet sich hinter der Schaltfläche **Clone**.

3.4.4 Abschließende Worte

Bitbucket ist optimal, wenn Sie bereits Produkte von Atlassian im Einsatz haben. Aufgrund der Integrierbarkeit ist Bitbucket sehr gut für einen genau dokumentierten und nachvollziehbaren Projektentwicklungsablauf geeignet, bei dem alles sehr genau gesteuert werden kann. Mit seiner umfangreichen Pipeline-Unterstützung bietet Bitbucket großes Automatisierungspotenzial für Ihr Projekt. Falls Sie also schon mehrere Atlassian-Produkte haben und auf einen Teamarbeit, Nachvollziehbarkeit und Automatisierung fokussierten Git-Dienst wertlegen, machen Sie mit Bitbucket sicher nicht falsch.

3.5 GitLab

DevOps *GitLab* bezeichnet sich selbst als *DevOps-Plattform*, die alle entwicklungsrelevanten Tools in einer Anwendung anbietet. GitLab ist keine reine Codeverwaltung, sondern ein Konglomerat aus verschiedenen operativen Entwicklungswerkzeugen (siehe Abbildung 3.21).

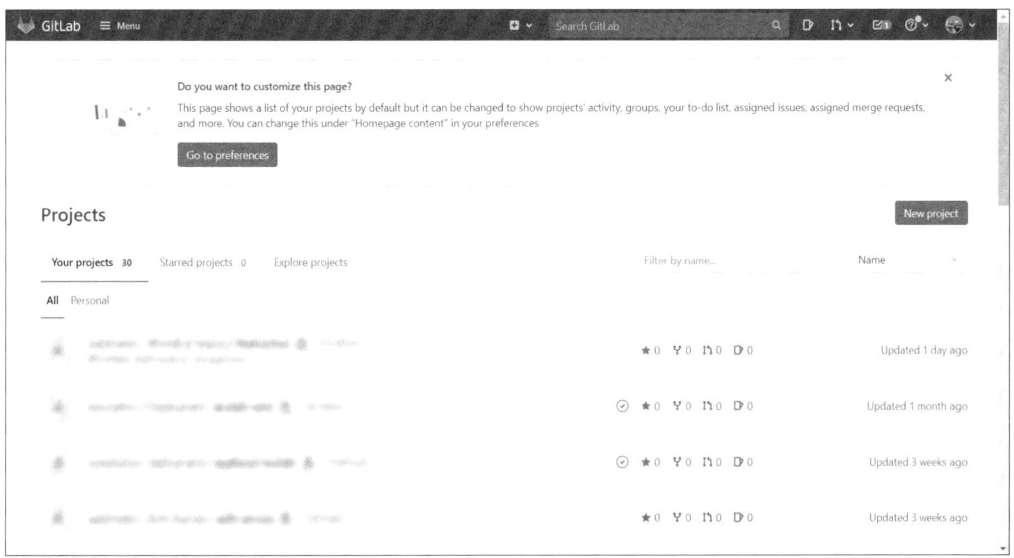

Abbildung 3.21 GitLab-Projektübersicht

3.5.1 Was ist GitLab?

GitLab können Sie als reinen Codeverwaltungsdienst oder als komplette Plattform nutzen, die alle Aspekte der Softwareentwicklung abbildet.

Sicherheit

Um GitLab als Codeverwaltung zu verwenden, können Sie Git-Repositorys erstellen und diese in der Cloud oder on-premise verwalten. Hier lässt sich ein umfangreiches Sicherheits- und Zugriffskonzept-Testing integrieren. Es basiert auf *Static Application Security Testing* (SAST), *Dynamic Application Security Testing* (DAST) sowie auf *Container* und *Dependency Scanning*. Diese Technologien können die Sicherheit einer Applikation vor oder während der Laufzeit testen.

DevOps

GitLab ist eine DevOps-Plattform. Für den Begriff *DevOps* gibt es die unterschiedlichsten Definitionen. Wir möchten Ihnen diese wie folgt beschreiben: DevOps (Development und Operation) vereint den Lebenszyklus einer Softwareentwicklung mit dessen unterschiedlichen Aspekten. Von den technischen Methoden und den verwendeten Werkzeugen über die Entwicklung und das Prozessmanagement bis hin zur Kultur zwischen Mensch und Technologie wird hier alles in einem Begriff zusammengefasst.

PaaS

GitLab bietet für alle Aspekte von DevOps Werkzeuge als Platform-as-a-Service (PaaS) an. Es werden Tools für den Entwicklungsbereich (Erstellen, Planen, Packetieren und Verifizieren einer Applikation) und für den Betriebsbereich (Veröffentlichen, Konfigurieren, Sicherheit und Monitoring) in einer Plattform angeboten.

Damit ist GitLab eine Alternative zu Softwarepaketen wie beispielsweise denen von Atlassian, die die DevOps-Anwendungen als Einzelsoftware mit Integrationsmöglichkeiten anbieten.

3.5.2 Technische Details zu GitLab

Ruby on Rails

GitLab wurde 2011 mit Ruby on Rails entwickelt und 2012 online gestellt.[3] GitLab wurde als Open-Source-Grit-Kollaborations-Tool veröffentlicht und entwickelte sich in den darauffolgenden Jahren immer stärker zu einer DevOps-Plattform. Heute ist GitLab mit über einer Million aktiven Lizenz-Usern (Stand 2021) einer der größten DevOps-Plattformanbieter am Markt.

Die Kern-Features von GitLab lassen sich unter den folgenden Punkten zusammenfassen:

Value Stream Management

- **Manage**
  Manage beschreibt die Einsicht in die Performance des Produkts mithilfe hauseigener Tools, wie einem Tool für das *Value Stream Management* (betriebswirtschaftliches Werkzeug zum Verbessern des Produktionsflusses).
- **Plan**
  GitLab verfügt über ein Planungs- und Ticket-Tool, mit dem der Entwicklungsprozess geplant und über Tickets, *Epics* (Aggregation von Tickets/Anforderungen), Gruppen und Meilensteine verwaltet wird.
- **Create**
  In GitLab können Projekte angelegt und über die Versionsverwaltung verwaltet werden.
- **Verify**
  Die Integration von Automatisierungstechniken mithilfe von CI/CD lässt sich hier realisieren.
- **Package**
  Auch das Paketieren und Managen dieser Pakete für Produktauslieferungszwecke ist Teil von GitLab. Hier spielt CI/CD eine große Rolle.
- **Secure**
  Über diverse Sicherheits- und Autorisierungsvorkehrungen lässt sich der Zugriff auf ein Projekt einschränken.
- **Release**
  Das Veröffentlichen eines Produkts in GitLab lässt sich mittels einer Integration diverser Build-Pipelines als Teil des Continuous-Delivery-Konzepts automatisieren.

3 Sid Sijbrandij: History of GitLab. (2021), *https://about.gitlab.com/company/history/* [zuletzt aufgerufen am 28.02.2022]

- **Configure**
  In GitLab können Sie Ihr Projekt und die darunter liegende Infrastruktur bis zu einem gewissen Grad frei konfigurieren.
- **Monitor**
  Auftretende Fehler und die Optimierung des eigenen, in GitLab angelegten Produkts sind in GitLab über verschiedene Analyse- und Monitoring-Tools ersichtlich.
- **Protect**
  GitLab liefert als Teil seiner Plattform cloudnative Sicherheitsmechanismen wie ein *Unified Policy Management* (ein zentrales Sicherheitsrichtlinienmanagement), *Container Scanning* (um Applikationscontainer wie Docker auf Schwachstellen hin zu prüfen) und *Network* sowie eine *Host Security* aus.

Preispläne

GitLab kann in mehreren Ausführungen genutzt werden. Eine Möglichkeit, die eher für kleinere Unternehmen sinnvoll ist, besteht darin, GitLab direkt in der Cloud zu nutzen. Hier gibt es drei verschiedene Preispläne:

Free

Der Einsteigerplan *Free* bietet 5 GB Speicherplatz und 400 Minuten/Monat für CI/CD an.

Premium

Premium als mittlerer Plan stockt den Free-Plan mit einem *Enterprise Agile Planning* (Bündelung von GitLab-Tools) auf, was z. B. den Zugriff auf Roadmaps und Meilensteinlisten ermöglicht. Ebenso kommen hier mehr Minuten/Monat für CI/CD hinzu (10.000 CI/CD Minuten/Monat).

Ultimate

Der teuerste Plan *Ultimate* bietet u. a. mehr Sicherheits-Features, einen besseren Support und ein Portfoliomanagement.

SaaS

GitLab kann aber auch in einer Ultimate-Edition speziell für Enterprise-Kunden genutzt werden. Diese beinhaltet entweder eine eigene Cloud-Instanz, die von GitLab (*GitLab SaaS*) gehostet wird, oder eine selbst gehostete Instanz (*GitLab Self-Managed*), die als On-Premise-Variante gelten würde. Es gibt eine kostenlose 30-Tage-Testversion, für die dauerhafte Nutzung der selbstgehosteten Variante müssen Sie jedoch das GitLab-Sales-Team kontaktieren.

Öffentlicher Sektor

Eines ist noch hervorzuheben: GitLab bietet eine eigene DevOps-Plattform für den öffentlichen Sektor an. Die öffentliche Hand ist besonders im Bereich der Sicherheit meist ein penibler Kunde, für den GitLab hier eine Lösung anbietet. So können auch diese Kunden ihre SAP-Entwicklungen in GitLab managen und haben so eine Alternative zur SAP BTP und deren Git-Service.

3.5.3 Anlegen eines Repositorys

Wir zeigen Ihnen nun das Anlegen eines Repositorys mit GitLab anhand eines einfachen Beispiels. Die Voraussetzung für das erfolgreiche Durchführen der Übung ist lediglich ein Gratisbenutzer auf *https://gitlab.com*.

Einstieg in GitLab

Melden Sie sich zuerst mit Ihrem Benutzer über *https://gitlab.com/users/sign_in* an.

Sie gelangen in Ihre Projektübersicht, in der Sie alle bestehenden und Ihnen zugeteilten Projekte sehen. Beim erstmaligen Einstieg ist diese Ansicht meist leer (siehe Abbildung 3.22).

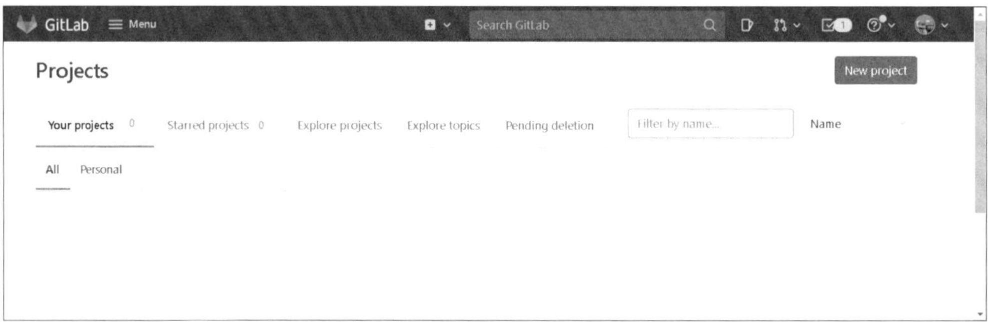

Abbildung 3.22 Projektübersicht

Anlegen eines Repositorys

Repository anlegen

In der Projektübersicht können Sie ein neues Projekt/Repository anlegen. Klicken Sie auf die Schaltfläche **New project** am rechten oberen Bildrand (siehe Abbildung 3.22).

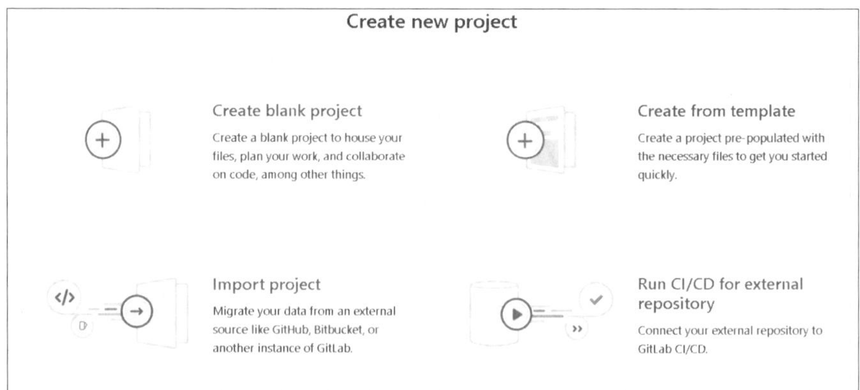

Abbildung 3.23 Neues Projekt anlegen

Hier können Sie zwischen verschiedene Projektarten auswählen. In unserem Fall entscheiden Sie sich für die erste Auswahlmöglichkeit **Create blank project** (siehe Abbildung 3.23). Anschließend gelangen Sie in die eigentliche Erstellung Ihres Repositorys.

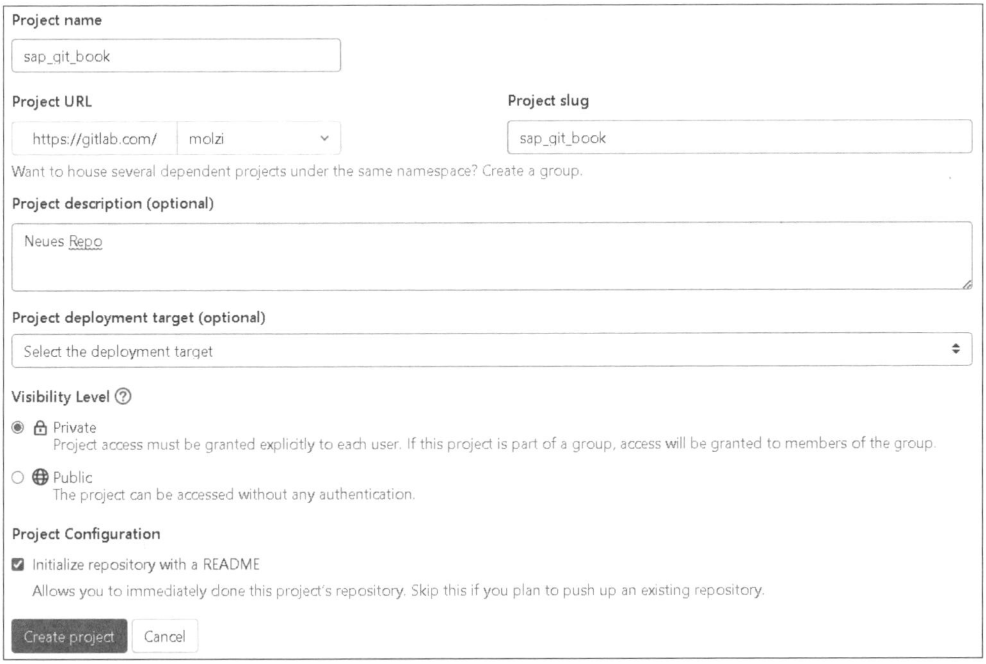

Project name
sap_git_book
Project URL
https://gitlab.com/ molzi
Project slug
sap_git_book
Want to house several dependent projects under the same namespace? Create a group.
Project description (optional)
Neues Repo
Project deployment target (optional)
Select the deployment target
Visibility Level
Private
Project access must be granted explicitly to each user. If this project is part of a group, access will be granted to members of the group.
Public
The project can be accessed without any authentication.
Project Configuration
Initialize repository with a README
Allows you to immediately clone this project's repository. Skip this if you plan to push up an existing repository.
Create project Cancel

Abbildung 3.24 Projektinformationen eingeben

Repository konfigurieren

Vergeben Sie zuerst einen Projektnamen (siehe Abbildung 3.24). Sie können entscheiden, ob das Projekt direkt bei Ihnen oder in einer Gruppe angelegt werden soll, der Sie zugeteilt sind. Dies geschieht per Auswahl der Projekt-URL. Im Feld **Project Description (optional)** vergeben Sie optional eine sprechende Projektbeschreibung.

Im Auswahlfeld **Project deployment target (optional)** können Sie schon im Vorfeld optional wählen, wo Ihr Projekt deployt werden soll. Dies könnte entweder eine GitLab Page (eine in GitLab integrierte Website), ein mobiler App-Store oder eine virtuelle Maschine sein. Es handelt sich allerdings um ein optionales Feld. Abschließend wählen Sie noch, ob Sie ein privates oder ein öffentliches Repository erstellen und ob Sie eine Readme-Datei einfügen möchten. Klicken Sie dann auf **Create project**.

Wunderbar, Sie haben nun ein leeres Repository erstellt, das Sie in Abbildung 3.25 sehen.

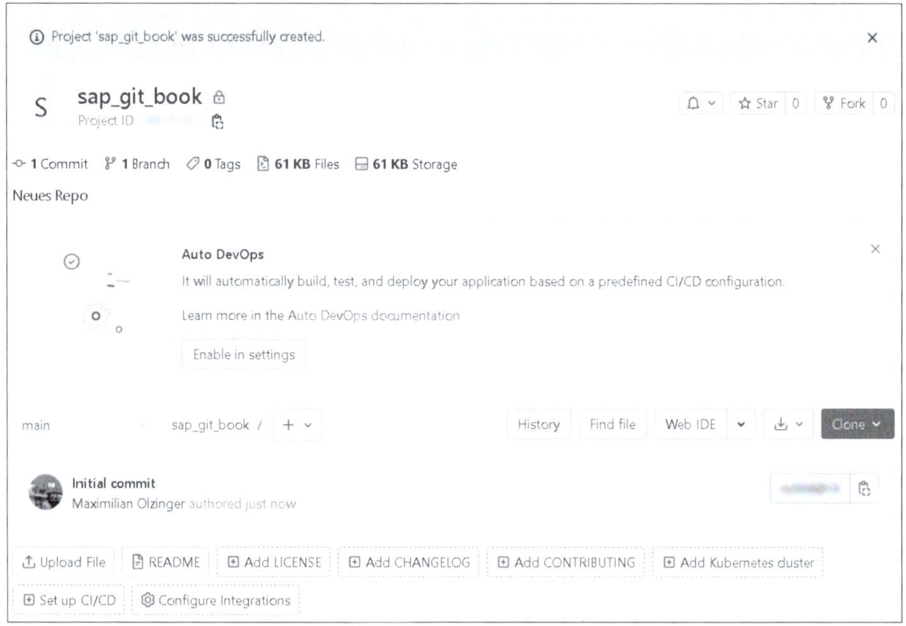

Abbildung 3.25 Ihr neues GitLab-Repository

Web IDE

Über die Schaltfläche **Clone** können Sie die für das Klonen benötigte Repository-URL kopieren und sind nun bereit, mit dieser URL Ihr Projekt zu versionieren (das Feld **Web IDE** bezieht sich übrigens nicht auf die SAP Web IDE, sondern auf eine GitLab-proprietäre Entwicklungsumgebung).

3.5.4 Abschließende Worte

Wenn Sie auf eine All-in-one-Lösung setzen möchten, bietet Ihnen GitLab alles in einer Plattform, was Sie für den kompletten Projektentwicklungszyklus benötigen. Da GitLab mehr als nur ein reines Git-Repository ist, nämlich auch ein Ticket-Tool, diverse Management- und Analyse-Tools, CI/CD-Unterstützung und vieles mehr enthält, können Sie dies mit nur einer Lizenz unter ein Dach bringen. Sie können GitLab entweder direkt als Cloud-Lösung nutzen oder bei Ihnen in Ihrem Unternehmen selbst hosten.

3.6 Ein On-Premise-Git-Repository über den Cloud Connector an die SAP BTP anbinden

In dieser Praxisübung zeigen wir Ihnen, wie Sie ein Git-Repository, das bei Ihnen on-premise läuft, sicher und einfach über den Cloud Connector mit der SAP BTP verbinden.

Die Voraussetzungen für das erfolgreiche Durchführen der Übung sind:

- *Instanz des Cloud Connectors*: (siehe Abbildung 3.26): Dieser ist auf *https://tools.hana.ondemand.com* zu finden. Wir empfehlen für diese Übung die portable Version.
- *Benutzer für die SAP BTP*: In dieser Übung zeigen wir das Verbinden mit einem Neo-Subaccount.
- *Zugang zur SAP Web IDE*
- *On-Premise-Git-System*

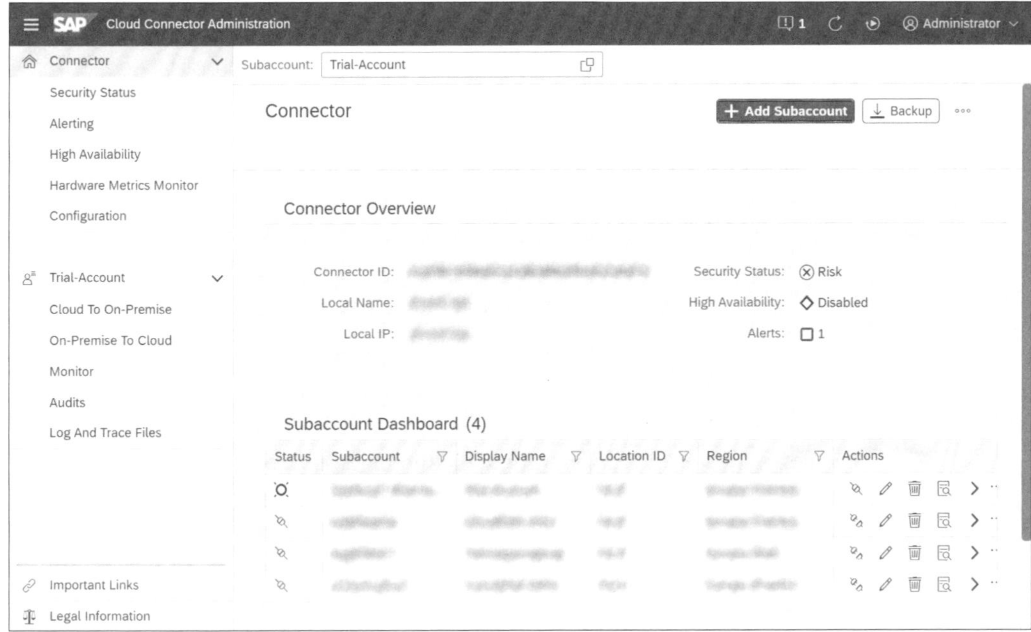

Abbildung 3.26 Cloud Connector

3.6.1 Cloud Connector einrichten

Cloud Connector starten

Nachdem Sie den Cloud Connector heruntergeladen haben, entpacken Sie ihn in einem beliebigen Verzeichnis und starten ihn über die Datei **go.bat**. Sie können auch eine bereits laufende Instanz benutzen, sollten Sie den entsprechenden Zugriff haben. Nachdem der Cloud Connector gestartet worden ist, können Sie sich mit einem bestehenden User oder mit dem Initial-User `Administrator` und dem Standardpasswort `manage` einloggen. Legen Sie anschließend die Verbindung zu einem neuen Subaccount an (siehe Abbildung 3.27).

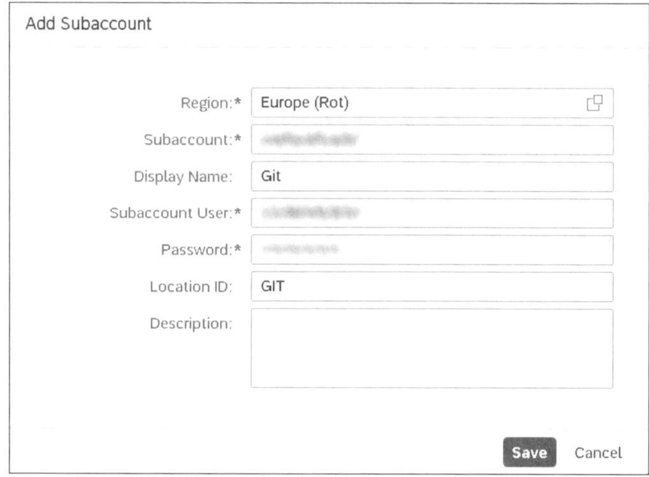

Abbildung 3.27 Neuer Subaccount

Verbindung einrichten

Wählen Sie nun zunächst das Datacenter Ihres SAP-BTP-Subaccounts aus und anschließend die ID Ihres Subaccounts. Diese ist auf der Übersichtsseite Ihres SAP-BTP-Subaccounts unter dem Namen **Technical Name** ersichtlich.

Sie können nun einen optionalen Alias (**Display Name**) für diese Verbindung vergeben. Geben Sie danach Ihren SAP-BTP-Benutzer in das Feld **Subaccount User** und das Passwort ein. Anschließend können Sie eine **Location ID** für die Identifikation unterschiedlicher Cloud Connectors in der SAP BTP und eine kurze Beschreibung dieser Verbindung eingeben. Klicken Sie abschließend auf **Save**.

Wechseln Sie danach in die angelegte Verbindung und anschließend auf den Seitennavigationsreiter **Cloud To On-Premise**.

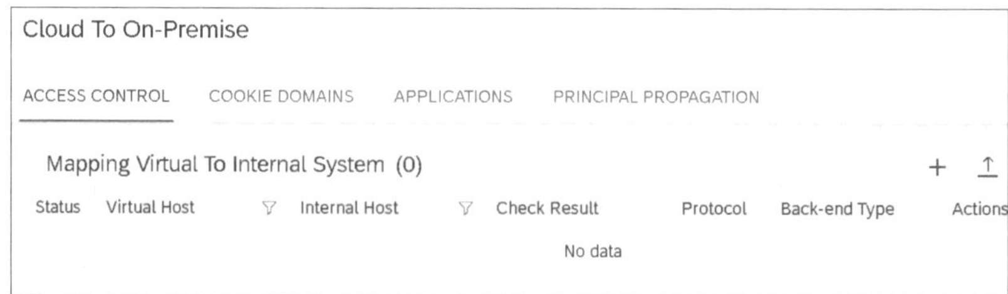

Abbildung 3.28 Neues Mapping

Host Mapping

Hier können Sie einem internen Host einen virtuellen Host-Namen zuordnen, der für die Verbindung mit der SAP BTP genutzt wird (siehe Abbildung 3.28). Legen Sie über die Schaltfläche **+** in der Tabellenkopfzeile ein neues Mapping an. Durchlaufen Sie den angezeigten Wizard, bis Sie die Einstellungen erreicht haben (siehe Abbildung 3.29).

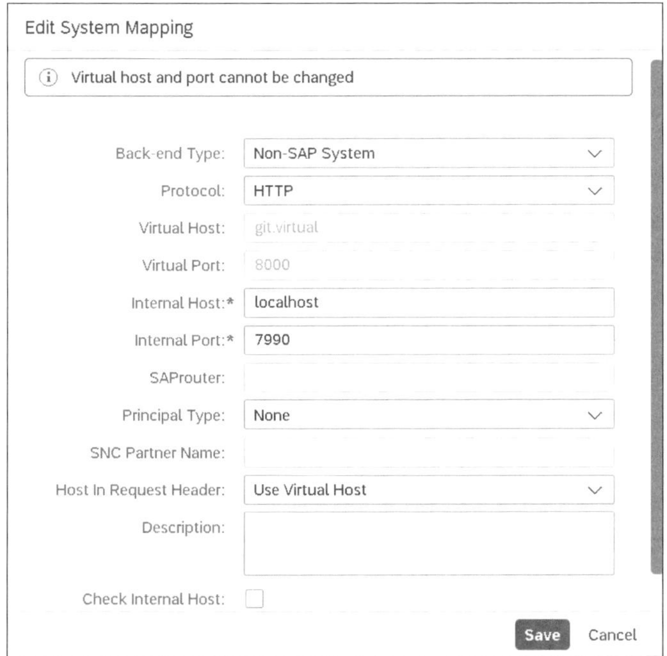

Abbildung 3.29 Neues System-Mapping

Wenn Sie die Wizard-Schritte durchlaufen haben, ist eine Verbindung zu einen **Non-SAP System** (einem lokalen Git-System in unserem Falle) hergestellt. Wählen Sie in den Feldern **Protocol**, **Internal Host** und **Internal Port** die Einstellungen, die Ihrem jeweiligen lokalen Git entsprechen. In unserem Falle läuft ein lokales Bitbucket, das per HTTP unter dem Internal Host localhost und dem Internal Port 7990 erreichbar ist.

In der Tabelle **Mapping Virtual to Internal System** sollte nun ein Eintrag stehen, der in der Spalte **Check Result** den Wert **Reachable** anzeigt. Sollte dies bei Ihnen nicht der Fall sein, müssen Sie die Werte für Host-Namen, Port und Protokoll erneut überprüfen. Sie können nun Ressourcen in der darunter liegenden Tabelle anlegen. Klicken Sie hierzu auf die Schaltfläche **+** in der Tabellenkopfzeile.

Ressourcen freigeben

In unserem Falle geben wir alle Ressourcen unseres Internal Hosts frei, indem wir im Feld **URL Path** einen Schrägstrich eintragen und im Feld **Access Policy** den Wert **Path And All Sub-Paths** auswählen (siehe Abbildung 3.30). Dies sollte in einem Produktivszenario angepasst werden, indem nur die tatsächlich benötigten URL-Pfade freigegeben werden.

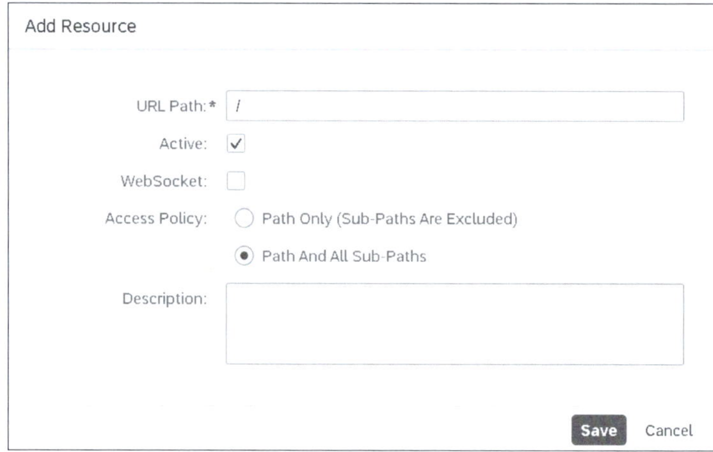

Abbildung 3.30 Freigegebene Ressourcen

3.6.2 SAP BTP konfigurieren

Wechseln Sie nun in den SAP-BTP-Subaccount, mit dem Sie Ihren Cloud Connector verbunden haben, und klicken Sie in der Seitennavigation auf den Menüeintrag **Cloud Connectors** (siehe Abbildung 3.31).

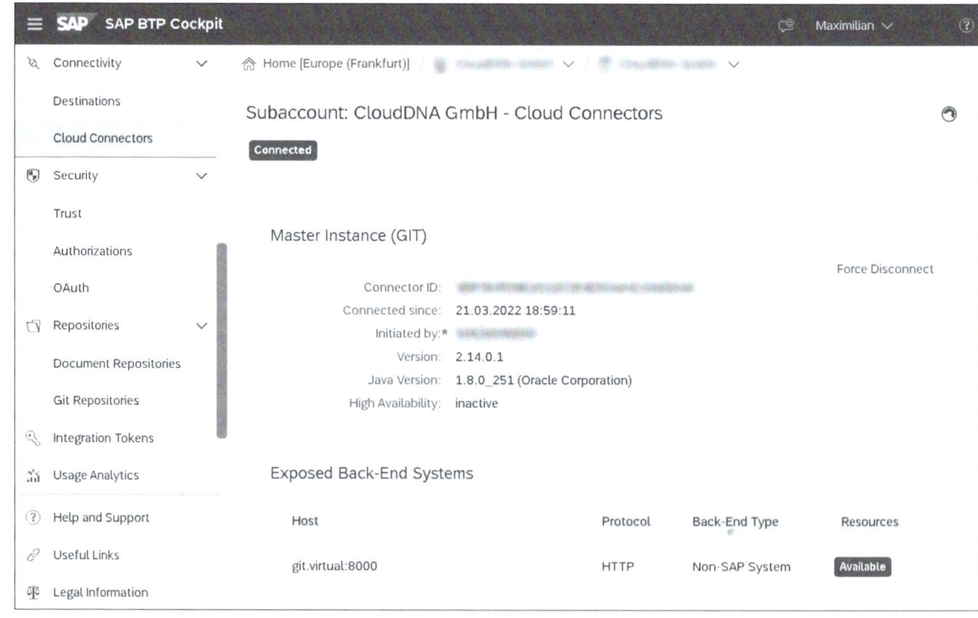

Abbildung 3.31 Verbundener Cloud Connector

Destination Sie sollten hier Ihren verbundenen Cloud Connector sehen, der die Ressourcen freigibt. Nun fehlt Ihnen nur noch eine Destination, die Ihren virtuellen

Host-Namen verpackt. Wechseln Sie hierzu in der Seitennavigation auf den Menüpunkt **Destinations**, und legen Sie eine Destination mit den folgenden Einstellungen an (siehe Abbildung 3.32):

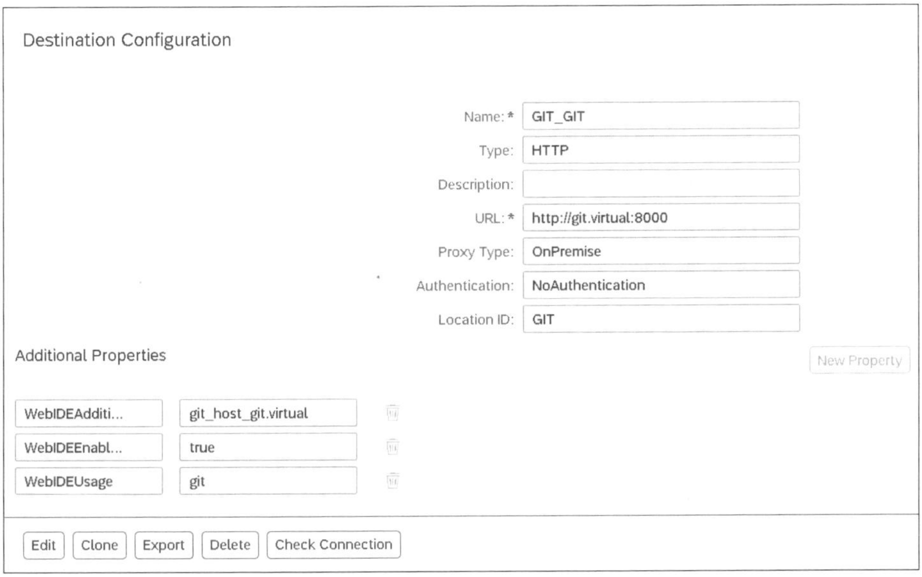

Destination Configuration

Name: * GIT_GIT
Type: HTTP
Description:
URL: * http://git.virtual:8000
Proxy Type: OnPremise
Authentication: NoAuthentication
Location ID: GIT

Additional Properties

New Property

WebIDEAdditi... git_host_git.virtual
WebIDEEnabl... true
WebIDEUsage git

Edit Clone Export Delete Check Connection

Abbildung 3.32 Neue Destination anlegen

Vergeben Sie im Feld **Name** einen Namen für Ihre Destination. Wählen Sie nun den Typ **HTTP** als Verbindungsprotokoll aus. Im Feld **URL** müssen Sie den über den Cloud Connector freigegebenen virtuellen Host-Namen eintragen, der über den **Proxy Type OnPremise** angesprochen wird. Sie können eine Authentifizierung hinterlegen, was wir jedoch nicht empfehlen, da sonst ein fixer User hinterlegt ist. Sollten Sie eine **Location ID** bei der Verbindung zwischen Cloud Connector und SAP BTP benutzt haben, müssen Sie diese ebenfalls hinterlegen.

Zusätzliche Eigenschaften

Vergeben Sie nun zusätzliche Eigenschaften (**Additional Properties**), die diese Destination konfigurieren. Als Erstes wird die Eigenschaft **Web IDEAdditionalData** mit dem Wert »git_host_git.virtual« vergeben. Als Zweites erhält die Eigenschaft **Web IDEEnabled** den Wert »true«, der es der SAP Web IDE erlaubt, diese Destination zu nutzen. Als Drittes vergeben Sie die Eigenschaft **Web IDEUsage** mit dem Wert »git«. Somit kann diese Destination als Git-Verbindungspunkt genutzt werden. Die Konfiguration der SAP BTP ist nun erledigt, und Sie können in die SAP Web IDE springen.

3.6.3 Repository in der SAP Web IDE klonen

Öffnen Sie die SAP Web IDE Ihres Subaccounts. Sie können entweder ein bestehendes Projekt in eines Ihrer On-Premise-Repositorys überführen oder eines Ihrer Repositorys in die SAP Web IDE klonen, was wir Ihnen nun zeigen werden.

Auf der Startseite Ihrer SAP Web IDE klonen Sie ein Repository, indem Sie in der Kachel **Import an Application** auf die Option **Clone from Git Repository** klicken (siehe Abbildung 3.33).

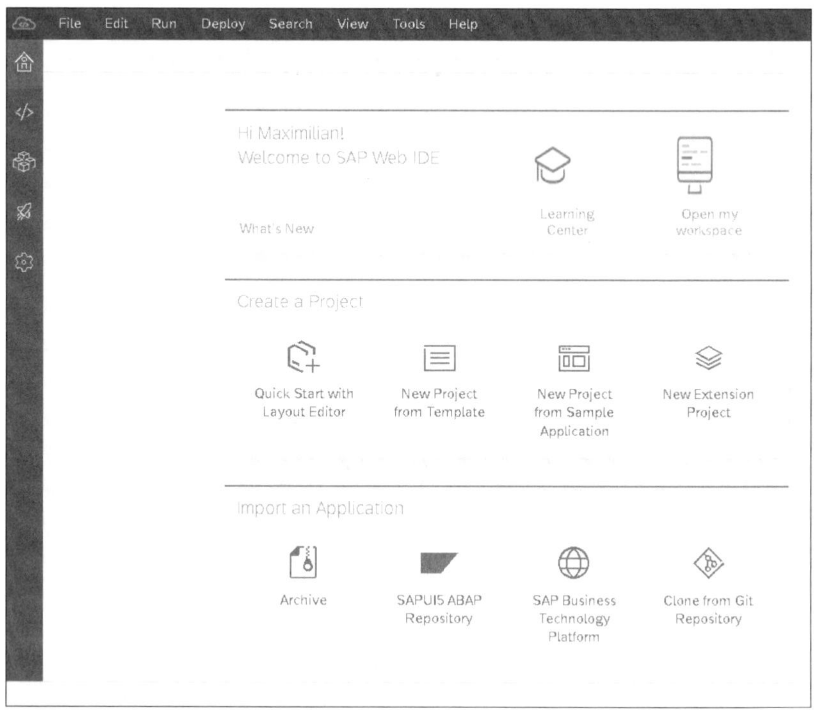

Abbildung 3.33 Repository klonen

In unserem Falle befindet sich hinter der URL *http://localhost:7990/scm/sap/sapgitbook.git* ein leeres Git-Repository, das wir gerne klonen möchten. Jedoch können Sie diese URL nicht direkt ansprechen, sondern müssen statt *localhost:7990* den virtuellen Hostnamen *git.virtual:8000* verwenden.

Repository klonen

Geben Sie also für das Feld **URL** den folgenden Wert an: *http://<virtueller Hostname>:<virtueller Port>/<URI Ihres Repositorys>* (siehe Abbildung 3.34). Auch wenn in der Destination das Protokoll HTTP verwendet wurde, muss hier per HTTPS auf das Repository zugegriffen werden.

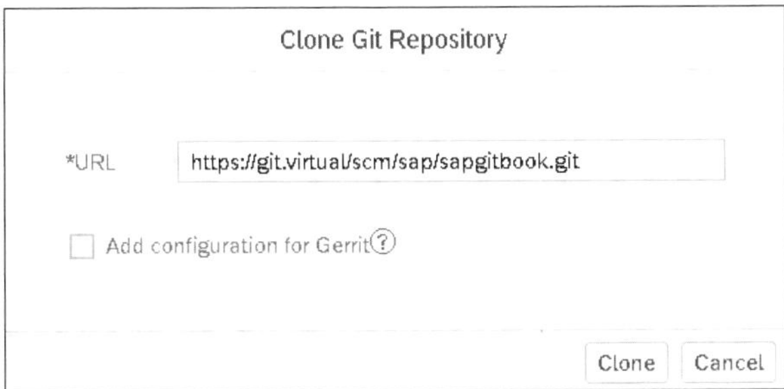

Abbildung 3.34 Repository-URL eintragen

Den virtuellen Hostnamen und dessen Port lesen Sie aus der konfigurierten Destination aus, und die URI Ihres Repositorys können Sie sich in der Klon-URL Ihres Repositorys herausfiltern. Sie besteht aus dem Pfad nach dem Hostnamen. Per Klick auf **Clone** können Sie nun das Repository in die SAP Web IDE klonen (siehe Abbildung 3.35).

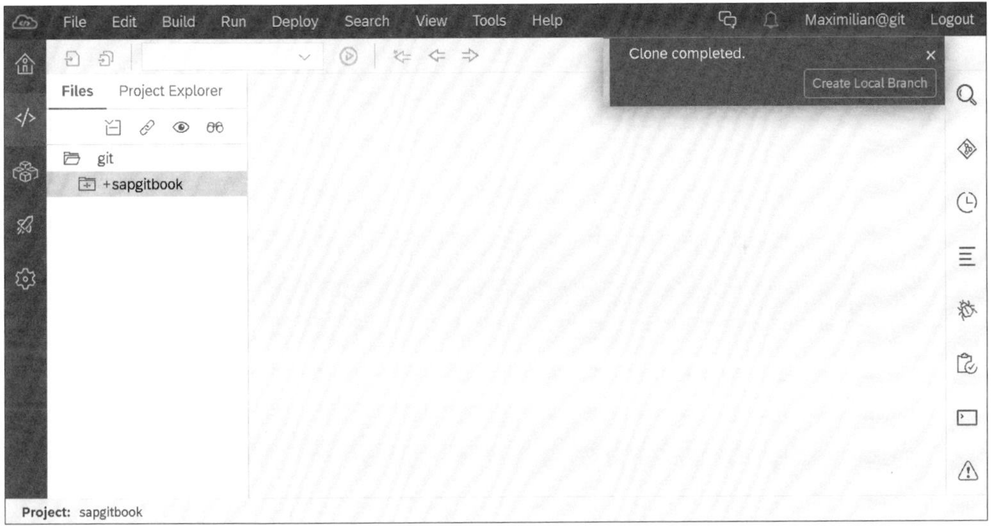

Abbildung 3.35 Geklontes On-Premise-Repository

Ihr On-Premise Repository ist nun in der SAP Web IDE zu sehen und steht für Ihre Entwicklungen bereit. Wie Sie nun mit einem solchen Repository innerhalb der SAP Web IDE arbeiten, zeigen wir Ihnen im dem nächsten Kapitel 4, »Git in der SAPUI5-Entwicklung«.

Kapitel 4

Git in der SAPUI5-Entwicklung

Für die meisten Unternehmen ist der Einsatz einer Versionskontrolle im Zuge des Softwareentwicklungsprozesses nicht mehr wegzudenken. Auch im SAPUI5-Umfeld ist der Einsatz von solchen Tools relevant, besonders wenn es darum geht, im Team gemeinsam an verschiedenen Applikationen zu entwickeln.

In diesem Kapitel betrachten wir den Einsatz von Versionsverwaltungswerkzeugen in der SAPUI5-Entwicklung im Detail. Da Sie für die Einbindung von Git in die unterschiedlichen Entwicklungsumgebungen Repositorys benötigen, sehen wir uns in Abschnitt 4.1, »Erstellen eines Git-Repositorys«, kurz an, wie Sie ein Repository anlegen. In Abschnitt 4.2, »Einbindung in die SAP Web IDE«, und Abschnitt 4.3, »Einbindung in SAP Business Application Studio«, gehen wir auf die beiden Entwicklungsumgebungen der SAP BTP, die SAP Web IDE und SAP Business Application Studio, ein. Außerdem beschäftigen wir uns in Abschnitt 4.4, »Einbindung in Visual Studio Code«, mit der lokalen IDE Visual Studio Code, die Ihnen als weitere alternative Entwicklungsumgebung für SAPUI5-Projekte zur Verfügung steht.

Vor allem dann, wenn mehrere Personen an der Entwicklung einer Anwendung beteiligt sind, ist es hilfreich, auf solche Tools zurückzugreifen. Aber auch, wenn nur eine Person an einer Anwendung arbeitet, ist die Verwendung einer Versionsverwaltung von Nutzen. So können Sie beispielsweise eine CI/CD-Pipeline einrichten. Zusätzlich haben Sie eine Sicherung der Anwendung im jeweiligen Repository.

Während Sie beispielsweise in der ABAP-Entwicklung immer den aktuellen Stand der Sourcen sehen und diese Sourcen durch die Bearbeitung von einer Person gesperrt werden, ist dies in der SAPUI5-Entwicklung nicht so. Hier sehen Sie nur Ihre lokalen Datenstände. Erst durch das Ausführen eines Commits und durch Pushen werden die Änderungen in das Remote-Repository übertragen, von wo aus sie durch einen Pull wieder in die IDE geladen werden können.

4.1 Erstellen eines Git-Repositorys

Um die verschiedensten Softwareprojekte mit Versionsverwaltungswerkzeugen zu verwalten, ist es notwendig, Repositorys anzulegen. Ob Sie hier GitHub, Bitbucket, das Repository in der SAP BTP oder ein anderes Repository verwenden, obliegt Ihnen. Für dieses Beispiel verwenden wir GitHub. Ist ein Repository angelegt, ist die weitere Vorgehensweise unabhängig vom verwendeten Anbieter.

Repository erstellen

Zunächst loggen Sie sich in GitHub ein und wechseln in den Reiter **Repositories**. Hier würden bereits bestehende Repositorys angezeigt. Zudem haben Sie die Möglichkeit, mit **New** ein neues Repository anzulegen (siehe Abbildung 4.1).

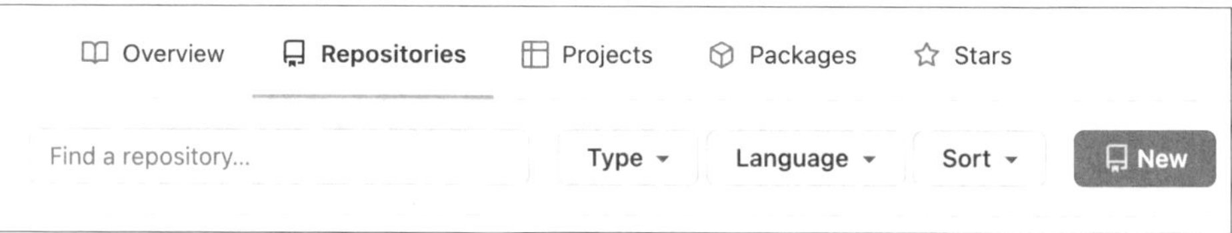

Abbildung 4.1 GitHub: Reiter »Repositories«

Verpflichtende Angaben

Nach einem Klick auf **New** werden Sie auf ein Formular weitergeleitet, in das die für die Anlage notwendigen Informationen einzugeben sind. In diesem Formular müssen Sie den Inhaber sowie den Namen des Repositorys verpflichtend angeben. Optional kann auch eine Beschreibung ergänzt werden.

Optionale Angaben

Zusätzlich ist es möglich, abseits dieser Informationen die Sichtbarkeit festzulegen. Auch können Sie das Repository mit einer Lizenz versehen oder vorab eine **.gitignore**-Datei erstellen. Möchten Sie innerhalb des Repositorys weitere Informationen veranschaulichen, können Sie dazu eine Readme-Datei hinzufügen.

Wie in Abbildung 4.2 erkennbar, haben wir die notwendigen Informationen angegeben und können nun das Repository über die Schaltfläche **Create Repository** erstellen. Bei der Auswahl des Namens ist darauf zu achten, dass dieser innerhalb des Benutzerkontos eindeutig sein muss. Navigieren Sie nach der Erstellung des Repositorys zurück in die Übersicht, sehen Sie, dass das Repository angelegt wurde (siehe Abbildung 4.3).

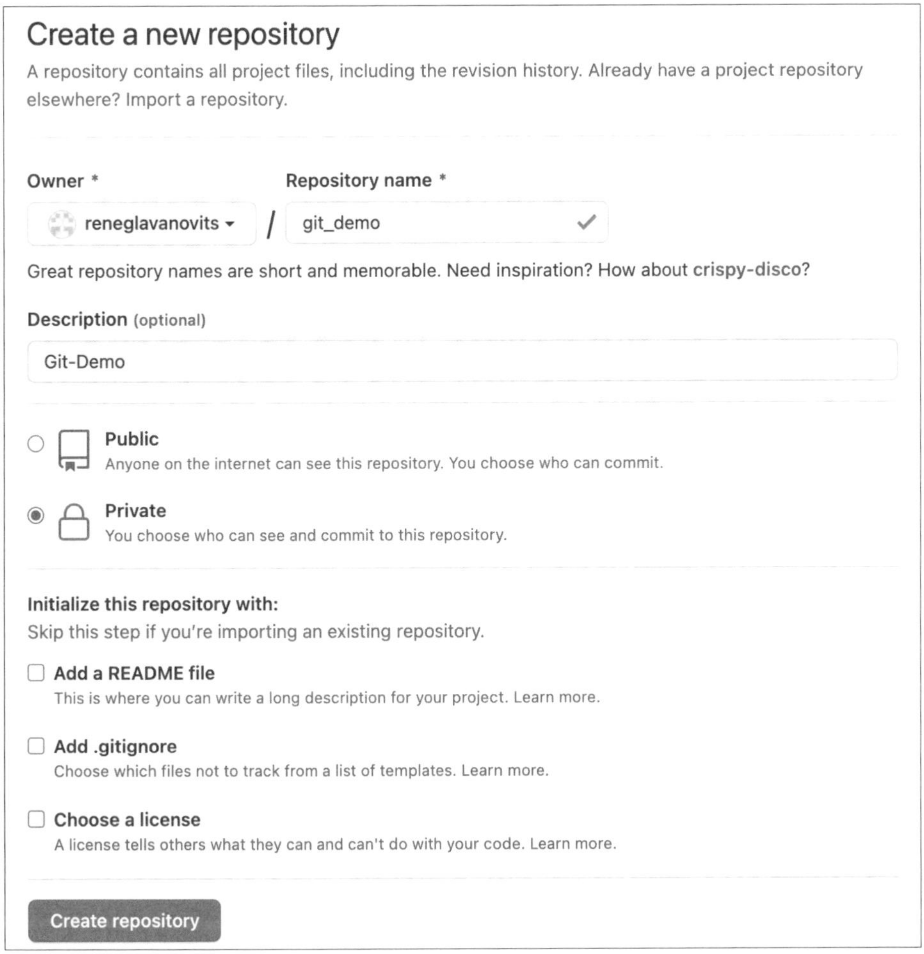

Create a new repository
A repository contains all project files, including the revision history. Already have a project repository elsewhere? Import a repository.
Owner *
Repository name *
reneglavanovits
/
git_demo
Great repository names are short and memorable. Need inspiration? How about crispy-disco?
Description (optional)
Git-Demo
Public
Anyone on the internet can see this repository. You choose who can commit.
Private
You choose who can see and commit to this repository.
Initialize this repository with:
Skip this step if you're importing an existing repository.
Add a README file
This is where you can write a long description for your project. Learn more.
Add .gitignore
Choose which files not to track from a list of templates. Learn more.
Choose a license
A license tells others what they can and can't do with your code. Learn more.
Create repository

Abbildung 4.2 Repositorys in GitHub erstellen

Overview
Repositories
Projects
Packages
Stars
Find a repository...
Type
Language
Sort
New
git_demo
Private
Git-Demo
Updated 1 minute ago
Star

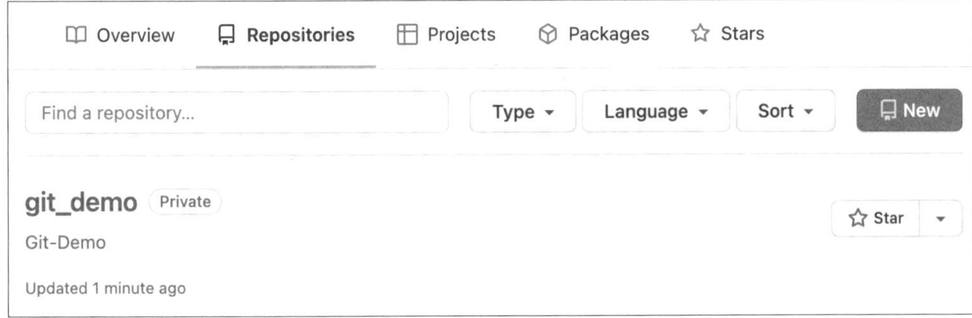

Abbildung 4.3 Übersicht der Repositorys in GitHub

Repository einbinden Um das neu angelegte Repository zu verwenden, muss es in ein Projekt eingebunden werden. Wie Sie in den Folgeabschnitten sehen werden, bieten die verschiedenen Entwicklungsumgebungen hierzu diverse Funktionen an. Klicken Sie in der Übersicht auf das erstellte Repository, finden Sie auf der Detailseite eine Anleitung, wie Sie es über die Kommandozeile in Projekte einbinden (siehe Abbildung 4.4).

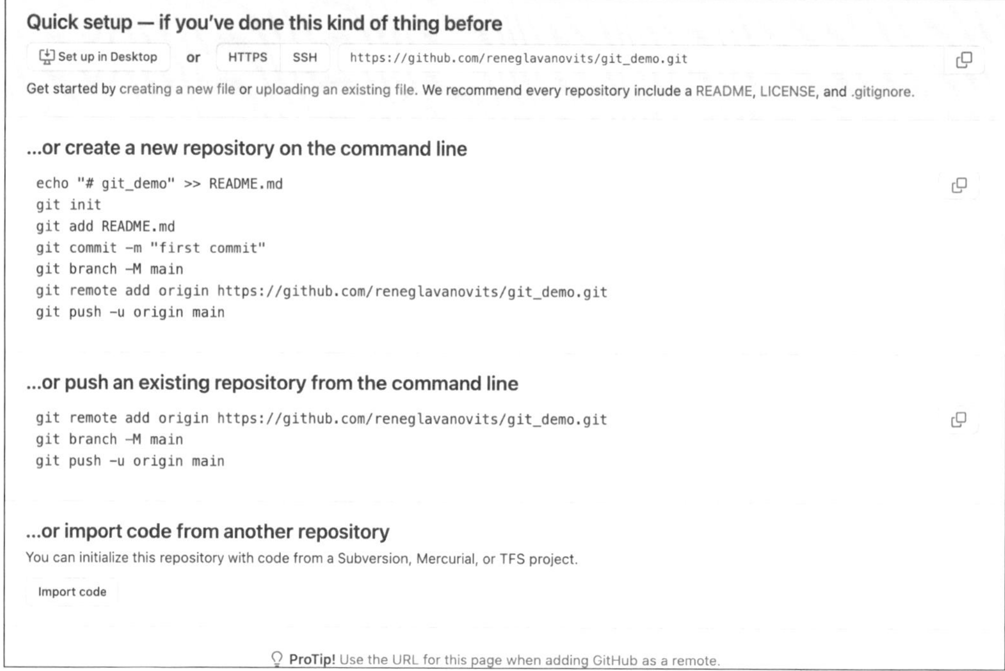

Abbildung 4.4 Details eines Repositorys in GitHub

In den nächsten Abschnitten gehen wir auf die Verwendung von Git in der SAPUI5-Entwicklung ein. Die verwendeten Repositorys legen Sie wie soeben beschrieben an.

4.2 Einbindung in die SAP Web IDE

Nun betrachten wir, wie Sie die Versionsverwaltung in der SAP Web IDE verwenden und welche Möglichkeiten diese Entwicklungsumgebung Ihnen hier bietet. Da die SAP Web IDE eine übersichtliche grafische Git Pane bietet, sind hier keine weiteren Installationen notwendig. Außerdem sind die einzelnen Funktionen, die Ihnen Git bietet, relativ einfach anwendbar.

Git Pane Die Git Pane ist eine grafische Oberfläche, die das Ausführen von Git-Funktionalitäten über verschiedene Schaltflächen ermöglicht.

Lokales Repository initialisieren

Üblicherweise ist einer der ersten Schritte bei der Entwicklung von Softwareprojekten das Anlegen eines Remote-Repositorys. Ob Sie an dieser Stelle GitHub, Bitbucket oder ein Repository in der SAP BTP verwenden, bleibt Ihnen überlassen. In unserem Fall verwenden wir GitHub. Bevor Sie Ihre Applikation in das Remote-Repository pushen können, müssen Sie allerdings das lokale Repository initialisieren. Wie aus Abbildung 4.5 ersichtlich, erreichen Sie diese Option mit einem Rechtsklick auf das Projekt und dann über den Pfad **Git • Initialize Local Repository**.

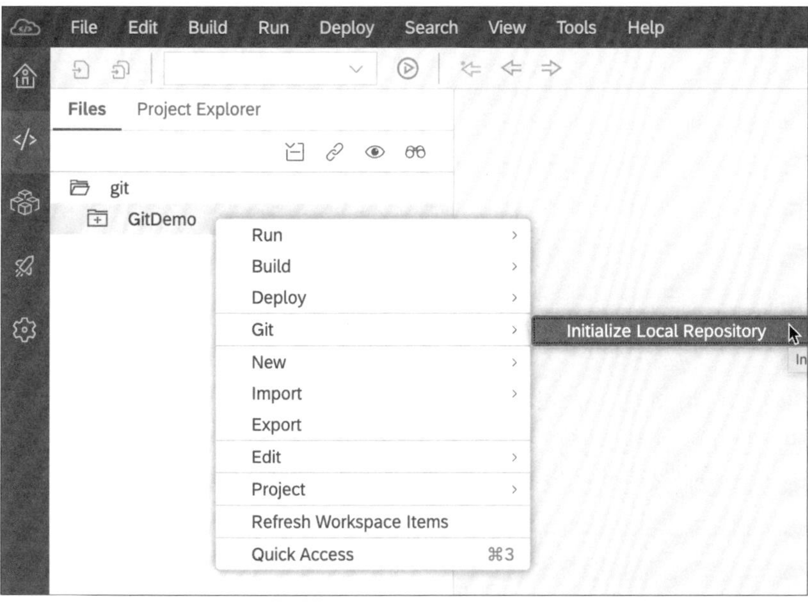

Abbildung 4.5 Lokales Repository initialisieren

Im folgenden Dialog werden Sie aufgefordert, Ihre Benutzerinformationen anzugeben. Danach erhalten Sie eine Erfolgsmeldung, dass Ihr lokales Repository initialisiert wurde. An dieser Stelle könnten Sie bereits alle Funktionen von Git verwenden, allerdings nur lokal.

Remote-Repository setzen

Um Änderungen später auch in das Remote-Repository zu übertragen, ist es erforderlich, dieses einzurichten. Wie Sie in Abbildung 4.6 und Abbildung 4.7 sehen, erfolgt die Anbindung entweder über die Schaltflächen in der Erfolgsmeldung oder den Menüpfad **Git • Set Remote**.

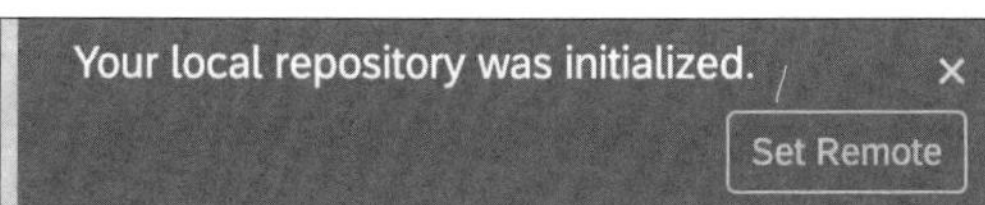

Abbildung 4.6 Meldung über das initialisierte lokale Repository in der SAP Web IDE

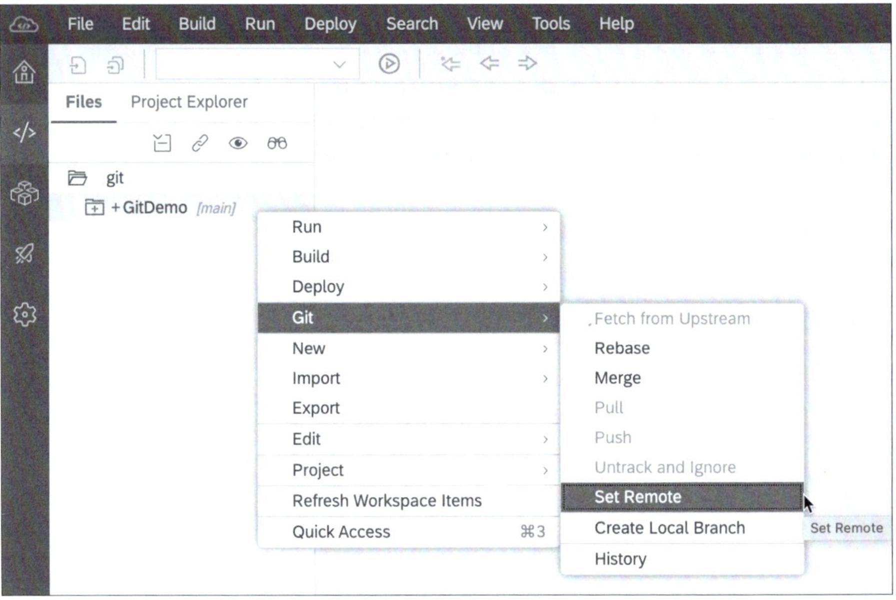

Abbildung 4.7 Remote-Repository in der SAP Web IDE aufsetzen

Nach einem Klick auf **Set Remote** erscheint ein Dialog, in dem Sie die URL zum Remote-Repository angeben. In unserem Fall wählen wir die URL des zuvor angelegten Remote-Repositorys (siehe Abbildung 4.8).

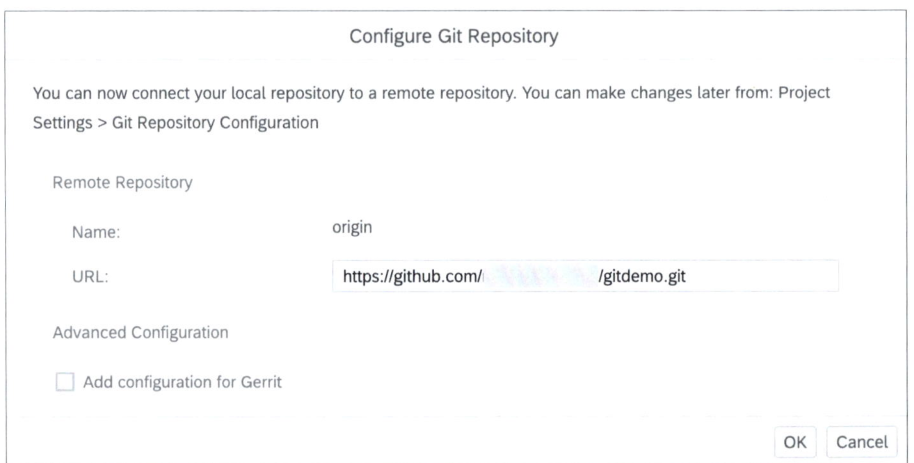

Abbildung 4.8 Git-Repository konfigurieren

Nach dem Einfügen der URL bestätigen Sie mit **OK**. Es erscheint ein weiterer Dialog, der ebenfalls mit **OK** zu bestätigen ist. Ist dies erledigt, ist es der nächste Schritt, falls noch nicht geschehen, einen Remote-Branch anzulegen.

Branch erstellen

Dazu navigieren Sie über den Menüpfad **Git • Create Remote Branch** (siehe Abbildung 4.9). Anschließend vergeben Sie im Dialog einen beliebigen Namen für den zu erstellenden Branch. Ein typischer Name für den Haupt-Branch ist beispielsweise »main«.

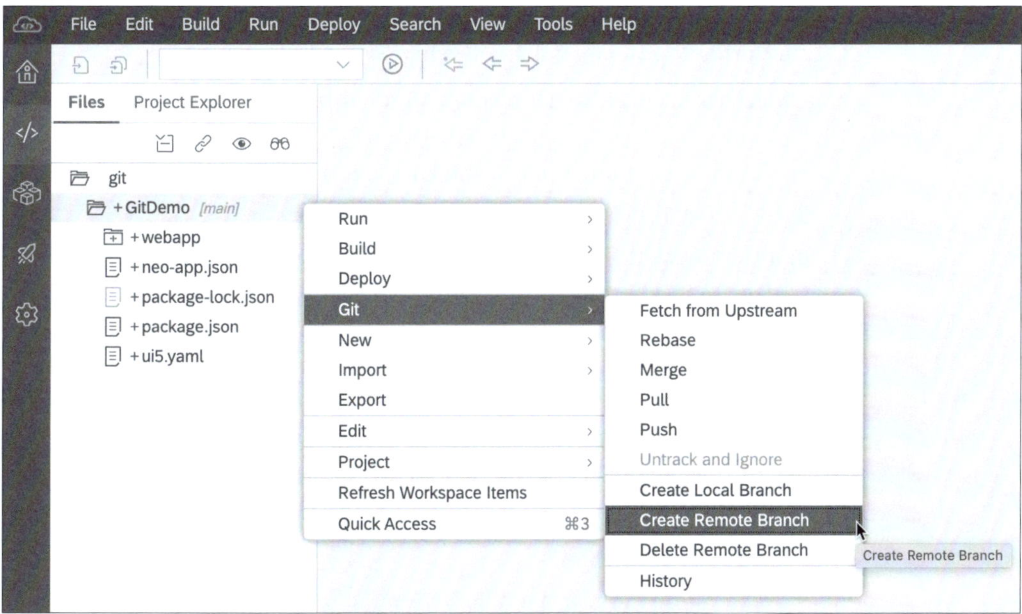

Abbildung 4.9 Remote-Branch anlegen

Nach der Eingabe eines Namens bestätigten Sie diesen Schritt wieder mit **Create** (siehe Abbildung 4.10). In unserem Fall korrelieren die Namen des lokalen und des Remote-Branch. Dies ist nicht zwingend erforderlich. Die Namen der lokalen Branches können durchaus von denen der Remote-Branches abweichen. Allerdings ist es ratsam, hier die gleichen Bezeichnungen zu verwenden, um Verwechslungen und Verwirrungen zu vermeiden.

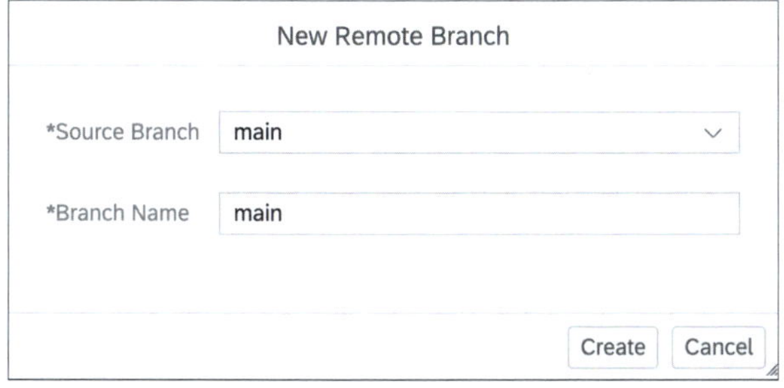

Abbildung 4.10 Der Name des Remote-Branch stimmt mit dem Namen des lokalen Branch überein.

Nachdem Sie die Anlage des Remote-Branch über die Schaltfläche **Create** bestätigt haben, wird automatisch ein Push ausgeführt. Sollten Sie bereits Änderungen in Ihrem lokales Repository vorgenommen haben, sind diese ebenfalls im Push enthalten.

Wenn Sie nun Änderungen durchführen und diese im Remote-Repository zur Verfügung stellen möchten, gehen Sie wie folgt vor:

Zunächst öffnen Sie in der rechten Menüleiste die Git Pane. Dort finden Sie die einzelnen Funktionen (beispielsweise **Commit**, **Push** und **Pull**). Diese Funktionen sind auch per Rechtsklick auf das Projekt unter dem Menüpunkt **Git** zu finden.

In dieser Ansicht finden Sie u. a. die Staging Area (näheres zur Staging Area finden Sie in Abschnitt 2.2.1 »Commit«). Hier sind alle Dateien aufgelistet, an denen seit dem letzten Commit Änderungen vorgenommen wurden. Erst durch die Auswahl einer Datei wird sie für den Commit vorselektiert. Durch einen anschließenden Commit werden die ausgewählten Änderungen in das lokale Repository in den Commit aufgenommen, und durch einen Push sind sie auch im Remote-Repository verfügbar.

Commit-Nachrichten

Wenn Sie Änderungen in einem Commit zusammenfassen, sollten Sie immer eine sprechende Commit-Nachricht verfassen. Wenn Änderungen durch Tickets ausgelöst werden, ist es oftmals hilfreich, hier die entsprechende Ticketnummer anzugeben.

Dateien vergleichen

Wenn Sie sich vor einem Commit die Änderungen an den Dateien ansehen möchten, können Sie über die Staging Area eine Vergleichssicht der Datei öffnen. In dieser sehen Sie die Datei ohne Änderungen und die Datei mit Änderungen (siehe Abbildung 4.11).

Abbildung 4.11 Dateien vor dem Commit vergleichen

Nachdem Sie die gewünschten Dateien zum Commit hinzugefügt und eine passende Commit-Nachricht verfasst haben, werden die durchgeführten Änderungen in einen Commit »verpackt«, und es wird ein Push durchgeführt (siehe Abbildung 4.12).

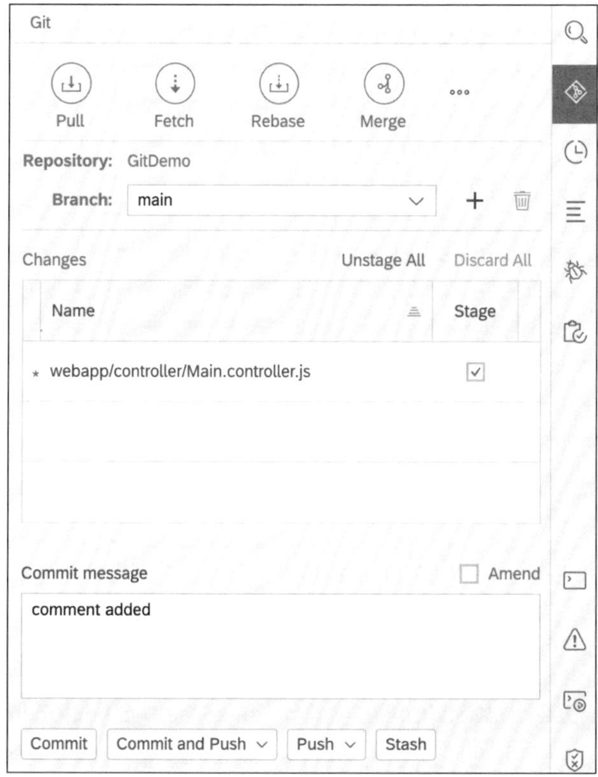

Abbildung 4.12 Commit und Push der Änderungen

Pull Request

Nach erfolgreicher Ausführung des Pushs sind die Änderungen im Remote-Repository verfügbar. Da Sie nun das Initialisieren des lokalen Repositorys, das Setzen des Remote-Repositorys und das Pushen von Änderungen kennen, fehlt noch ein wichtiger Punkt: das Durchführen eines Pull Requests. Es ist durchaus üblich, dass mehrere Personen an einem Projekt arbeiten. Um die Änderungen Ihrer Teammitglieder in Ihr lokales Repository zu transportieren, ist ein Pull Request erforderlich.

Wird ein Pull Request durchgeführt und wurden die gleichen Dateien bearbeitet, kann es auch zu einem Merge-Konflikt kommen. Dieser Konflikt muss manuell gelöst werden, indem bestätigt wird, welche Änderungen übernommen werden sollen. Wie dies in der SAP Web IDE aussieht, sehen Sie in den nächsten Schritten. Detailliertere Informationen zu Konflikten finden Sie in Abschnitt 2.5, »Konflikte lösen«.

Konflikte lösen

Zunächst arbeiten Sie lokal an Ihren Dateien und führen dann einen Commit und einen Push durch. Da es zur gleichen Datei im Remote-Repository allerdings bereits Änderungen gibt, die Sie mit einem Pull Request noch nicht in Ihr lokales Repository geladen haben, wird es beim Push zu einem Fehler kommen. Deshalb ist es erforderlich, den aktuellen Stand des Remote-Repositorys zunächst in Ihr lokales Repository zu laden. Dies geschieht mit einem Pull Request.

Mit einem Klick auf **Pull** bzw. über den Menüpfad **Git • Pull** führen Sie ein Pull Request durch. Es erscheint ein Dialog, der Sie darauf hinweist, dass Konflikte existieren (siehe Abbildung 4.13).

Abbildung 4.13 Merge-Konflikt in der SAP Web IDE

Mit einem Klick auf **Resolve Conflicts** öffnet sich eine Vergleichssicht der Datei, die den Konflikt verursacht. Sie sehen eine Gegenüberstellung der verschiedenen Dateistände: Links sehen Sie den aktuellen Stand der Datei, in der Mitte die Version der Datei nach dem Merge und rechts den Stand der Datei vor dem Merge (siehe Abbildung 4.14). Über die Schaltflächen oben rechts bestimmen Sie, ob die eigenen Änderungen oder Änderungen aus dem Remote-Repository akzeptiert werden sollen. Dies können Sie entweder generell für das gesamte Dokument oder nur für einzelne Änderungen entscheiden.

Abbildung 4.14 Lösen von Merge-Konflikten

Nachdem Sie die Änderungen gespeichert haben, kann die Datei wieder zu einem Commit hinzugefügt und anschließend gepusht werden. In unserem Fall wurde der Konflikt durch eine einzige Datei ausgelöst. Es kann allerdings auch vorkommen, dass mehrere Dateien Konflikte verursachen. Dann müssen Sie natürlich jede Datei prüfen, bevor die Änderungen wieder gepusht werden können.

Konflikte vermeiden

Natürlich ist es nicht möglich, Konflikte zur Gänze zu vermeiden. Wir empfehlen aber, immer einen Pull Request durchzuführen, bevor Sie lokale Änderungen vornehmen, um sicherzustellen, dass Sie mit dem aktuellen Stand arbeiten. So ist die Wahrscheinlichkeit, dass es zu einem Konflikt kommt, zumindest etwas geringer.

Git History

Neben der Git Pane, die sämtliche Funktionen wie Pull, Push, Commit, Stash usw. beinhaltet, finden Sie in der SAP Web IDE eine weitere nützliche Sicht: die sogenannte *Git History*.

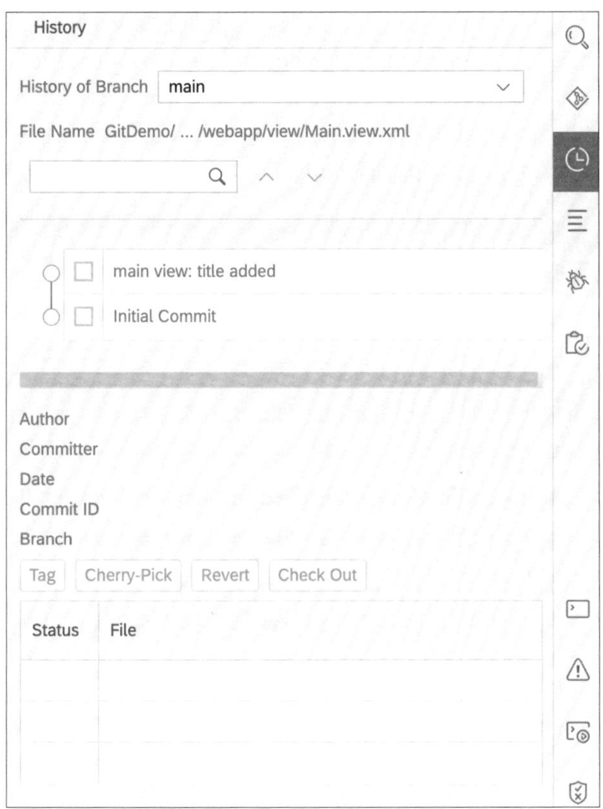

Abbildung 4.15 Git History in der SAP Web IDE

Wie in Abbildung 4.15 erkennbar, erhalten Sie dort eine Übersicht über alle durchgeführten Commits. Diese sind nach dem Zeitpunkt des Commits absteigend sortiert. Durch die Auswahl eines Commits erhalten Sie weitere Informationen wie:

- Autor (Name und E-Mail-Adresse)
- Commiter (Name und E-Mail-Adresse)
- Zeitpunkt des Commits
- Prüfsumme des Commits
- Branch, auf den der Commit durchgeführt wurde

Der Autor und der Commiter sind zumeist die gleiche Person. Allerdings kann es vorkommen, dass es sich um zwei unterschiedliche Personen handelt. Der Autor ist die Person, die den Code geschrieben hat, und der Commiter ist jene Person, die den Code in einen Commit verpackt hat.

Neben diesen Metadaten erhalten Sie eine Auflistung der Dateien, die in diesem Commit bearbeitet wurden. Auch hier können Sie per Auswahl einer Datei eine Vergleichssicht öffnen, um die durchgeführten Änderungen zu identifizieren. Diese Übersicht über die Commits bringt aber noch weitere nützliche Funktionen mit sich. So können Sie vergangene Commits erneut auschecken, um beispielsweise Hotfixes durchzuführen. Außerdem können Sie Commits mit Tags versehen und einen Cherry-Pick oder einen Revert durchführen (siehe Abschnitt 2.6.6, »Revert«).

4.3 Einbindung in SAP Business Application Studio

In diesem Abschnitt widmen wir uns den Versionsverwaltungswerkzeugen in SAP Business Application Studio. Ähnlich wie die SAP Web IDE bietet auch diese IDE eine grafische Oberfläche, in der alle relevanten Funktionen per Knopfdruck durchgeführt werden.

In SAP Business Application Studio gibt es standardmäßig zwei Sichten, die Git-relevante Funktionen abdecken. Diese Sichten finden Sie in den Reitern **Source Control** bzw. **GitLens** in der linken Menüleiste.

Analog z. B. zu Abschnitt 4.2, »Einbindung in die SAP Web IDE«, verwenden wir wieder GitHub. Das dazugehörige Remote-Repository wurde bereits, wie in Abschnitt 4.1, »Erstellen eines Git-Repositorys«, beispielhaft durchgeführt, angelegt. Nun gilt es, innerhalb von SAP Business Application Studio ein lokales Repository für das Projekt anzulegen und das bereits angelegte Remote-Repository entsprechend zu setzen. Um in SAP Business Application Studio das lokale Repository zu initialisieren, wählen Sie, nachdem Sie die jeweilige Anwendung geöffnet haben, den Reiter **Source Control**. Jetzt können Sie per Klick auf die Schaltfläche **+** das lokale Repository initialisieren (siehe Abbildung 4.16). Eine weitere Möglichkeit wäre, über den Menüpfad **View • Find Command** nach dem passenden Kommando zu suchen und es auszuführen.

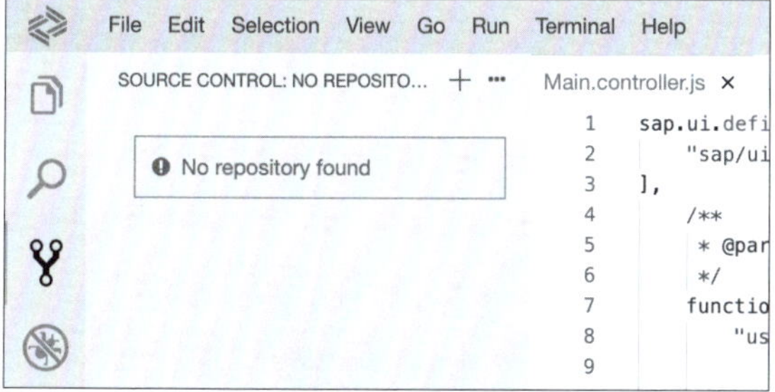

Abbildung 4.16 Das lokale Repository in SAP Business Application Studio initialisieren

Lokales Repository initialisieren

Nach einem Klick auf **Initialize Repository** ändert sich der Inhalt der Ansicht. Sofort werden sämtliche Dateien unter **Changes** aufgelistet. Nun können diese in die Staging Area aufgenommen werden, um sie später in einen Commit zu packen. Dies können Sie entweder generell für alle Elemente unter **Changes** oder für einzelne Dateien durchführen. Nachdem die Änderungen in die Staging Area überführt worden sind, finden Sie sie nicht mehr unter **Changes**, sondern unter **Staged Changes** (siehe Abbildung 4.17).

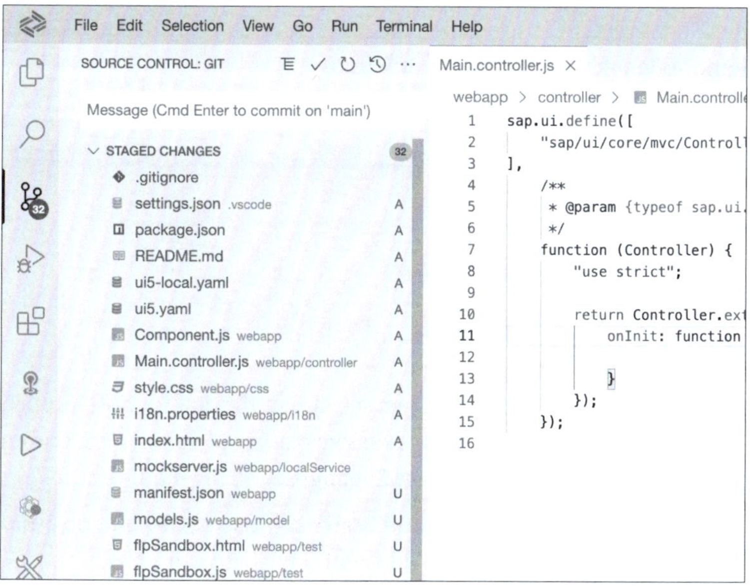

Abbildung 4.17 Staged Changes in SAP Business Application Studio

Remote-Repository setzen

Bevor Sie einen Push Request in das Remote-Repository durchführen können, muss dieses noch gesetzt werden: Wie Sie in Abbildung 4.18 sehen, finden Sie über den Pfad **More Actions • Remote • Add Remote...** die Möglichkeit dazu. Auch diese Option ist wieder unter **Find Command** zu finden.

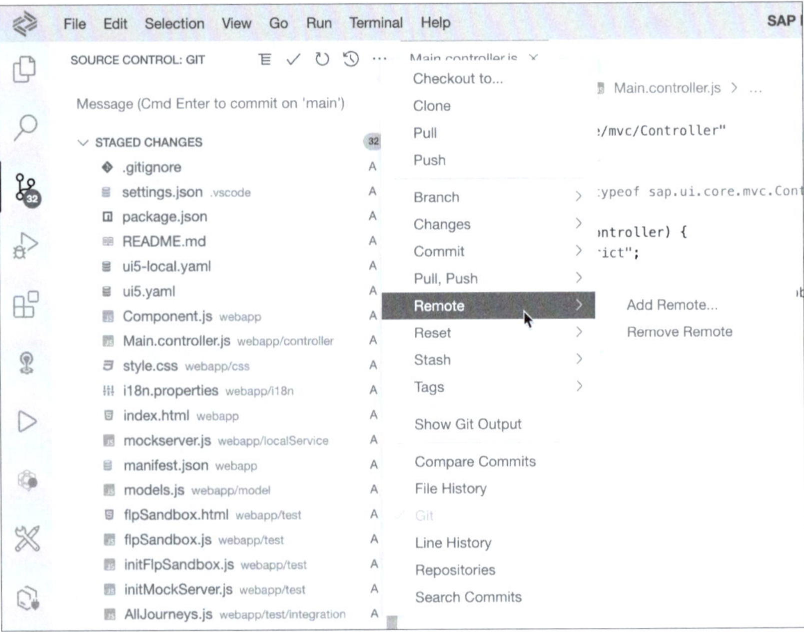

Abbildung 4.18 Remote-Repository hinzufügen

Nach der Auswahl der Option geben Sie im folgenden Eingabefeld die URL zum Remote-Repository ein (siehe Abbildung 4.19).

Abbildung 4.19 URL des Remote-Repositorys setzen

Remote-Branch erstellen

Außerdem werden Sie aufgefordert, einen Namen für den Remote-Branch anzugeben (siehe Abbildung 4.20). In unserem Fall vergeben wir den Namen »main«. Danach müssen Sie noch Ihre Zugangsdaten angeben.

Nachdem das lokale Repository initialisiert und das Remote-Repository hinzugefügt worden ist, können Sie den ersten Push durchführen.

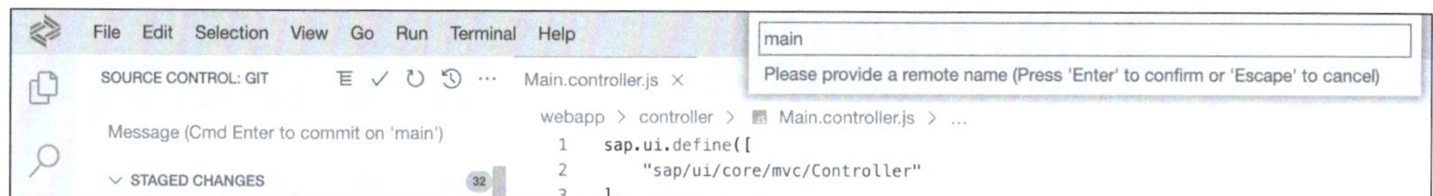

Abbildung 4.20 Den Remote-Branch in SAP Business Application Studio angeben

Dazu fügen Sie die Dateien, die sich in der Staging Area befinden, einem Commit hinzu. Anschließend führen Sie einen Push aus. Wie Sie in Abbildung 4.21 sehen, sind beide Optionen im Kontextmenü zu finden.

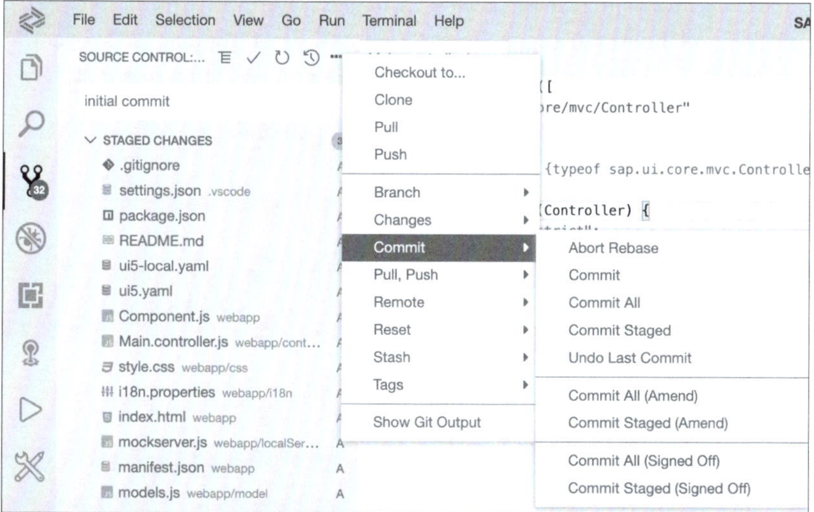

Abbildung 4.21 Commit in SAP Business Application Studio durchführen

Das Projekt ist nun im Remote-Repository verfügbar. Neben den Aktionen aus dem Kontextmenü und den Funktionen aus dem Punkt **Find Command** können Sie die Git-Kommandos alternativ direkt in der Kommandozeile ausführen.

Konfliktlösung

Natürlich muss das Lösen von Merge-Konflikten auch in SAP Business Application Studio manuell durchgeführt werden. Verfassen Sie zu Testzwecken einen Commit, in dem eine Datei bearbeitet wurde, die im Remote-Repository ebenfalls verändert wurde. Nach dem Ausführen des Commits und des Push Requests erscheint eine Fehlermeldung (siehe Abbildung 4.22).

Wie die Fehlermeldung schon sagt, muss vor dem Push ein Pull Request durchgeführt werden, um die Änderungen zu mergen. Wie Sie in Abbildung 4.23 sehen, unterscheidet sich diese Ansicht zur Lösung von Konflikten von der Ansicht der SAP Web IDE.

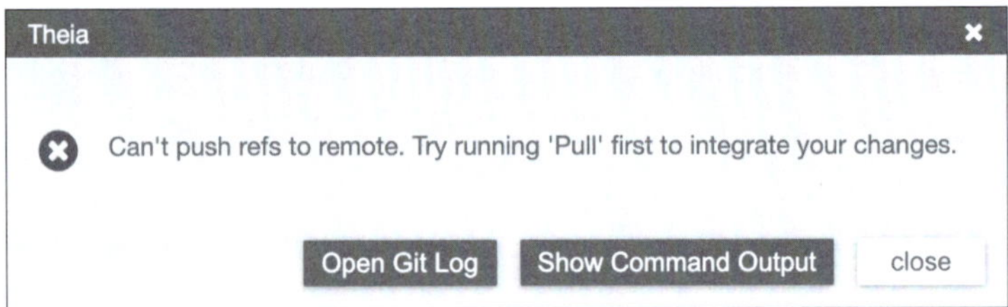

Abbildung 4.22 Merge-Konflikt in SAP Business Application Studio

Farblich unterschiedlich werden jeweils die aktuellen, aber auch die alten Codeänderungen angezeigt. Zusätzlich zu dieser Kennzeichnung steht es Ihnen frei, welche Änderungen Sie übernehmen. So können Sie entweder die aktuellen, die eingehenden oder aber auch beide Änderungen akzeptieren.

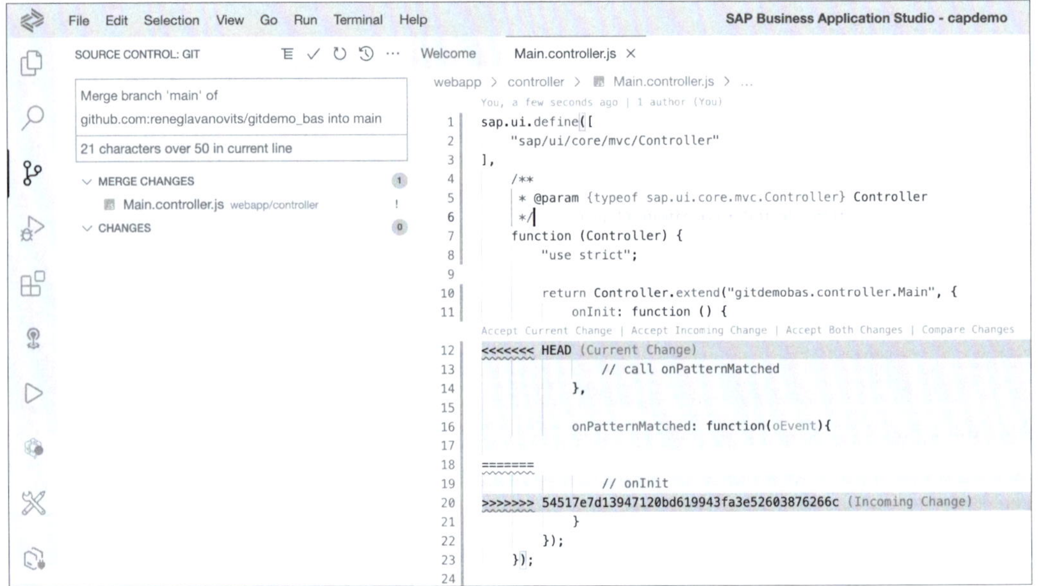

Abbildung 4.23 Konfliktlösung in SAP Business Application Studio

Mit **Compare Changes** finden Sie hier außerdem eine Aktion, mit der die Änderungen etwas übersichtlicher gegenübergestellt werden können (siehe Abbildung 4.24).

Nachdem der Konflikt entsprechend gelöst worden ist, müssen erneut ein Commit und ein Push Request ausgeführt werden. Danach sind das lokale und das Remote-Repository wieder auf dem gleichem Stand.

Main.controller.js   Main.controller.js: Current Changes ⟷ Incoming Changes ×

```
sap.ui.define([
    "sap/ui/core/mvc/Controller"
],
    /**
     * @param {typeof sap.ui.core.mvc.Controller} Controller
     */
    function (Controller) {
        "use strict";

        return Controller.extend("gitdemobas.controller.Main", {
            onInit: function () {
                // call _onPatternMatched
            },

            _onPatternMatched: function(oEvent){

            }
        });
    });
```

```
sap.ui.define([
    "sap/ui/core/mvc/Controller"
],
    /**
     * @param {typeof sap.ui.core.mvc.Controller} Controller
     */
    function (Controller) {
        "use strict";

        return Controller.extend("gitdemobas.controller.Main", {
            onInit: function () {
                // onInit
            }
        });
    });
```

Abbildung 4.24 Gegenüberstellung zur Konfliktlösung

4.3.1 Git History

Ähnlich zur Historie in der SAP Web IDE weist auch das SAP Business Application Studio eine ähnliche Ansicht auf. Über die Schaltfläche erhalten Sie eine Übersicht über sämtliche durchgeführten Commits. Hier finden Sie folgende Funktionen (siehe Abbildung 4.25):

- Soft und Hard Reset auf einen bestimmten Commit durchführen
- einen Commit mit einem Tag versehen
- einen neuen Branch, ausgehend von einem spezifischen Commit, anlegen
- verschiedene weitere Funktionen wie Cherry-Pick, Checkout, Vergleich mehrerer Commits usw.

Zusätzlich können Sie über ein Suchfeld und verschiedene Auswahlboxen (Branch, Autor) nach bestimmten Commits suchen.

Soft und Hard Reset

Um Änderungen rückgängig zu machen, kann ein sogenannter *Reset* durchgeführt werden. Zusätzlich kann angegeben werden, ob ein Soft Reset oder ein Hard Reset vorgenommen werden soll.

Wird ein Soft Reset durchgeführt, werden die Änderungen aus dem Commit entfernt. Das heißt, dass die Änderungen aus dem Commit wieder zurück in die Staging Area wandern und somit nicht verloren sind.

Bei einem Hard Reset werden hingegen die Änderungen aus dem Commit und aus der Staging Area entfernt und letztendlich auch endgültig gelöscht. Somit sind die Änderungen nach einem Hard Reset nicht mehr verfügbar.

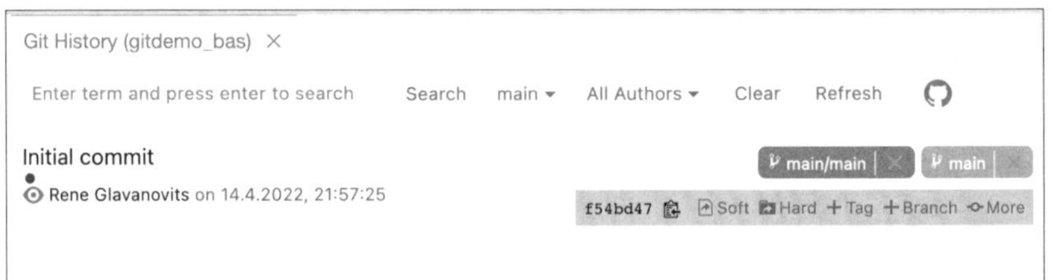

Abbildung 4.25 Git History in SAP Business Application Studio

Änderungen eines Commits

Um sich die Änderungen, die im Zuge eines Commits implementiert wurden, im Detail anzusehen, müssen Sie den entsprechenden Commit selektieren. Daraufhin wird Ihnen eine Liste der Änderungen angezeigt (siehe Abbildung 4.26).

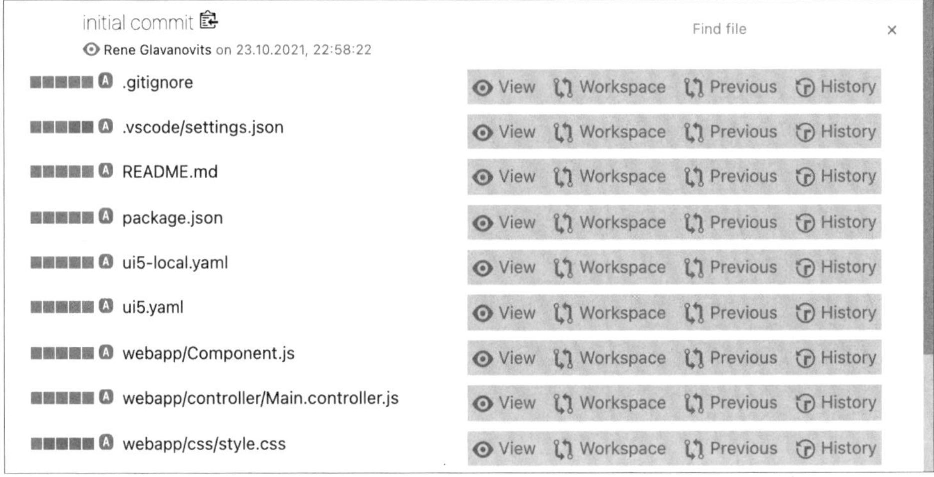

Abbildung 4.26 Detaillierte Git History

Neben den Metadaten (Autor, Zeitpunkt des Commits) sehen Sie u. a. sämtliche Dateien, die von diesem Commit betroffen sind. Zudem gibt es zu jeder Datei verschiedene Funktionen: Sie können sich z. B. den Inhalt der Datei anzeigen lassen oder eine Vergleichssicht mit der Datei aus dem Workspace und der Datei aus dem vorherigen Commit öffnen. Wenn Sie wissen möchten, in welchen Commits eine spezifische Datei vorkommt, finden Sie es über diese Sicht heraus.

4.3.2 GitLens

Neben dem Reiter **Source Control** finden Sie in der Menüleiste auf der linken Seite auch die sogenannte *GitLens*. GitLens ist eine Open-Source-Erweiterung für Visual Studio Code, die standardmäßig mit SAP Business Application Studio ausgeliefert wird. Sie vereinfacht den genaueren Einblick in die unterschiedlichen Versionen von Codeständen. Sie können Metadaten, wie z. B. die an einem Repository beteiligten Autoren auslesen. In der geöffneten Datei wird der Zeitpunkt des letzten Commits und der Name der bearbeitenden Person angezeigt. Diese Informationen werden am Anfang der Datei und in der Zeile, in der Sie sich mit dem Cursor befinden, angezeigt. Für diese Information gibt es in dem Reiter **GitLens** auch einen eigenen Unterpunkt.

Diese Erweiterung bringt eine Sicht mit sich, die basierend auf der aktuell geöffneten Datei und der ausgewählten Zeile, alle Commits anzeigt, die diese Datei bzw. diese Zeile betreffen. Wie aus Abbildung 4.27 ersichtlich, werden Ihnen hier die Commit-Nachricht, der Autor und der Zeitpunkt des entsprechenden Commits aufgelistet. Außerdem erhalten Sie die Möglichkeit, den Stand der Datei aus einem alten Commit zu öffnen, um diesen mit der aktuellen Version zu vergleichen.

Abbildung 4.27 Commit-Historie über GitLens

Mit dieser Erweiterung können Sie auch nach bestimmten Commits suchen. Suchkriterien können der Autor, die Prüfsumme (auch Commit ID genannt), geänderte Dateien oder auch die Commit-Nachricht sein. Diese Funktion ist besonders dann von Nutzen, wenn es darum geht, Fehler in bereits gepushten Commits zu identifizieren. In Verbindung mit der Suchfunktion kann auch die Funktion zum Vergleichen einzelner Commits nützlich sein. So können Sie nach der Identifikation eines fehlerbehafteten Commits feststellen, wodurch dieser Fehler aufgetreten ist, indem Sie ihn mit einem Commit vergleichen, der keinen Fehler hat. Wie die beiden Sichten in GitLens aussehen, sehen Sie in Abbildung 4.28.

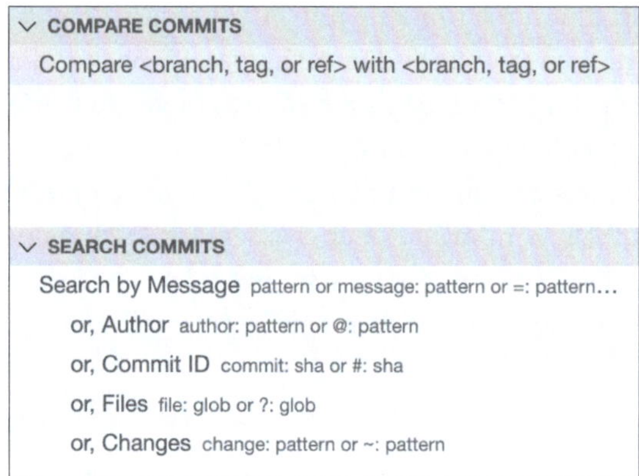

Abbildung 4.28 Commit-Suche und Commit-Vergleich mit GitLens

Die Erweiterung bietet noch einen weiteren Reiter mit der Bezeichnung **Repositories** (siehe Abbildung 4.29).

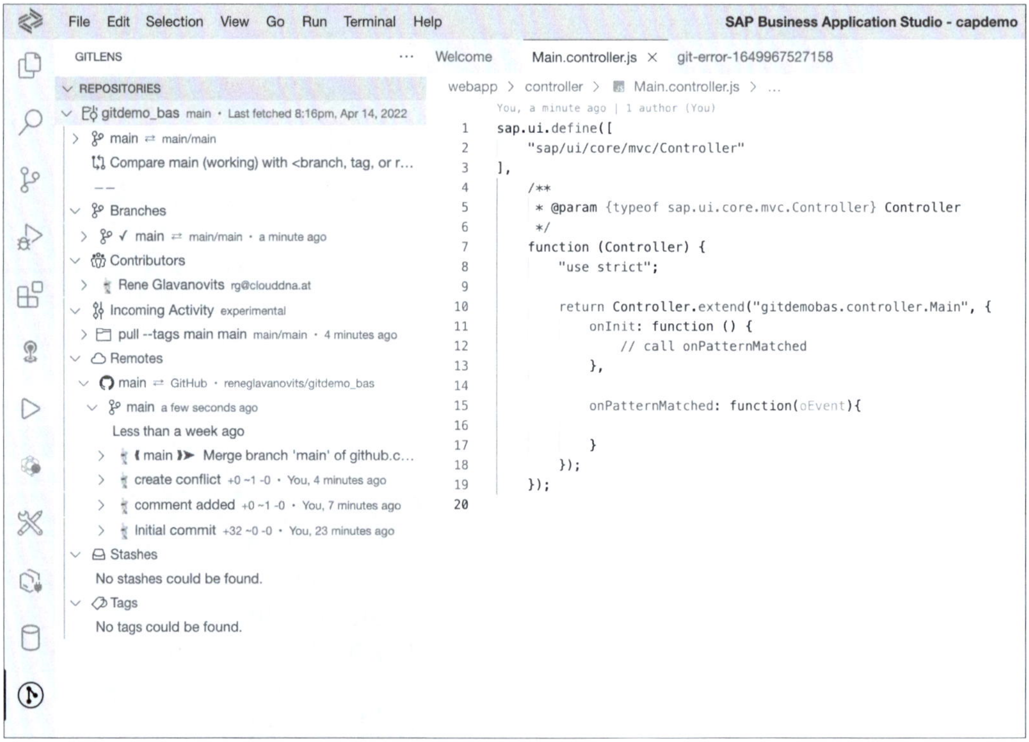

Abbildung 4.29 Reiter »Repositories«

Darauf finden Sie verschiedene allgemeine Informationen zum Repository. So erhalten Sie u. a. einen Überblick über die beteiligten Autor*innen und können ermitteln, welche Commits durch welche Personen erfolgt sind. Des Weiteren sehen Sie unter **Remotes** bzw. **Branches** die lokalen und remotefähigen Branches zu diesem Repository. Auch für durchgeführte Stashes und hinzugefügte Tags finden Sie hier Unterpunkte, unter denen diese auflistet sind.

In diesem Reiter können Sie u. a. die folgenden Aktionen durchführen:

- Pull Requests ausführen
- Push Requests ausführen
- Tags erstellen
- Branches erstellen und zwischen diesen wechseln
- zu früheren Commits zurückspringen
- verschiedene Commits vergleichen

4.4 Einbindung in Visual Studio Code

Nachdem wir in den beiden vorangegangenen Abschnitten die Verwendung von Git in den beiden Entwicklungsumgebungen SAP Web IDE und SAP Business Application Studio betrachtet haben, widmen wir uns in diesem Abschnitt Visual Studio Code. Visual Studio Code ist eine gute Alternative, um lokal SAPUI5 zu entwickeln. Diese IDE eignet sich nicht nur für die SAPUI5-Entwicklung, sondern kann auch für alle möglichen anderen Entwicklungen abseits von SAP verwendet werden. Außerdem sind für Visual Studio Code durchaus viele verschiedene Erweiterungen verfügbar. Da sowohl Visual Studio Code als auch SAP Business Application Studio auf dem Framework Eclipse Theia basieren, ähneln sich diese IDEs in ihrer Erscheinung sehr stark. Nichtsdestotrotz betrachten wir in diesem Abschnitt die Verwendung von Git in Visual Studio Code im Detail.

Auch in diesem Abschnitt verwenden wir wieder ein Repository, das analog zu dem Repository aus Abschnitt 4.1 erstellt wurde. Auch die verwendete SAPUI5-Anwendung wurde bereits erstellt.

Lokales Repository initialisieren

Da das Remote-Repository bereits existiert, ist der nächste Schritt, ein lokales Repository in Visual Studio Code anzulegen und das Remote-Repository entsprechend zu setzen. Dazu wechseln Sie zunächst in den Reiter **Source Control** – erkennbar am Icon. In diesem Reiter wählen Sie die Schaltfläche **Initialize Repository** (siehe Abbildung 4.30).

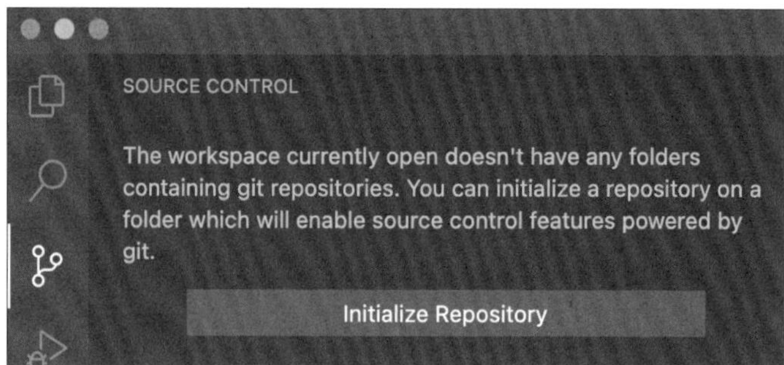

Abbildung 4.30 Initialisieren des Repositorys in Visual Studio Code

Verzeichnisauswahl

Nach einem Klick auf die Schaltfläche muss im folgenden Eingabefeld der Projektordner ausgewählt werden (siehe Abbildung 4.31). Diese Auswahl sagt aus, in welchem Verzeichnis das Repository initialisiert wird. Wählen Sie das Projektverzeichnis aus, das als Vorschlagswert erscheint.

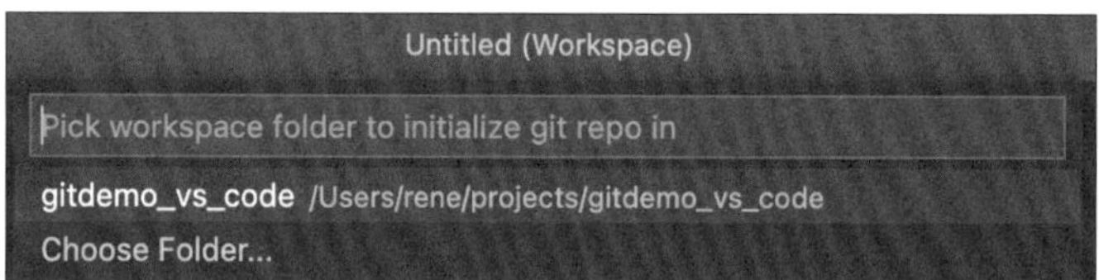

Abbildung 4.31 Ordner für die Initialisierung des Repositorys auswählen

Nachdem das entsprechende Verzeichnis ausgewählt worden ist, sehen Sie die Auswirkungen auf den Reiter **Source Control**. Einerseits wird im Icon durch eine Zahl gekennzeichnet, wie viele Dateien von Änderungen betroffen sind. Andererseits sehen Sie in der Liste die betreffenden Dateien (siehe Abbildung 4.32).

Remote-Repository hinzufügen

Nun ist zwar das lokale Repository initialisiert, aber um die Änderungen auch in das Remote-Repository zu übertragen, muss es zunächst hinzugefügt werden. In dem Reiter **Source Control** öffnen Sie über die Schaltfläche ··· ein Kontextmenü. Wählen Sie den Menüpfad **Remote • Add Remote**, um die Adresse zum Remote-Repository anzugeben. Geben Sie anschließend im Eingabefeld, das im mittleren, oberen Bereich erscheint, die URL zum Repository an (siehe Abbildung 4.33).

Ist dieser Schritt abgeschlossen, muss noch ein Name für das Remote-Repository vergeben werden. Wie bereits zuvor erscheint ein Eingabefeld (siehe Abbildung 4.34). Wir tippen hier den Namen »main«, als Bezeichner für das Remote-Repository ein und bestätigen die Eingabe mit [↵].

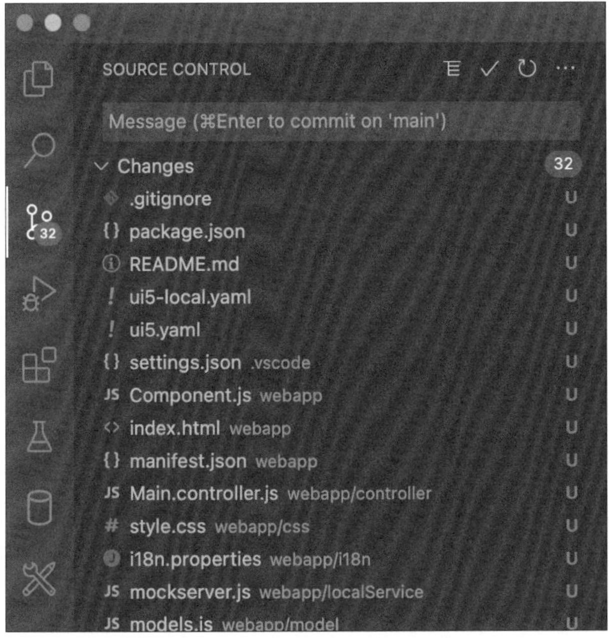

Abbildung 4.32 Source Control nach dem Initialisieren des Repositorys

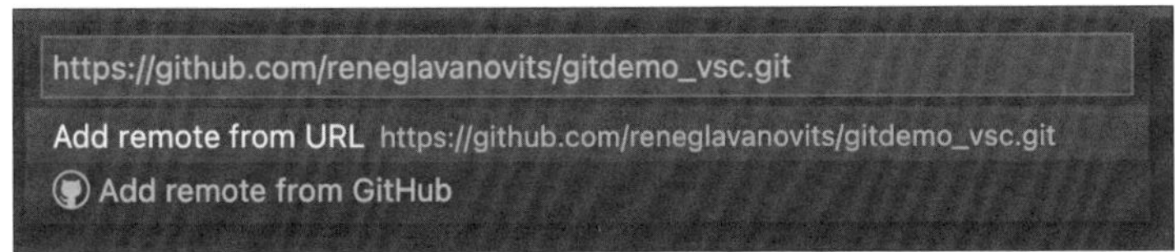

Abbildung 4.33 Remote-Repository in Visual Studio Code hinzufügen

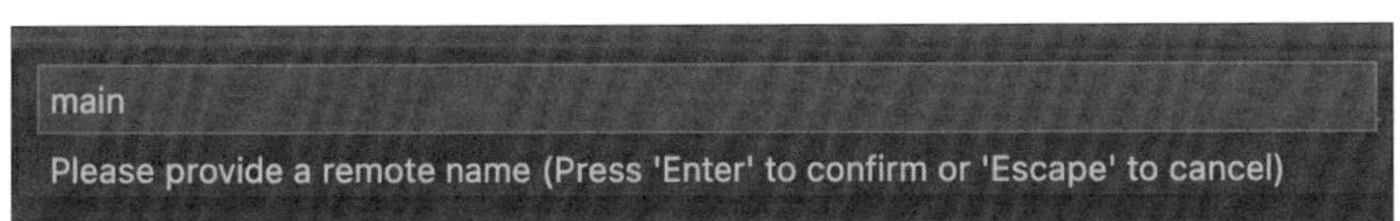

Abbildung 4.34 Namen für das Remote-Repository angeben

Nachdem nun dieser Schritt abgeschlossen ist, müssen gegebenenfalls noch Anmeldeinformationen eingegeben werden. Anschließend ist das Remote-Repository entsprechend gesetzt, und Sie können die notwendigen Push und Pull Requests durchführen.

Initialer Commit

Zu diesem Zeitpunkt ist die SAPUI5-Applikation weder im lokalen noch im Remote-Repository vorhanden. Um die Applikation zu übertragen, muss ein Commit, gefolgt von einem Push, durchgeführt werden. Wählen Sie dazu alle relevanten Dateien in dem Reiter **Source Control** aus. Da dies in unserem Fall der initiale Commit ist und wir die gesamte Applikation in das Repository übertragen möchten, wählen wir hier alle verfügbaren Dateien aus. Die betreffenden Dateien können Sie einzeln über die Schaltfläche + neben der jeweiligen Zeile für einen Commit vorselektieren.

Sie können auch alle Dateien, die von den Änderungen betroffen sind, auf einmal über die Schaltfläche in der Zeile **Changes** auswählen (siehe Abbildung 4.35).

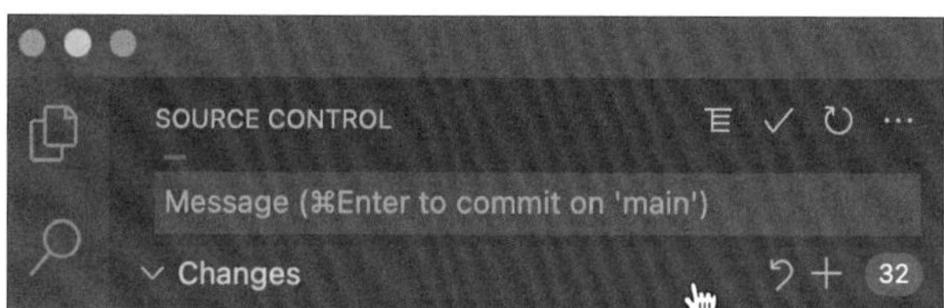

Abbildung 4.35 Alle Änderungen in den Commit aufnehmen

Staging Area

In dem Reiter **Source Control** sehen Sie nun, dass alle ausgewählten Dateien nicht mehr im Bereich **Changes** vorhanden sind. Stattdessen befinden sich diese Einträge nun im Bereich **Staged Changes** (siehe Abbildung 4.36). Wird ein Commit durchgeführt, werden alle Dateien, die sich in diesem Bereich befinden, mit in den Commit aufgenommen.

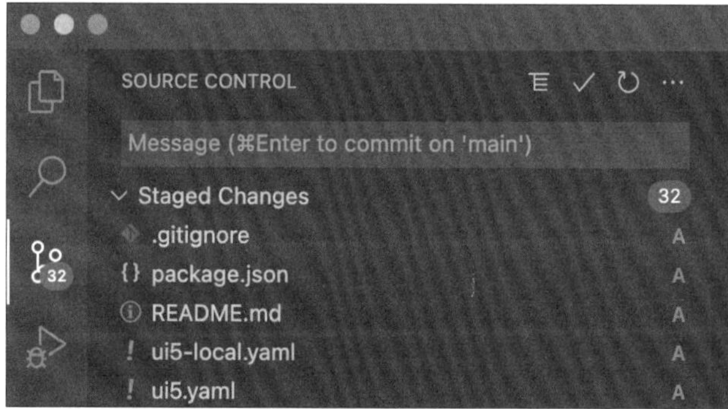

Abbildung 4.36 Staged Changes in Visual Studio Code

Commit-Nachricht eingeben

Geben Sie nun noch eine möglichst sprechende Commit-Nachricht ein. Da dies in unserem Fall der erste Commit ist, geben wir als Nachricht »Initial Commit« an. Die Nachricht wird wie in Abbildung 4.37 direkt in das dafür vorgesehene Eingabefeld eingetragen.

Nachdem die Nachricht eingetragen worden ist, wird der Commit im Kontextmenü über den Menüpfad **Commit • Commit Staged** durchgeführt (siehe Abbildung 4.38). Dadurch werden alle zuvor selektierten Einträge mit der eingegebenen Nachricht dem Commit hinzugefügt.

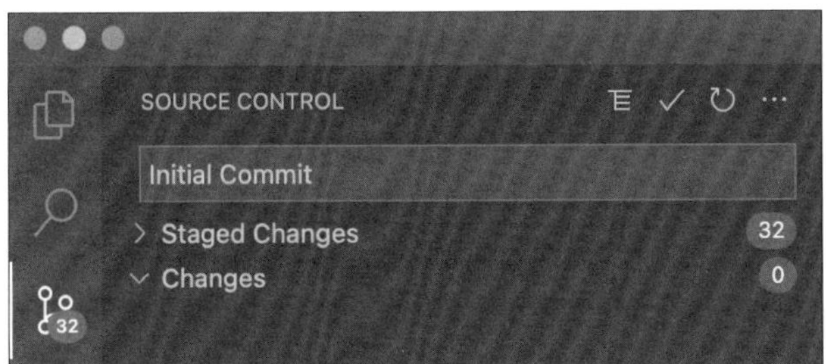

Abbildung 4.37 Commit-Nachricht in Visual Studio Code eintragen

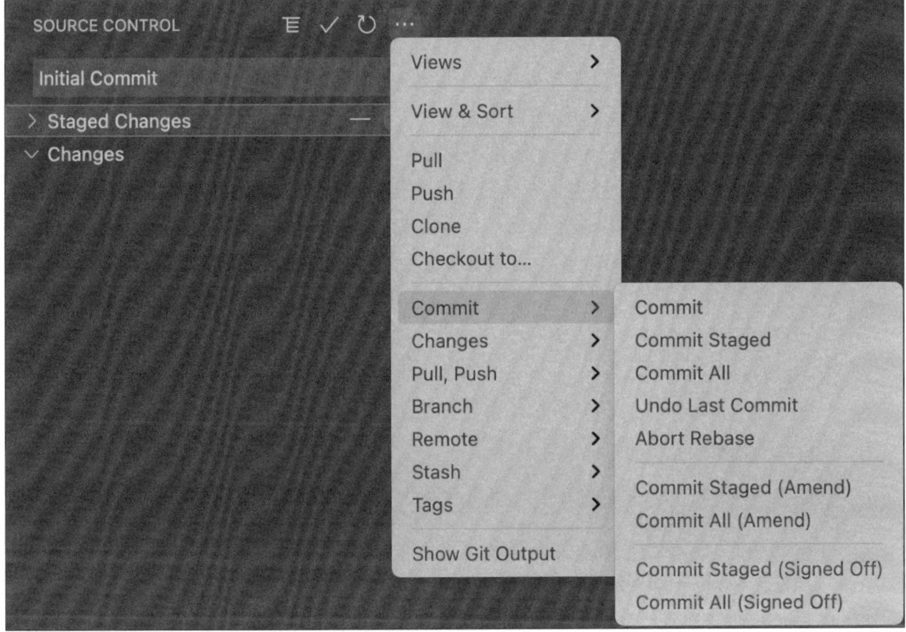

Abbildung 4.38 Commit in Visual Studio Code durchführen

Nach erfolgreicher Durchführung des Commits sehen Sie in dem Reiter **Source Control**, dass es keine Unterteilung in verschiedene Sektionen mehr gibt. Über die Schaltfläche **Publish Branch** transferieren Sie durchgeführte Commits in das Remote-Repository. Alternativ können Sie für diesen Push Request auch im Kontextmenü über den Menüpunkt **Push** verwenden (siehe Abbildung 4.39).

Nach erfolgreicher Durchführung des Requests finden Sie in dem Reiter **Source Control** wieder die gleiche Ansicht wie vor der Durchführung des Commits vor (siehe Abbildung 4.40).

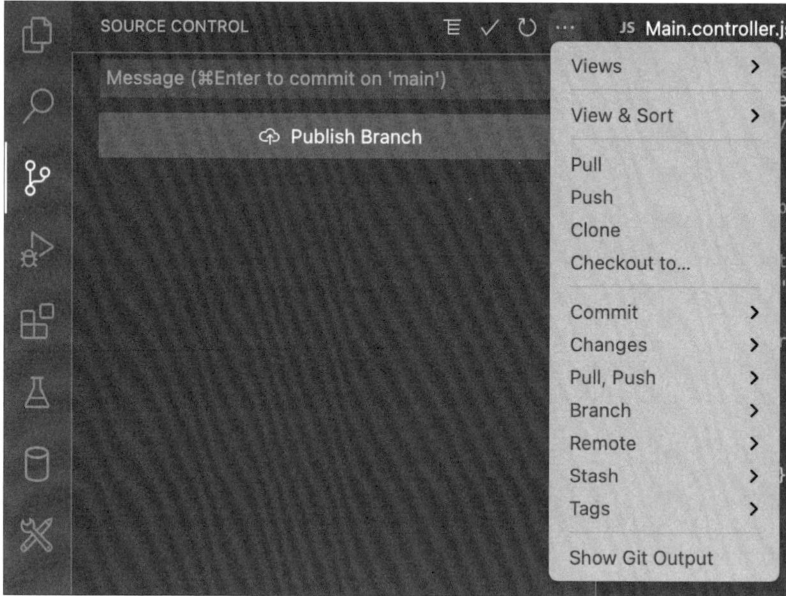

Abbildung 4.39 Push Requests in Visual Studio Code durchführen

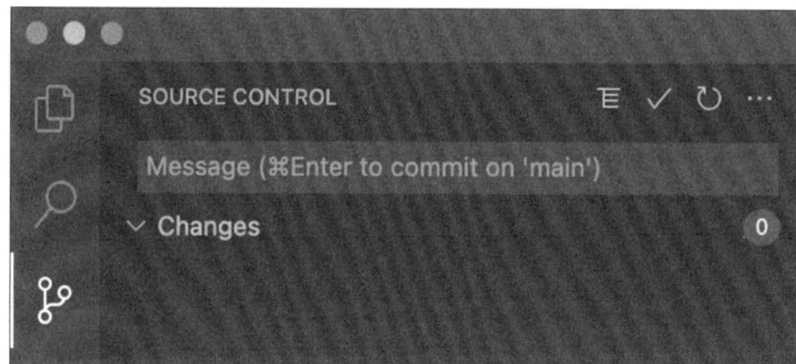

Abbildung 4.40 Ansicht der Source Control nach dem Push Request

Zudem ist der durchgeführte Commit und somit auch der aktuelle Datenstand im Remote-Repository vorhanden. Wenn Sie sich, wie in Abbildung 4.41 gezeigt, die Historie der Commits im Repository ansehen, erkennen Sie, dass der zuvor durchgeführte Commit mit der Nachricht »Initial Commit« existiert.

Standardmäßig bringt Visual Studio Code keine weiteren Oberflächen mit, mit denen die Git History eingesehen werden oder Git-spezifische Funktionen durchgeführt werden könnten. Allerdings können Sie solche Funktionen über verschiedene Erweiterungen hinzufügen, die Sie über den Menüpunkt **Extensions** finden. Die Vorgehensweise zur Lösung von Konflikten ist in Visual Studio Code identisch zu der Vorgehensweise in SAP Business Application Studio.

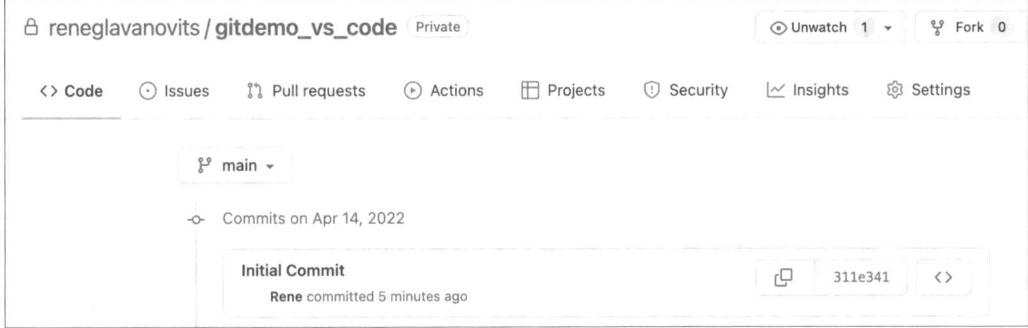

Abbildung 4.41 Übersicht der Commits im Repository

Wie Sie sehen konnten, weisen die verschiedenen Entwicklungsumgebungen doch einige Gemeinsamkeiten in der Verwendung von Git auf. Wenn auch das neuere SAP Business Application Studio eine übersichtlichere Aufbereitung der Git-relevanten Informationen bietet, bieten die anderen Entwicklungsumgebungen dennoch die gleichen Funktionalitäten.

Nachdem Sie sich in diesem Kapitel mit der Verwendung von Git in den gängigen Entwicklungsumgebungen von SAP, SAP Web IDE, SAP Business Application Studio und Visual Studio Code beschäftigt haben, werden Sie sich im nächsten Kapitel mit der Verwendung von abapGit auseinandersetzen. Dabei werden Sie von der Installation über die Einbindung bis zur Verwendung dieses Git-Clients geführt.

Kapitel 5

Git in der ABAP-Entwicklung

Git ist nun endlich auch in der ABAP-Welt angekommen. ABAP-Repository-Objekte wie Programme oder Klassen und ABAP-Dictionary-Objekte wie Tabellen und Strukturen können nun mit abapGit in einem Repository versioniert werden.

Git in einer ABAP-Welt war lange undenkbar. Jedoch bietet ein einzuspielender Report namens abapGit nun die Möglichkeit, Git-Versionierungen auch in ABAP zu verwenden.

In diesem Kapitel zeigen wir Ihnen zunächst in Abschnitt 5.1, »abapGit«, alles, was Sie für das Arbeiten mit Git und ABAP per abapGit wissen müssen. Wir sehen uns von der Installation bis hin zur Verwendung fortgeschrittener Git-Befehle die wichtigsten abapGit-Eigenschaften an. Ebenso zeigen wir Ihnen die Installation und Konfiguration von abapGit. Des Weiteren gehen wir auf die verschiedenen Einstellungen ein. Abschließend zeigen und erklären wir Ihnen die Anwendung der wichtigsten Git-Kommandos in abapGit.

EclipseADT

Abschnitt 5.2, »Einbindung in Eclipse«, beschäftigt sich mit den Möglichkeiten, Git in der Eclipse-Entwicklungsumgebung und in Kombination mit den ABAP Development Tools (ADT) zu nutzen. Dies wird mithilfe des *abapGit Repositories ADT Plug-In*, der abapGit-Integration für die Eclipse IDE möglich. Um in Eclipse ABAP zu entwickeln, müssen die ADT installiert werden, was wir Ihnen natürlich auch demonstrieren. Lassen Sie uns also mit einer Einführung starten, und tauchen Sie ein in die Welt von abapGit.

5.1 abapGit

SAP BASIS

abapGit ist ein Git-Client, der es Ihnen ermöglicht, eine Git-Versionierung in ABAP zu integrieren (siehe Abbildung 5.1). Dieser Git-Client wurde vollständig in ABAP entwickelt und setzt eine SAP-Basis-Version 702 oder höher voraus.

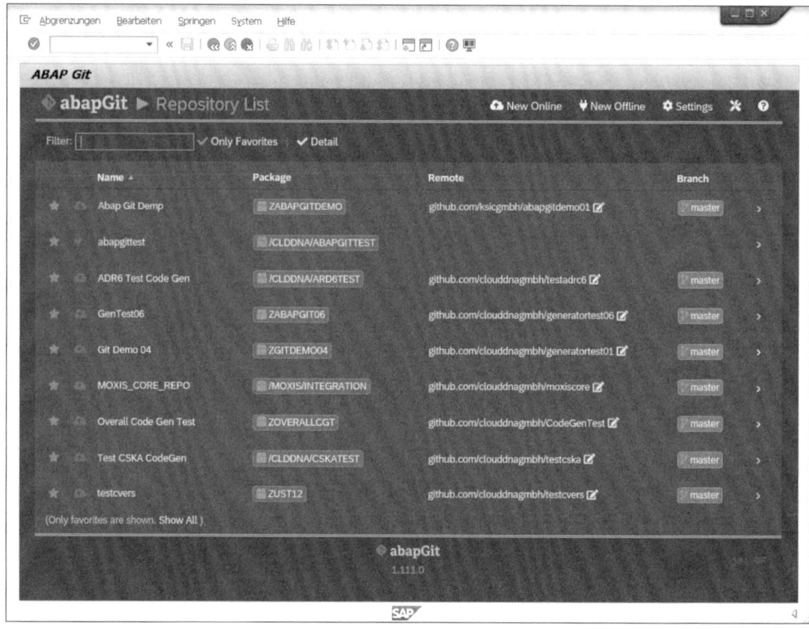

Abbildung 5.1 abapGit-Dashboard

Normalerweise würde man bei dem Gedanken an einen eigenen Git-Client für ABAP an relativ viel Installations- und Konfigurationsaufwand denken. Jedoch ist abapGit »nichts anderes« als ein ABAP-Report, der auf dem jeweiligen System eingespielt wird.

Versionen

abapGit wird selbst als Projekt auf GitHub versioniert und ist unter *https://github.com/abapGit/abapGit* als Open-Source-Entwicklung mit MIT-Lizenz verfügbar. Ebenso gibt es hier eine umfangreiche Dokumentation. Eine große Community entwickelt fleißig weiter. Daher wird abapGit in zwei verschiedenen Versionen zur Verfügung gestellt:

- **Standalone-Version**
  Die Standalone-Version von abapGit richtet sich hauptsächlich an Endnutzer*innen, die mit dem Git-Client in ABAP arbeiten möchten. Hierbei wird abapGit in einen Report kopiert, der anschließend über Transaktion SE38 ausgeführt wird. Dies ist auch die Version, die wir Ihnen in den folgenden Abschnitten vorstellen.
- **Developer-Version**
  Die Developer-Version ist, wie es der Name schon vermuten lässt, für die Weiterentwicklung an abapGit gedacht und besteht aus allen Entwicklungsobjekten, aus denen das Projekt zusammengestellt ist. Sie kann, wenn bereits die Standardversion installiert wurde, über Transaktion ZABAPGIT gestartet werden.

Pakete

Doch wie funktioniert abapGit überhaupt? abapGit arbeitet immer auf der Paketebene, d. h., dass ein *Entwicklungspaket* in ABAP einem lokalen Repository entsprechen würde. Alle technischen Benutzer arbeiten in demselben lokalen Repository und bearbeiten dieselben ABAP-Objekte. Die Benutzer haben nicht wie in einem konventionellen Git-System je ein eigenes lokales Repository auf ihrer jeweiligen Workstation, sondern teilen sich die gleichen Entwicklungsobjekte in demselben SAP-System.

Wenn Änderungen an versionierten Objekten getätigt werden, werden diese, wie in Git gewohnt, in ein Online-Repository gebracht (siehe Abbildung 5.2). Diese Änderungen werden dann von anderen Systemen geholt und in das jeweilige System eingespielt. Jedoch wird nicht der Name des versionierten Pakets in abapGit gespeichert, sondern nur der Inhalt. Im Zielsystem muss also ein neues Paket angelegt werden, in das die versionierten Inhalte gepackt werden sollen.

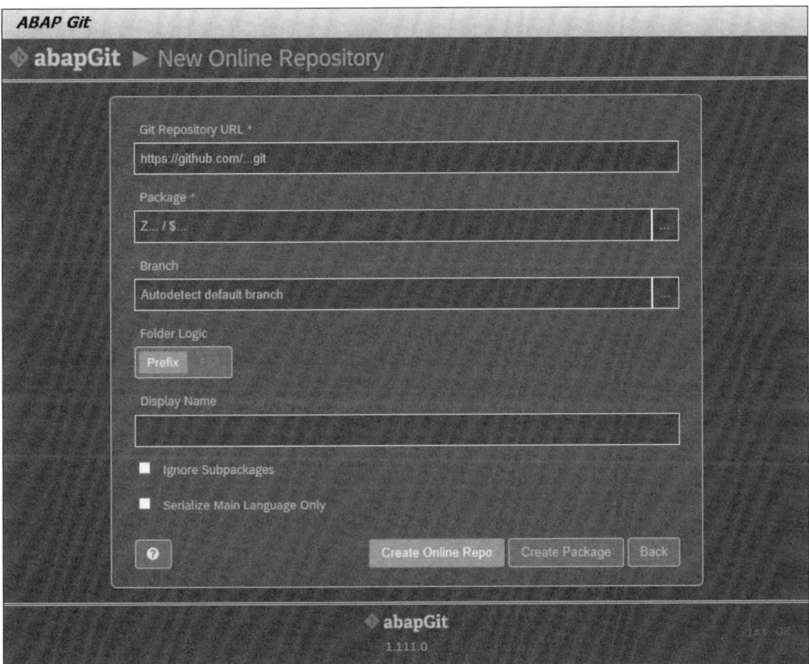

Abbildung 5.2 Online-Repository anlegen

Vorteile von abapGit

Doch wozu dann mit abapGit arbeiten, wenn doch sowieso alle im gleichen System arbeiten? Das kann unterschiedliche Ursachen haben.

Transporte

Erstens erleichtert abapGit das Verschieben von Paketen und Entwicklungsobjekten zwischen unterschiedlichen SAP-Systemen. Man könnte sagen, dass Sie mit abapGit das konventionelle Transportwesen aushebeln. Um Änderungen in ein anderes SAP-System zu transportieren, können Sie mit abapGit einfach die Änderungen bzw. das entwickelte und zu transportierende Paket in ein Git-Repository übertragen. Das Zielsystem, das ebenfalls abapGit benutzt, klont dann das Git-Repository, um den Inhalt eines Pakets initial in das System zu transportieren oder getätigte versionierte Änderungen über einen Pull Request nachzuziehen. So überführen Sie schnell Entwicklungen in verschiedene SAP-Systeme, ohne den Weg über Transportaufträge zu gehen.

Open Source Zweitens eignet sich abapGit bestens für Open-Source-ABAP-Projekte. Sie können auf einen großen Pool an freien ABAP-Projekten zugreifen oder Eigenentwicklungen über diverse Git-Anbieter für andere Benutzer zur Weiterentwicklung und Verwendung unter einer Open-Source-Lizenz freigeben. abapGit unterstützt alle gängigen Git-Anbieter wie GitHub, Bitbucket, GitLab usw. (siehe Kapitel 3, »Deployment-Optionen und Anbieter von Git-Clients«).

Backups Drittens lassen sich mit abapGit Backups von Paketen und Entwicklungsobjekten erstellen. Sollten bei einer Systemumstellung oder bei einem anderweitigen Fehler Pakete verloren gehen oder beschädigt werden, können versionierte Pakete einfach geklont werden und gehen nicht im Datenchaos verloren. abapGit-Repositorys lassen sich auch als ZIP-Datei exportieren und importieren.

abapGit unterstützt alle gängigen ABAP-Objekte. So können hier Tabellen, Autorisierungsobjekte, BSP-Applikationen (Business Server Pages) oder auch ganz normale ABAP-Klassen versioniert werden. Eine vollständige Liste aller unterstützter Objekttypen findet Sie unter *https://docs.abapgit.org/ref-supported.html*.

Übersetzungen

Übersetzungstexte können in zwei unterschiedlichen Methoden versioniert werden: Objektspezifische Logik kann über den *Object Serializer* (Abbildung von strukturierten Daten auf eine sequenzielle Datenform) oder über das LXE-Framework (Framework zur Erkennung von Translationen eines Objekts) realisiert werden, das sich aber laut abapGit noch in einem experimentellen Status befindet. Wenn abapGit nicht mit der Einstellung **Serialize Translations** in den Repository Settings gepflegt ist, wird der Object Serializer und ansonsten das LXE-Framework genutzt. Letzteres kann aber momentan nur für Programme und Funktionsgruppen eingesetzt werden.

Namensräume abapGit unterstützt kundenspezifische Namensräume, die bei einer Versionierung serialisiert werden. Aus `/CLDDNA/REPORT` wird so in abapGit `#clddna#report.prog.abap`, was anschließend im Zielsystem nach einem

Pull oder dem Klonen wieder richtig zusammengebaut wird. Der Namensraum wird in einer eigenen XML-Datei versioniert, die den Reparaturnamensraum enthält.

Doch genug der technischen Informationen; wenden wir uns nun der Installation von abapGit zu.

5.1.1 Installation

Installation

Sie können abapGit in zwei verschiedenen Versionen installieren: in der sogenannten *Standalone-Version* oder in der *Developer-Version*. Die Standalone-Version ist an Endbenutzer*innen gerichtet, während die Developer-Version zur Weiterentwicklung von abapGit vorgesehen ist.

Installieren der Standalone-Version

Standalone

Die Installation der Standalone-Version basiert auf dem Anlegen eines neuen Reports, der den Code von abapGit entgegennimmt. Zuerst müssen Sie sich den vollständigen Quellcode von abapGit herunterladen. Gehen Sie hierzu auf die Webseite *https://docs.abapgit.org/guide-install.html*, auf der Sie einen Link zum Code und eine englische Installationsanleitung finden. Klicken Sie auf den Link, öffnet sich ein neues Browserfenster, dessen Inhalt Sie mit einem Rechtsklick als **.txt**-Datei speichern. Anschließend steigen Sie in Ihr SAP-System ein und öffnen Transaktion SE80 (Object Navigator). Legen Sie nun ein neues Paket an (siehe Abbildung 5.3).

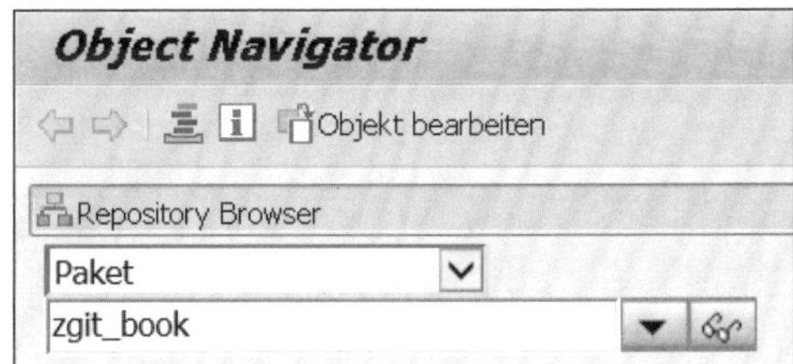

Abbildung 5.3 Neues Paket anlegen

Vergeben Sie einen beliebigen Namen für Ihr Paket (hier »zgit_book«), und weisen Sie es nach dem Erstellen einem Transportauftrag zu. Sie können abapGit alternativ in einem lokalen Paket ohne Transportauftrag erstellen, legen Sie dazu ein Paket mit dem Präfix $ an.

Programm anlegen

Legen Sie nun ein neues Programm in diesem Paket an. Klicken Sie mit der rechten Maustaste auf Ihr Paket, und wählen Sie den Pfad **Neu • Programm**.

Geben Sie dem Programm den Namen »ZABAPGIT_STANDALONE«, und legen Sie es ohne das Setzen der Checkbox für das Top-Include an. Kopieren

Sie den gespeicherten Quellcode von abapGit in diesen Report und aktivieren Sie ihn anschließend (siehe Abbildung 5.4).

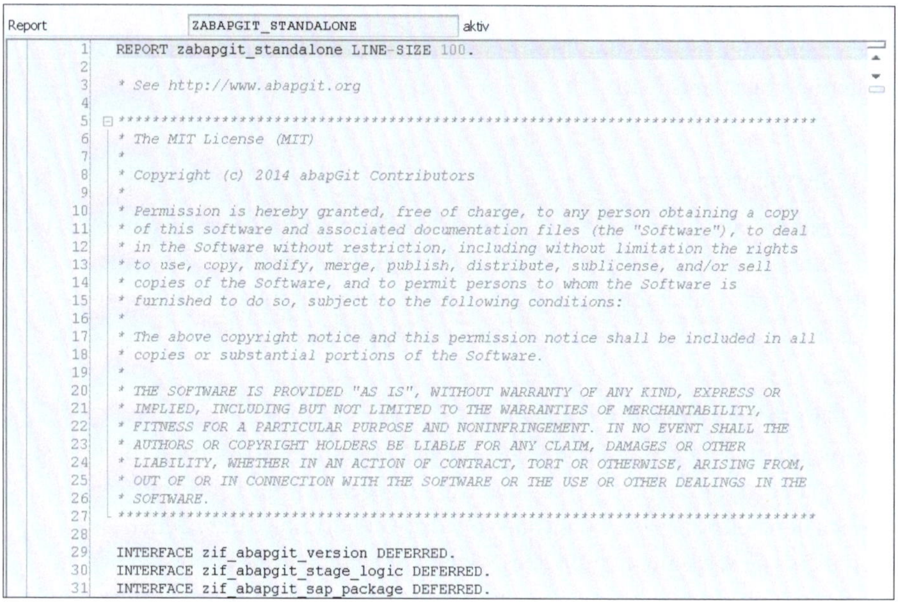

Report ZABAPGIT_STANDALONE aktiv

```
REPORT zabapgit_standalone LINE-SIZE 100.

* See http://www.abapgit.org

********************************************************************************
* The MIT License (MIT)
*
* Copyright (c) 2014 abapGit Contributors
*
* Permission is hereby granted, free of charge, to any person obtaining a copy
* of this software and associated documentation files (the "Software"), to deal
* in the Software without restriction, including without limitation the rights
* to use, copy, modify, merge, publish, distribute, sublicense, and/or sell
* copies of the Software, and to permit persons to whom the Software is
* furnished to do so, subject to the following conditions:
*
* The above copyright notice and this permission notice shall be included in all
* copies or substantial portions of the Software.
*
* THE SOFTWARE IS PROVIDED "AS IS", WITHOUT WARRANTY OF ANY KIND, EXPRESS OR
* IMPLIED, INCLUDING BUT NOT LIMITED TO THE WARRANTIES OF MERCHANTABILITY,
* FITNESS FOR A PARTICULAR PURPOSE AND NONINFRINGEMENT. IN NO EVENT SHALL THE
* AUTHORS OR COPYRIGHT HOLDERS BE LIABLE FOR ANY CLAIM, DAMAGES OR OTHER
* LIABILITY, WHETHER IN AN ACTION OF CONTRACT, TORT OR OTHERWISE, ARISING FROM,
* OUT OF OR IN CONNECTION WITH THE SOFTWARE OR THE USE OR OTHER DEALINGS IN THE
* SOFTWARE.
********************************************************************************

INTERFACE zif_abapgit_version DEFERRED.
INTERFACE zif_abapgit_stage_logic DEFERRED.
INTERFACE zif_abapgit_sap_package DEFERRED.
```

Abbildung 5.4 Ihr neuer Report

Den Quellcode von abapGit können Sie auch aus der Textdatei, in der Sie ihn gespeichert haben, in das Programm hochladen, Sie müssen also nicht das ganze abapGit nachtippen, keine Sorge! Laden Sie einfach in der Menüleiste über **Hilfsmittel • Weitere Hilfsmittel • Upload/Download • Upload** den Inhalt Ihrer Textdatei in das Programm.

Nachdem Sie das Programm aktiviert haben, können Sie abapGit über die von dem Programm angelegte Transaktion ZABAP_GIT starten.

Installieren der Developer-Version

Developer

Um die Developer-Version von abapGit zu installieren, muss zunächst die Standalone-Version und anschließend das GitHub-SSL-Zertifikat auf Ihrem SAP-System installiert werden. Die SSL-Konfiguration sehen Sie in Abschnitt 5.1.2, »SSL-Konfiguration«. Danach können Sie abapGit starten und ein neues Online-Repository anlegen. Gehen Sie hierzu wie in Abschnitt 5.1.5, »Repository klonen« vor. Verwenden Sie die folgenden Einstellungen:

- **Git Repository URL**
  Diese Einstellung zeigt auf das GitHub-abapGit-Repository.
- **Package**
  Geben Sie als Paketnamen »$ABAPGIT« an.

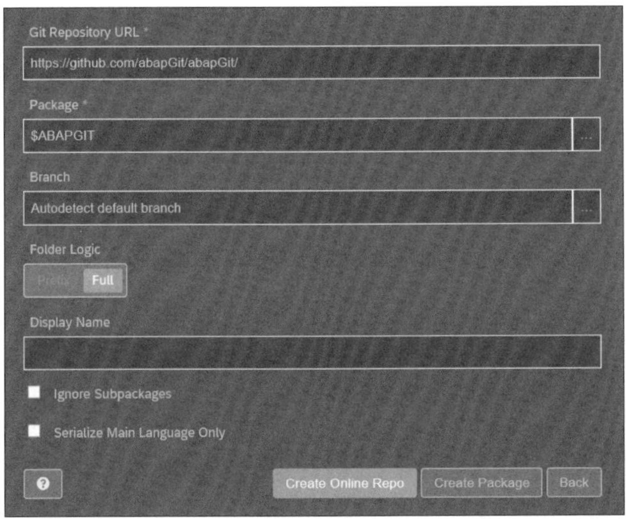

Abbildung 5.5 Repository klonen

Sie verweisen auf das Entwicklungs-Repository von abapGit und klonen dessen Stand in ein neues Paket (siehe Abbildung 5.5). In unserem Falle handelt es sich um ein lokales Paket namens $ABAPGIT. Nachdem Sie sich mit dem Repository verbunden haben, können Sie die Entwicklerversion von abapGit über die Schaltfläche **Pull** auf Ihr System überführen (siehe Abbildung 5.6).

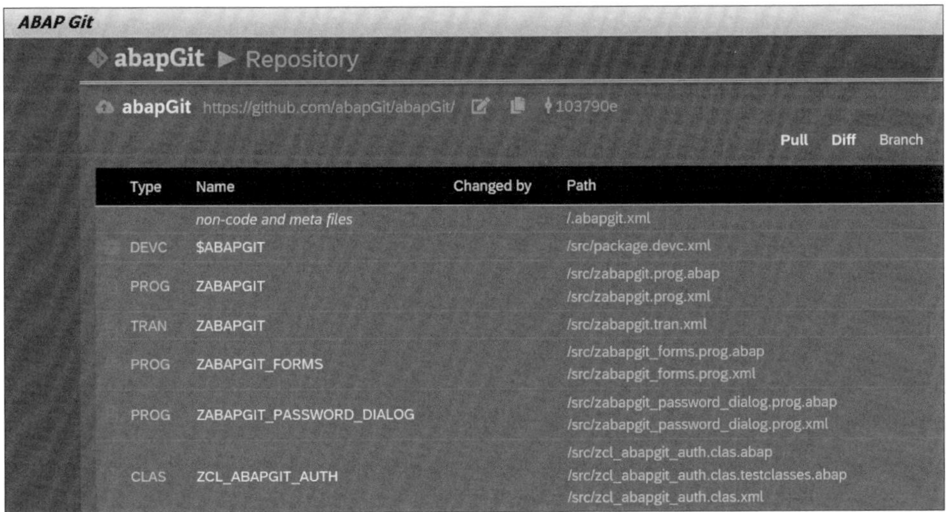

Abbildung 5.6 Geklontes Repository

Danach können Sie die Entwicklerversion aktivieren, abapGit in Ihrem angelegten Paket weiterentwickeln und Teil der Open-Source-Community werden. Ihnen wird auch Transkation ZABAPGIT zur Verfügung gestellt, die die Entwicklerversion startet.

5.1.2 SSL-Konfiguration

Zertifikate pflegen

Um Online-Repositorys in abapGit zu nutzen, müssen Sie die SSL-Zertifikate der Git-Anbieter, bei denen Ihre Repositorys laufen, in Ihr SAP-System einpflegen. Das SSL-Zertifikat eines Anbieters muss zunächst heruntergeladen werden, um es anschließend in einem SAP-System zu speichern.

Öffnen Sie die Website Ihres Git-Repository-Anbieters in einem beliebigen Browser; wir zeigen Ihnen den Weg mit Google Chrome. Klicken Sie auf das Schloss-Icon links neben der URL-Leiste. So öffnen Sie die Sicherheitsinformationen der jeweiligen Website (siehe Abbildung 5.7).

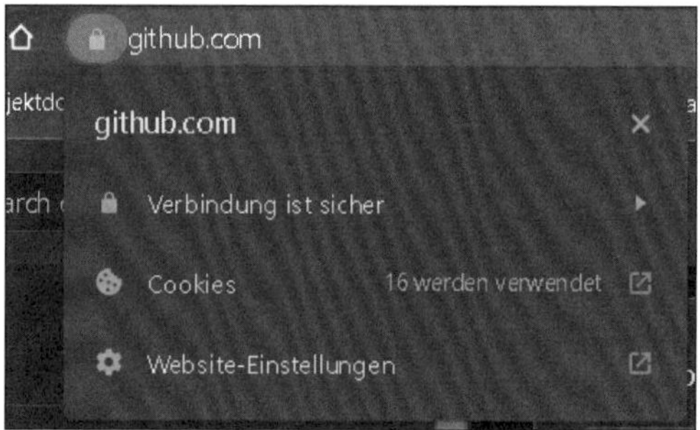

Abbildung 5.7 Sicherheitsinformationen von GitHub.com

Wählen Sie die Option **Verbindung ist sicher**, um in die Verbindungsdetails zu gelangen (siehe Abbildung 5.8).

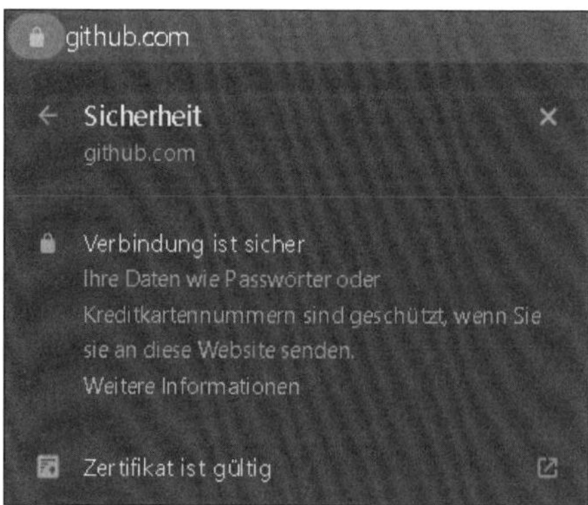

Abbildung 5.8 Zertifikatansicht in Google Chrome

Um das Zertifikat der Website anzuzeigen, klicken Sie auf **Zertifikat ist gültig** (siehe Abbildung 5.9).

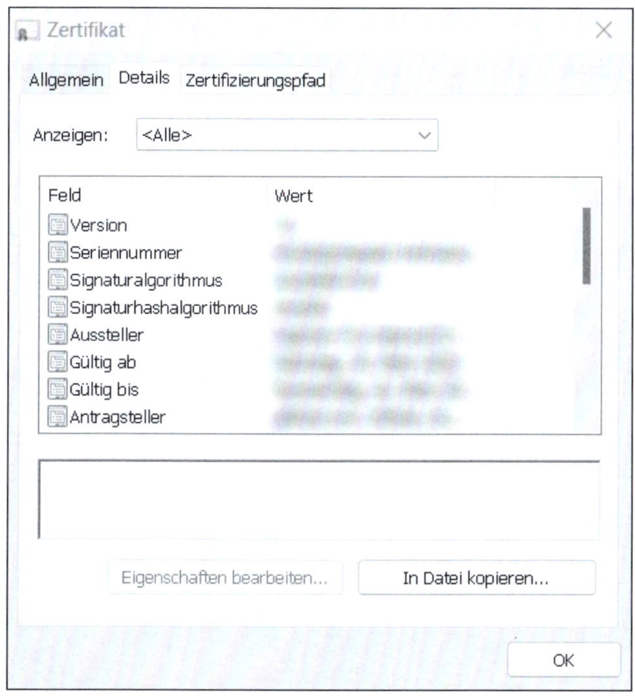

Abbildung 5.9 Zertifikatdetails

Zertifikat speichern

Sie können nun das von der Website bereitgestellte Zertifikat herunterladen, indem Sie auf **In Datei kopieren...** klicken. Es öffnet sich ein Assistent, dessen Schritten Sie folgen müssen. Nach Abschluss der benötigten Schritte wählen Sie einen beliebigen Speicherort für das Zertifikat aus. Wenn das Zertifikat Ihres Git-Anbieters gespeichert ist, können Sie in Ihr SAP-System einsteigen.

Trust-Manager

Starten Sie Transaktion STRUST (Trust-Manager), in der Sie das heruntergeladene Zertifikat wieder hochladen (siehe Abbildung 5.10).

Navigieren Sie in den Ordner **SSL-Client SSL-Client (Anonym)**, und klicken Sie auf **Zertifikat importieren** (siehe Abbildung 5.10).

Wählen Sie Ihr Zertifikat aus, und laden Sie es hoch. Wiederholen Sie die gezeigten Schritte für jeden Ihrer Git-Anbieter oder zumindest für alle, die Sie auch in abapGit nutzen wollen.

Hilfe durch die Entwickler*innen

Ein kleiner Tipp: Auf der Website *https://docs.abapgit.org/guide-ssl-setup.html* geben Ihnen die Entwickler*innen von abapGit aktuelle Informationen, was es bei der Installation der Zertifikate bei bestimmen Anbietern zu beachten gilt. Wir empfehlen Ihnen daher, dieser Seite einen Besuch abzustatten, bevor Sie ein Zertifikat in Ihr SAP-System einspielen.

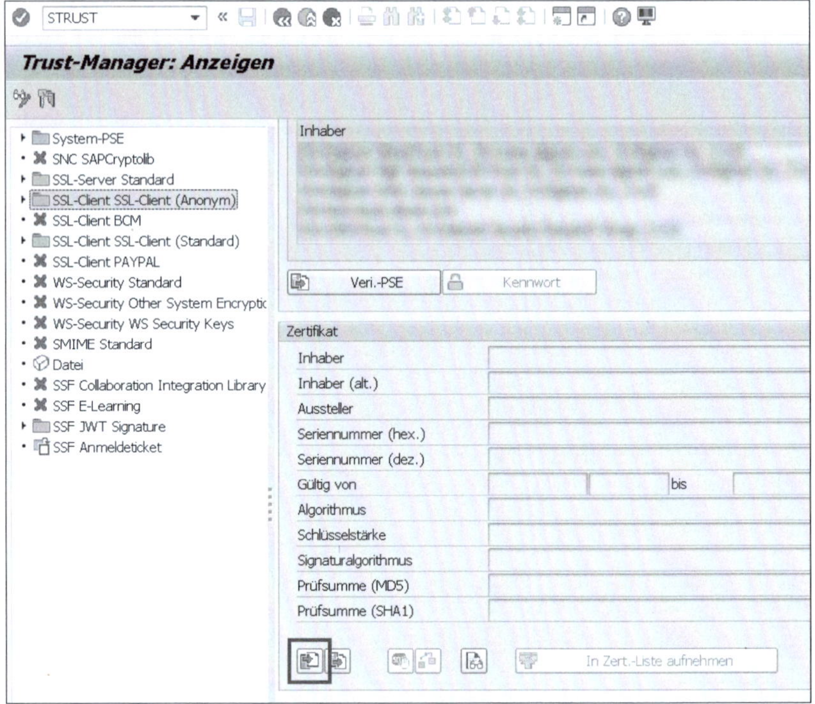

Abbildung 5.10 Transaktion STRUST

5.1.3 Allgemeine Einstellungen

Um abapGit systemweit und benutzerübergreifend einzustellen, bieten die **Settings** im rechten oberen Rand von abapGit mehrere Möglichkeiten (siehe Abbildung 5.11).

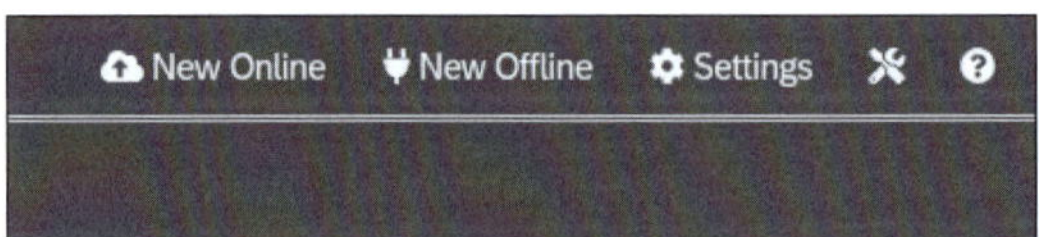

Abbildung 5.11 Einstellungen in abapGit

Nach einem Klick auf die Schaltfläche **Settings** werden Sie auf die Einstellungsseite weitergeleitet. Standardmäßig wird sie im globalen Modus gestartet, kann aber auf den persönlichen Modus umgestellt werden (siehe Abschnitt 5.1.4, »Benutzerspezifische Einstellungen«).

Die globalen Einstellungen sind in drei Gruppen aufgeteilt, die wir Ihnen im Folgenden vorstellen: die Proxy-Einstellungen, die Einstellungen für Commit-Nachrichten und die Einstellungen speziell für Entwickler*innen (siehe Abbildung 5.12).

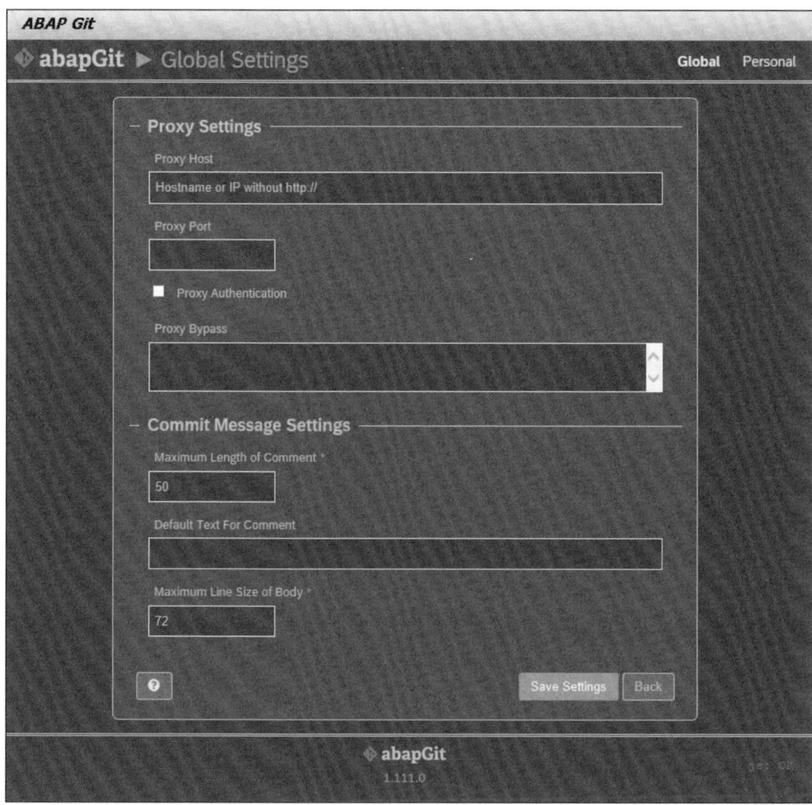

Abbildung 5.12 Globale Einstellungen

Proxy-Einstellungen

Die verschiedenen Einstellungen für den Proxy finden Sie unter **Proxy Settings**. Sie befassen sich mit der Konfiguration eines Proxys, der dem SAP-System vorgeschaltet ist:

Proxy

- **Proxy Host**
  Die Hostadresse des Proxys kann hier gepflegt werden. Jedoch sollten Sie kein Protokoll (HTTP oder HTTPS) vor die Hostadresse stellen, nur den Namen oder die IP-Adresse.
- **Proxy Port**
  Hier deklarieren Sie den Port des Proxys. Sollte der Proxy eine Authentifizierung erfordern, aktivieren Sie diesen mit dem Setzen des Kontrollkästchens **Proxy Authentification**. Sobald nun eine Online-Verbindung in abapGit besteht, wird nach Benutzernamen und Passwort des Proxys gefragt.

- **Proxy Bypass**
  Falls nicht alle Repositorys einen Proxy benutzen sollten, können Sie hier Ausnahmen deklarieren.

Einstellungen für die Commit-Nachrichten

Commit

Die Commit-Nachrichteneinstellungen finden Sie unter **Commit Messages Settings**. Sie beziehen sich auf die Standardeinstellungen eines Commits:

- **Maximum Length of Comment**
  Die Maximallänge eines Commit-Kommentartextes beträgt standardmäßig 50 Zeichen. Sie kann aber durch das Setzen eines neuen Wertes erhöht oder verringert werden.
- **Default Text for Comment**
  Sollen Commit-Nachrichten standardmäßig mit einem Text versehen werden (der aber beim Commit noch geändert werden kann), können Sie hier eine entsprechende Vorlage hinterlegen. abapGit bietet auch zwei Platzhalterelemente an: `$OBJECT` und `$FILE`. Anstelle von `$OBJECT` erscheint dann die Anzahl der Objekte und anstelle von `$FILE` die Anzahl der Dateien, die in diesem Commit enthalten sind.
- **Maximum Line Size of Body**
  Mit **Maximum Line Size of Body** können Sie die Zeilenlänge eines Commits festlegen. Der Standardwert beträgt 72.
- **Hide Author Fields**
  Die normalerweise angefügten Felder für den Namen und die E-Mail-Adresse der Commit-Autor*innen können Sie mit dem Kontrollkästchen **Hide Author Fields** ausblenden.

Interne Entwicklungseinstellungen

Interne Einstellungen

In der Developer-Version können unter dem Punkt **Development Internal Settings** noch weitere Einstellungen getroffen werden. Sie sind auch nur dort relevant:

- **Enable Critical Unit Tests**
  abapGit verfügt in der Developer-Version über Unit-Tests, die durch das Setzen des Kontrollkästchens **Enable Critical Unit Tests** aktiviert werden.
- **Enable Experimental Features**
  Sollte die momentan genutzte abapGit-Version experimentelle, noch nicht vollständig implementierte Features nutzen, können diese mit dem Kontrollkästchen **Enable Experimental Features** aktiviert werden. Dies sollten Sie aber nur dann anwenden, wenn Sie genau wissen, was Sie tun.

5.1.4 Benutzerspezifische Einstellungen

Neben den globalen Einstellungen können Sie natürlich auch benutzerspezifische Einstellungen vornehmen. Diese sind über **Settings • Personal** zu finden (siehe Abbildung 5.13).

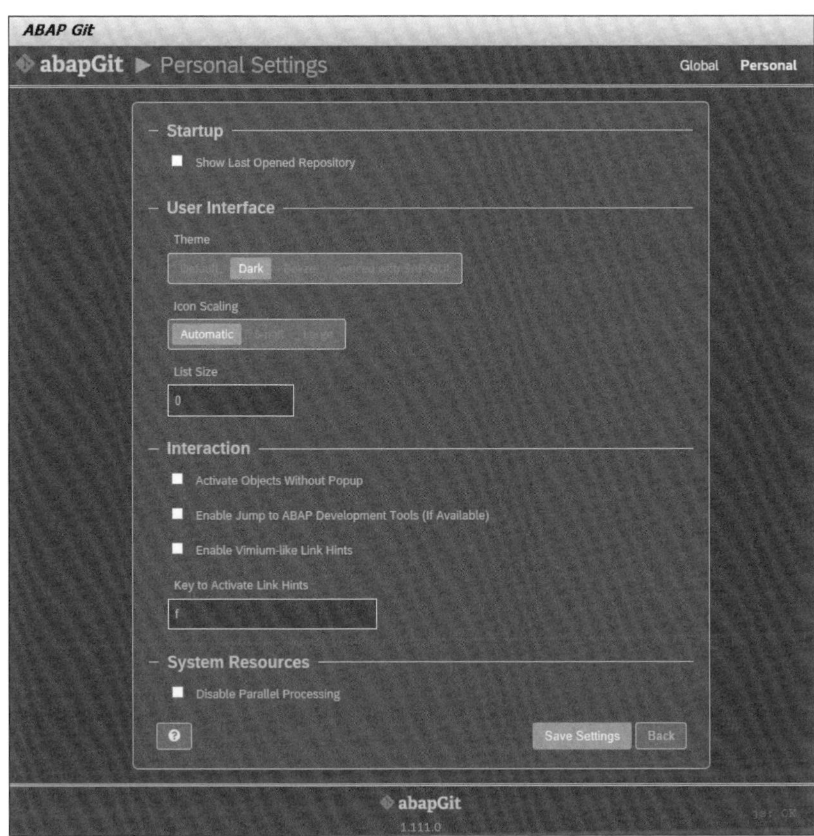

Abbildung 5.13 Benutzerspezifische Einstellungen in abapGit

Die benutzerspezifischen Einstellungen in abapGit sind in vier Gruppen unterteilt: Einstellungen, wie abapGit sich beim Start verhalten soll (**Startup**), Einstellungen zur Benutzeroberfläche (**User Interface**), Einstellungen zur Interaktion zwischen Benutzer und Programm (**Interaction**) und Einstellungen zu den Systemressourcen (**System Resources**).

Startup-Einstellungen

In den Startup-Einstellungen legen Sie fest, wie sich abapGit beim Start verhalten soll. Mit dem Kontrollkästchen **Show Last Opened Repository** stellen Sie ein, ob abapGit beim Start direkt das zuletzt geöffnete Repository anzeigen soll.

Unter **User Interface** werden graphische Einstellungen vorgenommen. Sie können ein **Theme** wählen, denn abapGit wird mit mehreren verschiedenen Designs ausgeliefert, die individuell für den momentanen Benutzer gewählt werden können.

Über **Icon Scaling** definieren Sie die Größe der von abapGit genutzten Icons. Mit **List Size** deklarieren Sie die in der Repository-Ansicht angezeigten Listeinträge und definieren, ab wie vielen Einträgen geblättert werden sollte.

Die Einstellungen unter **Interaction** beziehen sich darauf, wie abapGit mit dem User und umgekehrt interagiert. Hier gibt es die meisten Einstellungsmöglichkeiten:

- **Activate Objects Without Popup**
  Wenn Elemente geändert wurden und über einen Pull in das System gelangen, erscheint ein Pop-up-Fenster, dass diese Elemente aktiviert werden müssen. Dies können Sie über **Activate Objects Without Popup** ausschalten, sodass die geänderten Elemente automatisch aktiviert werden.
- **Enable Jump to ABAP Development Tools (If available)**
  Wenn Sie die ABAP Development Tools (ADT) verwenden, können Sie die Entwicklungsobjekte, sofern diese für die jeweiligen Objekte existieren, in den ADT in Eclipse öffnen.
- **Enable Vimium-like Link Hints**
  Vimium
  Wenn Sie das Kontrollkästchen **Enable Vimium-like Link Hints** aktivieren, verhält sich Ihr abapGit ähnlich wie der Browser *Vimium*. Dies ermöglicht Ihnen mithilfe von Links eine leichtere Bedienung von abapGit über die Tastatur.
- **Key to Activate Link Hints**
  Wenn Sie **Enable Vimium-like Link Hints** aktiviert haben, können Sie hier eine Taste deklarieren, mit der die Links für die Vimium-Navigation angezeigt werden sollen. In unserem Beispiel ist die Taste [F] ausgewählt.

Serialisieren

Die Einstellungsmöglichkeit **System Resources** bezieht sich auf das *parallele* oder *sequenzielle Serialisieren* von Objekten, d. h. das gleichzeitige oder hintereinander Verarbeiten von Objekten. In der Standalone-Version von abapGit werden Objekte immer sequenziell serialisiert. In der Developer-Version kann das in dieser Version aktivierte parallele Serialisieren über das Kontrollkästchen **Disable Parallel Processing** deaktiviert werden.

Nachdem wir Ihnen nun die verschiedenen Einstellungsmöglichkeiten gezeigt haben, möchten wir uns mit dem Klonen eines Repositorys mithilfe von abapGit beschäftigen.

5.1.5 Repository klonen

In diesem Abschnitt sehen wir uns das Klonen eines Online-Repositorys in ein SAP-System an. Für Übungszwecke können Sie ein neues leeres Repository auf GitHub erstellen, so, wie Sie es in Abschnitt 3.3.3, »Anlegen eines Repositorys«, gelernt haben.

Anlegen eines neuen ABAP-Repositorys

Repository anlegen

Wenn Sie ein bestehendes Repository über abapGit klonen möchten, klicken Sie in der **Repository List** von abapGit oben rechts auf die Schaltfläche **New Online** (siehe Abbildung 5.14). Dadurch gelangen Sie in die Detailansicht des **Anlegen**-Vorgangs.

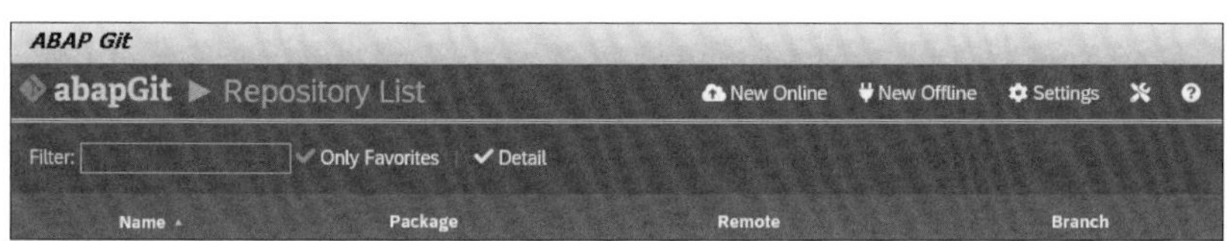

Abbildung 5.14 Liste der Repositorys in abapGit

Konfigurieren des Online-Repositorys

In der folgenden Maske erstellen und konfigurieren Sie Ihr Online-Repository (siehe Abbildung 5.15). Dies geschieht in mehreren Schritten:

Abbildung 5.15 Neues Online-Repository anlegen

- **Git Repository URL**
  Im Feld **Git Repository URL** referenzieren Sie ein existierendes Git-Repository, das die Objekte beinhaltet, die Sie in ein Paket Ihres SAP-Systems klonen möchten.
- **Package**
  Geben Sie unter **Package** den Namen des Entwicklungspakets an, in das Sie den Inhalt Ihres Repositorys klonen möchten. Sie können auch einen neuen Paketnamen eingeben, und das Paket wird automatisch von abapGit erstellt. Alternativ können Sie über die Schaltfläche **Create Package** manuell ein Paket erstellen.
- **Branch**
  Geben Sie unter **Branch** den Namen Ihres Online-Branch ein, dessen Stand geklont wird. Sie können dieses Eingabefeld auch leer lassen, dann erkennt abapGit automatisch Ihren Haupt-Branch und klont dessen Stand.
- **Folder Logic**
  In abapGit werden unter **Folder Logic** zwei verschiedene Logiken angeboten, wie Pakete und ihre Unterpakete benannt werden müssen: Die Option **Prefix** besagt, dass Unterpakete immer den Namen des übergeordneten Pakets als Namensanfang tragen müssen. Im Gegensatz dazu erlaubt es die Option **Full**, das Unterpaket völlig frei zu benennen.
- **Display Name**
  Geben Sie unter **Display Name** einen Namen an, unter dem das Repository in der Repository List angezeigt werden soll.
- **Ignore Subpackages**
  Sie können per Setzen des Kontrollkästchens **Ignore Subpackages** die Versionierung von Unterpaketen deaktivieren.
- **Serialize Main Language Only**
  Wenn das Kontrollkästchen **Serialize Main Language Only** gesetzt wird, werden nur die sprachabhängigen Texte in der Systemsprache serialisiert und nicht alle existierenden Sprachvarianten.

Nachdem Sie alle Einstellungen vorgenommen haben, können Sie den Klonvorgang über die Schaltfläche **Create Online Repo** starten. Wenn Sie ein noch nicht erstelltes Paket referenziert haben, können Sie es im sich öffnenden Dialog anlegen.

Angelegtes Repository begutachten

Nachdem das Repository geklont worden ist, werden Sie in die Detailansicht Ihres abapGit-Repositorys geleitet (siehe Abbildung 5.16).

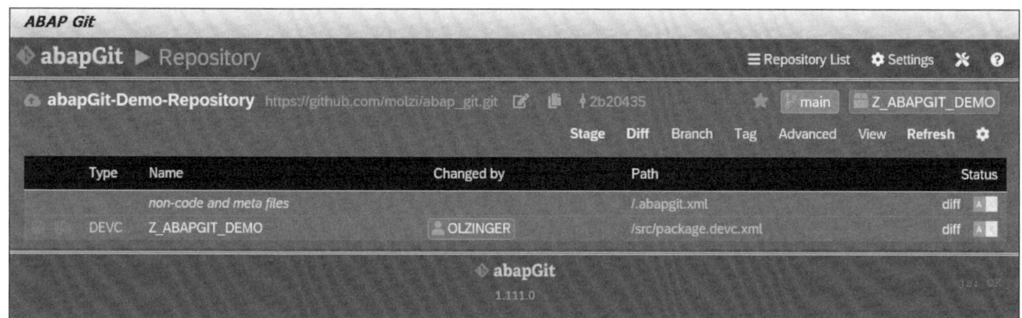

Abbildung 5.16 Neues Online-Repository

Optional: Einen initialen Commit durchführen

Commits

Wenn Sie ein neues Repository angelegt haben, empfehlen wir Ihnen, einen initialen Commit durchzuführen, bevor tatsächlich die Änderungen vorgenommen werden. Dieser Commit beinhaltet die abapGit-Konfigurationsdateien, die automatisch beim Anlegen eines neuen Repositorys erstellt werden. Hierzu müssen Sie zunächst die angelegten Konfigurationsdateien in einem Commit zusammenfassen. Klicken Sie in Ihrem Repository auf die Schaltfläche **Stage**, und Sie gelangen in die Staging Area (siehe Abbildung 5.17).

Abbildung 5.17 Staging Area

Um alle Änderungen in einen Commit aufzunehmen, klicken Sie links auf **Add All and Commit**. Anschließend definieren Sie den Commit entsprechend und verfassen eine Commit-Nachricht (siehe Abbildung 5.18).

Commit-Nachricht

Vergeben Sie unter **Comment** einen Kommentartext, der den Commit sprechend zusammenfasst. Befüllen Sie außerdem die Felder **Commiter Name** und **Commiter Email**, da so der Zusammenhang zu einer Person besteht. Die restlichen Felder sind optional.

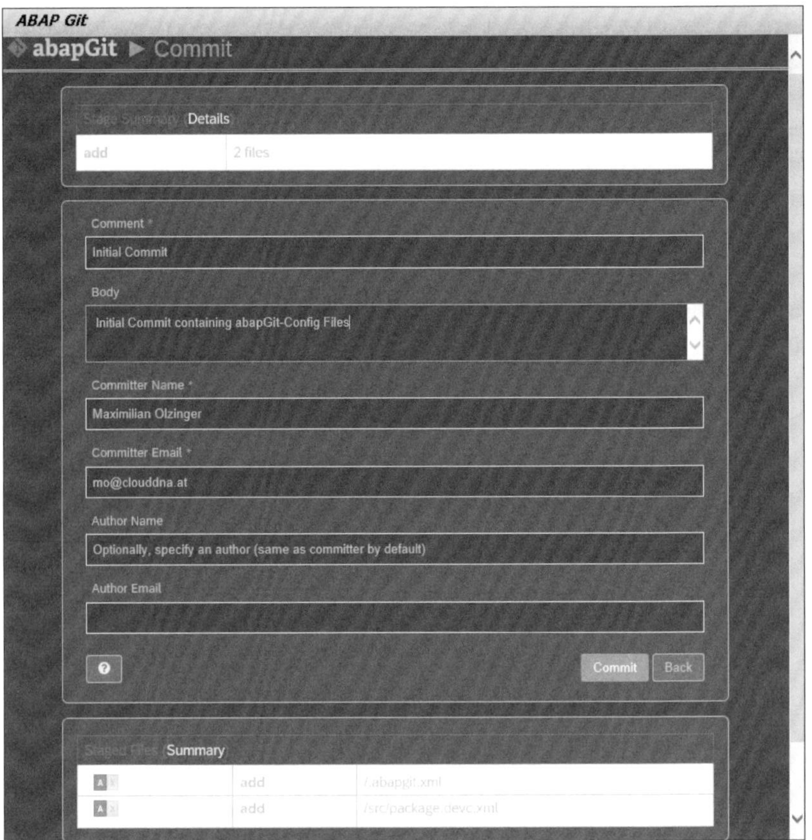

Abbildung 5.18 Commit-Nachricht verfassen

Klicken Sie anschließend auf **Commit**, und authentifizieren Sie sich, wenn nötig, gegen das Online-Repository. Ihre Änderungen werden nun automatisch in einen Commit aufgenommen, und es findet ein Push auf das Online-Repository statt (siehe Abbildung 5.19).

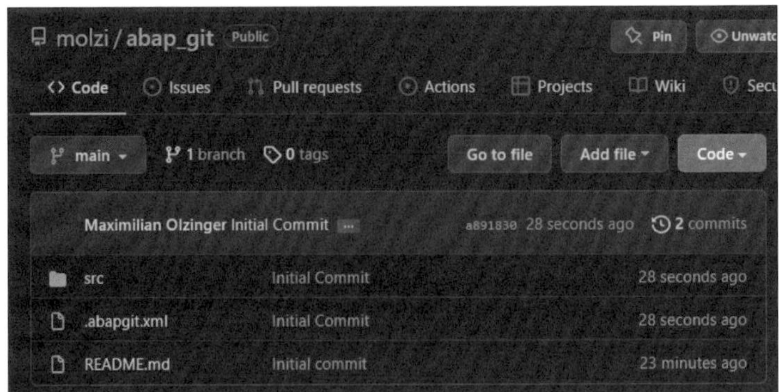

Abbildung 5.19 Neue Änderungen im Repository

Doch wie können Sie bestehende Entwicklungen in eine Git-Versionierung bringen? Wie das geht, zeigen wir Ihnen im nächsten Abschnitt.

5.1.6 Bestehende Pakete in Git überführen

Pakete referenzieren

Wenn Sie bereits ein Paket erstellt haben und es in ein Online-Repository unter die Versionsverwaltung stellen möchten, müssen Sie Ihr bestehendes Paket beim Erstellen eines neuen Online-Repositorys in abapGit referenzieren.

Paket identifizieren

Suchen Sie zunächst das Paket heraus, das Sie unter eine Git-Versionskontrolle stellen möchten. In unserem Fall ist es das Paket ZVERSION_CONTROL (siehe Abbildung 5.20). Dieses Paket besteht aus einer Struktur (ZGIT_S) und einem ABAP-Programm (ZGIT_PROG).

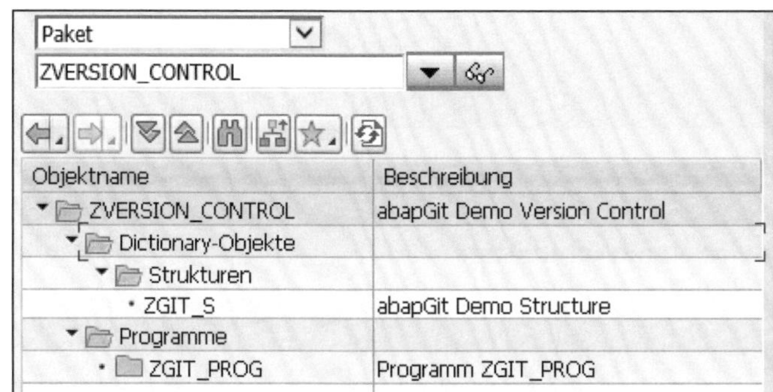

Abbildung 5.20 Transaktion SE80 (Object Navigator)

Anlegen eines neuen ABAP-Repositorys

ABAP-Repository anlegen

Im abapGit kann nun ein neues Online-Repository angelegt werden (siehe Abbildung 5.21). Wie das geht, haben Sie bereits in Abschnitt 5.1.5, »Repository klonen«, erfahren.

Pakete erzeugen

Sie erstellen ein Online-Repository in gewohnter Manier, jedoch legen Sie dieses Mal kein neues Entwicklungspaket an, sondern geben im Eingabefeld **Package** den Namen Ihres existierenden Pakets ein. In unserem Fall ist dies »ZVERSION_CONTROL«. Die URL im Feld **Git Repository URL** sollte auf ein leeres Git-Repository zeigen. Legen Sie nun das Repository über die Schaltfläche **Create Online Repository** an.

Abbildung 5.21 Paket referenzieren

Bestehende Entwicklungen committen

Nach dem Anlegen sehen Sie alle ABAP-Objekte Ihres Pakets. Diese müssen in einem Commit zusammengefasst werden, um sie auf das Online-Repository zu transferieren (siehe Abbildung 5.22).

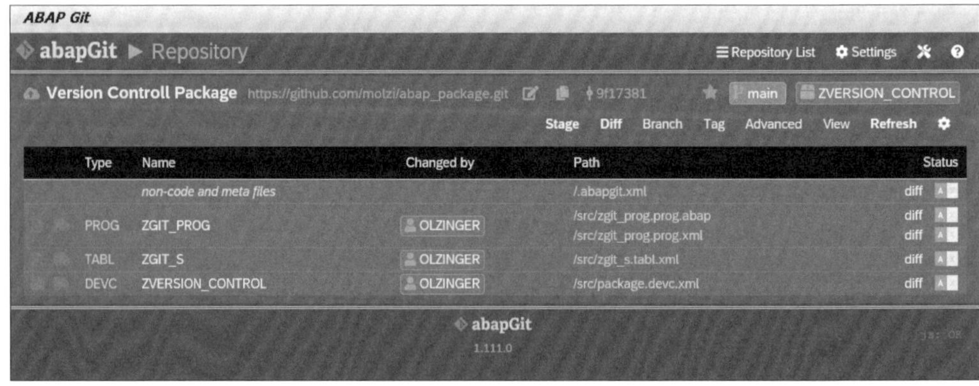

Abbildung 5.22 Bestehende Entwicklungsobjekte

Staging Area Klicken Sie auf die Schaltfläche **Stage**, um in die Staging Area zu gelangen. Anschließend fassen Sie, wie in Abschnitt 5.1.5, »Repository klonen«, gezeigt, die Entwicklungsobjekte in einem Commit zusammen und pushen auf das Online-Repository. Nach dem Commit der Änderungen können Sie Ihr jeweiliges Online-Repository in einem Browser öffnen. In unserem Fall haben wir auf ein GitHub-Repository verwiesen.

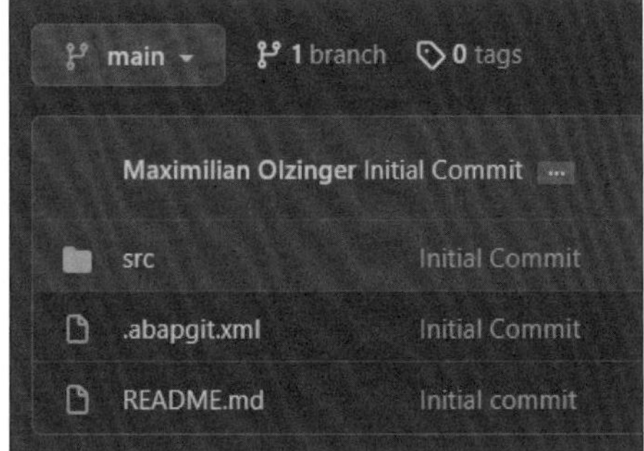

Abbildung 5.23 GitHub-Repository

Das Repository hat nun diverse Inhalte wie eine **.abapgit.xml**-Datei oder den **scr**-Ordner (siehe Abbildung 5.23). Innerhalb des **scr**-Orderns sind alle ABAP-Objekte aus Ihrem Paket versioniert (siehe Abbildung 5.24).

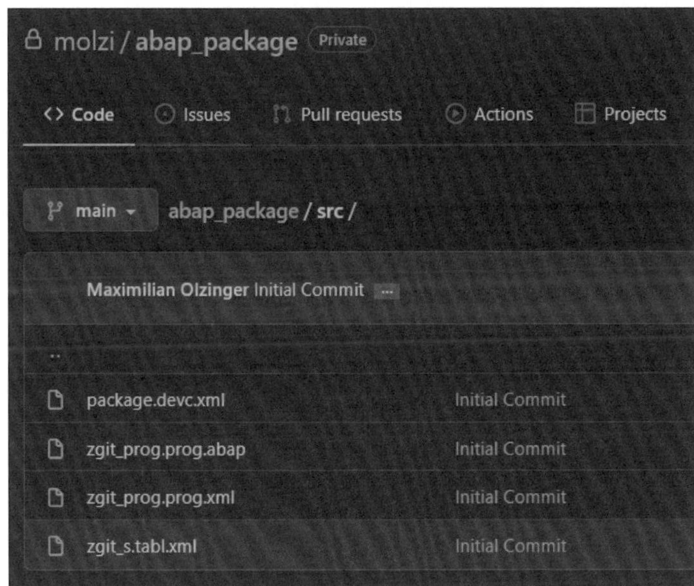

Abbildung 5.24 Entwicklungsobjekte in Git

Wie Sie sehen, wurden unsere Struktur `zgit_s_tabl.xml` und unsere Programme `zgit_prog.prog.abap` und `zgit_prog.prog.xml` im Repository gespeichert. Sie können es nun gegebenenfalls wieder in ein SAP-System klonen.

5.1.7 Mit Branches arbeiten

Branching

Wenn Sie Ihre Entwicklung in Branches aufteilen möchten oder einem Branching-Konzept folgen (siehe Abschnitt 2.1.2, »Branches«), wird dies mit einer Einschränkung in abapGit unterstützt.

abapGit bietet Ihnen die Möglichkeit, Remote-Branches zu laden oder lokale Branches mit abapGit zu erstellen und sie in das Remote-Repository zu pushen. Der aktuelle Branch, mit dem Sie lokal in Ihrem SAP-System arbeiten, wird Ihnen rechts oben in der Repository-Detailansicht neben dem Paketnamen angezeigt.

Einschränkung

Es gibt jedoch eine gravierende Einschränkung, was Branches in abapGit betrifft: Es ist nicht möglich, lokale Branches mit unterschiedlichen Codeständen zu haben. Da alle an der Entwicklung beteiligten Personen in einem ABAP-System an demselben Objekt arbeiten, können Sie keine unterschiedlichen Versionen eines Objekts, basierend auf lokalen Branches, erstellen. Jeder in abapGit erstellte lokale Branch zeigt also auf den gleichen Codestand.

Lokale Änderungen

Wenn Entwickler A im lokalen Branch A ein Objekt ändert, existieren diese Änderungen auch für Entwicklerin B in ihrem lokalen Branch B für das gleiche Objekt, denn es gibt ja im Grunde nur dieses Objekt und keine branchenspezifischen Versionen.

Das bedeutet, dass Sie sich den gleichen Stand teilen, wenn Sie lokal mit unterschiedlichen Branches arbeiten. Jedoch können Remote-Branches genutzt werden, um Änderungen zu verteilen. Denn diese zeigen auf mögliche unterschiedliche Stände. Je nachdem, welchen Stand Sie lokal in Ihrem System haben möchten, müssen Sie einen Pull auf den Stand eines Remote-Branch durchführen. Diese Änderungen werden dann lokal angewendet, und alle Entwickler*innen des Systems haben nun denselben Stand. Wie sagt man da so schön? »Am besten sollten alle Entwickler*innen ihr eigenes System haben«.

Branches

Sehen wir uns aber nun die verschiedenen Branching-Möglichkeiten an. Angenommen, Sie verwenden ein Online-Repository mit dem folgenden Aufbau:

- Remote-Repository in GitHub mit zwei Branches:
  - **main**: Dies ist der Haupt-Branch, der einen produktiven Stand beinhaltet.
  - **dev**: Dieser Branch beinhaltet einen Entwicklungsstand und wurde aus dem Main-Branch abgeleitet.

- Lokales Repository im SAP-System
  - **main**: Dieser Branch beinhaltet ebenfalls den produktiven Stand und entspricht dem Main-Branch im Remote-Repository.

Nun gibt es mehrere Möglichkeiten, mit Branches zu arbeiten. Sie können den Branch aus dem Online-Repository laden, einen Branch aus abapGit heraus erstellen und zwischen verschiedenen Branches wechseln.

Branch aus dem Online-Repository laden

Wenn Sie den Branch **dev** aus dem GitHub-Repository in Ihr abapGit überführen möchten, müssen Sie in abapGit auf diesen wechseln. Somit wird der Remote-Branch **dev** auch als lokaler **dev**-Branch angelegt und kann weiter genutzt werden. In der Repository-Detailansicht wechseln Sie über **Branch • Switch** in einen anderen Branch (siehe Abbildung 5.25).

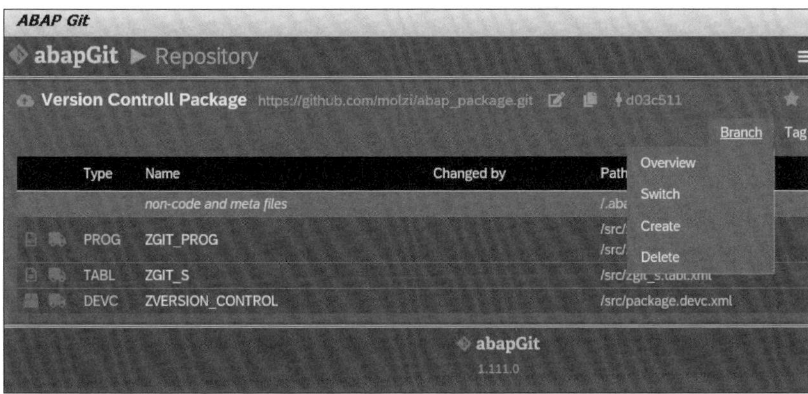

Abbildung 5.25 Branch wechseln

Wählen Sie hier den Branch aus, der lokal in Ihrem SAP-System noch nicht existiert, in unserem Fall ist das der Branch »dev« (siehe Abbildung 5.26).

Abbildung 5.26 Branch-Auswahl

Der nun genutzte lokale Branch ist »dev«, und alle Änderungen im lokalen Repository werden in diesen Branch versioniert.

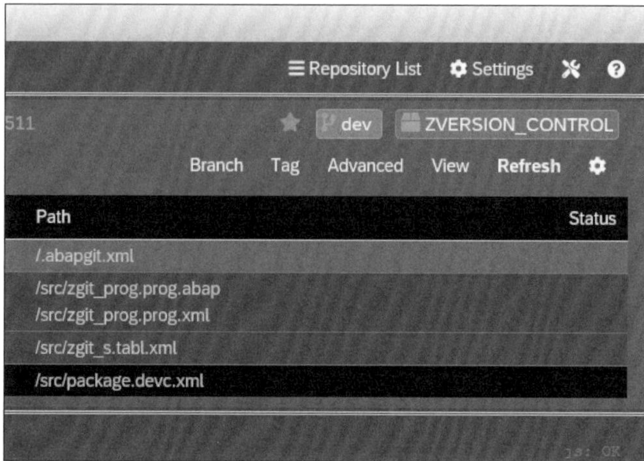

Abbildung 5.27 Momentan verwendeter Branch

Nun sieht unsere Branch-Struktur folgendermaßen aus, wie in Abbildung 5.27 gezeigt:

- Remote-Repository in GitHub, bestehend aus zwei Branches:
  - **main**
  - **dev**
- Lokales Repository im SAP-System, bestehend aus zwei Branches:
  - **main**
  - **dev**

Das Remote-Repository und das lokale Repository sind nun auf dem gleichen Stand.

Branch aus abapGit erstellen

Neuer Branch

Sie können aber auch Branches aus abapGit heraus erstellen und einen Push in das Remote-Repository durchführen. Hierzu können Sie entweder beim Wechseln in einen anderen Branch, wie in Abbildung 5.25 gezeigt, einen neuen Branch erstellen oder in der Repository-Detailansicht über das Auswahlfeld **Branch** die Option **Create** wählen. Im erscheinenden Dialog vergeben Sie einen Namen für den neuen lokalen Branch; wir haben hier »test« gewählt (siehe Abbildung 5.28).

Der neue Branch wird auf dem vorherigen Branch basierend erstellt. Das heißt, wenn Sie im Main-Branch waren und einen neuen Branch erstellen, wird dieser mit dem Stand des Main-Branch erstellt.

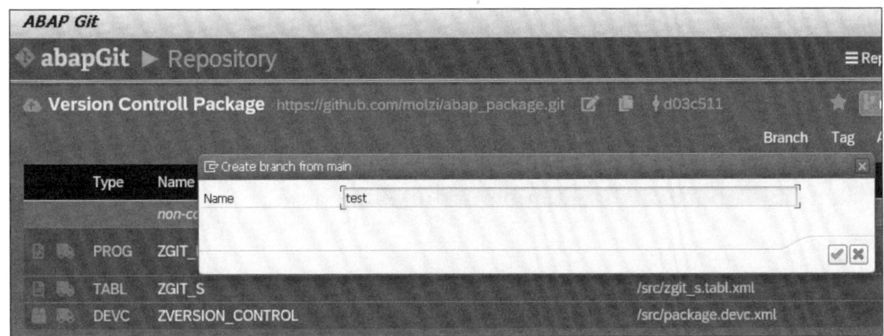

Abbildung 5.28 Neuen Branch anlegen

Folgende Repository-Struktur existiert nun:

- Remote-Repository in GitHub mit zwei Branches:
  - **main**
  - **dev**
- lokales Repository im SAP-System mit zwei Branches:
  - **main**
  - **dev**
  - **test**

Sollten Sie in diesem Test-Branch nun Änderungen tätigen, können sie lokal committet werden. Der lokale Test-Branch wird dann auch im Remote-Repository angelegt (siehe Abbildung 5.29).

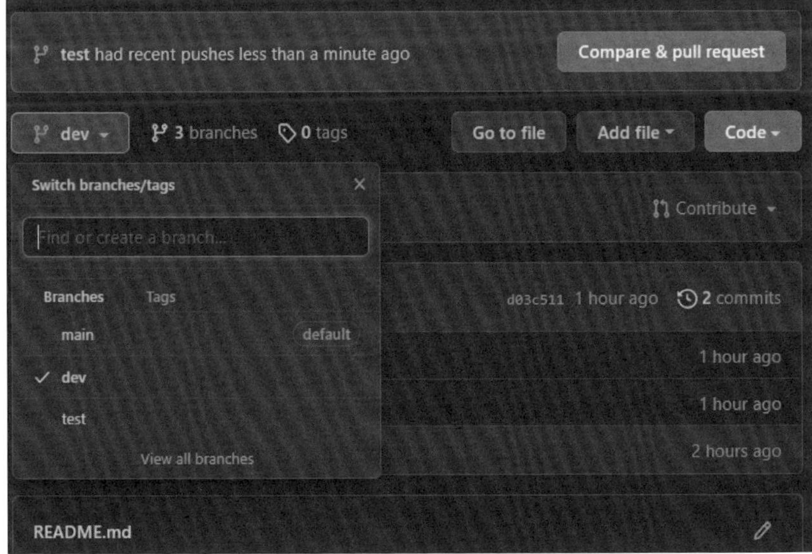

Abbildung 5.29 Der lokale Test-Branch existiert nun auch remote.

Sie sehen, dass der lokale Test-Branch, den wir neu angelegt haben, auch im Remote-Repository in GitHub existiert und seine Änderungen auch dort vorhanden sind.

Die Repositorys haben nun folgende Struktur:

- Remote-Repository in GitHub mit drei Branches:
  - main
  - dev
  - test
- lokales Repository im SAP-System mit drei Branches:
  - main
  - dev
  - test

Branches wechseln

Wenn Sie nun zwischen Branches wechseln möchten, müssen Sie die unterschiedlichen Entwicklungsstände der einzelnen Branches beachten.

So ist z. B der Test-Branch dem Main-Branch um einen Commit voraus, lokal sowie remote, da ein Entwickler das darin enthaltene ABAP-Programm `ZGIT_PROG` geändert hat. Der Test-Branch sieht nun wie in Abbildung 5.30 gezeigt aus.

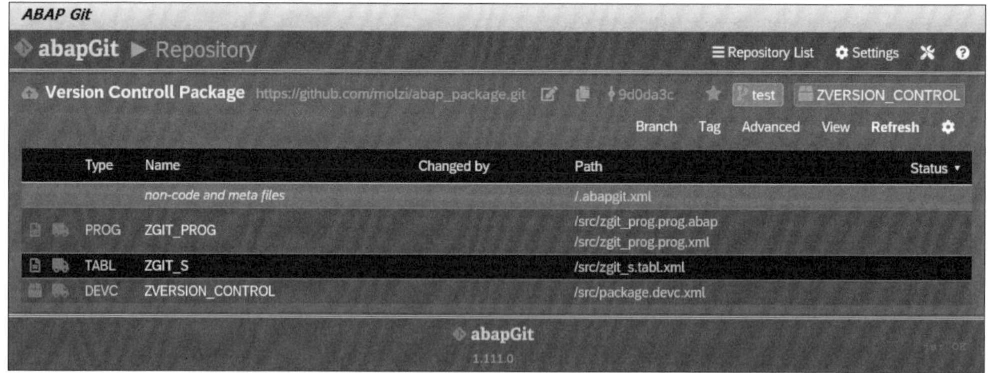

Abbildung 5.30 Aktueller Stand des Test-Branch

Commits Jede Änderung wurde mit einem Commit zusammengefasst und durch einen Push in das Remote-Repository überführt. Der Test-Branch zeigt auf den Commit mit der ID 9d0da3c. Wechseln wir nun in den Main-Branch (siehe Abbildung 5.31).

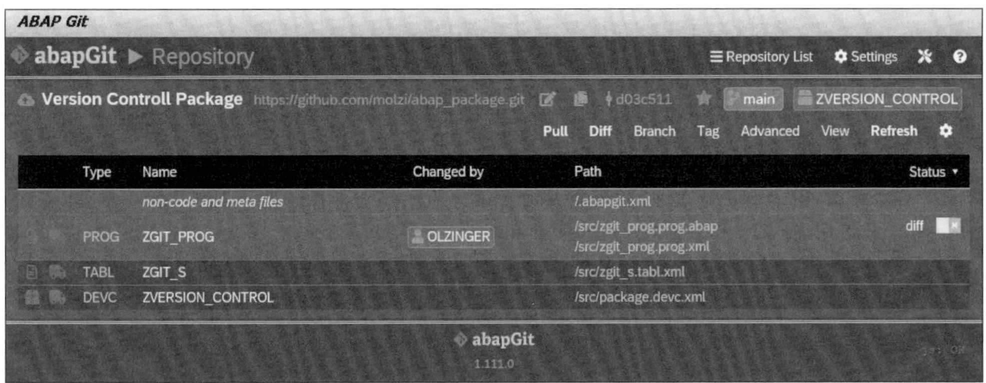

Abbildung 5.31 Aktueller Stand des Main-Branch

Sie sehen, dass lokale Änderungen, die im Test-Branch getätigt wurden, auch im Main-Branch lokal existieren. Sie erhalten den Hinweis, dass die lokalen Änderungen des Systems noch nicht im Remote-Branch **main** existieren. Dies wird Ihnen in der Spalte **Status** angezeigt. Jedoch zeigt der Main-Branch auf den Commit mit der ID d03c511 und nicht auf den Commit, auf den auch der Test-Branch zeigt (ID 9d0da3c). Sie können nun die lokalen gemeinsamen Änderungen auch in den Remote-Branch **main** bringen oder im jeweiligen Git-Werkzeug, in unserem Fall GitHub, mergen und dann wieder einen Pull durchführen.

Merge

Wenden wir uns noch einmal kurz der Spalte **Status** zu. Hier können Sie die Unterschiede zwischen dem lokalen und dem Remote-Stand einsehen. Klicken Sie auf die Schaltfläche **diff**, entweder in der jeweiligen Tabellenzeile, um nur die Unterschiede des jeweiligen Objekts anzuzeigen (siehe Abbildung 5.32), oder in die Toolbar der Tabelle, um alle Differenzen zu sehen.

Abbildung 5.32 Differenzen eines Objekts

Sie sehen in der Differenzansicht die Unterschiede, die zwischen dem lokalen und dem Remote-Objekt bestehen. Um diese Änderungen auch in den Remote-Branch zu transportieren, müssen Sie die Änderungen in einem Commit zusammenfassen. Dies geschieht auf die gleiche Weise wie auch in den Beispielen mit dem initialen Commit eines Repositorys (siehe Abschnitt 5.1.5, »Repository klonen«).

5.1.8 Verwendung fortgeschrittener Git-Befehle

Wenden wir uns nun ein paar weiteren wichtigen Funktionalitäten zu, die Ihnen abapGit bereitstellt.

Pull

Wenn Sie remoteverfügbare Änderungen in Ihr SAP-System transportieren möchten, geschieht dies über einen Pull (siehe Abschnitt 2.2.7, »Pull«). Sollte ein Branch über neue Commits verfügen, wird Ihnen die Schaltfläche **Pull** in der Repository-Detailansicht angezeigt (siehe Abbildung 5.33).

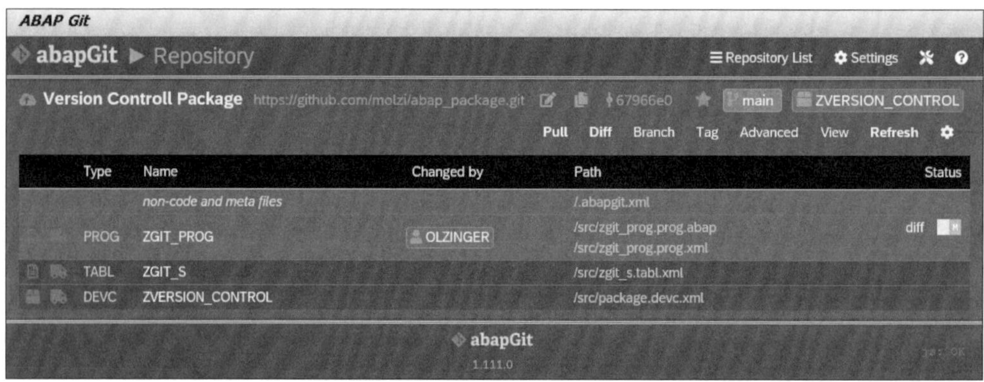

Abbildung 5.33 Neue Commits sind verfügbar.

Transportauftrag

Klicken Sie auf diese Schaltfläche, und weisen Sie einen Transportauftrag für die Änderungen zu. Änderungen, die noch nicht in einen Commit aufgenommen worden sind, werden so überschrieben, und die neuen Änderungen werden in Form von Commits in das System geladen.

Wenn remoteseitig eine Änderung an einem Objekt durchgeführt und an demselben Objekt lokal eine Änderung erstellt wird, geschieht Folgendes, sollten Sie keinen Pull durchführen: Die lokalen Änderungen lösen bei einem Commit direkt einen Push auf den Remote-Branch aus und überschreiben remoteseitige Änderungen an demselben Objekt.

Repository löschen

Wenn Sie ein lokales Repository in Ihrem SAP-Systems löschen möchten, bietet Ihnen abapGit zwei Möglichkeiten an.

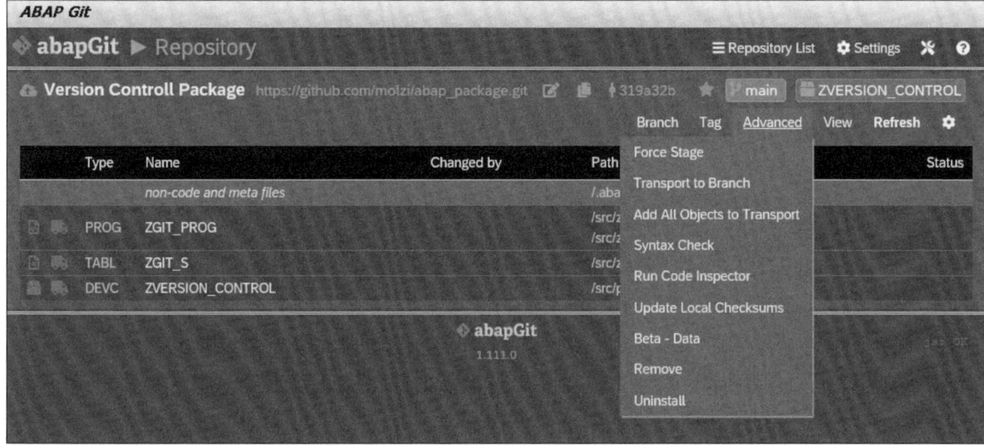

Abbildung 5.34 Repository löschen

Über die Schaltfläche **Advanced** können Sie in der Repository-Detailansicht das Repository von Ihrem SAP-System entfernen (siehe Abbildung 5.34). Hier gibt es zwei Varianten zur Auswahl:

Remove und Uninstall

- Remove
  Ein **Remove** löscht nur die Referenz zwischen abapGit und dem versionierten Paket. Das Paket selbst und alle darunterliegenden Objekte bleiben erhalten.
- Uninstall
  Bei einem **Uninstall** wird nicht nur die Referenz zwischen abapGit und dem Paket gelöscht, sondern auch alle im Paket enthaltenen Objekte.

Wenn Sie also nur die in abapGit enthaltene Repository-Definition löschen möchten, sollten Sie **Remove** verwenden. Wenn Sie auch das Paket selbst löschen möchten, geschieht dies über **Uninstall**.

Objekte einem Transportauftrag zuweisen

Transportauftrag

Wenn Sie alle im Repository befindlichen Objekte einem anderen Transportauftrag zuordnen möchten, geschieht dies ebenfalls über die Schaltfläche **Advanced** und die Option **Add All Objects to Transport**. In dem sich öffnenden Dialog können Sie einen Transportauftrag wählen, dem die im Repository enthaltenen Objekte zugeordnet werden sollen.

Remote-Repository ändern

Backup

Sie können den Remote-Endpunkt Ihres Repositorys ändern. Dies ergibt z. B. Sinn, wenn Sie Ihren lokalen Stand zu Backup-Zwecken sichern möchten oder wenn Sie eine Migration Ihres Repositorys in ein anderes Git-System durchführen wollen. Klicken Sie hierzu in der Repository-Detailansicht auf die **Ändern**-Schaltfläche neben der URL Ihres momentanen Online-Repositorys (siehe Abbildung 5.35).

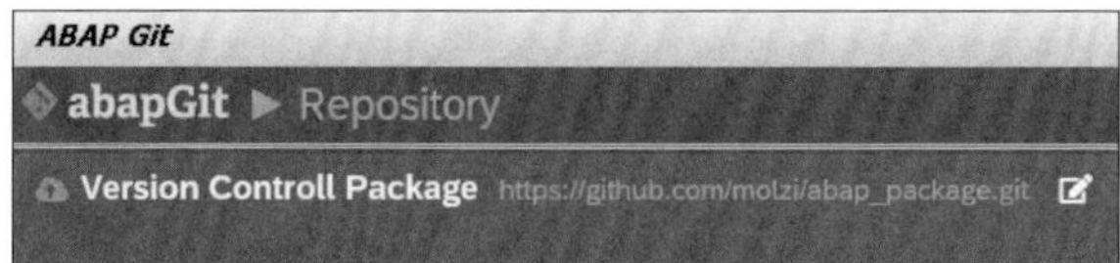

Abbildung 5.35 Remote-Repository ändern

Sie werden in den Änderungsdialog weitergeleitet, in dem Sie einen neuen Git-Endpunkt wählen können (siehe Abbildung 5.36). Geben Sie hier eine neue Git-Repository-URL an, und bestätigen Sie die Änderung per **Save Settings**.

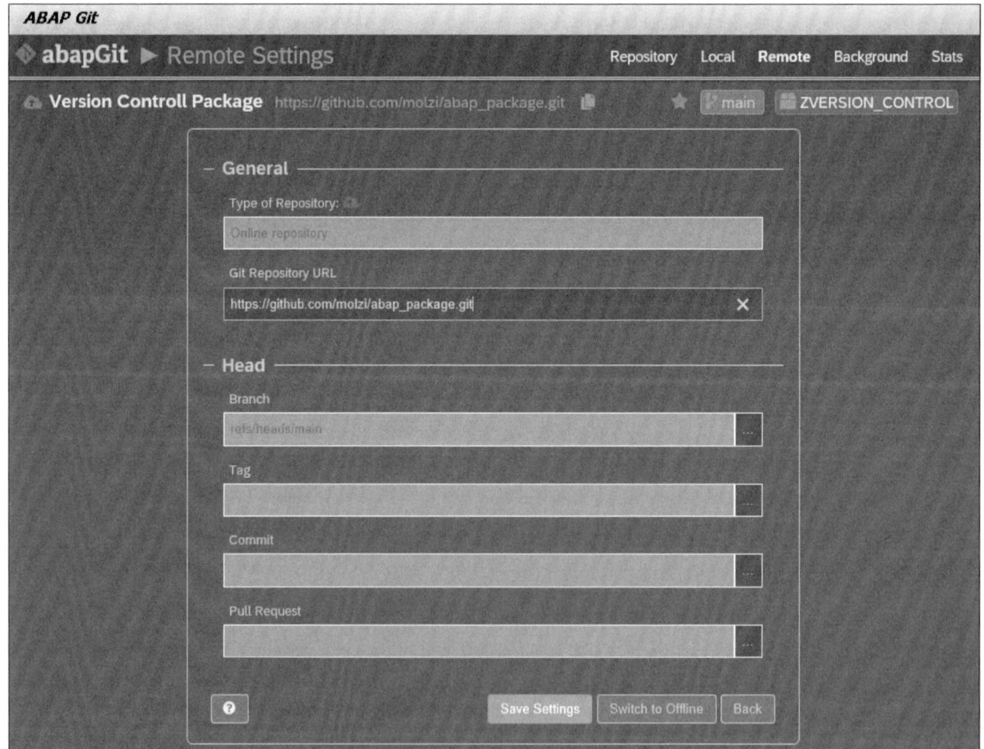

Abbildung 5.36 Remote-URL ändern

5.2 Einbindung in Eclipse

In diesem Abschnitt zeigen wir Ihnen, wie Sie abapGit auch in Eclipse für lokale Entwicklungen nutzen können. Dazu werden die ABAP Development Tools benötigt, die wir Ihnen im nächsten Schritt zeigen.

5.2.1 Installation der ABAP Development Tools

ADT

Mit den ABAP Development Tools (ADT) für Eclipse können Sie Ihre Entwicklungstätigkeiten in Eclipse durchführen. Hierzu bietet Eclipse proprietäre Editoren für die meisten ABAP-Objekte an. Alternativ können Sie auch die klassische ABAP Workbench innerhalb von Eclipse nutzen. Einige ABAP-Objekte wie Core Data Services (CDS) oder gewisse SAP-HANA-spezifische Objekte können nur in Eclipse erstellt und bearbeitet werden. Sie bekommen durch die Vorteile der ADT mehr Flexibilität, Benutzerfreundlichkeit, Geschwindigkeit, ein besseres Code-Refactoring und eine bessere Code-Vervollständigung in Eclipse. Auch können Sie mehrere verschiedene SAP-Systeme anbinden und so unterschiedliche Systemobjekte in derselben Ansicht bearbeiten.

SAP NetWeaver

Eclipse verbindet sich zunächst mit einem SAP NetWeaver Application Server ABAP in der Version 7.31 SP4 oder höher und greift so direkt auf das ABAP-Repository zu. Um die ADT in Ihrem Eclipse-Client zu installieren, führen Sie die nachfolgenden Schritte aus.

ADT-Installation per SAP Development Tools

Öffnen Sie in einem Browser Ihrer Wahl die Seite *https://tools.hana.ondemand.com*. Hier werden die unterschiedlichsten SAP-Entwicklungstools angeboten, u. a. die ADT. Navigieren Sie in den Reiter **ABAP** (siehe Abbildung 5.37).

Systemvoraussetzungen

Hier finden Sie neben den benötigten Installationsschritten auch die Systemvoraussetzungen, die für das korrekte Funktionieren der ADT benötigt werden. Stellen Sie also sicher, dass Ihr System diesen Anforderungen entspricht, bevor Sie die ADT installieren.

Kopieren Sie zunächst die URL *https://tools.hana.ondemand.com/latest*, die auch unter dem Punkt **Procedure** bereitgestellt wird, in Ihre Zwischenablage. Des Weiteren finden Sie unter diesem Punkt eine Verlinkung zu *http://eclipse.org*, von wo aus Sie die Eclipse-Entwicklungsumgebung herunterladen können (sofern nicht schon geschehen). Anschließend starten Sie Eclipse auf Ihrem Rechner. Sollten Sie Eclipse noch nicht installiert haben, können Sie dies über *https://tools.hana.ondemand.com* nachholen.

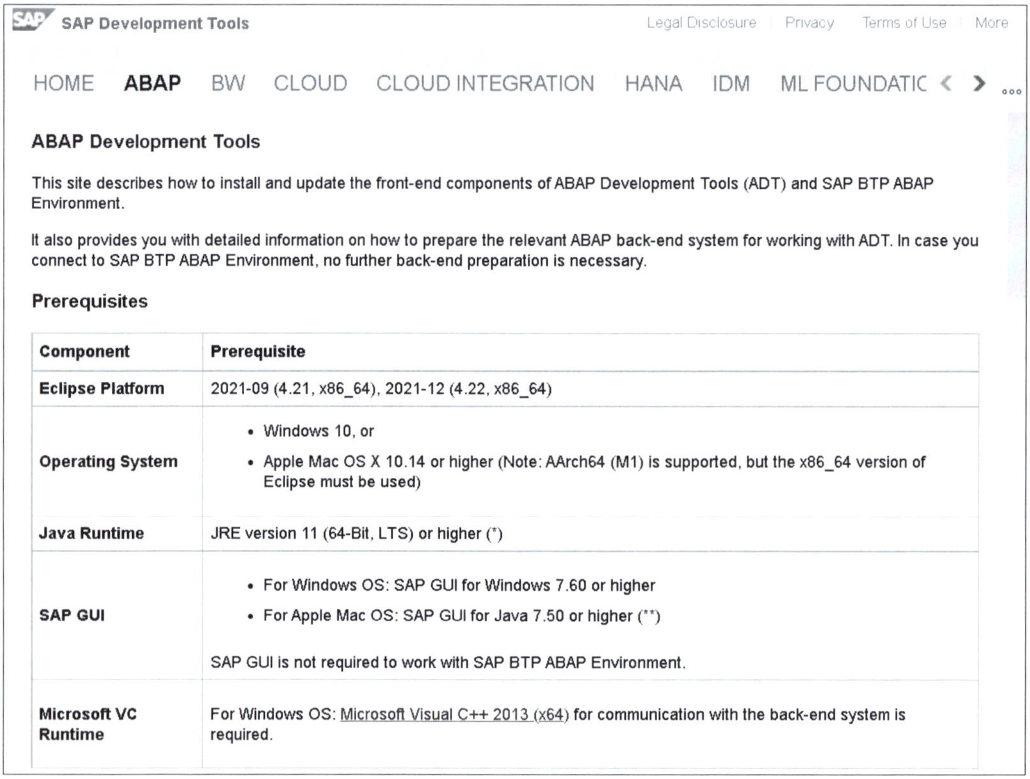

SAP Development Tools — Legal Disclosure | Privacy | Terms of Use | More

HOME ABAP BW CLOUD CLOUD INTEGRATION HANA IDM ML FOUNDATIC

ABAP Development Tools

This site describes how to install and update the front-end components of ABAP Development Tools (ADT) and SAP BTP ABAP Environment.

It also provides you with detailed information on how to prepare the relevant ABAP back-end system for working with ADT. In case you connect to SAP BTP ABAP Environment, no further back-end preparation is necessary.

Prerequisites

Component	Prerequisite
Eclipse Platform	2021-09 (4.21, x86_64), 2021-12 (4.22, x86_64)
Operating System	• Windows 10, or • Apple Mac OS X 10.14 or higher (Note: AArch64 (M1) is supported, but the x86_64 version of Eclipse must be used)
Java Runtime	JRE version 11 (64-Bit, LTS) or higher (*)
SAP GUI	• For Windows OS: SAP GUI for Windows 7.60 or higher • For Apple Mac OS: SAP GUI for Java 7.50 or higher (**) SAP GUI is not required to work with SAP BTP ABAP Environment.
Microsoft VC Runtime	For Windows OS: Microsoft Visual C++ 2013 (x64) for communication with the back-end system is required.

Abbildung 5.37 Übersichtsseite der ABAP Development Tools

ADT installieren

Um die ADT zu installieren, müssen Sie in Eclipse eine neue Software hinzufügen. Wählen Sie in Eclipse den Menüpfad **Help • Install New Software** (siehe Abbildung 5.38).

Referenzieren Sie nun die ADTs, um sie in Eclipse zu installieren. Fügen Sie die URL »https://tools.hana.ondemand.com/latest« in das Feld **Work with** ein. Anschließend aktualisiert sich die darunter angezeigte Tabelle mit den verfügbaren Installieroptionen.

Software-komponenten

Hier können Sie entweder den kompletten Funktionsumfang der ADT oder nur einzelne Komponenten installieren. Wir empfehlen, alle Komponenten zu installieren.

Nachdem Sie die gewünschten Komponenten ausgewählt haben, klicken Sie auf **Next**. Bestätigen Sie die folgenden Schritte ebenfalls über die Schaltfläche **Next** (siehe Abbildung 5.39).

Run Window Help
Help Contents
Search
Show Context Help
Show Active Keybindings... Ctrl+Shift+L
Report Bug or Enhancement...
Collect Support Information...
Report Incident on SAP BTP, ABAP Environment...
Provide Feedback for ABAP Development Tools
Cheat Sheets...
Eclipse User Storage
Perform Setup Tasks...
Check for Updates
Install New Software...
Eclipse Marketplace...
About Eclipse IDE
Contribute

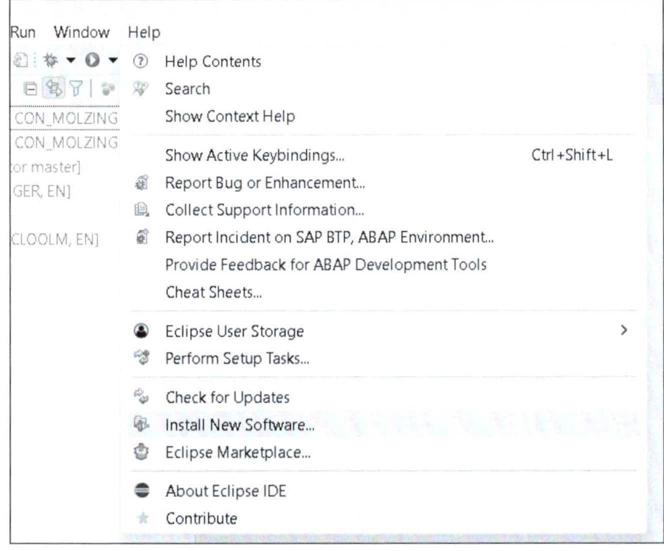

Abbildung 5.38 Neue Software installieren

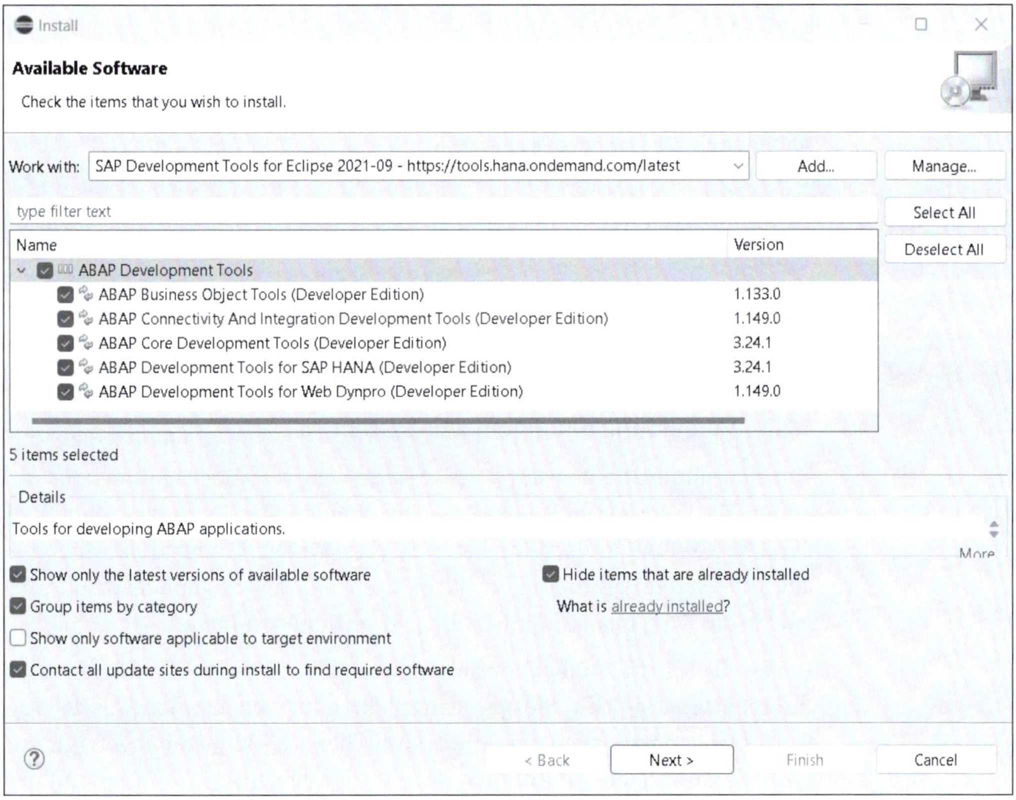

Install
Available Software
Check the items that you wish to install.
Work with: SAP Development Tools for Eclipse 2021-09 - https://tools.hana.ondemand.com/latest
Add...
Manage...
type filter text
Select All
Deselect All
Name
Version
ABAP Development Tools
ABAP Business Object Tools (Developer Edition) 1.133.0
ABAP Connectivity And Integration Development Tools (Developer Edition) 1.149.0
ABAP Core Development Tools (Developer Edition) 3.24.1
ABAP Development Tools for SAP HANA (Developer Edition) 3.24.1
ABAP Development Tools for Web Dynpro (Developer Edition) 1.149.0
5 items selected
Details
Tools for developing ABAP applications.
More
Show only the latest versions of available software
Hide items that are already installed
Group items by category
What is already installed?
Show only software applicable to target environment
Contact all update sites during install to find required software
< Back
Next >
Finish
Cancel

Abbildung 5.39 ABAP Development Tools installieren

Nachdem Sie alle Schritte abgeschlossen haben, sind die ADT bei Ihnen installiert. Sie müssen nur noch die *ABAP-Perspektive* öffnen. Hierbei handelt es sich um ein vordefiniertes Set von ABAP-Entwicklungstools. Wählen Sie hierzu im Eclipse-Menü die Option **Window • Persppective Open Perspective • Other**.

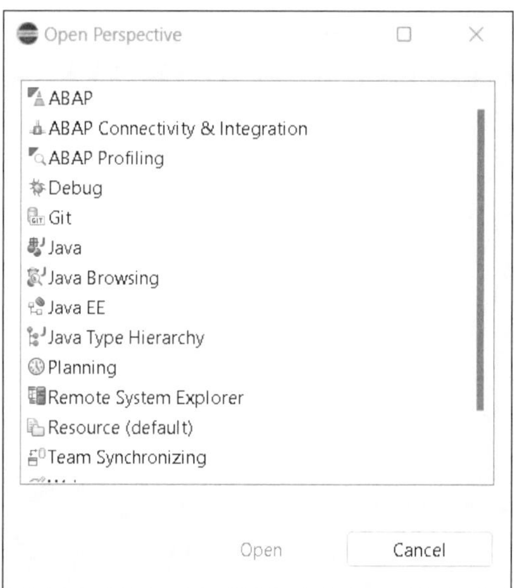

Abbildung 5.40 Perspektive auswählen

Perspektiven

Im Dialog **Open Perspective** wählen Sie nun die Perspektive **ABAP** und bestätigen mit **Open** (siehe Abbildung 5.40).

Eclipse ändert nun sein Erscheinungsbild, und Sie sehen eine Auswahl an verschiedenen ABAP-Entwicklungstools.

5.2.2 Verbindung mit einem SAP-System

Um sich nun mit einem Ihrer SAP-Systeme zu verbinden, müssen Sie ein neues ABAP-Projekt in Eclipse erstellen. Wählen Sie hierzu den Menüpfad **File • New • ABAP Project**. Im ersten Schritt (**System Connection**) sehen Sie alle SAP-Systemverbindungen, die in Ihrem SAP-Logon gepflegt sind. Wählen Sie das System aus, mit dem Sie sich verbinden möchten.

Der zweite Schritt (**Connection Settings**) zeigt Ihnen die Verbindungsdetails Ihres Systems an, die Sie gegebenenfalls anpassen können. Als letzten Schritt (**Logon to System**) wird Ihr technischer SAP-Benutzer abgefragt. Anschließend sind Sie mit Ihrem System verbunden, und Sie können mit der ABAP-Entwicklung in Eclipse starten.

Berechtigungen

Damit sich ein SAP-Benutzer per ADT mit einem SAP-System verbinden kann, benötigt er die Rolle `SAP_BC_DWB_ABAPDEVELOPER` und das Berechtigungsobjekt `S_ADT_RES`. Sollte sich ein Benutzer nicht mit den ADT mit Ihrem SAP-System verbinden können, könnte dies am Fehlen dieser Berechtigungen liegen. Prüfen Sie also im Fehlerfall Transaktion SU53.

5.2.3 abapGit Repositories ADT-Plug-In installieren

Damit abapGit nun auch in Eclipse läuft, müssen zwei Komponenten installiert werden: das ADT-Backend und das tatsächliche Plugin für abapGit in Eclipse.

ADT-Backend installieren

Plugin

Das *ADT-Backend* ist für die Verbindung zwischen dem Eclipse-Plugin für abapGit und dem eigentlichen abapGit auf Ihrem SAP-System zuständig. Es setzt SAP NetWeaver 7.5 oder höher voraus.

Öffnen Sie das GitHub-Repository des ADT-Backends in Ihrem Browser unter *https://github.com/abapGit/ADT_Backend*, und kopieren Sie die Clone-URL, oder Sie benutzen den folgenden Link: *https://github.com/abapGit/ADT_Backend.git*

Repository

Legen Sie, wie in Abschnitt 5.1.5, »Repository klonen«, gezeigt ein neues Online-Repository auf Ihrem SAP-System an, und verwenden Sie die kopierte URL des ADT-Backends als Repository-URL (siehe Abbildung 5.41).

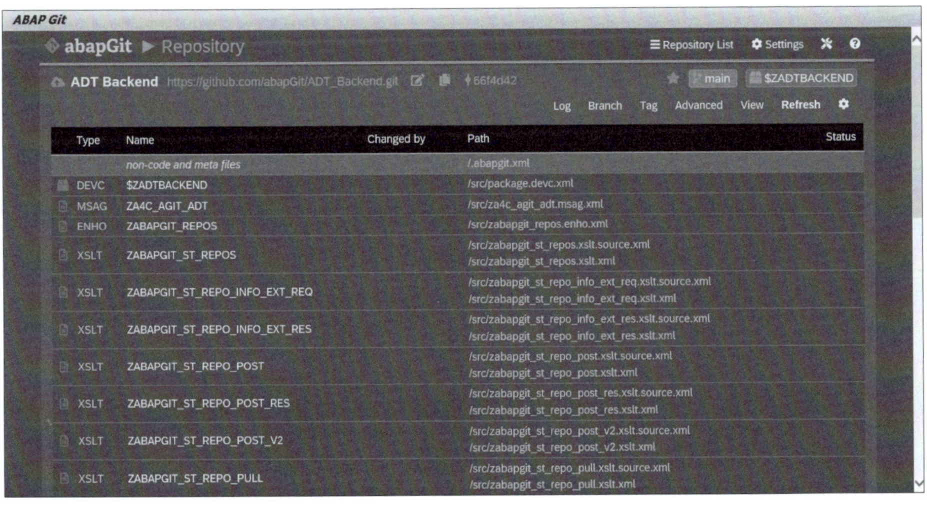

Abbildung 5.41 Geklontes Repository in abapGit

Nachdem Sie das Repository in Ihr SAP-System geklont haben, können Sie die darin enthaltenen Objekte aktivieren.

Plugin installieren

Nun ist die Verbindungsstelle zu Ihrem abapGit installiert, und Sie müssen nur noch das *abapGit Repositories ADT Plug-In* in Eclipse hinzufügen.

Gehen Sie hierzu wie in Abschnitt 5.2.1, »Installation der ABAP Development Tools«, vor, um neue Software in Eclipse hinzuzufügen (siehe Abbildung 5.42). Verweisen Sie jedoch dieses Mal im Feld **Work with** auf die URL *https://eclipse.abapgit.org/updatesite*.

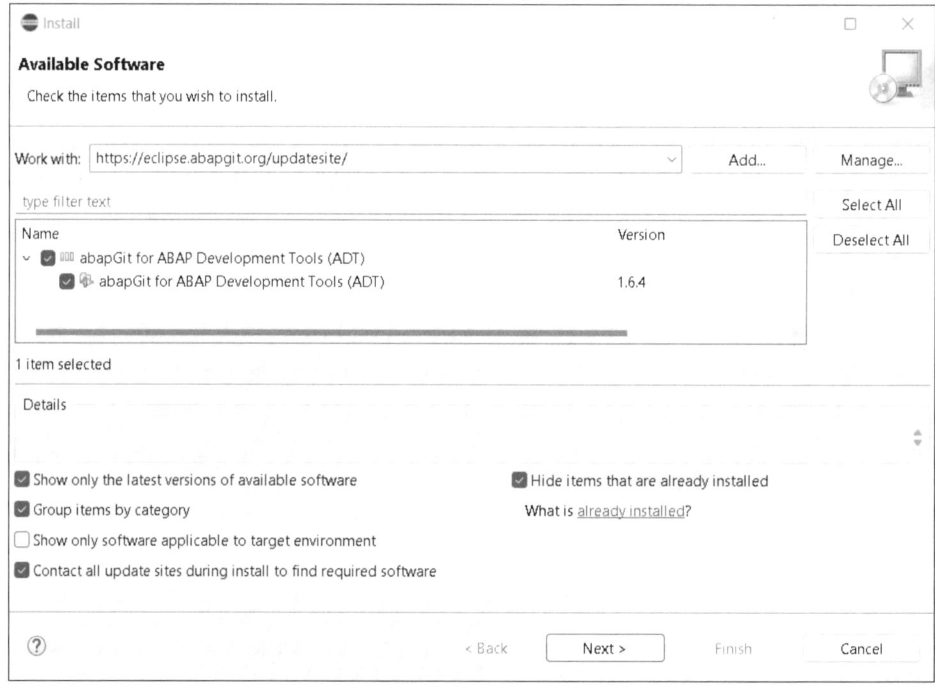

Abbildung 5.42 Neue Software

Ansichten

Installieren Sie nun das abapGit for ADT-Softwarepaket, und starten Sie Eclipse neu. Sie können die abapGit-Ansichten über den Menüpfad **Window • Show View • Other** öffnen und anpassen (siehe Abbildung 5.43). Im Folgenden stellen wir Ihnen die Ansichten **abapGit Repositories** (Ansicht aller abapGit-Repositorys eines Systems) und **abapGit Staging** (Ansicht aller Änderungen, die noch nicht committed wurden) genauer vor.

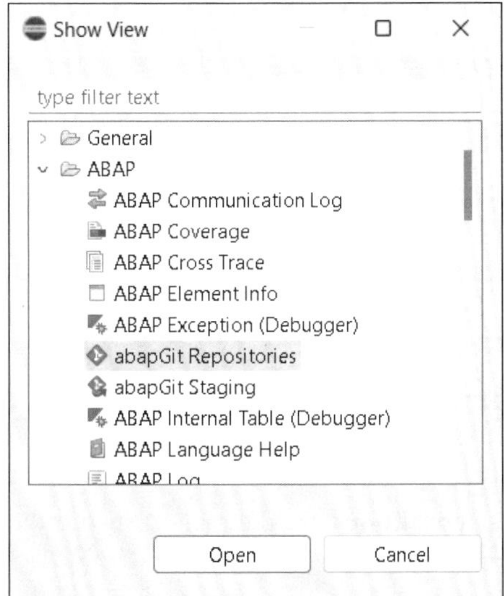

Abbildung 5.43 Verschiedene abapGit-Ansichten

5.2.4 abapGit-Repositorys in Eclipse

Die erste Ansicht, die Sie wählen können, ist **abapGit Repositories** (siehe Abbildung 5.44).

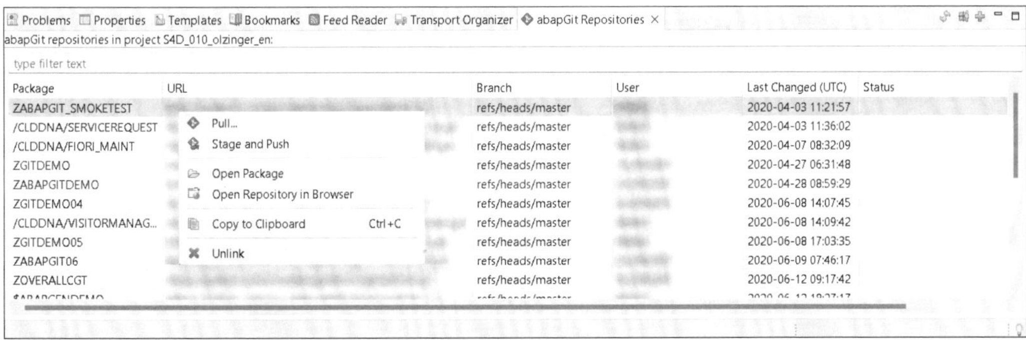

Abbildung 5.44 abapGit-Repositorys in der Übersicht

Diese Ansicht bietet eine Eclipse-basierte Version des im SAP GUI existierenden abapGit. Dadurch müssen Sie für die Repository-Verwaltung in abapGit nicht mehr über das SAP GUI einsteigen, sondern können für die ABAP-Entwicklung im Eclipse-Kontext bleiben. Die Menüleiste dieser Ansicht bietet generelle Optionen, die wir uns im Folgenden näher anschauen (siehe Abbildung 5.45).

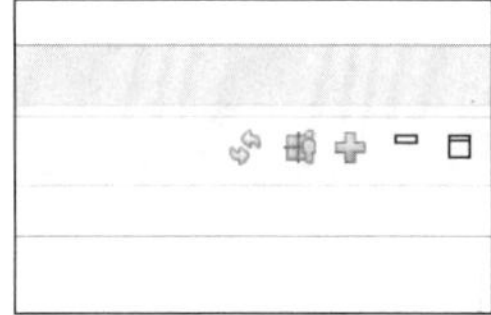

Abbildung 5.45 Menüleiste in der Ansicht »abapGit Repositories«

Optionen

Folgende Optionen stehen hier zur Verfügung:

- **Aktualisieren**
  Über die Schaltfläche (**Refresh**) können Sie die Ansicht der Repositorys aktualisieren.
- **Meine Repositorys**
  Wenn Sie die Schaltfläche (**My Repositories**) wählen, sehen Sie nur die von Ihnen angelegten Repositorys.
- **Neues abapGit Repository einbinden**
  Über die Schaltfläche (**Link New abapGit Repository**) können Sie neue Repositorys einbinden.

Wenn Sie mit der rechten Maustaste auf ein Element der Repository-Ansicht klicken, erscheint das Kontextmenü dieses Repositorys, in dem Ihnen weitere Optionen zur Verfügung stehen (siehe Abbildung 5.46).

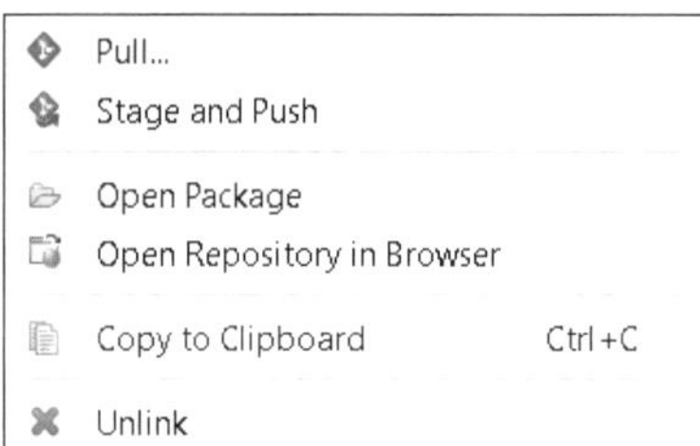

Abbildung 5.46 Kontextmenü der Optionen in der Ansicht »abapGit Repositories«

Folgende Optionen sind hier wichtig:

- **Pull**
  Sie können mit **Pull...** direkt einen Pull auf Ihr Repository durchführen.
- **Stage und Push**
  Getätigte Änderungen am versionierten Paket bringen Sie über **Stage and Push** in die Staging Area und verpacken sie in einen Commit.
- **Pakete öffnen**
  Mit **Open Package** öffnen Sie das versionierte Paket in der Paketansicht von Eclipse.

- **Repository im Browser öffnen**
  Wenn Sie auf **Open Repository in Browser** klicken, öffnet sich die Repository-URL in Ihrem Standardbrowser.

5.2.5 abapGit Staging in Eclipse

Die Ansicht **abapGit Staging** ist die zweite verfügbare Ansicht von abapGit in Eclipse (siehe Abbildung 5.43). Hier können Sie ein Repository öffnen und die Änderungen, die noch nicht per Commit übergeben wurden, direkt einsehen.

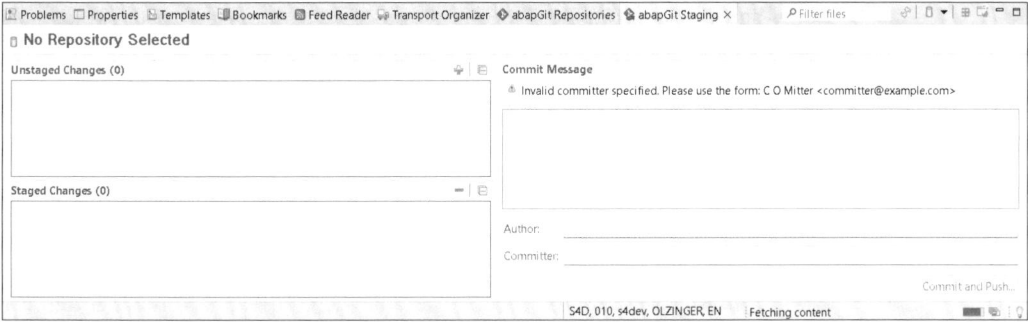

Abbildung 5.47 Ansicht »abapGit Staging«

Messages

Im Feld **Unstaged Changes** werden Ihnen die noch nicht in die Staging Area aufgenommenen Änderungen an den Entwicklungsobjekten angezeigt (siehe Abbildung 5.47). Das Feld **Staged Changes** zeigt Ihnen alle Änderungen, die in den nächsten Commit aufgenommen werden. Einen Commit erstellen Sie über das Feld **Commit Message**. Geben Sie eine Nachricht, den Autor und den Ersteller des Commits bekannt. Anschließend übergeben Sie die Änderungen der **Staged Changes** per Commit und Push.

Die Menüleiste dieser Ansicht bietet Ihnen eine Möglichkeit, ein Repository mit dieser Ansicht zu verknüpfen (siehe Abbildung 5.48).

Abbildung 5.48 Menüleiste in der Ansicht »abapGit Staging«

Staging

Folgende Optionen stehen hier zur Verfügung:

- **Aktualisieren**
  Die Ansicht lässt sich über die Schaltfläche (**Refresh**) aktualisieren.

- **Repository wechseln**
  Sie müssen die abapGit-Staging-Ansicht mit einem Ihrer abapGit-Repositorys verknüpfen. Klicken Sie hierzu auf die Schaltfläche (**Switch Repository**), und wählen Sie eines Ihrer Repositorys aus, für das die Ansicht gelten soll.
- **Verbundene Pakete öffnen**
  Über die Schaltfläche (**Open Linked Package**) können Sie das Paket des mit der Ansicht verbundenen Repositorys in den Paketdetails von Eclipse öffnen.
- **Ein Repository im Browser öffnen**
  Über die Schaltfläche (**Open Repository in Browser**) wird die Repository URL Ihres abapGit-Repositorys in Ihrem Standardbrowser geöffnet.

Sie sehen, dass sich mit dem abapGit Repositories ADT Plug-In die meisten Git-Vorgänge, die auch in der SAP-GUI-Variante von abapGit existieren, direkt in Eclipse durchführen lassen. Somit müssen Sie bei der ABAP-Entwicklung in Eclipse nie die IDE verlassen.

Nachdem wir uns nun die ABAP-seitige Versionierung mit abapGit angesehen und uns auf der On-Premise-Seite bewegt haben, zeigen wir Ihnen im nächsten Kapitel die Git-Versionierung in der Cloud.

Kapitel 6
Git in der Cloud-Entwicklung

Natürlich ist die Verwendung eines Versionsverwaltungswerkzeugs wie Git in der Cloud-Entwicklung nahezu unumgänglich, zumal es Ihnen einerseits die Versionierung und andererseits die gemeinsame Zusammenarbeit in solchen Projekten ermöglicht.

In diesem Kapitel schauen wir uns das *SAP Cloud Application Programming Model* etwas genauer an. Mit diesem Programmiermodell lassen sich vollständige Datenmodelle sowie auch alle erforderlichen Methoden zum Lesen und Manipulieren der Daten erstellen, die im Datenmodell verwaltet bzw. in der Datenbank gespeichert werden. Dabei können relativ große Datenmodelle schnell und effizient umgesetzt werden. Mittlerweile ist dieses Framework aufgrund seiner Vorteile in der SAP-Cloud-Entwicklung nicht mehr wegzudenken. Ebenso bringen wir Ihnen in diesem Kapitel das Verwenden von Branches näher. Die Verwendung von Branches wird oftmals vernachlässigt. Ein ordentliches Branching-Konzept verschafft Ihnen nicht nur einen Mehrwert im Hinblick auf die Flexibilität, sondern Sie profitieren auch davon, dass die Zusammenarbeit im Team vereinfacht wird. Vor allem, wenn Sie die Anwendungen mit dem SAP Cloud Application Programming Model umsetzen, bewährt sich der Einsatz von Git und Branches. In der Cloud-Entwicklung werden Updates sehr schnell und auch sehr häufig ausgeliefert, da kommt es nicht selten vor, dass Sie zu einem Zeitpunkt nur bestimmte Änderungen in die Produktion bringen möchten. Natürlich möchten Sie aber währenddessen auch an anderen Themen weiterentwickeln, die noch nicht in die Produktion gehen sollen. Um sich hier nicht zu blockieren oder selbst im Weg zu stehen, eignet sich für solche Fälle der Einsatz von Git und Branches ausgezeichnet. Außerdem wird durch die Verwendung von Branches gewährleistet, dass Ihnen immer eine stabile Version der Applikation zur Verfügung steht, auf die Sie im Fehlerfall jederzeit zurückgreifen können.

In Abschnitt 6.1, »Einführung in das SAP Cloud Application Programming Model«, erhalten Sie eine Einführung in das Cloud-Programmiermodell. Sie lernen die Grundlagen kennen und erfahren, wie Sie mit dessen Hilfe Applikationen erstellen.

Da in der Entwicklung mit dem SAP Cloud Application Programming Model vorrangig die beiden IDEs SAP Business Application Studio sowie Visual Studio Code zum Einsatz kommen, werden wir in Abschnitt 6.2, »Einbindung in SAP Business Application Studio«, und Abschnitt 6.3, »Einbindung in Visual Studio Code«, jeweils einmal in SAP Business Application Studio sowie in Visual Studio Code betrachten, wie dies genau vonstattengeht, und auf was Sie dabei achten müssen.

6.1 Einführung in das SAP Cloud Application Programming Model

Das SAP Cloud Application Programming Model legt den Schwerpunkt auf die Domäne, indem Domänenwissen anstelle von imperativem Kodieren in den Vordergrund gestellt wird. Für Kunden wird dabei die Fragestellung nach dem »Was« gelöst. Die Frage nach dem »Wie« wird durch die zugrunde liegenden Technologien abstrahiert. Dabei stellt SAP Core Data Services als leistungsfähige Sprache zur Erfassung von Domänenmodellen bereit und schafft dadurch die Basis für die Erleichterung einer engen Zusammenarbeit zwischen Domänenexperten*innen und Entwicklern*innen.

Mit der sich schnell verändernden Welt der Cloud-Technologien und -Plattformen Schritt zu halten, ist eine große Herausforderung – sowohl auf Hersteller- als auch auf Kundenseite. Diese Gefahr hat SAP erkannt und vermeidet im SAP Cloud Application Programming Model solche Lock-ins durch übergeordnete Konzepte und APIs. Damit werden die Low-Level-Plattformfunktionen und -protokolle weitgehend abstrahiert. Letzten Endes haben Sie als Entwickler*in oder Architekt*in die Kontrolle darüber, welche Werkzeuge oder Technologien Sie wählen und welchem Architekturmuster Sie folgen.

Full-Stack-Entwicklung

Das SAP Cloud Application Programming Model ist ein Framework aus Programmier- und Designsprachen, Bibliotheken und Werkzeugen für die Entwicklung von Services und Anwendungen im professionellen Unternehmensumfeld. Es gibt Entwickler*innen Best Practices an die Hand und stellt eine Vielzahl an sofort einsetzbaren Lösungen für wiederkehrende Aufgaben bereit. Das Programmiermodell ermöglicht Ihnen die Entwicklung von sogenannten *Full-Stack-Applikationen*. Darunter versteht man Applikationen, die alle Komponenten von der Persistenzschicht, über die Geschäftslogik und Servicebereitstellung bis hin zur Benutzeroberfläche enthalten. Das Framework besteht aus einer Mischung aus bewährten und weit verbreiteten Open-Source- und SAP-Technologien. Anwendungen werden entweder in JavaScript oder in Java entwickelt – in beiden Fällen handelt es sich um Open-Source-Frameworks. In JavaScript wird auf node.js in Kombination mit dem Framework Express gesetzt. In Java wird auf das Framework Spring zurückgegriffen. Darauf aufbauend verwendet das SAP Cloud Application Programming Model für die Modellierung der Persistenzschicht und der Serviceschicht Core Data Services (CDS). Dabei handelt es sich um eine domänenspezifische Sprache, die von SAP entworfen wurde. Zusätzlich werden Service-SDKs verwendet, um beispielsweise auf SAP S/4HANA Cloud zuzugreifen.

Sie können Entwicklungen mit dem SAP Cloud Application Programming Model sowohl lokal als auch in der SAP BTP durchführen. Sollten Sie die lokale Entwicklung bevorzugen, müssen Sie zwingend node.js und den zugehörigen *Node Package Manager* (npm) auf Ihrem Rechner installieren.

Datenbanken

SAP-Cloud-Application-Programming-Model-Applikationen verwenden entweder eine SQLite- oder eine SAP-HANA-Datenbank für die Speicherung der Daten. In der Entwicklung kann zusätzlich die Memory-Datenbank H2 verwendet werden. Dabei werden die Daten jedoch nach jedem Neustart der Anwendung gelöscht. Die Applikationen können sowohl in der Cloud als auch on-premise in SAP HANA bereitgestellt werden. Auf der Roadmap ist aktuell auch die NoSQL-Datenbank MongoDB zu finden. Obwohl die beliebte Open-Source-Datenbank Postgres kurzzeitig auf der Roadmap stand, hat man sich davon wieder verabschiedet, es gibt jedoch einen Postgres-Connector, der von der Community entwickelt wurde.

Einsatzszenarien

Das SAP Cloud Application Programming Model wird im Wesentlichen für zwei Szenarien eingesetzt:

- Zum einen steht die Entwicklung neuer Applikationen im Fokus. Mit dem Programmiermodell können Sie im Handumdrehen Applikationen für die Bereitstellung in der Cloud und on-premise erstellen. Auch die Mandantenfähigkeit, die SAP als Anbieter von ERP-Lösungen nahezu unschlagbar gemacht hat, wird vom SAP Cloud Application Programming Model standardmäßig unterstützt. Damit haben Sie die Möglichkeit, Anwendungen für verschiedene Mandanten unabhängig und vollständig isoliert voneinander bereitzustellen.
- Das zweite Einsatzszenario ist die Erweiterung von SaaS-Anwendungen. Diese werden üblicherweise ereignisgesteuert entwickelt. In der SaaS-Anwendung wird ein Ereignis ausgelöst, beispielsweise die Änderungen der Daten eines Kunden. Die Erweiterung registriert sich auf dieses Ereignis, sobald es eintritt, und führt bestimmte Funktionen aus.

6.2 Einbindung in SAP Business Application Studio

Die Entwicklung unter der Verwendung des SAP Cloud Application Programming Models findet hauptsächlich in SAP Business Application Studio statt. Daher werden wir in diesem Abschnitt die Verwendung von Branches in SAP Business Application Studio betrachten. Gerade in der Cloud-Entwicklung ist das Verwenden von Branches ein doch wichtiger Punkt. Die grundsätzliche Verwendung und Einbindung von Git ist auch unter der Verwendung des SAP Cloud Application Programming Models analog zur Beschreibung aus Kapitel 4, »Git in der SAPUI5-Entwicklung«.

Wie eingangs erwähnt, ist das Konzept der Branches, also die Möglichkeit, die Entwicklung in mehrere Entwicklungszweige aufzuteilen und diese später wieder zusammenzuführen, ein sehr mächtiges, wenn es entsprechend zum Einsatz kommt. Es kommt vor, dass Branches gar nicht explizit verwendet werden, was auch eine Möglichkeit ist. Nun, wofür sollen Branches verwendet werden? Grundsätzlich kommen Sie auch ohne Branches aus. Sie können genauso alles auf einem einzigen Branch (zumeist Main-Branch oder Master-Branch) – entwickeln. Allerdings wird Ihnen rasch auffallen, dass Sie keine ordentliche Trennung der verschiedenen Funktionalitäten bzw. Entwicklungsstände innerhalb des Git-Repositorys erreichen. Dies wäre grundsätzlich kein Problem, ist aber auch nicht ideal, wenn man bedenkt, dass entwickelte Funktionen in der Regel eine Qualitätssicherung durchlaufen müssen, bevor sie reif für das Produktivsystem sind. Liegen sämtliche Entwicklungen in einem einzigen Branch, können Sie sich vorstellen, dass es schwierig wird, immer eine stabile lauffähige Version parat zu haben. Setzen Sie stattdessen auf das Branching-Konzept, könnten Sie beispielsweise diesen stabilen Stand auf dem Main-Branch festhalten. Für die Entwicklung würden Sie einen eigenen Branch verwenden und diese Änderungen erst nach der Qualitätssicherung in den Main-Branch übernehmen. Das genannte Konzept mit einem Hauptzweig, der den lauffähigen Stand für das Produktivsystem und einen einzigen Entwicklungszweig enthält, vereinfacht Ihnen bereits die Entwicklung und Versionsverwaltung. Dadurch können Sie durchgeführte Änderungen um einiges besser voneinander trennen und stellen gleichzeitig sicher, immer eine lauffähige Version bereit zu haben.

Oftmals ist es bereits ausreichend, wenn Sie dieses simple Konzept verwenden. Arbeiten Sie allerdings an mehreren, unabhängigen Funktionen gleichzeitig, werden Sie früher oder später auch mit diesem Konzept an Ihre Grenzen stoßen und möglicherweise zum einen oder anderen Problem kommen. Spätestens dann bewährt es sich, mit sogenannten *Feature-Branches* zu arbeiten.

Unter einem Feature-Branch versteht man einen Branch, der eigens für die Entwicklung von umzusetzenden Funktionen erstellt wird. In der Praxis werden hierzu gerne zusammengehörige Funktionen in einem Branch zusammengefasst. Die Entwicklung dieser Funktionalitäten erfolgt anschließend als Ganzes in diesem Branch. Erst wenn die Entwicklungen abgeschlossen sind, wird der Feature-Branch in den anderen Branch zurückübertragen. Hierbei spricht man dann von einem Merge oder Rebase.

Bevor Sie mit dem Anlegen von Branches, dem Durchführen von Änderungen und der eigentlichen Versionsverwaltung beginnen können, ist ein Git-Repository erforderlich. Ob Sie hier Bitbucket, GitHub, das Git-Repository in der SAP BTP oder einen anderen Anbieter verwenden, ist gleichgültig. Wir verwenden in unserem Beispiel GitHub.

Remote-Repository erstellen

Loggen Sie sich in GitHub ein, und navigieren Sie zum Reiter **Repositories**. Hier sind sämtliche, bereits bestehende Repositorys zu sehen. Zusätzlich können Sie über die Schaltfläche **New** neue Repositorys anlegen. Klicken Sie auf die Schaltfläche, und navigieren Sie in die Detailsicht, in der nach der Angabe der erforderlichen Informationen ein neues Repository angelegt werden kann. Neben Informationen zum Eigentümer und zum Namen des Repositorys können Sie auch eine Beschreibung sowie Informationen zur Lizenz vergeben (siehe Abbildung 6.1).

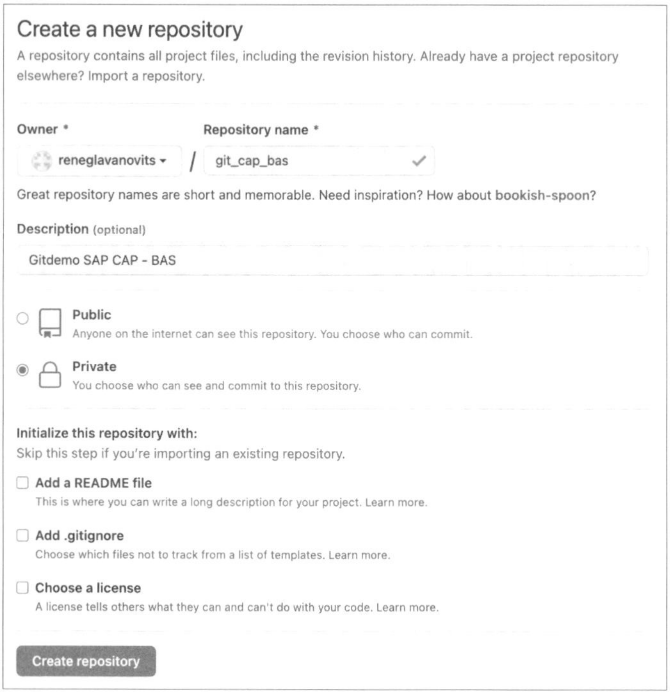

Abbildung 6.1 Git-Repository erstellen

Wie aus Abbildung 6.1 ersichtlich, kann nach der Angabe der erforderlichen Informationen das Repository durch einen Klick auf die Schaltfläche **Create Repository** angelegt werden.

Übersicht der Repositorys

Ist dies erledigt, kommen Sie zurück in eine Detailsicht des soeben angelegten Repositorys. Da allerdings noch kein Quellcode verwaltet wird, bekommen Sie lediglich eine Informationsseite zu sehen. Außerdem ist das angelegte Repository im Reiter **Repositories** zu sehen (siehe Abbildung 6.2).

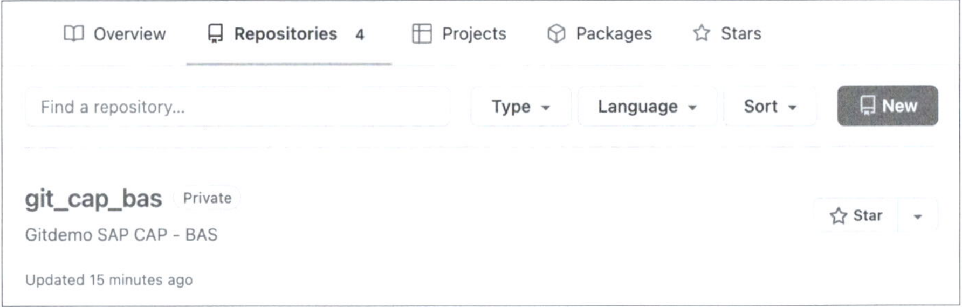

Abbildung 6.2 Übersicht der Git-Repositorys

Lokales Repository initialisieren

Nachdem Sie ein Repository angelegt haben, müssen Sie zunächst innerhalb der Applikation das lokale Repository initialisieren. In unserem Fall handelt es sich hierbei um eine Anwendung unter Verwendung des SAP Cloud Application Programming Models.

Navigieren Sie in SAP Business Application Studio mit einem Klick auf das Icon zum Reiter **Source Control**. Dort initialisieren Sie durch einen Klick auf die Schaltfläche **+** das lokale Repository (siehe Abbildung 6.3).

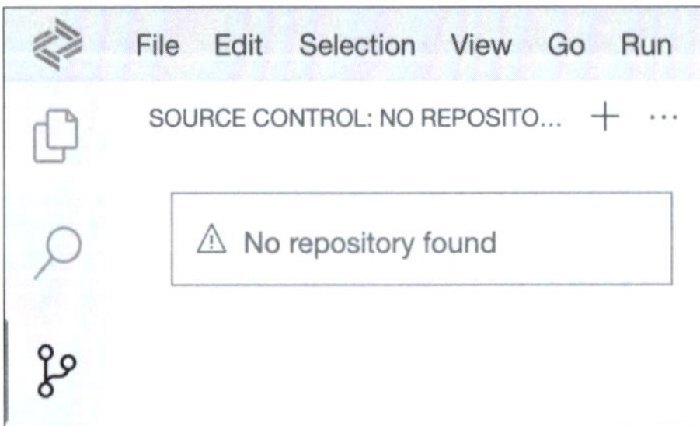

Abbildung 6.3 Lokales Repository initialisieren

Nachdem das lokale Repository initialisiert worden ist, sehen Sie in dieser Ansicht alle Dateien, die noch nicht von Git verwaltet werden. In unserem Fall sind hier noch alle Dateien ersichtlich. Um diese Dateien in einem Commit zusammenzufassen, wählen Sie über die Schaltfläche **+** alle Dateien aus und geben eine entsprechende Commit-Nachricht ein (siehe Abbildung 6.4).

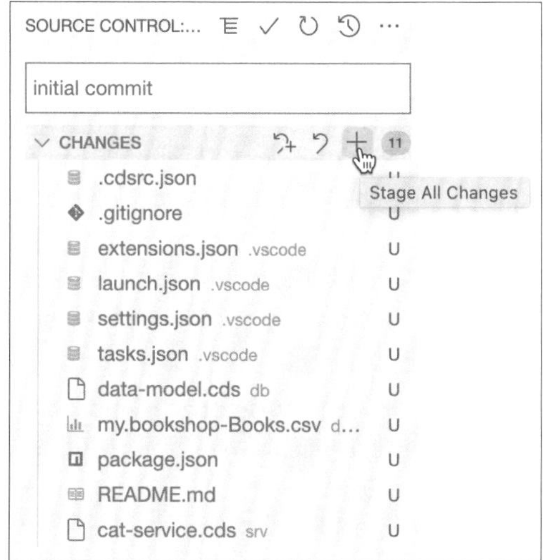

Abbildung 6.4 Commit der initialen Änderungen

Initialen Commit durchführen

Nachdem der Commit erfolgt ist, führen Sie den Push über die entsprechend benannte Schaltfläche im Kontextmenü durch. Zuvor muss allerdings noch, falls noch nicht geschehen, das Remote-Repository über **Remote • Add Remote** gesetzt werden. In den folgenden Eingabefeldern geben Sie die URL zum Git-Repository sowie die Anmeldeinformationen an. Nachdem Sie das Remote-Repository hinzugefügt haben, kann auch der erste Push erfolgen. Danach werden die Änderungen im Git-Repository sichtbar.

Auf diese Art und Weise kann natürlich die gesamte Entwicklung und Versionierung erfolgen. Ein Nachteil ist, dass so alles auf einem Branch erfolgt. Durch die Nutzung von Feature-Branches bringen Sie zusätzliche Flexibilität ins Spiel. Außerdem erreichen Sie dadurch eine verbesserte Kapselung einzelner Änderungen.

Wie solche Branches in SAP Business Application Studio angelegt werden und was sie auszeichnet, sehen wir uns im Folgenden an.

Branches anlegen

Um einen Branch anzulegen, wechseln Sie zum Reiter **Source Control**. Hier wählen Sie im Kontextmenü **Branch • Create Branch**. Anschließend erscheint ein Eingabefeld, in dem Sie den Namen des Branch angeben. Wir verwenden hier »feature-1« (siehe Abbildung 6.5). Üblicherweise stellt man mit diesem Branch einen Bezug zur Funktion her, die damit implementiert wird.

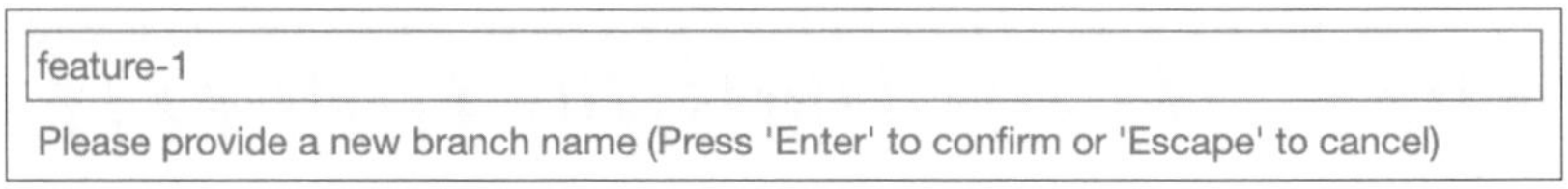

feature-1

Please provide a new branch name (Press 'Enter' to confirm or 'Escape' to cancel)

Abbildung 6.5 Branch in Business Application Studio erstellen

Veröffentlichen des lokalen Branch

Nach dem Bestätigen der Eingabe mit [↵] wird der Branch lokal angelegt. Im Reiter **Source Control** sehen Sie am Platzhalter der Commit-Nachricht, dass Sie sich nun auf diesem neuen Branch befinden. Natürlich soll dieser Branch aber nicht nur lokal zur Verfügung stehen, sondern auch im Remote-Repository. Dazu müssen Sie den Branch quasi »veröffentlichen« (im Englischen spricht man von *publish*). Dies erfolgt über **Branch • Publish Branch** im Kontextmenü.

Übersicht der Repositorys

Nun ist der Feature-Branch im Remote-Repository sichtbar (siehe Abbildung 6.6). Die Darstellung unterscheidet sich je nach verwendetem Repository, allerdings ist die Funktionsweise identisch.

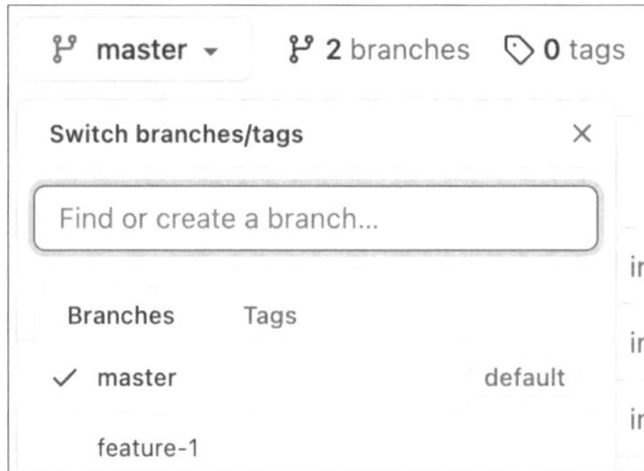

Abbildung 6.6 Branch-Übersicht im Remote-Repository

Änderungen durchführen

Nun wurde der Branch so weit angelegt, dass er für die Verwaltung verwendet werden kann. Als Nächstes können Sie Änderungen innerhalb des Projekts vornehmen. In unserem Fall bearbeiten wir hierzu eine der **.cds**-Dateien. Wie Sie in Abbildung 6.7 sehen, ist die Änderung durch die Markierung in Zeile 7 gekennzeichnet.

Committen der Änderungen

Sind alle erforderlichen Änderungen abgeschlossen, versehen Sie sie, wie gewohnt, mit einer Commit-Nachricht. Stellen Sie vorher sicher, dass Sie sich in dem richtigen Branch, also in dem soeben angelegten Feature-Branch, befinden. Dann wechseln Sie in den Reiter **Source Control** und fügen die Datei zur Staging Area hinzu (siehe Abbildung 6.8).

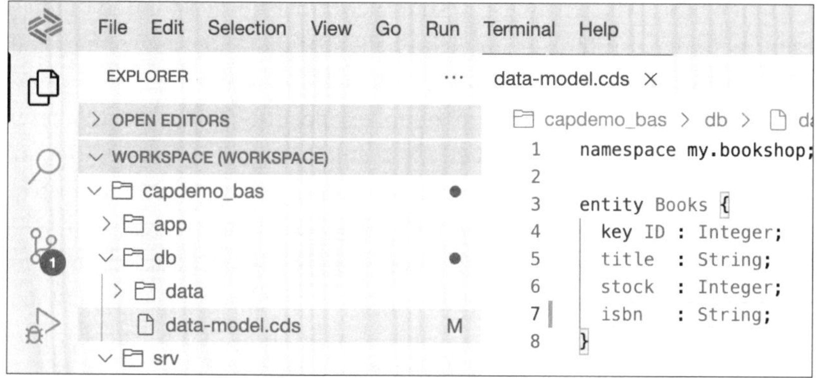

Abbildung 6.7 Änderungen im Quellcode durchführen

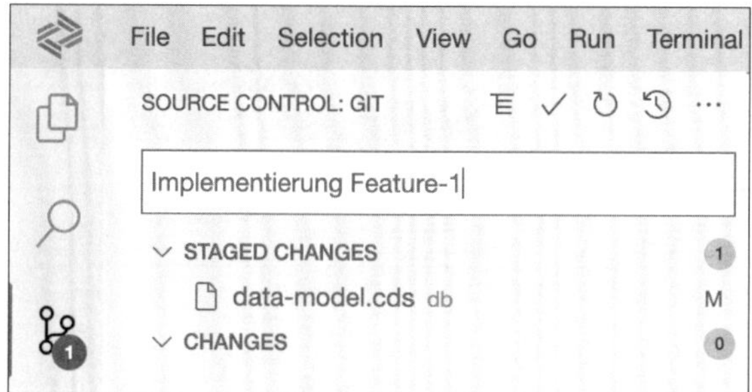

Abbildung 6.8 Änderungen zu einem Commit hinzufügen

Pushen der Änderungen

Anschließend führen Sie einen Commit, gefolgt von einem Push aus, um die Änderungen in das Remote-Repository zu übertragen. Dazu wählen Sie **Commit • Commit** sowie **Push** im Kontextmenü aus (siehe in Abbildung 6.9).

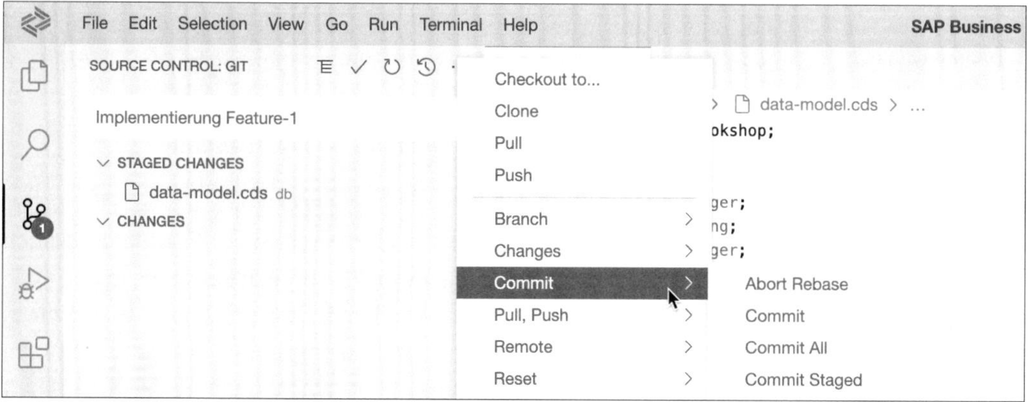

Abbildung 6.9 Commit und Push der Änderungen

Git-Historie der einzelnen Branches

Sie sehen nun, dass sich im Reiter **Source Control** keine geänderten Dateien mehr befinden. Prüfen Sie zur Sicherheit, dass die Änderungen auch tatsächlich im Remote-Repository angekommen sind. Betrachten Sie den Master-Branch bzw. Main-Branch im Remote-Repository, fällt auf, dass dieser keine neuen Commits beinhaltet (siehe Abbildung 6.10). Das liegt daran, dass Sie die Änderungen nicht im Main- sondern im Feature-Branch durchgeführt haben. Schauen Sie sich im Vergleich den Feature-Branch an, werden Sie sehen, dass der kürzlich durchgeführte Commit auf diesem sehr wohl zu finden ist, wie es in Abbildung 6.11 erkennbar ist. Die Ansicht der einzelnen Branches ist sowohl in Business Application Studio in der Git-Historie als auch im Git-Repository möglich.

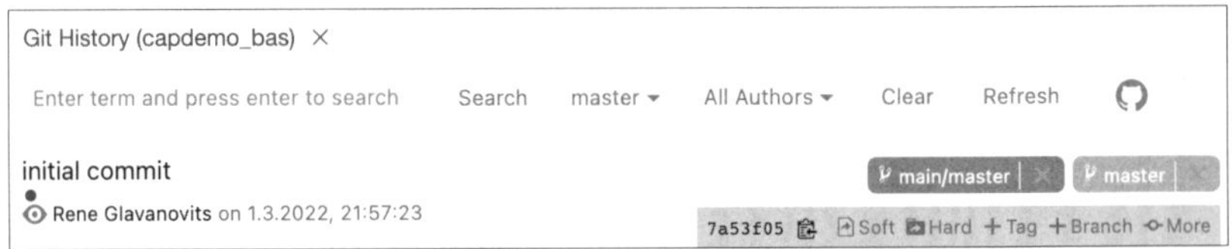

Abbildung 6.10 Git-Historie des Main-Branch

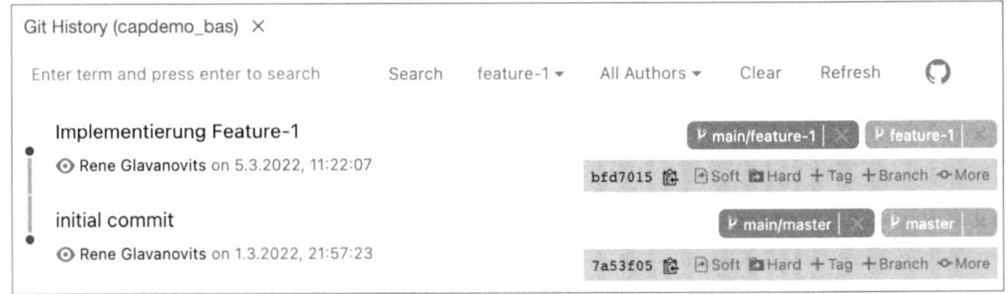

Abbildung 6.11 Git-Historie des Feature-Branch

Branches zusammenführen

Früher oder später ist es erforderlich, die auf anderen Branches durchgeführten Änderungen auf den Main-Branch zu übertragen. Um das zu tun, existieren zwei verschiedene Varianten:

- ein *Merge* des Feature-Branches in **master** (siehe Abschnitt 2.2.4)
- ein *Rebase* des Feature-Branches in **master** (siehe Abschnitt 2.2.8)

Zwischen Branches wechseln

Bevor Sie mit dem Übertragen der Änderungen in einen anderen Branch fortfahren, ist es wichtig, dass Sie sich in dem Branch befinden, in den auch die Änderungen übertragen werden sollen. In unserem Fall müssen wir in den Branch »master« wechseln, da wir die Änderungen des Feature-Branch in diesen übertragen möchten. Um den Branch zu wechseln, wählen Sie im Kontextmenü den Eintrag **Checkout to** und wählen den entsprechenden Branch.

6.2.1 Feature-Branch und Main-Branch zusammenführen

Im Folgenden sehen wir uns den Merge genauer an. Die Vorgehensweise bei einem Rebase ist identisch zu jener Vorgehensweise bei einem Merge.

Branches mergen

Um in SAP Business Application Studio einen Branch zu mergen, öffnen Sie im Reiter **Source Control** das Kontextmenü. Achten Sie darauf, dass Sie sich im Branch befinden, in dem die Änderungen übertragen werden sollen. Im Kontextmenü wählen Sie den Menüpfad **Branch • Merge Branch** (siehe Abbildung 6.12). Sollten Sie einen Rebase machen wollen, wählen Sie stattdessen **Branch • Rebase Branch** aus.

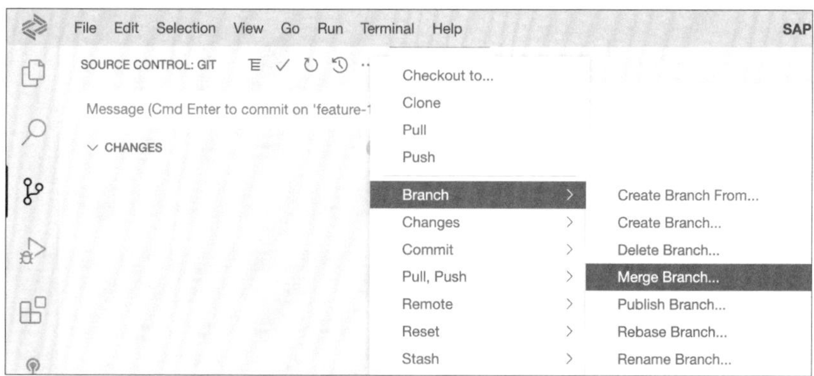

Abbildung 6.12 Merge-Branch in SAP Business Application Studio

Nach der Auswahl des entsprechenden Menüpunkts öffnet sich im oberen Bereich von SAP Business Application Studio ein Eingabefeld. Hier wählen Sie aus, welcher Branch für den Merge-Vorgang als Quelle verwendet werden soll. Da wir den Feature-Branch in den Main-Branch mergen möchten, wählen wir den Feature-Branch aus (siehe Abbildung 6.13).

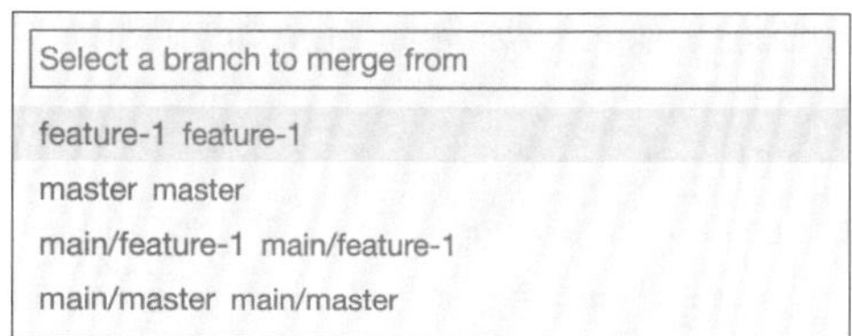

Abbildung 6.13 Quell-Branch in SAP Business Application Studio auswählen

Die Branches werden zunächst lokal gemergt. Das bedeutet, dass die Daten nur im lokalen Repository zusammengeführt wurden, aber nicht im Remote-Repository. Um diese Änderung auch im Remote-Repository zu veröffentlichen, muss lediglich ein Push Request durchgeführt werden. Dies geschieht wieder über den Eintrag **Push** im Kontextmenü des Reiters **Source Control**.

Historie vergleichen

Vergleichen Sie nun die beiden Branches mithilfe der Historie, erkennen Sie, dass der Commit, der auf dem Feature-Branch durchgeführt wurde, in den Main-Branch übernommen wurde. Somit befinden sich die beiden Branches nun auf dem gleichen Stand. In Abbildung 6.14 sowie in Abbildung 6.15 sehen Sie den Main- bzw. Feature-Branch.

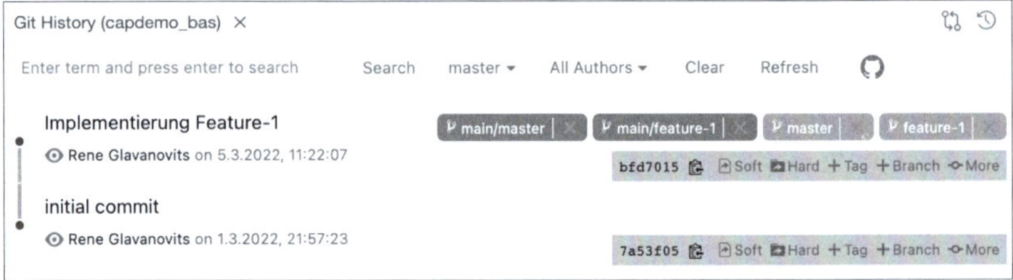

Abbildung 6.14 Main-Branch nach dem Zusammenführen der Branches

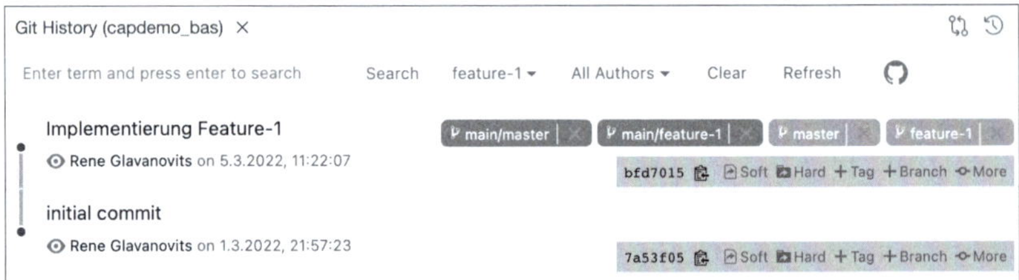

Abbildung 6.15 Feature-Branch nach dem Zusammenführen der Branches

Merge vs. Rebase

Grundsätzlich ist es egal, ob Sie einen Merge oder einen Rebase durchführen, um einzelne Branches zusammenzuführen. Der Unterschied liegt darin, wie die Änderungen integriert werden.

Bei einem Merge entsteht unter Umständen ein eigener Commit, der die Änderungen der beiden Branches miteinander vereint. Man spricht von einem nicht destruktiven Vorgang. Dies hat zur Folge, dass in der Commit-Historie möglicherweise nach jedem Merge ein eigener Commit zustande kommt.

Ein Rebase, der eher Fortgeschrittenen empfohlen wird, verzichtet hingegen auf das Erstellen eines neuen Commits. Stattdessen wird der gesamte Feature-Branch an die Spitze des Main-Branch verschoben. Vorteil hierbei ist, dass Sie eine übersichtliche Historie erhalten, wenn auch die Nachvollziehbarkeit etwas darunter leidet. Ein Nachteil des Rebase ist allerdings, dass das Auflösen von Konflikten unter Umständen komplexer und zeitintensiver ist als bei einem Merge.

6.2.2 Übersicht in GitLens

Wie es Ihnen wahrscheinlich schon aufgefallen ist, können im Reiter **Source Control** zwar sämtliche Git-Funktionen genutzt werden, allerdings fehlt eine Übersicht über alle verfügbaren Branches.

Natürlich könnten Sie die vorhandenen Branches direkt im Remote-Repository betrachten. Allerdings bietet uns auch die Erweiterung *GitLens* diese Funktionalität. Sie ist standardmäßig in SAP Business Application Studio integriert. Da es sich um eine Open-Source-Erweiterung handelt, kann sie auch ohne Probleme in Visual Studio Code hinzugefügt werden.

GitLens hilft Ihnen zu veranschaulichen, wer in welchen Dateien zu welchem Zeitpunkt Änderungen vorgenommen hat. Außerdem sehen Sie grundlegende Informationen zum Repository, wie z. B. eine Auflistung der Branches, der historischen Commits oder auch eine Liste der involvierten Personen.

Verfügbare Branches

Um beispielsweise alle verfügbaren Branches eines Repositorys einzusehen, wechseln Sie durch einen Klick auf das Icon in den Reiter **GitLens**. In diesem sehen Sie nun unter dem Punkt **Branches** eine Liste der verfügbaren Branches (siehe Abbildung 6.16).

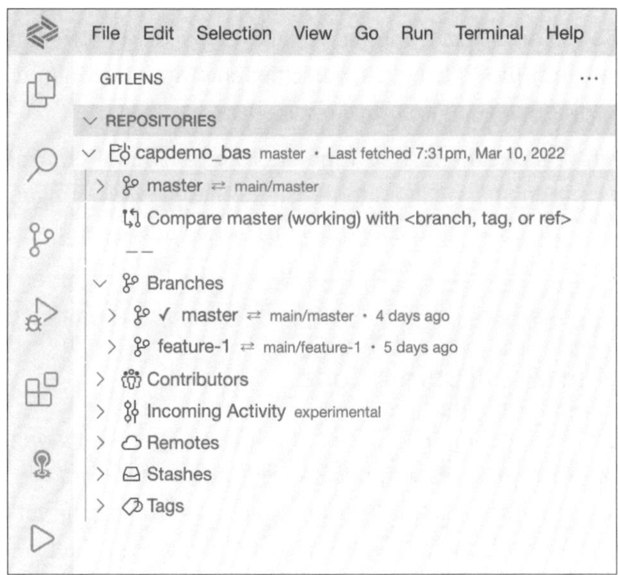

Abbildung 6.16 Verfügbare Branches in GitLens

Vorhandene Commits

Wenn Sie einen einzelnen Branch expandieren, sehen Sie zusätzlich, welche Commits dort durchgeführt wurden. Außerdem kann der Eintrag jedes

Commits weiter expandiert werden, wodurch die in diesem Commit durchgeführten Änderungen ersichtlich werden (siehe Abbildung 6.17).

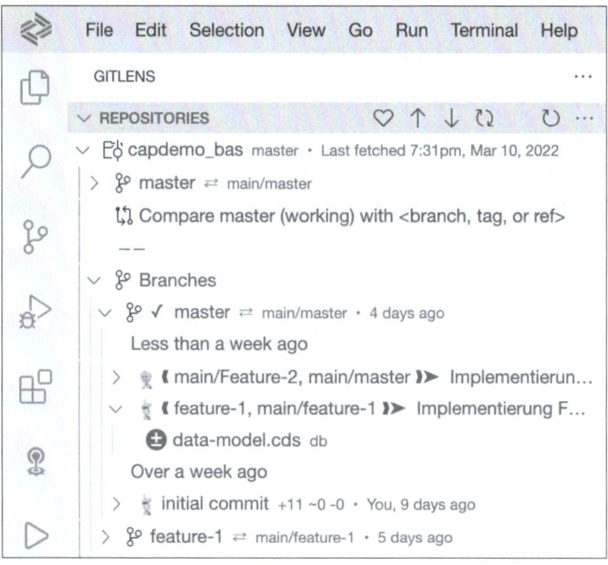

Abbildung 6.17 Commit eines Branch in GitLens

Unter der Verwendung von GitLens können Sie allerdings keine Aktionen durchführen. GitLens hilft Ihnen lediglich, verschiedene Informationen in einer übersichtlich aufbereiteten Variante darzustellen.

Für das Durchführen von Aktionen steht Ihnen der Reiter **Source Control** zur Verfügung. Sie können aber auch andere installierbare Erweiterungen oder Tools verwenden, um die entsprechenden Funktionen durchzuführen. Eine weitere Möglichkeit wäre die Verwendung der Kommandozeile.

6.3 Einbindung in Visual Studio Code

Nachdem wir uns im vorangehenden Abschnitt mit der Verwendung von Feature-Branches in SAP Business Application Studio befasst haben, schauen wir uns in diesem Abschnitt die Verwendung und den Umgang verschiedener Branches in *Visual Studio Code* an. Visual Studio Code bildet neben SAP Business Application Studio die zweite IDE, in der die Entwicklung mit dem SAP Cloud Application Programming Model erfolgen kann.

Repository klonen

Das in Abschnitt 6.2, »Einbindung in SAP Business Application Studio«, verwendete Git-Repository können Sie auch in Visual Studio Code weiterverwenden. Dazu klonen Sie das Repository, sodass es in Visual Studio Code verfügbar ist. Kopieren Sie dazu die URL des Git-Repositorys. Anschließend wechseln Sie in Visual Studio Code durch einen Klick auf [icon] in den Reiter **Source Control**. Wählen Sie hier die Schaltfläche **Clone Repository** (siehe Abbildung 6.18).

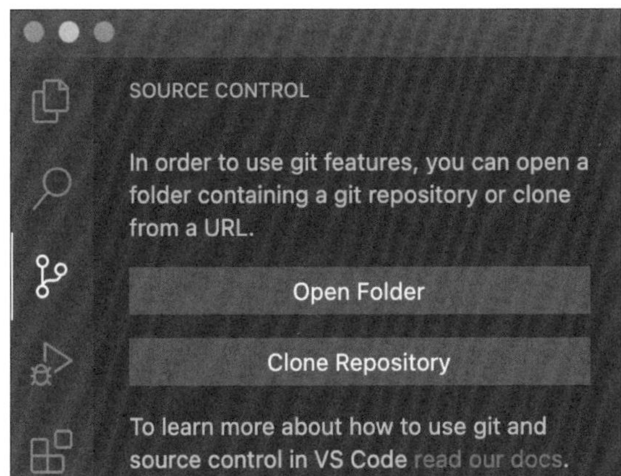

Abbildung 6.18 Repositorys in Visual Studio Code klonen

Es öffnet sich ein Eingabefeld, in das Sie die URL zum Repository einfügen (siehe Abbildung 6.19).

Abbildung 6.19 URL des Remote-Repositorys eingeben

Bestätigen Sie mit [↵], und wählen Sie einen Ordner aus, in den das Projekt geklont werden soll. Hierzu kann ein beliebiger Ordner auf dem Dateisystem ausgewählt werden (siehe Abbildung 6.20).

Klonvorgang abschließen

Mit **Select Repository Location** wird das Repository in den entsprechenden Ordner geklont. Der erfolgreiche Abschluss dieses Prozesses wird durch einen Dialog bestätigt (siehe Abbildung 6.21). Anschließend können Sie das Projekt in Visual Studio Code öffnen.

Branch anlegen

Da Sie in Abschnitt 6.2, »Einbindung in SAP Business Application Studio«, unter der Verwendung von SAP Business Application Studio bereits einen Branch mit dem Namen **Feature-1** angelegt haben, erstellen wir hier zu Demonstrationszwecken einen Branch mit dem Namen **Feature-2**.

Abbildung 6.20 Git-Repository in lokalen Ordner klonen

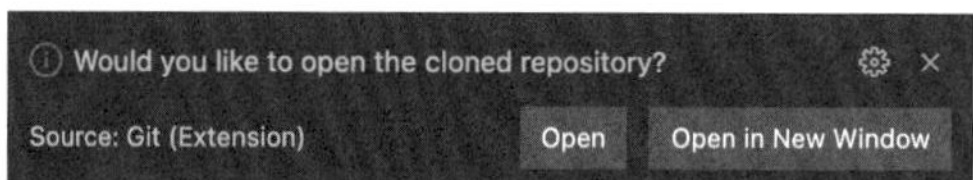

Abbildung 6.21 Erfolgreicher Abschluss des Klonvorgangs

Das Vorgehen ist grundsätzlich das Gleiche: Wählen Sie im Kontextmenü den Pfad **Branch • Create Branch** (siehe Abbildung 6.22). Im Eingabefeld geben Sie den Namen des zu erstellenden Branch an, in unserem Fall also »Feature-2« (siehe Abbildung 6.23).

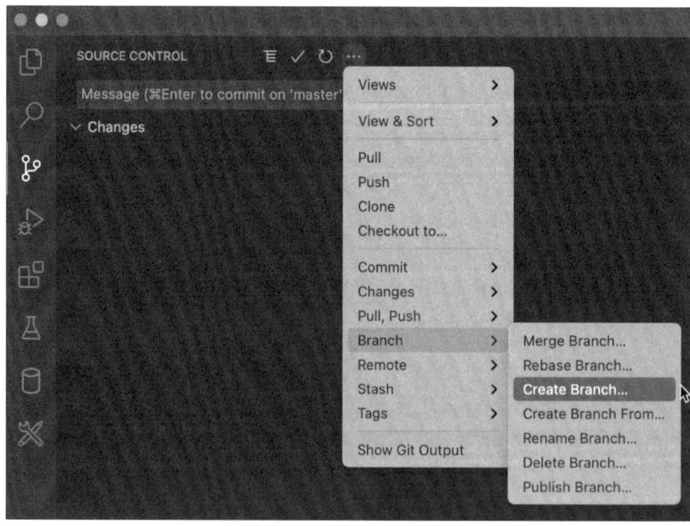

Abbildung 6.22 Branch in Visual Studio Code erstellen

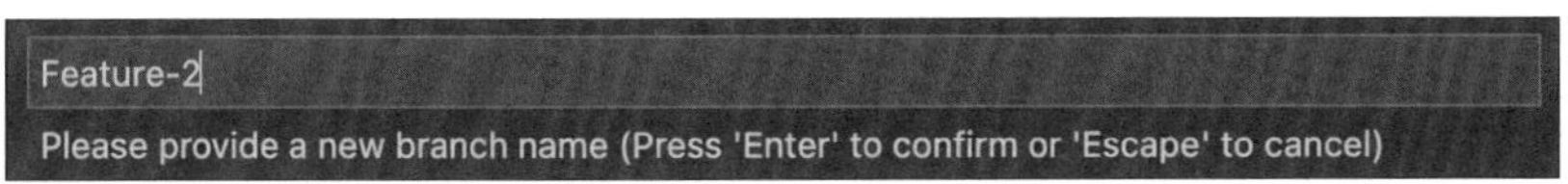

Abbildung 6.23 Branch-Namen eingeben

Branch veröffentlichen

Nachdem die Erstellung des neuen Branch mit Enter bestätigt worden ist, müssen Sie ihn noch veröffentlichen. Das bedeutet, dass der Branch auch im Remote-Repository angelegt wird, denn zum aktuellen Zeitpunkt existiert er nur lokal. Im Reiter **Source Control** finden Sie dazu die Schaltfläche **Publish Branch** (siehe Abbildung 6.24).

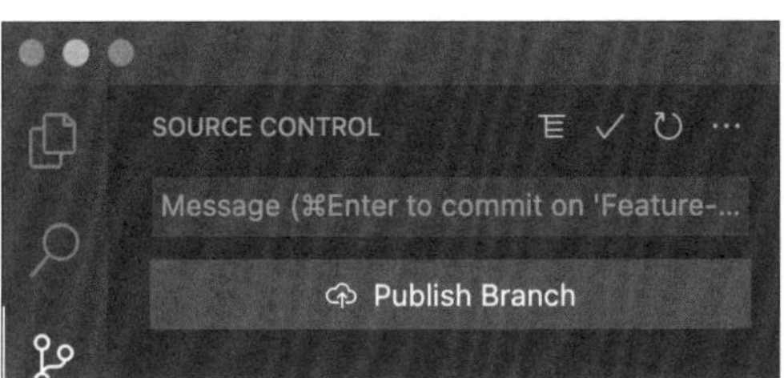

Abbildung 6.24 Branch in Visual Studio Code veröffentlichen

Übersicht der Branches

Nachdem der Branch veröffentlicht worden ist, ist er auch im Remote-Repository verfügbar. Dass er tatsächlich vorhanden ist, sehen Sie in der Übersicht der einzelnen Branches (siehe Abbildung 6.25).

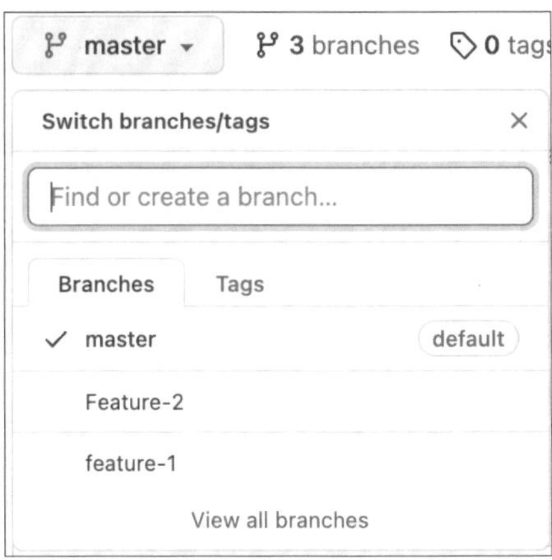

Abbildung 6.25 Übersicht der verfügbaren Branches

Um nun innerhalb dieses angelegten Branch Änderungen zu verwalten, öffnen Sie wieder eine der **.cds**-Dateien und bearbeiten sie, indem Sie z. B. ein neues Feld hinzufügen. Wenn Sie die Datei bearbeiten, wird dies an der Markierung in der jeweiligen Zeile gekennzeichnet. Außerdem wird die Datei in der Liste der geänderten Dateien innerhalb des Reiters **Source Control** aufgelistet (siehe Abbildung 6.26).

Abbildung 6.26 Datei in Visual Studio Code bearbeiten

Änderungen commiten

Anschließend fügen Sie die Änderung zur Staging Area hinzu. Ist dies erfolgt, kann nach der Eingabe einer Commit-Nachricht ein Commit durchgeführt werden. Dazu finden Sie im Kontextmenü die Einträge **Commit • Commit** (siehe Abbildung 6.27).

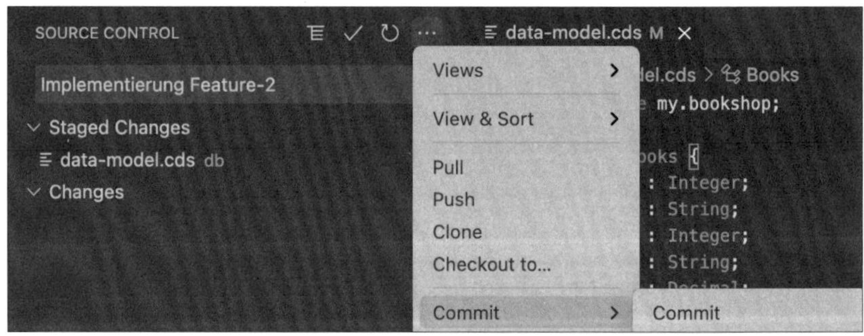

Abbildung 6.27 Commit in Visual Studio Code ausführen

Ausführen eines Commits

Bevor Sie einen Commit durchführen, sollten Sie darauf achten, in welchem Branch Sie sich gerade befinden. Commits werden nämlich immer in den aktiven Branches durchgeführt. In Visual Studio Code wird Ihnen der Name des aktiven Branch an zwei Stellen angezeigt: Dies ist einerseits das Eingabefeld für die Commit-Nachricht, wie es in Abbildung 6.28 ersichtlich ist.

Eine weitere Stelle, an der Sie den aktiven Branch identifizieren können, ist in der Statusleiste im unteren Bereich (siehe Abbildung 6.29).

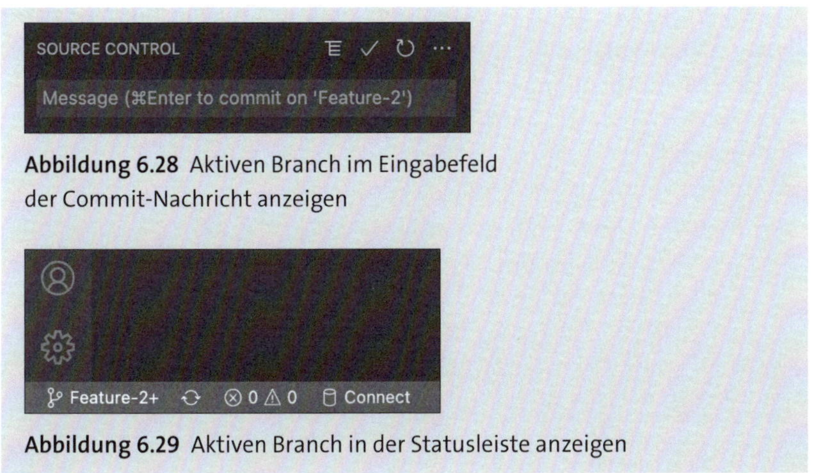

Abbildung 6.28 Aktiven Branch im Eingabefeld der Commit-Nachricht anzeigen

Abbildung 6.29 Aktiven Branch in der Statusleiste anzeigen

Änderungen in das Remote-Repository übertragen

Wurde der Commit durchgeführt, ist noch ein Push Request notwendig, um den Commit auch in das Remote-Repository zu übertragen. Dazu finden Sie im Reiter **Source Control** die Schaltfläche **Sync Changes** (siehe Abbildung 6.30). Optional könnten Sie auch im Kontextmenü die Schaltfläche **Push** auswählen.

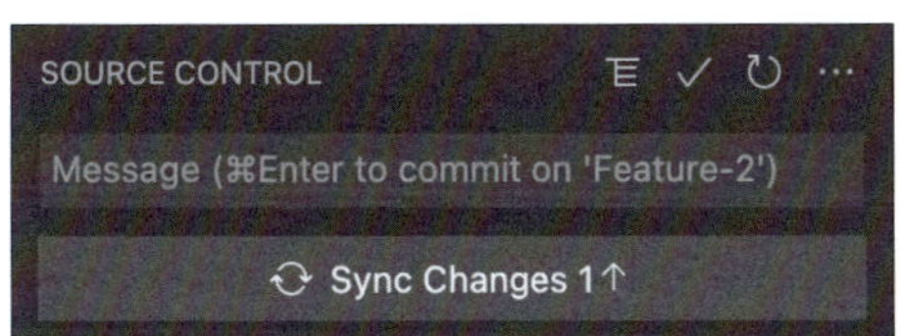

Abbildung 6.30 Änderungen in Visual Studio Code synchronisieren

Nach einem Klick auf die Schaltfläche ist der Push in einem Dialog wie in Abbildung 6.31 nochmals zu bestätigen.

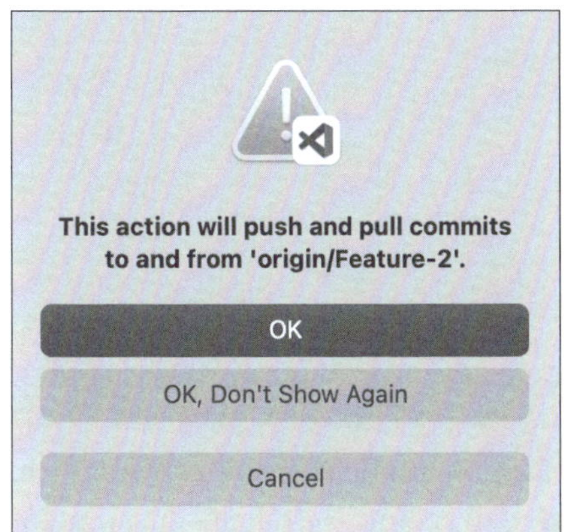

Abbildung 6.31 Synchronisierung bestätigen

Historie des Main-Branch

Betrachten Sie nun die durchgeführten Commits im Repository, ist zu erkennen, dass im Main-Branch **master** noch keine neuen Änderungen zu sehen sind (siehe Abbildung 6.32).

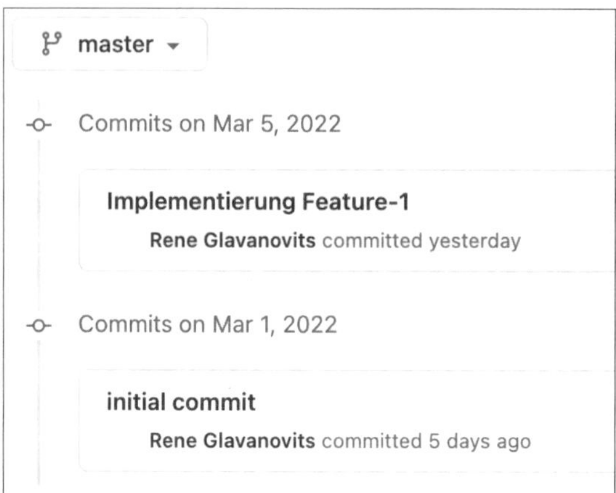

Abbildung 6.32 Git-Historie des Main-Branch

Historie des Feature-Branch

Im Branch mit dem Namen **Feature-2** ist hingegen der kürzlich durchgeführte Commit, wie in Abbildung 6.33 erkennbar, bereits zu sehen.

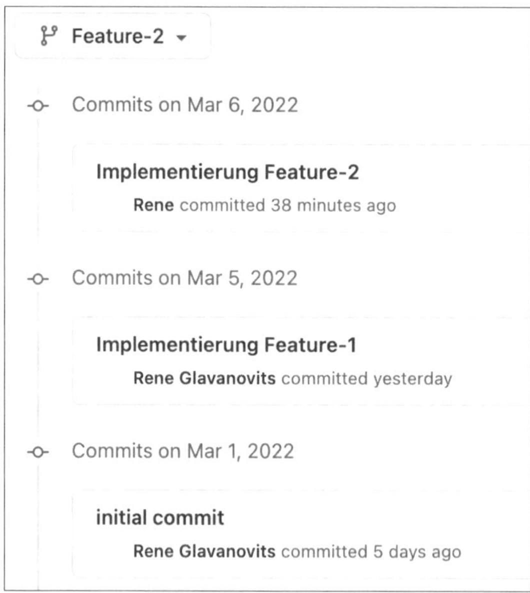

Abbildung 6.33 Git-Historie des Feature-Branch

Wie auch schon in SAP Business Application Studio ist es nun erforderlich, die beiden Branches – den Main- sowie den Feature-2-Branch – zusammenzuführen.

Branch wechseln

Dazu wechseln Sie in Visual Studio wieder in den Branch, in den die Änderungen integriert werden sollen – also in den Main-Branch **master**. Dies funktioniert über den Eintrag **Checkout to** im Kontextmenü. Wählen Sie im Dropdown-Menü den Branch **master** aus (siehe Abbildung 6.34).

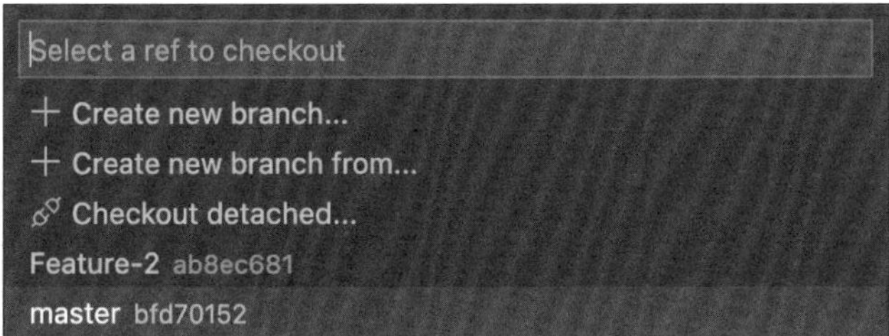

Abbildung 6.34 Auschecken des Branch »master« in Visual Studio Code

Nachdem Sie in den Main-Branch gewechselt sind, ist dies sowohl im Reiter **Source Control** als auch in der Statusleiste erkennbar.

Branches zusammenführen

Was jetzt noch aussteht, ist das Integrieren des Feature-Branch in den Main-Branch. Das kann entweder mit einem Merge oder mit einem Rebase erfolgen. Da der Prozess zum Durchführen der beiden Varianten sehr ähnlich ist und Sie in Abschnitt 6.2, »Einbindung in SAP Business Application Studio«, bereits einen Merge in SAP Business Application Studio durchgeführt haben, schauen wir uns nun die Integration des Branch mittels Rebase an. Öffnen Sie im Reiter **Source Control** das Kontextmenü, und selektieren Sie, wie es in Abbildung 6.35 zu sehen ist, die Einträge **Branch • Rebase Branch**.

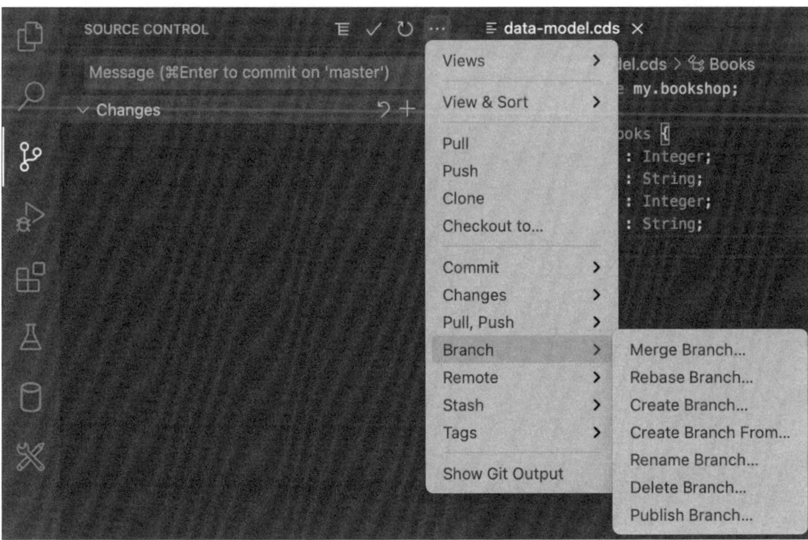

Abbildung 6.35 Rebase in Visual Studio Code durchführen

Sie sehen im Eingabefeld die möglichen Branches, die für einen Rebase infrage kommen. Wie es in Abbildung 6.36 zu sehen ist, wählen wir hier unseren Branch **Feature-2** aus.

Select a branch to rebase onto
origin/master (upstream)
Feature-2
origin/Feature-2
origin/feature-1
origin/HEAD

Abbildung 6.36 Feature-Branch für den Rebase auswählen

Der Rebase wird automatisch durchgeführt und wirkt sich zuerst nur lokal aus. Deshalb müssen die Änderungen wieder synchronisiert werden, um sie auch in das Remote-Repository zu übertragen. Haben Sie auch dies durchgeführt, werden die Änderungen im Remote-Repository sichtbar.

Histories des Repositorys

Betrachten Sie nun die Historie der beiden Branches im Remote-Repository, fällt auf, dass die Historie des **Feature-2**-Branch unverändert bleibt. Im Branch **master** hingegen existiert ein neuer Commit, der ursprünglich im Feature-Branch durchgeführt und nun in diesen integriert wurde. Außerdem beinhalten die beiden Branches nun die exakt gleichen Codestände. In Abbildung 6.37 ist die Historie des Main-Branch ersichtlich.

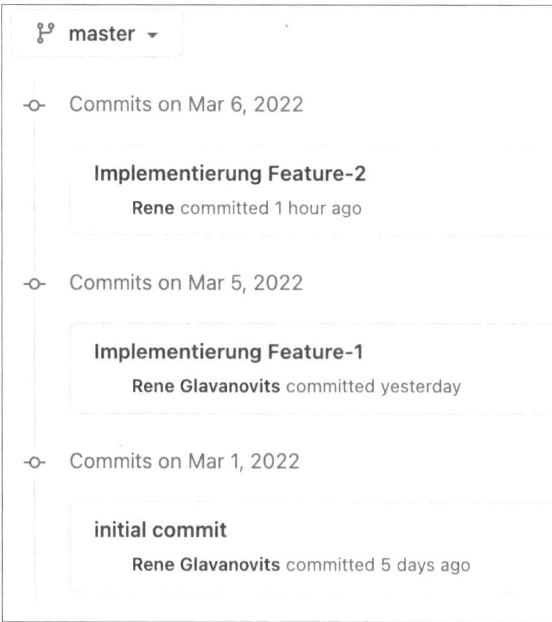

Abbildung 6.37 Main-Branch nach Rebase

Hier wurde das Konzept von Branches anhand eines sehr simplen Beispiels erklärt. In der Realität kommt es natürlich zu komplexeren Konstellationen. Zumeist bewährt es sich, zumindest Entwicklungs- und Produktivstände zu trennen. Allerdings ist es auch hilfreich und üblich, auch hier erwähnte Konzept von Feature-Branches zu verwenden.

Wie Sie sehen konnten, stellt die Verwendung von Branches in der laufenden Entwicklung kein Problem dar. Ganz im Gegenteil, dadurch erhalten Sie zum einen eine bessere Kapselung der zu entwickelnden Funktionen und zum anderen die Sicherheit, dass Sie jederzeit eine stabile Version parat haben. Anhand des Beispiels konnten Sie die Anwendung der Branches in den Entwicklungsumgebungen SAP Business Application Studio sowie Visual Studio Code näher betrachten. Im Folgekapitel wartet eine Betrachtung von SAP HANA XS Advanced sowie die damit verbundene Verwendung von Git auf Sie.

Kapitel 7
Git in der SAP-HANA-Entwicklung

Git ist vielseitig einsetzbar und lässt sich auch in die SAP-HANA-Entwicklung perfekt eingliedern. Die Entwicklungsumgebungen finden sich auch bei anderen SAP-Produkten wieder, sodass Sie das erworbene Wissen wiederverwenden können.

SAP HANA hat für SAP eine große strategische Bedeutung, weshalb wir in diesem Kapitel die aktuellen Entwicklungsumgebungen näher beleuchten möchten. Insbesondere wenn wir an das Flaggschiff-Produkt SAP S/4HANA, der vierten Generation der SAP Business Suite, denken, wird klar, dass an der SAP-HANA-Entwicklung längerfristig kein Weg vorbeiführt. Die Vielseitigkeit von SAP HANA zeigt sich auch in der Verwendung, da sich hier sehr viele Entwicklungen (analytische Modelle, Business Applications usw.) abbilden lassen, die Plattform mit den SAP HANA Extended Application Services aber auch als Applikationsserver eingesetzt werden kann.

Historie und Ausblick

In der Historie gab es schon mehrere Entwicklungsumgebungen wie z. B. die SAP HANA Web-based Development Workbench, jedoch ohne Git-Integration oder SAP HANA Studio. In diesem Kapitel behandeln wir das Arbeiten mit den integrierten Git-Werkzeugen der jeweiligen Entwicklungsumgebungen für SAP HANA. In Abschnitt 7.2 behandeln wir die Einbindung in die SAP Web IDE für SAP HANA, und in Abschnitt 7.3 zeigen wir Ihnen die Einbindung in SAP Business Application Studio. Wir setzen hier auf das erworbene Wissen rund um die Begrifflichkeiten und Funktionen, die Sie bereits in Kapitel 2, »Technische Grundlagen«, kennengelernt haben.

7.1 Einführung in SAP HANA XSA

Die Plattform

SAP HANA Extended Application Services Advanced Model (auch SAP HANA XS Advanced oder kurz SAP HANA XSA) ist die Plattform auf der hauseigenen Datenbank SAP HANA für die Entwicklung und Bereitstellung nativer datenintensiver Applikationen. Hierbei sollen die Vorteile und Eigenschaften der SAP-HANA-Datenbank, wie z. B. die In-Memory-Architektur, effizient genutzt werden. Aufgrund der Tatsache, dass Datenbank und Plattform aus einer Hand kommen, können Entwicklungen von einer gesteigerten

Performance im Vergleich zu klassischen relationalen Datenbanken wie Oracle oder Microsoft MSSQL Server profitieren.

Multi-Target-Applikationen

Diese Entwicklungen betreffen in der Regel sogenannte *Multi-Target Applications* (MTA), die mehrere Module oder auch Komponenten umfassen. Diese Komponenten haben jedoch einen gemeinsamen Lebenszyklus für Entwicklung und Betrieb. Üblicherweise betrifft ein komplexes Projekt mehrere Module, wie z. B. die Entwicklung einer Benutzeroberfläche, basierend auf JavaScript-Bibliotheken, die Entwicklung von OData-Schnittstellen und die Verwaltung der Daten in einer Datenbank. Die verschiedensten Module haben jeweils Abhängigkeiten zu Laufzeitumgebungen und zu Laufzeitartefakten. Aufgrund dieser Abhängigkeiten werden die einzelnen Module meist in verschiedenen Plattformen und Umgebungen installiert und bereitgestellt. SAP hat, vor allem hinsichtlich der Tatsache, dass diese Module dem gleichen Business-Szenario angehören, einen Weg ermöglicht, wie diese Module gemeinsam als ein Artefakt bereitgestellt werden können. Dieses Ergebnis trägt den Namen MTA.

SAP Web IDE für SAP HANA

Zu den Entwicklungstools zählt u. a. die SAP Web IDE für SAP HANA. Diese browserbasierte Entwicklungsumgebung (kurz IDE) steht für die Entwicklung von SAP-HANA-basierten Anwendungen zur Verfügung, die aus webbasierten oder mobilen Benutzeroberflächen, Geschäftslogik und/oder umfangreichen SAP-HANA-Datenmodellen bestehen können. Die SAP Web IDE für SAP HANA stellt eine Vielzahl an Werkzeugen bereit, die das Erweiterungsmodell von SAP HANA XSA nutzen. Hierbei stehen Entwickler*innen fortgeschrittene Editoren mit Code-Vervollständigung und Syntax-Highlighting, SAP-HANA-Artefakte, grafische Editoren für CDS-Datenmodelle und sogenannte *Calculation Views* zur Verfügung. Test- und Debugging-Tools sind auch Teil dieser Entwicklungsumgebung.

Um die Entwicklungen von MTA-Projekten zu optimieren, bietet die SAP Web IDE für SAP HANA die folgenden Funktionen und Tools:

- Verwaltung von Anwendungen
- Palette an aktuellen Entwicklungstools
- geführte Dialoge und Codevorlagen
- Aktualisierung von Abhängigkeiten zwischen einzelnen Artefakten
- Entwicklungs- und Deployment-Tools

7.2 Einbindung in die SAP Web IDE für SAP HANA

In diesem Abschnitt nehmen wir das Arbeiten mit Git in der SAP Web IDE für SAP HANA genauer unter die Lupe. Wir verwenden als Projektvorlage **SAP Cloud Platform Business Application** (das Pendant in der Cloud ist auch unter dem Namen SAP Cloud Application Programming Model bekannt), jedoch können Sie das erlernte Wissen rund um Git bei alle Projekttypen anwenden.

Projekt anlegen

In Abbildung 7.1 sehen Sie, wie Sie dieses Projekt in der SAP Web IDE für Ihr SAP-HANA-Projekt anlegen. Im ersten Schritt wählen Sie den Projekttyp bzw. die Projektvorlage aus und bestimmen in den nächsten Schritten die Projektdetails mithilfe eines geführten Dialogs.

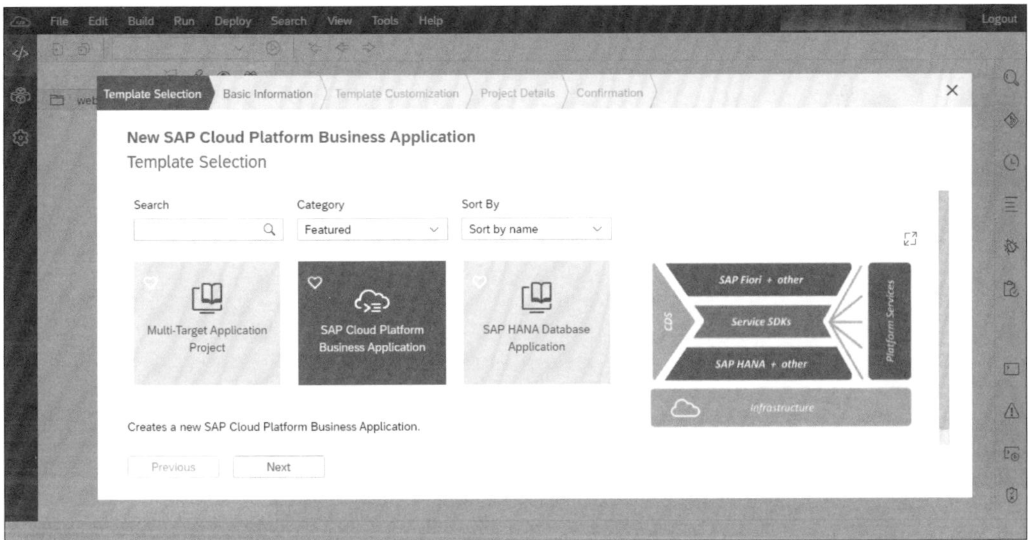

Abbildung 7.1 Projektvorlage auswählen

Git initialisieren

Um ein lokales Repository zu erstellen, öffnen Sie das Kontextmenü des Projekts und wählen die Einträge **Git • Initialize Local Repository** (siehe Abbildung 7.2).

Autoreninformationen

Damit Ihre Aktionen unter Ihrem Namen aufgezeichnet werden, müssen Sie eine E-Mail-Adresse und einen Namen mitgeben, der angezeigt wird, wenn Sie einen Commit verfassen. Unsere Eingaben sehen Sie in Abbildung 7.3.

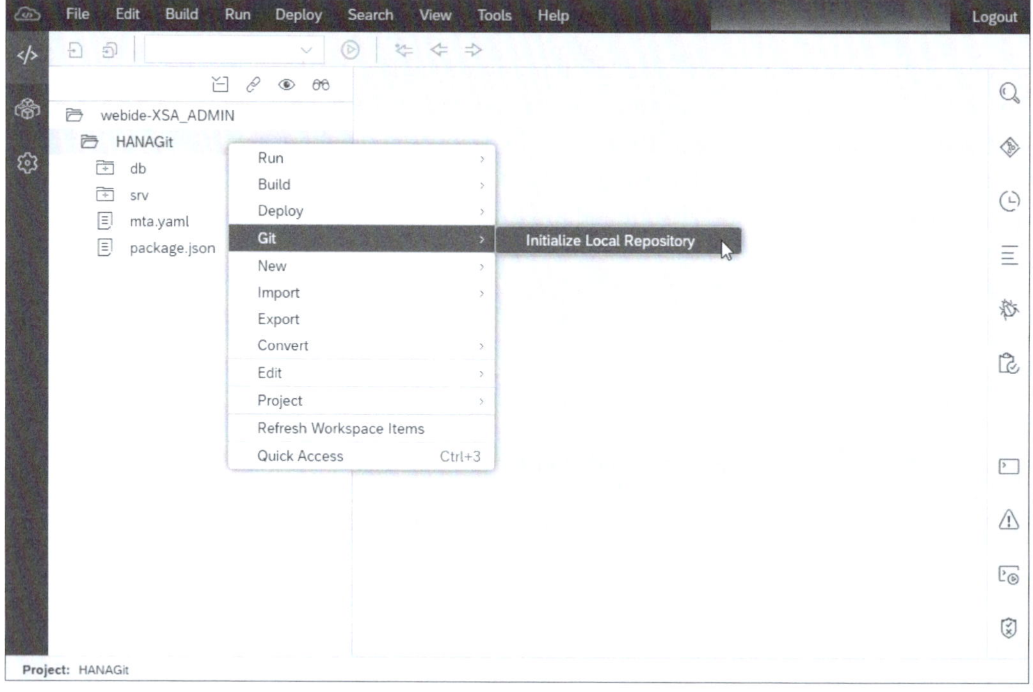

Abbildung 7.2 Lokales Git-Repository initialisieren

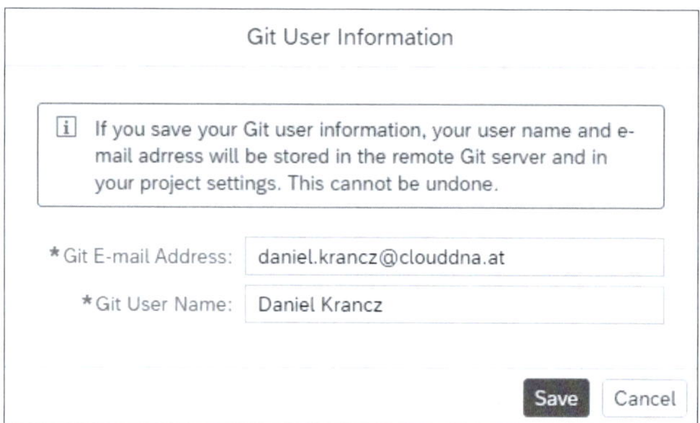

Abbildung 7.3 Autoren-Informationen

Remote-Repository setzen

Nachdem Sie alles initialisiert haben, ändert sich die Ansicht für das Projekt. Diese Änderungen werden wir Schritt für Schritt behandeln, wir fangen jedoch mit der Erfolgsmeldung im rechten oberen Bildrand an. Diese Meldung zeigt nicht nur, dass das lokale Repository erfolgreich initialisiert wurde, sondern gibt Ihnen auch die Möglichkeit, schon an dieser Stelle ein Remote-Repository anzubinden (siehe Abbildung 7.4). Diese Anbindung können Sie auch zu einem späteren Zeitpunkt über das Kontextmenü des Projekts über **Git • Set Remote** vornehmen.

File
Edit
Build
Run
Deploy
Search
View
Tools
Help
Logout
Your local repository was initialized.
Set Remote
webide-XSA_ADMIN
** HANAGit [master]
** db
** srv
** mta.yaml
** package.json
Project: HANAGit

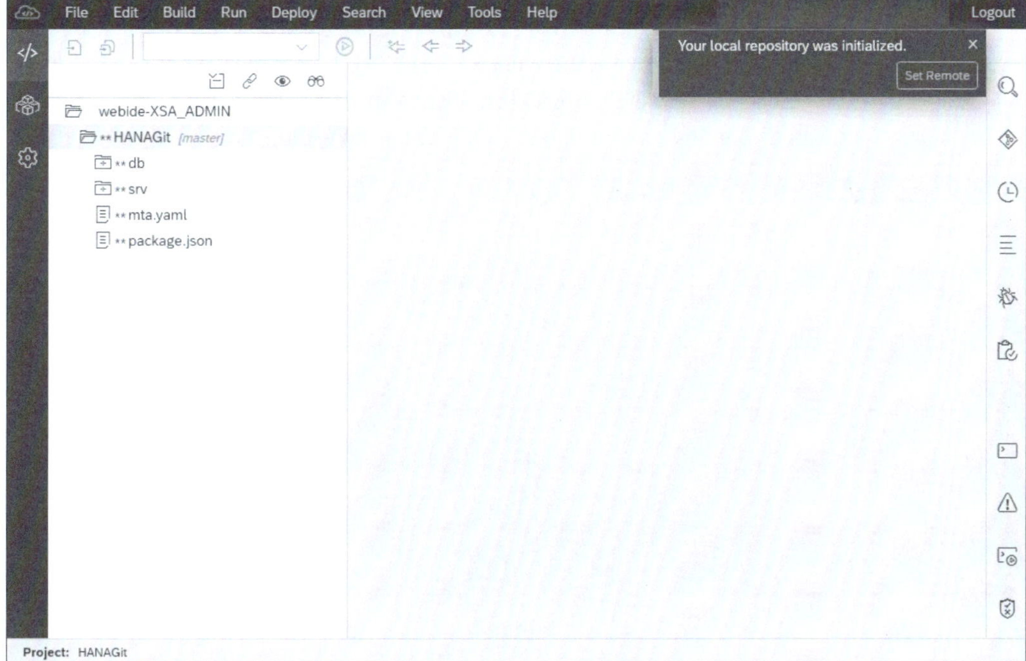

Abbildung 7.4 Erfolgsmeldung inklusive Möglichkeit zum Setzen eines Remote-Repositorys

Egal, welchen Weg Sie wählen, in jedem Fall werden Sie bei einem Dialog landen, wie er in Abbildung 7.5 zu sehen ist. Hier müssen Sie die URL des Remote-Repositorys angeben.

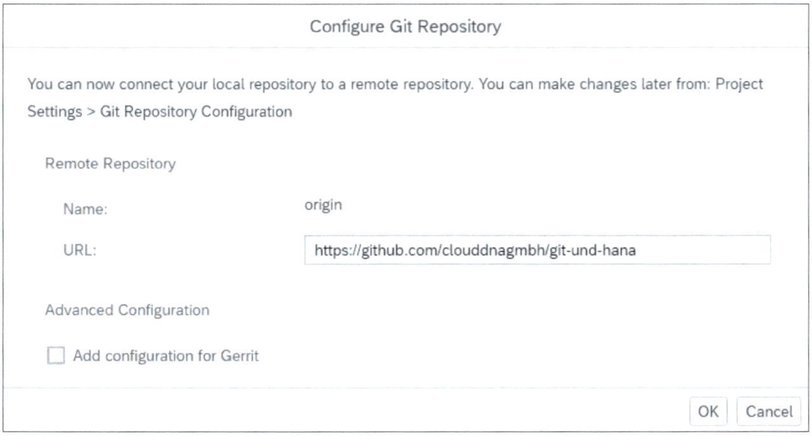

Configure Git Repository
You can now connect your local repository to a remote repository. You can make changes later from: Project Settings > Git Repository Configuration
Remote Repository
Name:
origin
URL:
https://github.com/clouddnagmbh/git-und-hana
Advanced Configuration
Add configuration for Gerrit
OK
Cancel

Abbildung 7.5 Remote-Repository hinzufügen

Git Pane

Die SAP Web IDE für SAP HANA hat eine integrierte Oberfläche, die Git Pane. Diese Oberfläche bietet Ihnen die Möglichkeit, die wichtigsten Funktionen mittels Benutzereingaben statt Kommandos und Befehlen zu tätigen (siehe Abbildung 7.6). Die SAP Web IDE für SAP HANA hat den gleichen Eclipse-Kernel wie die SAP Web IDE in der SAP BTP. Wir haben die Git Pane in Kapitel 4, »Git in der SAPUI5-Entwicklung«, ausführlich behandelt und gehen daher an dieser Stelle nicht näher auf die Oberfläche ein.

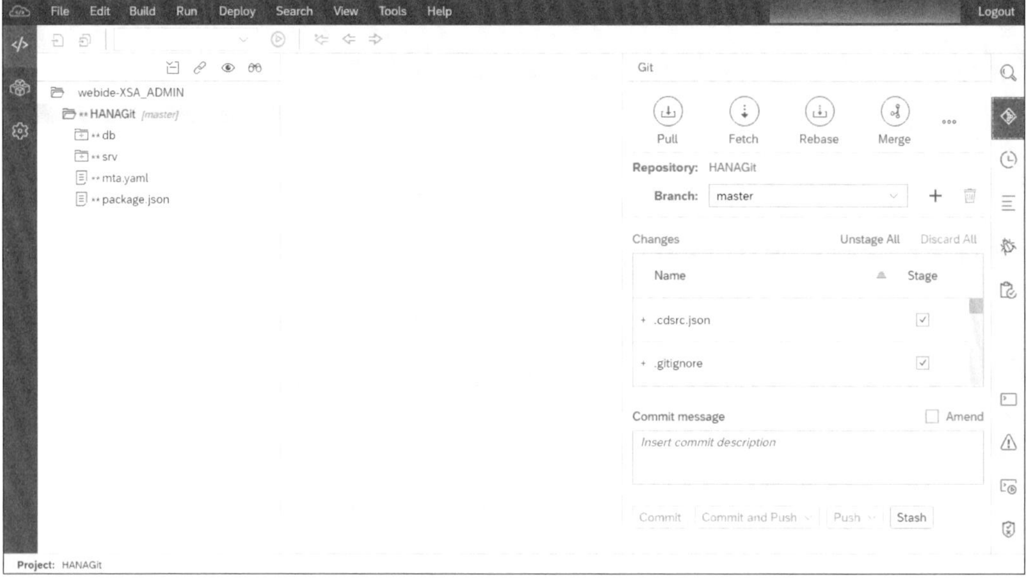

Abbildung 7.6 Integrierte Git Pane

Commit

Haben Sie neue Änderungen, die Sie in einem Commit verpacken wollen, müssen Sie, wie in Abbildung 7.7 dargestellt, vorgehen:

❶ Mit **Stage All** bringen Sie alle Änderungen in die Staging Area. Mit **Unstage All** entfernen Sie wieder alle Änderungen aus der Staging Area.

❷ Die Staging Area kann hier überprüft werden. Änderungen können manuell durch das Auswählen der Checkboxen hinzugefügt oder entfernt werden.

❸ Eine Commit-Nachricht bzw. -Beschreibung muss mitgegeben werden.

❹ Abschließend wird der Commit durchgeführt. Hier kann auch ein Commit gleichzeitig mit einem Push kombiniert werden.

Lebenszyklen von Dateien

Im Bereich links, im sogenannten *Project Explorer*, in dem Ihr Projekt mit allen Dateien gelistet ist, sehen Sie nun neben allen Dateien kleine Punkte (siehe Abbildung 7.8).

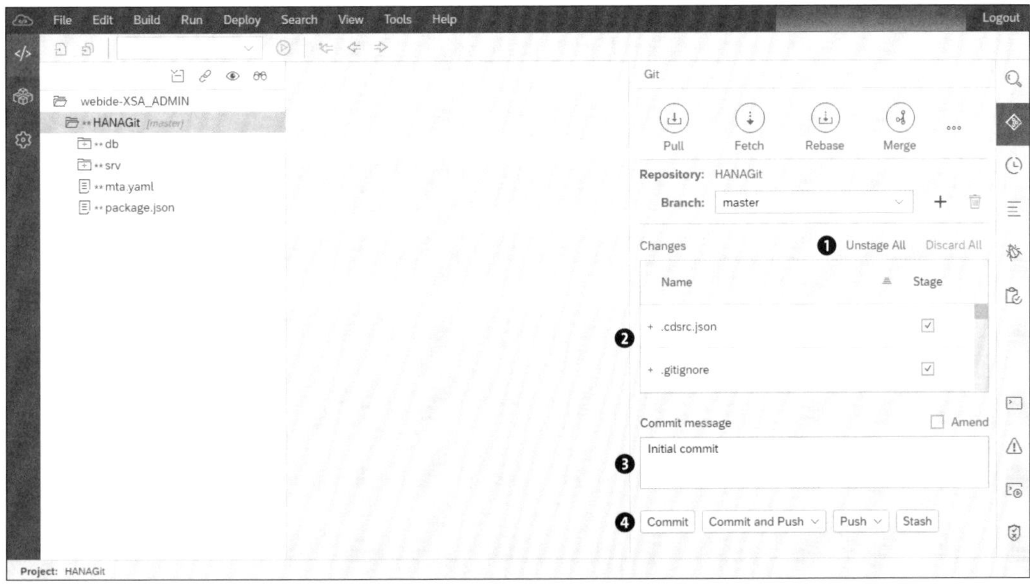

Abbildung 7.7 Der erste Commit in der SAP Web IDE für SAP HANA

Diese Punkte zeigen an, an welchem Punkt in ihrem Lebenszyklus sich die Datei gerade befindet. Dabei sprechen wir von den bekannten Zuständen **Unmodified**, **Modified** und **Staged**.

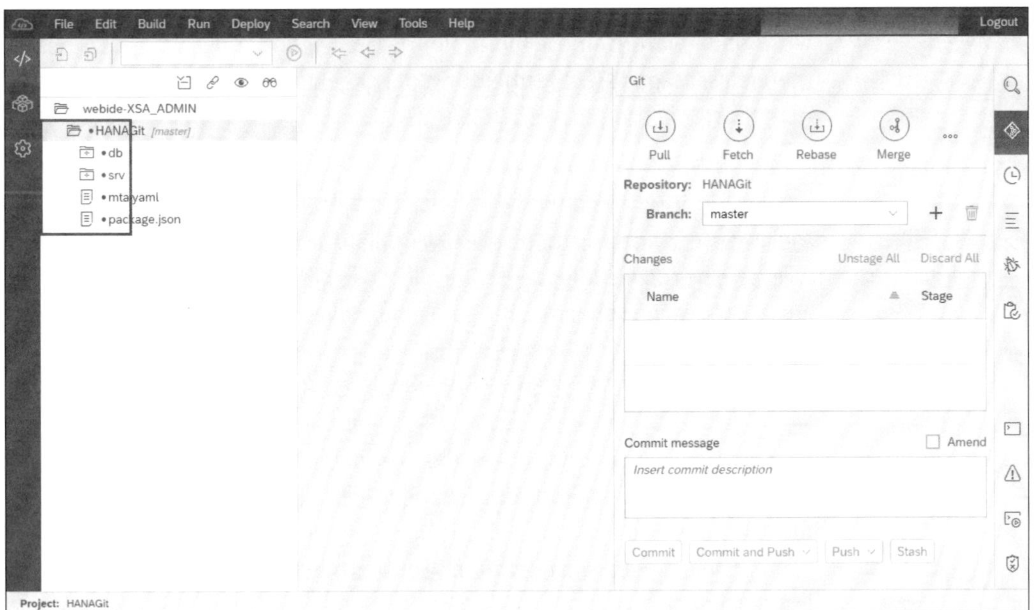

Abbildung 7.8 Dateikennzeichnung

Pull

Führen Sie nun den ersten Pull aus, um zu sehen, ob sich etwas im Remote-Repository getan hat. Sollten Änderungen vorhanden sein, werden diese mittels Merge mit Ihrem aktuellen lokalen Stand zusammengeführt.

Wenn es zur ersten Interaktion mit dem Remote-Repository kommt, werden Sie aufgefordert, sich zu authentifizieren. Hierbei empfehlen wir eine Authentifizierung mittels Tokens, wie auch in Abschnitt 3.3, »GitHub«, anhand von GitHub näher erklärt. Diese Authentifizierung sehen Sie in Abbildung 7.9.

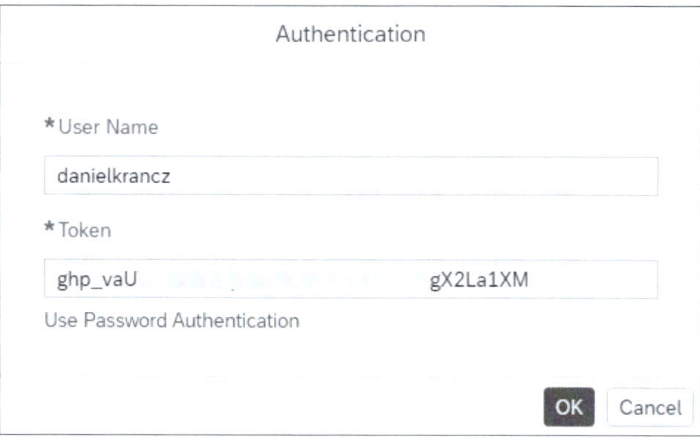

Abbildung 7.9 Authentifizierung bei Pull

Namen des Remote-Branch

An dieser Stelle hätten wir erwartet, dass unser Pull durchgeht, jedoch sehen wir wider Erwarten eine Fehlermeldung (siehe Abbildung 7.10). Kurz zusammengefasst sagt die Fehlermeldung, dass kein Remote-Branch mit dem Namen **master** gefunden werden konnte.

[!]

Remote-Branch von der SAP Web IDE nicht gefunden

Seitdem GitHub seine Namenskonventionen umgestellt hat, wird beim Anlegen eines Repositorys der Strang nicht wie bisher üblich mit dem Namen **master** erstellt, sondern mit dem Namen **main**. Da die SAP Web IDE diese Änderung (noch) nicht erkennt, müssen Sie dieses Verhalten entweder in der SAP Web IDE oder in Ihren GitHub-Einstellungen übersteuern.

Einstellungen

Jetzt würde man natürlich erwarten, dass im entsprechenden Kontextmenü ein Absprung zu den Git-Einstellungen existiert. Hier werden Sie leider nicht fündig, denn die Einstellungen zu Git sind in den Projekteinstellungen versteckt. Wählen Sie dazu im Kontextmenü den Eintrag **Project • Project Settings**.

```
9:07:50 AM (git) Cannot get committed changes while trying to read the field 'w1' of a null object loaded from local variable 'toFind'
9:08:47 AM (git) Project HANAGit: Commit request completed successfully
9:08:58 AM (git) Project HANAGit: Pull request failed. Could not pull because remote ref is missing for branch refs/heads/master.
9:10:30 AM (git) Project HANAGit: Push request failed undefined
9:10:30 AM (git) Could not push refspec master -> refs/heads/main to the branch origin. Try to merge the remote changes using pull, and then push
Error Status: REJECTED_NONFASTFORWARD.
9:10:30 AM (git) Project HANAGit: Push request failed
```

Abbildung 7.10 Fehlermeldung sowohl bei Pull als auch bei Push

Wie in Abbildung 7.11 dargestellt, gibt es bei den Projekteinstellungen den Bereich **Git Repository**. In diesen Einstellungen gibt es auch den Parameter `branch.master.merge`, der beschreibt, nach welchem Remote-Branch gesucht wird. Der Wert `refs/heads/master` muss auf `refs/heads/main` geändert werden, da das Remote-Branch in GitHub automatisch mit dem Namen **main** angelegt wurde.

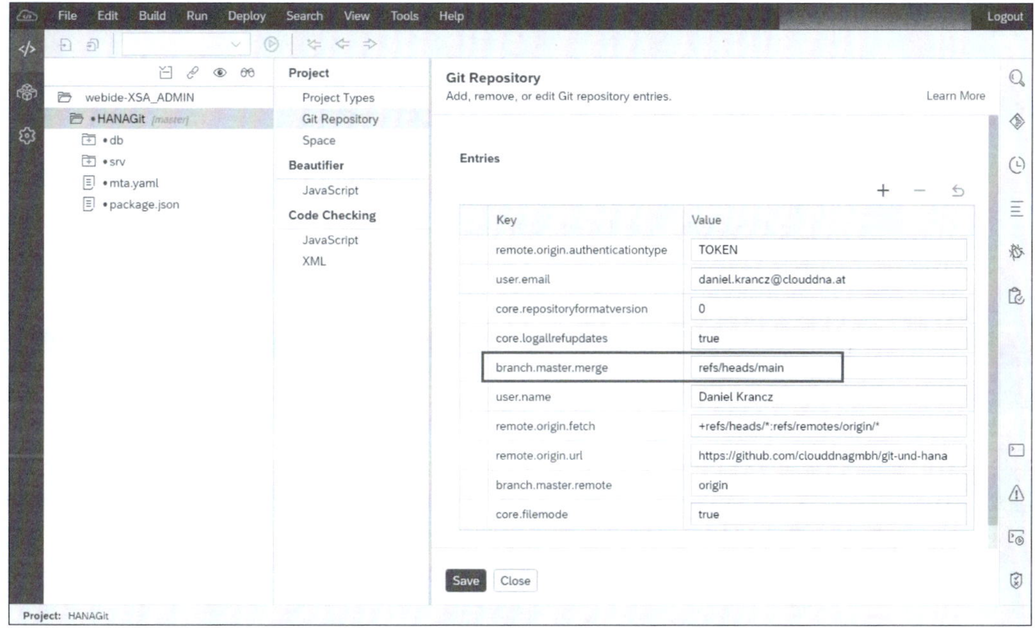

Abbildung 7.11 Projekteinstellungen zum Git-Repository

Beim nächsten Versuch wird der Pull funktionieren, und nun sehen Sie auch, dass sich im Hintergrund etwas getan hat (siehe Abbildung 7.12). Rechts in der Git Pane sehen Sie, dass das lokale Repository drei Commits vor dem Remote-Branch liegt.

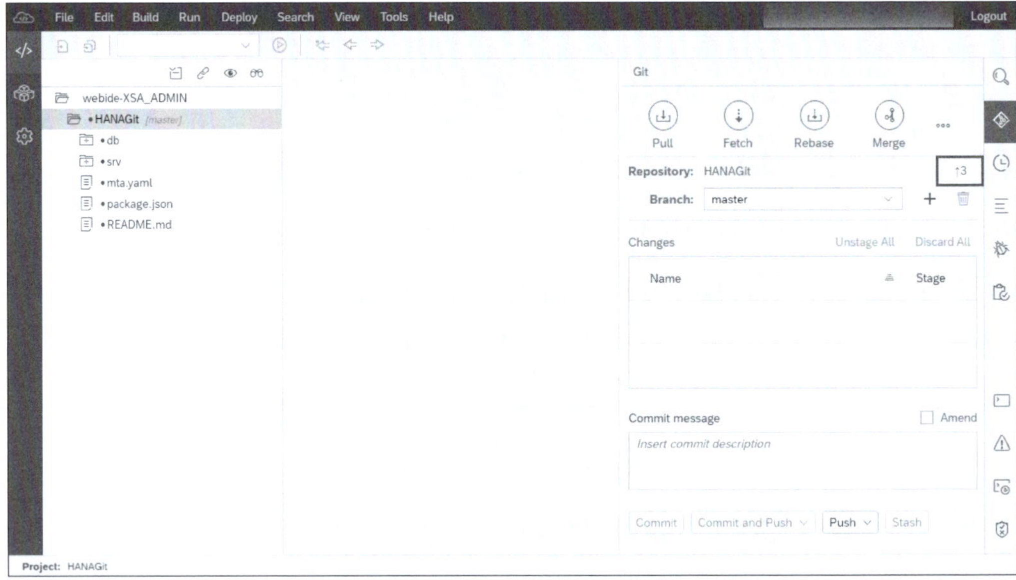

Abbildung 7.12 Information über unterschiedliche Projektstände

Push Diese drei Commits möchten wir mit anderen teilen und führen daher über die entsprechende Schaltfläche einen Push durch. Dabei können Sie, wie in Abbildung 7.13 dargestellt, entweder direkt auf den Branch **origin/main** pushen oder mittels der zweiten Option einen anderen Remote-Branch auswählen.

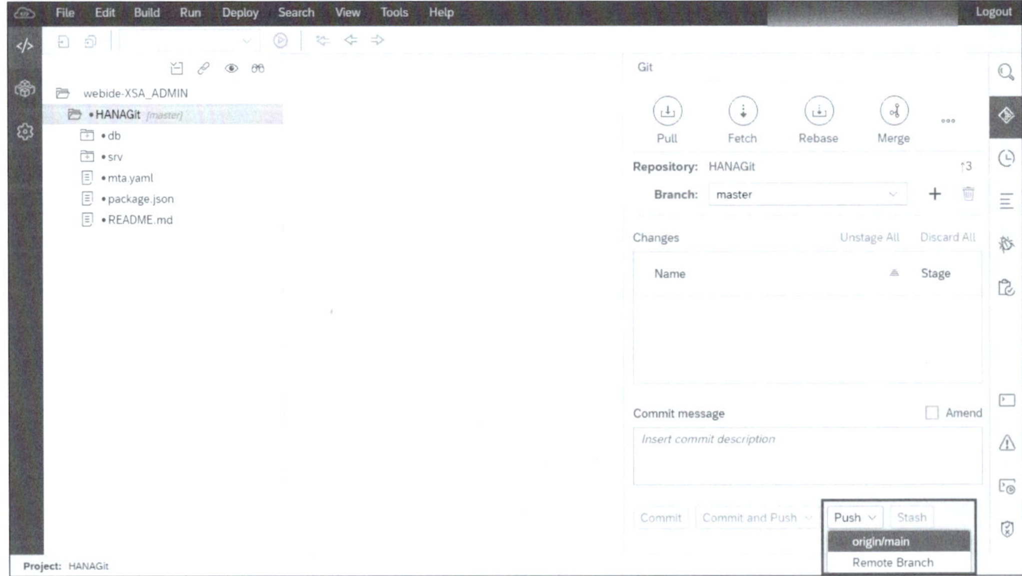

Abbildung 7.13 Push durchführen

Ändern Sie nun eine Datei, und verpacken Sie diese Änderungen auch gleich in ein Commit (siehe Abbildung 7.14).

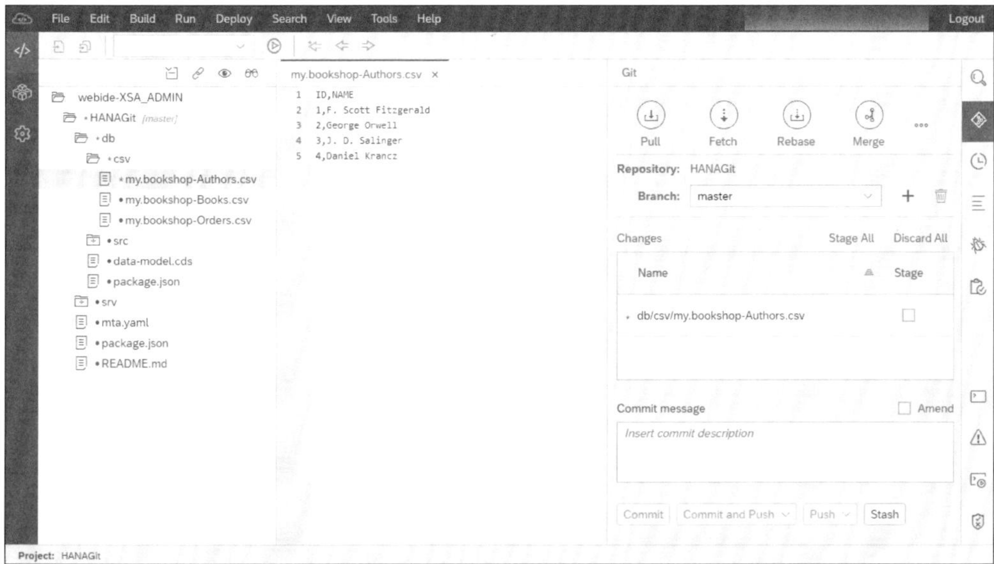

Abbildung 7.14 Änderungen in einem Commit verpacken

Fetch

Bevor Sie einen Pull durchführen, schauen Sie mit einem Fetch nach, ob sich etwas im Remote-Repository verändert hat. In Abbildung 7.15 sehen Sie, dass auf dem Remote-Repository im Branch **origin/main** ein neuer Commit erstellt wurde.

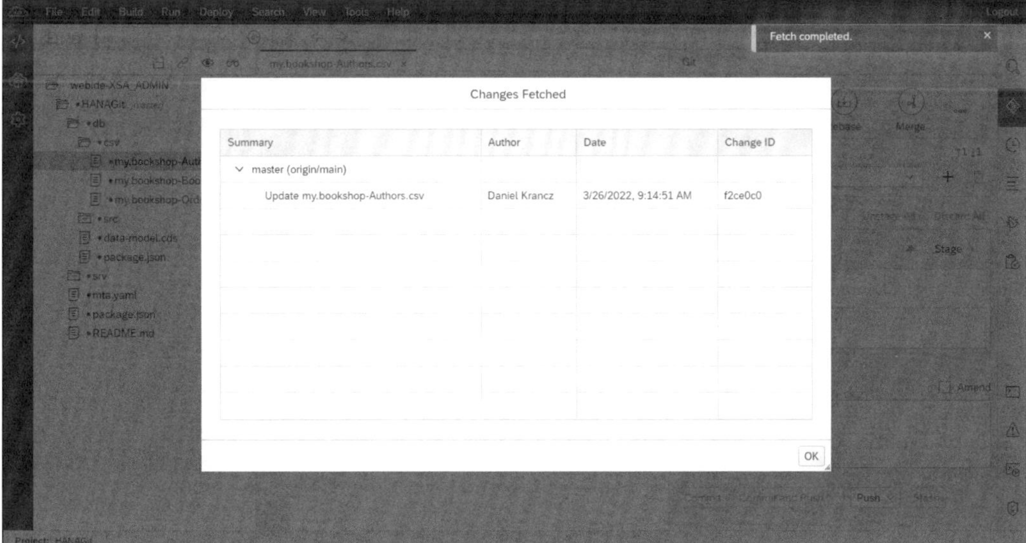

Abbildung 7.15 Ergebnis des Fetch

Auch anhand der in der Git Pane dargestellten Informationen sehen Sie, dass die zwei Entwicklungsstränge auseinandergehen (siehe Abbildung 7.16).

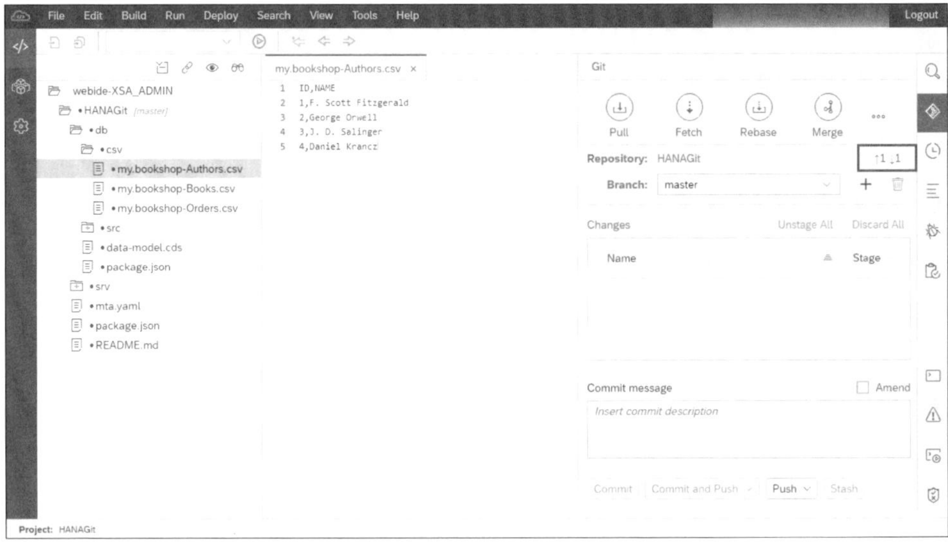

Abbildung 7.16 Information nach dem Fetch

Merge

Das ist der Hinweis für Sie, dass Sie einen Merge durchführen und diese beiden Stränge zusammenführen müssen. Dafür wählen Sie die Funktion **Merge** in der Git Pane und bekommen, wie in Abbildung 7.17 zu sehen, einen Dialog, in dem Sie auswählen können, mit welchem Branch Sie Ihren lokalen Branch zusammenführen möchten.

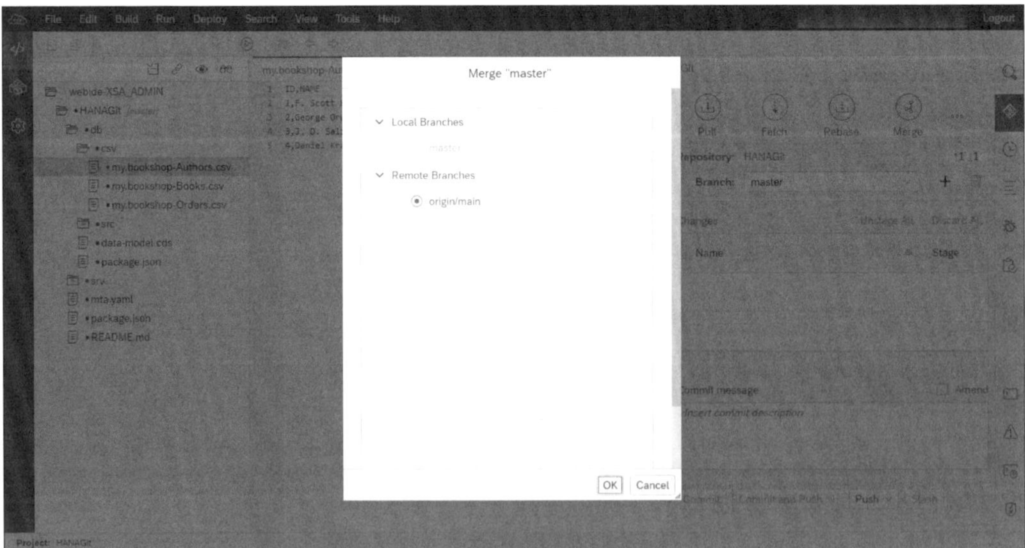

Abbildung 7.17 Auswahloptionen für den Merge

Konflikte

Bei der Zusammenführung fällt auf, dass Konflikte entstanden sind. In diesem Hinweis können Sie direkt auf die Schaltfläche **Resolve Conflicts** klicken, um eine grafische Aufbereitung der einzelnen Entwicklungsstände zu sehen (siehe Abbildung 7.18).

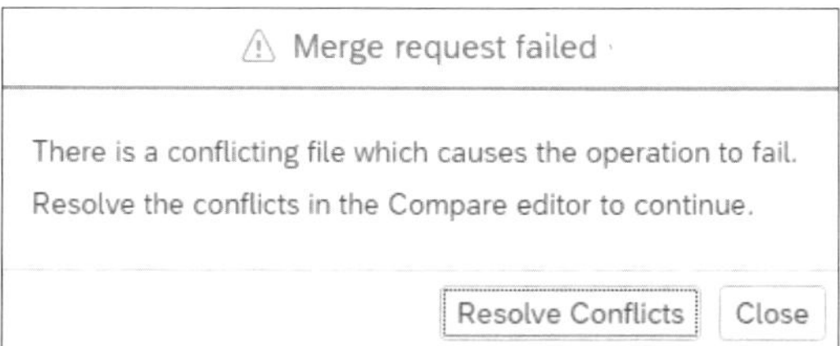

Abbildung 7.18 Hinweis über Konflikte

Wie in Abbildung 7.19 dargestellt, wird das Bild bei dieser grafischen Ansicht dreigeteilt. Hier sehen Sie die einzelnen Stände und können sich die zusammengeführte Version ansehen und sie bearbeiten.

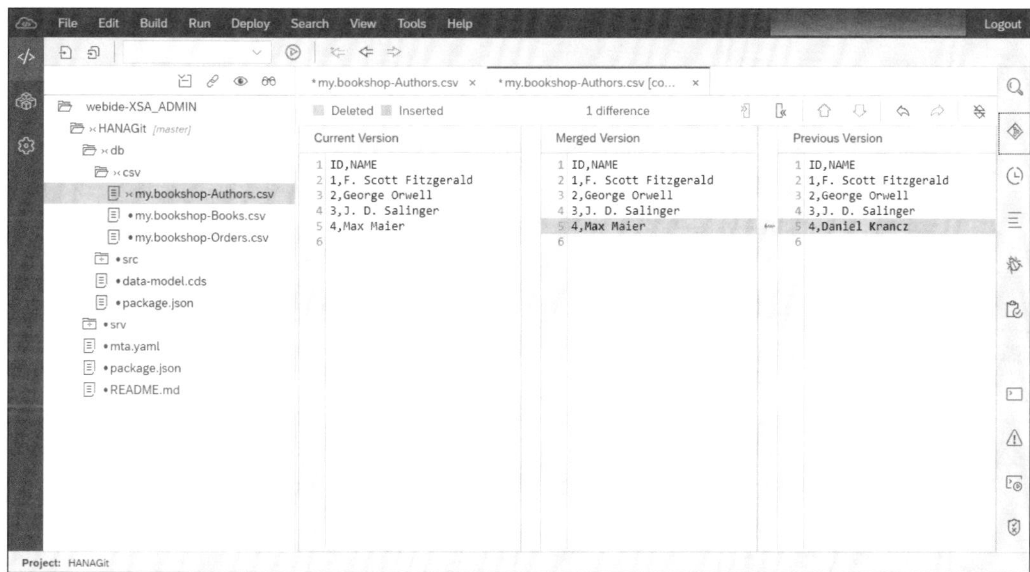

Abbildung 7.19 Grafischer Editor zum Lösen von Konflikten

Die Stelle in der Datei, an der der Konflikt aufgetreten ist, ist markiert, und die beiden Stände werden mit angezeigt. Sie könnten die Datei theoretisch auch manuell bearbeiten und auf den visuellen Editor verzichten, aber die visuelle Aufbereitung und die Markierung der Änderungen sind durchaus praktisch. Diese Markierungen und wie die Datei bei uns aussieht, sehen Sie in Abbildung 7.20.

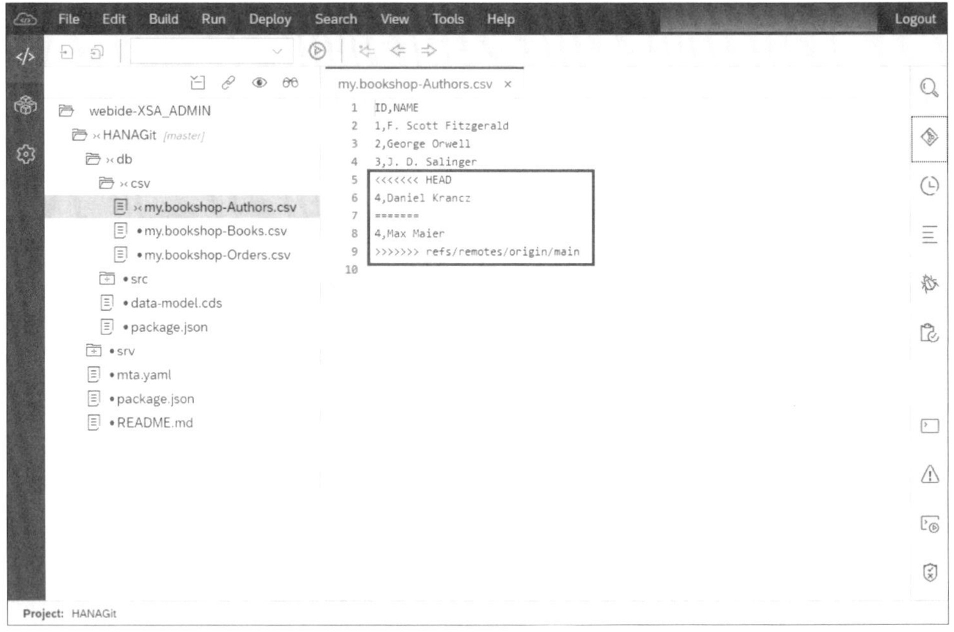

Abbildung 7.20 Inhalt der Datei bei einem Konflikt

Konfliktbehebung

Es spielt keine Rolle, ob Sie den Konflikt über den grafischen Editor oder manuell in der Datei selbst beheben, in jedem Fall muss die Konfliktbehebung in einem Commit verpackt werden. In Abbildung 7.21 sehen Sie, dass wir die Datei bearbeitet und wieder in die Staging Area gebracht haben.

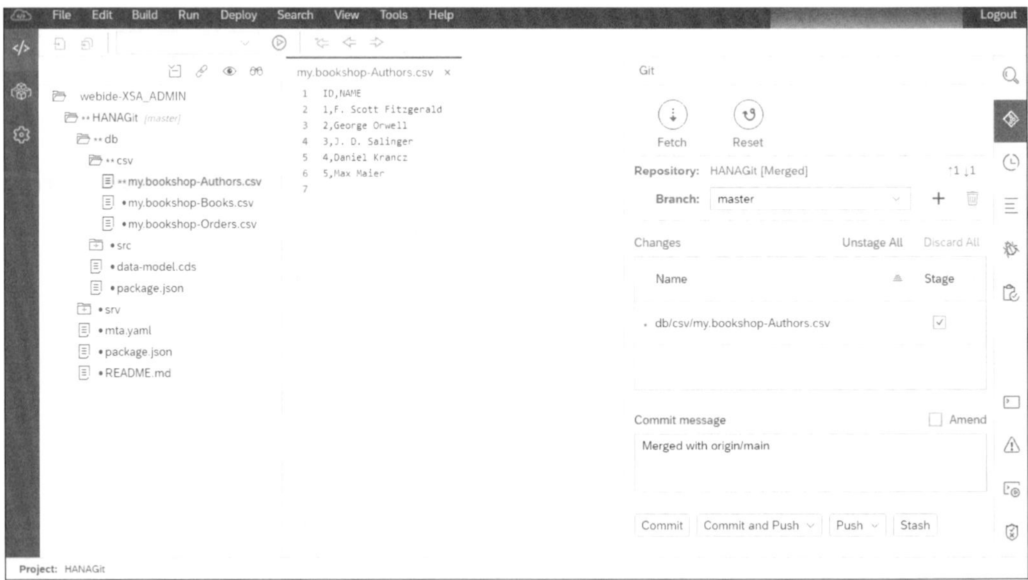

Abbildung 7.21 Konfliktbehebung und Commit

Branch erstellen

In der Git Pane ist es auch möglich, neue Branches zu erstellen. Klicken Sie, wie in Abbildung 7.22 dargestellt, auf die Schaltfläche **+**, erscheint ein Dialog, in dem Sie, ausgehend von einem existierenden Branch, einen neuen Branch anlegen können.

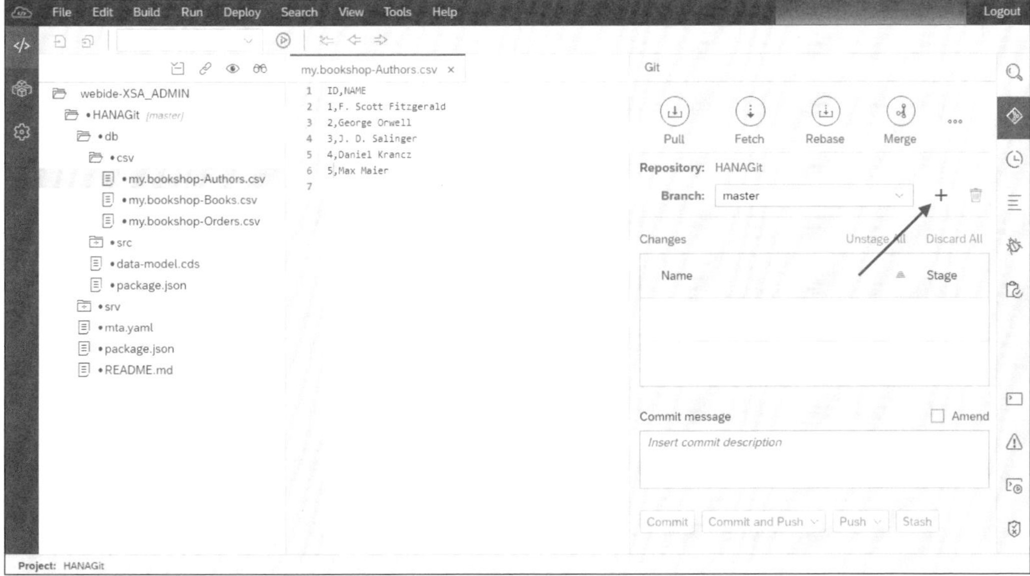

Abbildung 7.22 Branch erstellen

Den Dialog zum Anlegen sehen Sie in Abbildung 7.23. Sie wählen die Quelle aus, und aus dieser Quelle heraus wird ein neuer Branch eröffnet. Wir haben diesen Branch »feature« genannt, Sie können aber auch einen anderen Namen vergeben.

New Local Branch

*Source Branch: master

*Branch Name: feature

Create | Cancel

Abbildung 7.23 Namen für den neuen Branch vergeben

Branch wechseln

In welchem Branch Sie sich befinden, sehen Sie links im Project Explorer neben dem Projektnamen. In der Git Pane rechts ist dieser Name ebenfalls sichtbar; er wird im Auswahlfeld angezeigt. Mit diesem Auswahlfeld können Sie zwischen den einzelnen Branches wechseln. Diese beiden Stellen haben wir in Abbildung 7.24 gekennzeichnet.

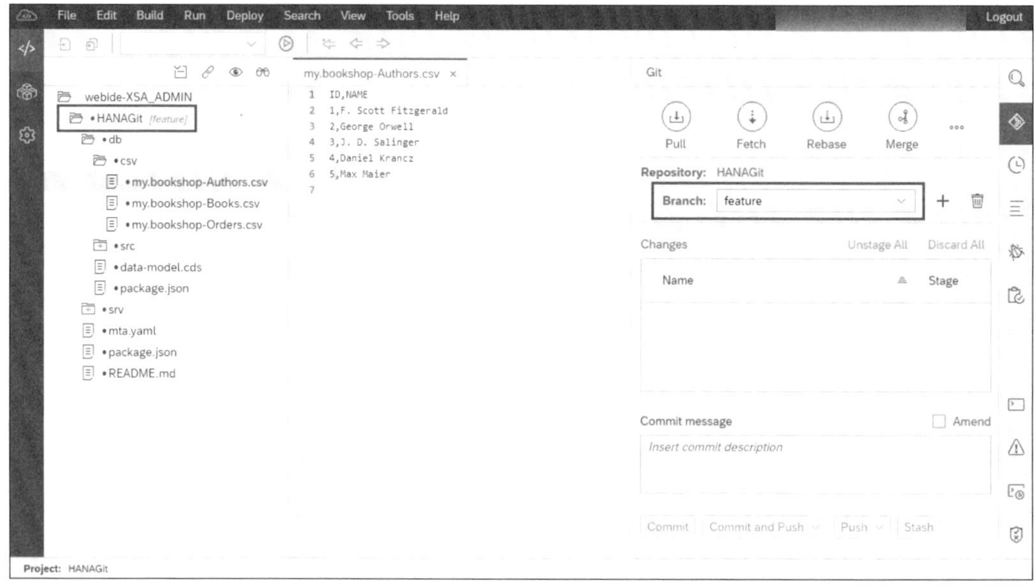

Abbildung 7.24 Kennzeichnung über den Branch

Machen Sie nun ein paar Änderungen in diesem Feature-Branch, und packen Sie auch diese Änderungen in ein Commit (siehe Abbildung 7.25).

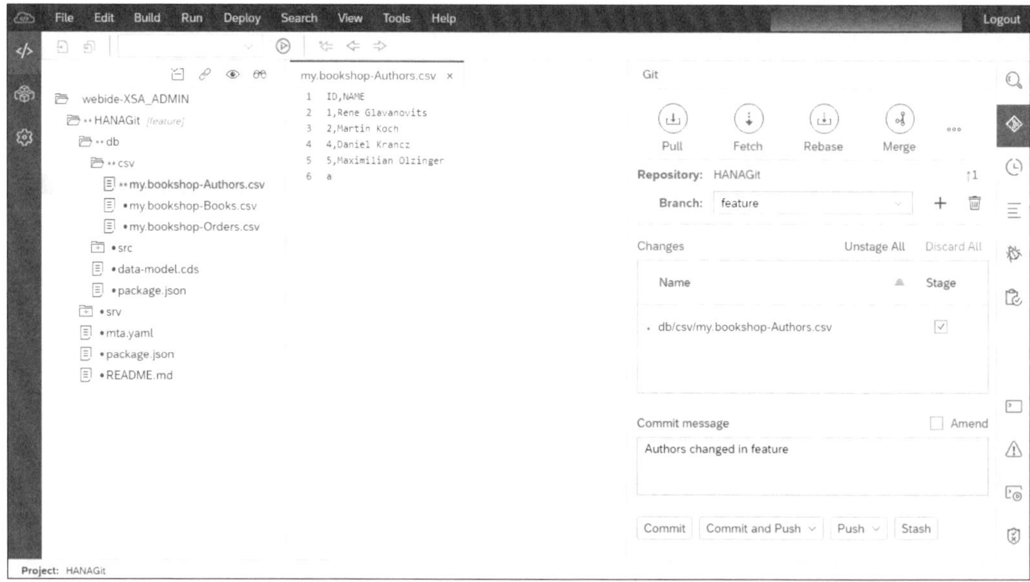

Abbildung 7.25 Änderungen im Feature-Branch

Branches zusammenführen

Damit die Änderungen vom Feature-Branch auch auf dem lokalen Main-Branch landen, müssen Sie mittels des Auswahlfeldes wieder zum Main-Branch zurückwechseln. Danach können Sie ein Merge durchführen. Bei diesem Merge wählen Sie jetzt den lokalen Feature-Branch aus, da Sie ja diese zwei Branches wieder zusammenführen möchten (siehe Abbildung 7.26).

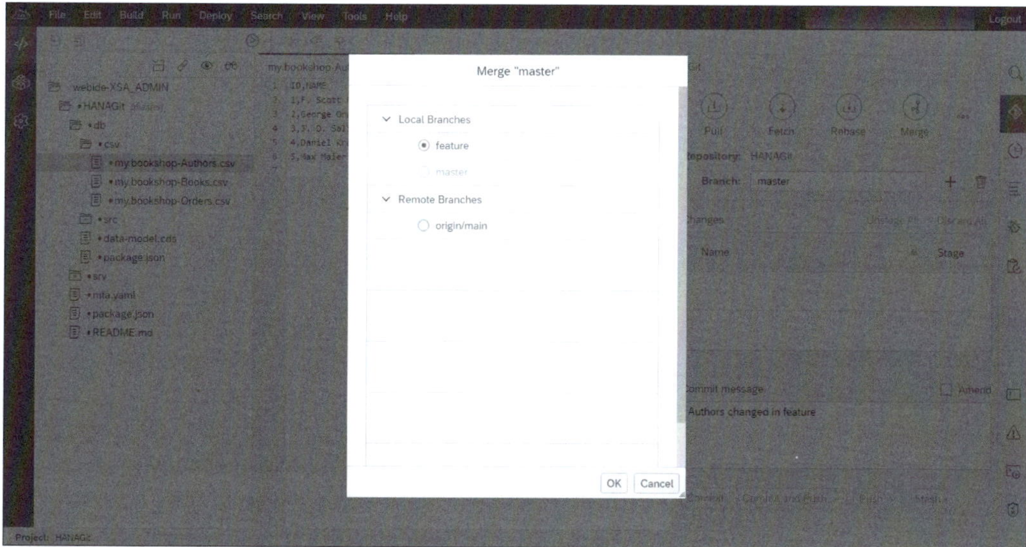

Abbildung 7.26 Branches zusammenführen

Git History

In der SAP Web IDE gibt es noch ein zweites integriertes Tool, nämlich die *Git History* (siehe Abbildung 7.27).

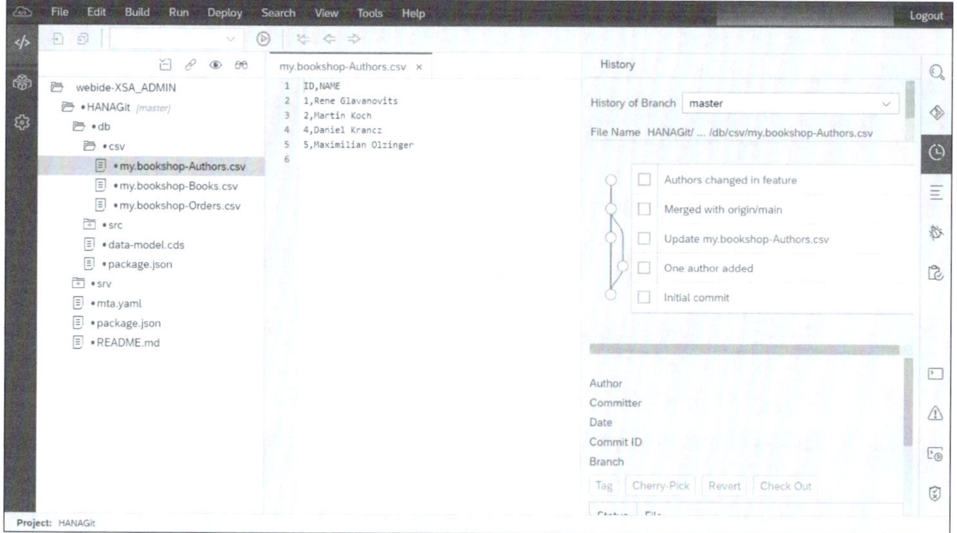

Abbildung 7.27 Git History des Main-Branch

In der Git History können Sie sich den Verlauf der einzelnen Branches ansehen, Branches miteinander vergleichen oder auch einen bestimmten Commit auswählen. Diese Ansicht zeigt die Daten, die vom Ihnen bereits bekannten Befehl `git log` zurückgeliefert werden.

Wählen Sie einen Commit aus, sehen Sie nicht nur die detaillierten Informationen dazu, sondern können zu diesem Commit auch einen Tag anlegen, einen Cherry-Pick durchführen, einen anderen Branch, ausgehend von diesem Commit, anlegen oder einen Revert zu diesem Commit durchführen.

7.3 Einbindung in SAP Business Application Studio

SAP Business Application Studio ist der Nachfolger der SAP Web IDE und seit Februar 2020 verfügbar. Wenn Sie bereits mit Visual Studio Code vertraut sind, werden Sie auf den ersten Blick erkennen, dass sich die Benutzeroberflächen dieser beiden Entwicklungsumgebungen sehr ähneln. Das liegt daran, dass SAP Business Application Studio auf Eclipse Theia basiert, und Eclipse Theia wiederum auf Visual Studio Code.

Eclipse Theia

Eclipse Theia ist ein Open-Source-Framework, das verwendet wird, um integrierte Entwicklungsumgebungen zu entwickeln. Das Framework wurde in TypeScript entwickelt, einer von Microsoft entwickelten Programmiersprache. Außerdem basiert es auf Visual Studio Code, einem kostenlosen Editor, der ebenfalls aus der Microsoft-Familie stammt.

Cloud-Foundry-Umgebung

SAP Business Application Studio wird in der Cloud-Foundry-Umgebung der SAP BTP angeboten. Genau wie die IDE basiert diese Umgebung auf führenden Open-Source-Standards. Mit einem modularen Ansatz können Sie verschieden Arten von Anwendungen in SAP Business Application Studio entwickeln, neben SAPUI5-Anwendungen beispielsweise auch Anwendungen auf der Grundlage des SAP Cloud Application Programming Models oder Workflows.

In diesem Fall soll es aber um die Entwicklung im SAP-HANA-Umfeld gehen, weshalb Sie zunächst einen *Dev Space* für eine SAP-HANA-native Anwendung anlegen. Wir haben diesen Dev Space bereits angelegt und können ihn starten (siehe Abbildung 7.28). Sofern Sie einen neuen Dev Space anlegen wollen, klicken Sie dazu in SAP Business Application Studio auf die Schaltfläche **Create Dev Space** und legen dort einen Dev Space vom Typ **SAP HANA Native Application** an.

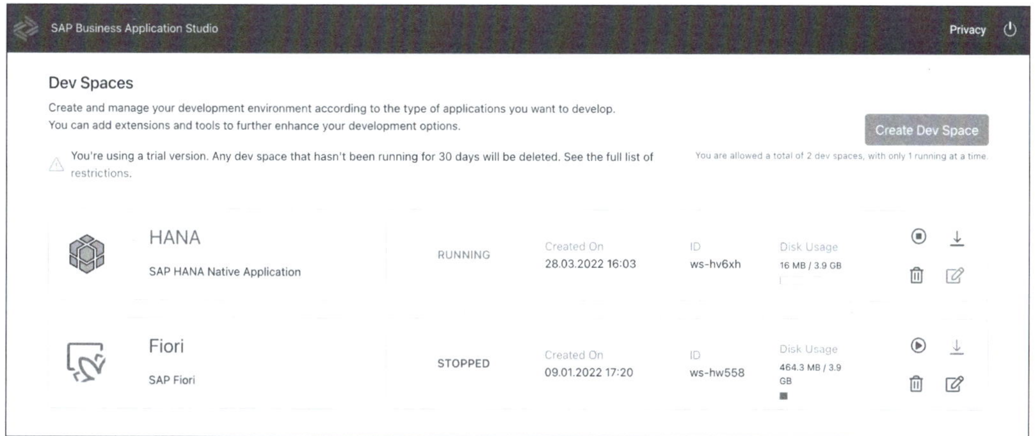

Abbildung 7.28 Dev Space starten

Git initialisieren

Sobald Sie ein Projekt angelegt haben, können Sie es direkt als Workspace bzw. Ordner öffnen. Dabei sind die Aktionen im linken Fenster **Source Control**, wie z. B. die Initialisierung von Git, auf das Projekt beschränkt. In Abbildung 7.29 sehen Sie den Reiter **Source Control** aufgeklappt. Auf dieser Oberfläche initialisieren Sie ein lokales Repository mit einem Klick auf die Schaltfläche **+**.

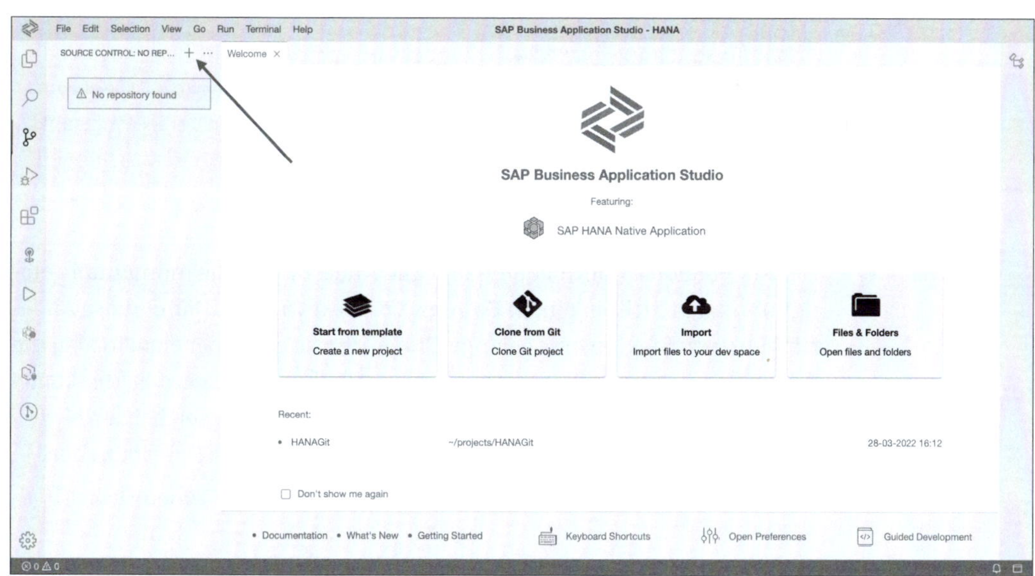

Abbildung 7.29 Git über den Reiter Source Control initialisieren

Es ist genauso möglich, alle Git Befehle, die Sie aus Kapitel 2, »Technische Grundlagen«, kennen, mittels Befehlen im Terminal abzusetzen. Ein Terminal öffnen Sie, indem Sie in der oberen Taskleiste auf **Terminal • New Terminal** klicken (siehe Abbildung 7.30). Danach öffnet sich unten der Befehlsmodus, in den Sie Ihre Befehle eintippen können.

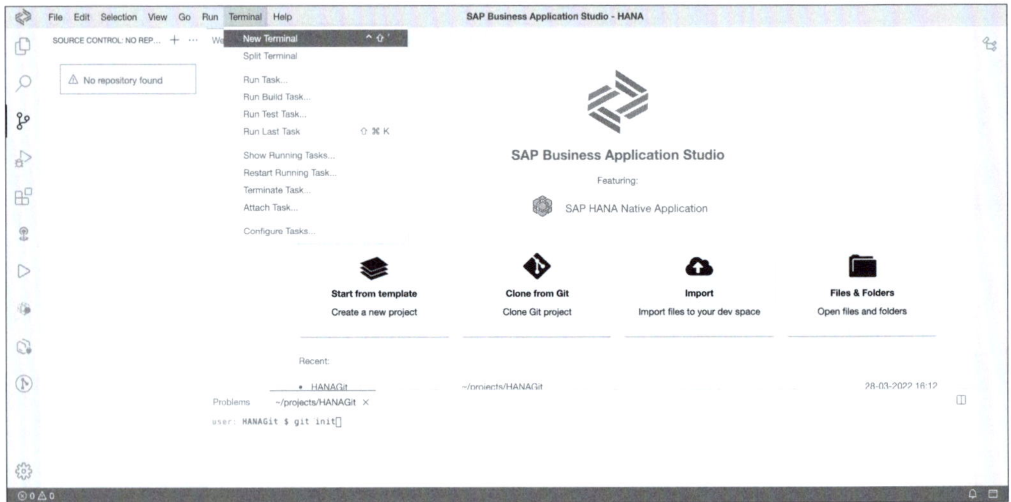

Abbildung 7.30 Git über ein Terminal initialisieren

Befehlskontext

Achten Sie darauf, in welchem Kontext und Verzeichnis Sie unterwegs sind. Im Terminal sehen Sie das aktuelle Verzeichnis, in dem Sie aktuell stehen, in blauer Farbe gekennzeichnet. Sollten Sie nicht im richtigen Verzeichnis sein, können Sie, wie gewohnt, mit dem Befehl cd zwischen den Verzeichnissen wechseln.

Staging Area

Der Reiter **Source Control** beinhaltet alle Änderungen, die momentan getätigt und noch nicht in einem Commit verpackt wurden. Damit diese Änderungen in die Staging Area gelangen, fügen Sie sie entweder einzeln über die Schaltfläche **+** hinzu oder bringen, wie in Abbildung 7.31 gezeigt, direkt alle offenen Änderungen in die Staging Area. Die **+**-Schaltflächen bei den einzelnen Dateien erscheinen erst, wenn Sie die Maus über die Datei bewegen.

Commit

Eine Schritt-für-Schritt-Anleitung für den ersten Commit sehen Sie in Abbildung 7.32:

1. Änderungen überführen Sie in die Staging Area, indem Sie entweder bei den **Changes** die einzelnen Dateien über die **+**-Schaltfläche hinzufügen oder die Option für das Hinzufügen aller Änderungen nutzen.
2. Sie verfassen eine Commit-Nachricht.
3. Sie setzen den Commit ab, indem Sie auf die Schaltfläche **OK** klicken.

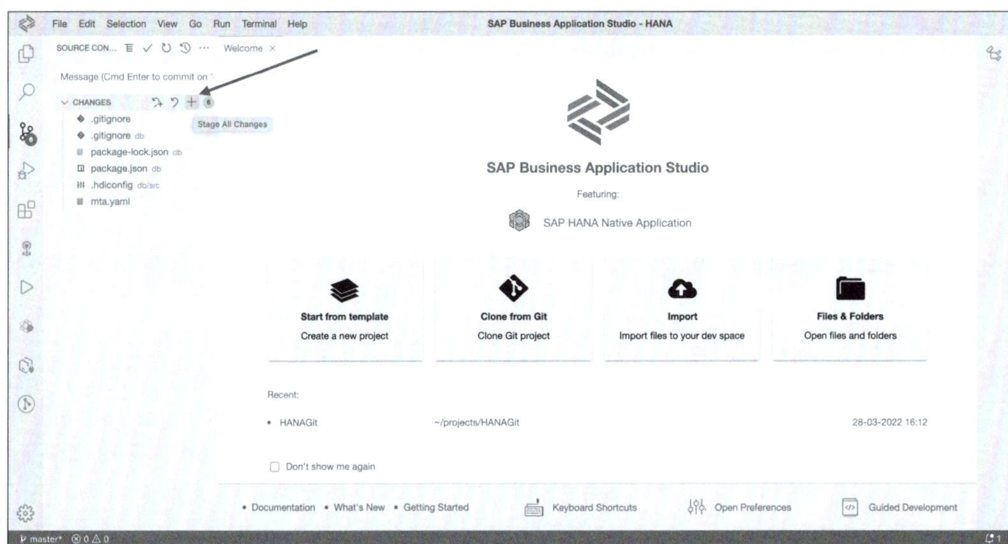

Abbildung 7.31 Änderungen in die Staging Area überführen

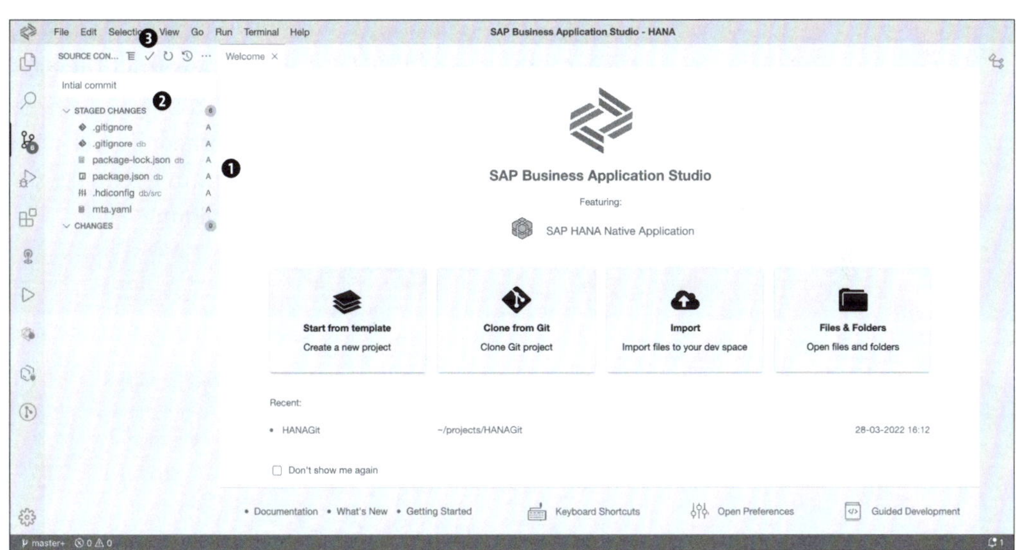

Abbildung 7.32 Erster Commit in SAP Business Application Studio

Lebenszyklen von Dateien

Im Project Explorer (siehe erstes Icon in der linken Liste), also dort, wo Ihre Dateien und das eigentliche Projekt sichtbar sind, gibt es einige Informationen zu Git. Rechts neben den Dateinamen können sich Icons befinden, die den aktuellen Stand der Dateien anzeigen (bearbeitet, in die Staging Area gebracht usw.). Beim Bearbeiten der Dateien bekommen Sie in jeder Zeile einen Hinweis, wann diese Zeile das letzte Mal in einem Commit bzw. von einer Änderung betroffen war (siehe Abbildung 7.33).

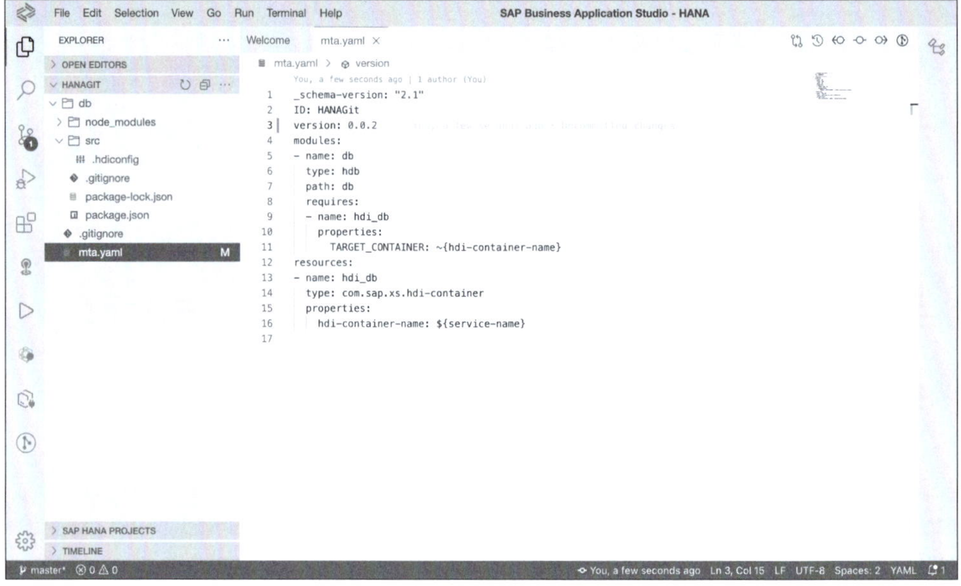

Abbildung 7.33 Änderungen in einer Datei

Git-Historie Wie auch die SAP Web IDE enthält SAP Business Application Studio eine integrierte und visualisierte Git-Historie. In dieser Ansicht können Sie einzelnen Branches miteinander vergleichen. Wechseln Sie erneut zurück zum Reiter **Source Control**. Welche Schaltfläche Sie anklicken müssen, um zur visualisierten Git-Historie zu gelangen, sehen Sie in Abbildung 7.34.

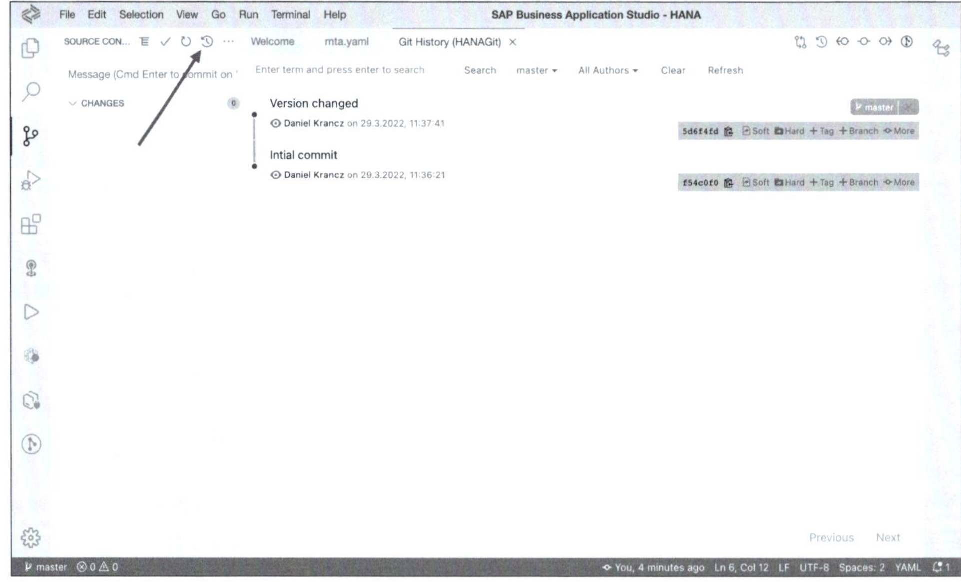

Abbildung 7.34 Git-Historie in SAP Business Application Studio

Remote-Repository setzen

Abbildung 7.35 zeigt, wie Sie ein Remote-Repository an Ihr lokales Repository anbinden. Klicken Sie dafür auf die drei Punkte und wählen Sie dann **Remote • Add Remote...**. Diese Aktion erfordert die Eingabe der URL des Repositorys, eines Namens für das Remote-Repository und zwecks Authentifizierung die Eingabe Ihrer Zugangsdaten zum jeweiligen Remote-Repository.

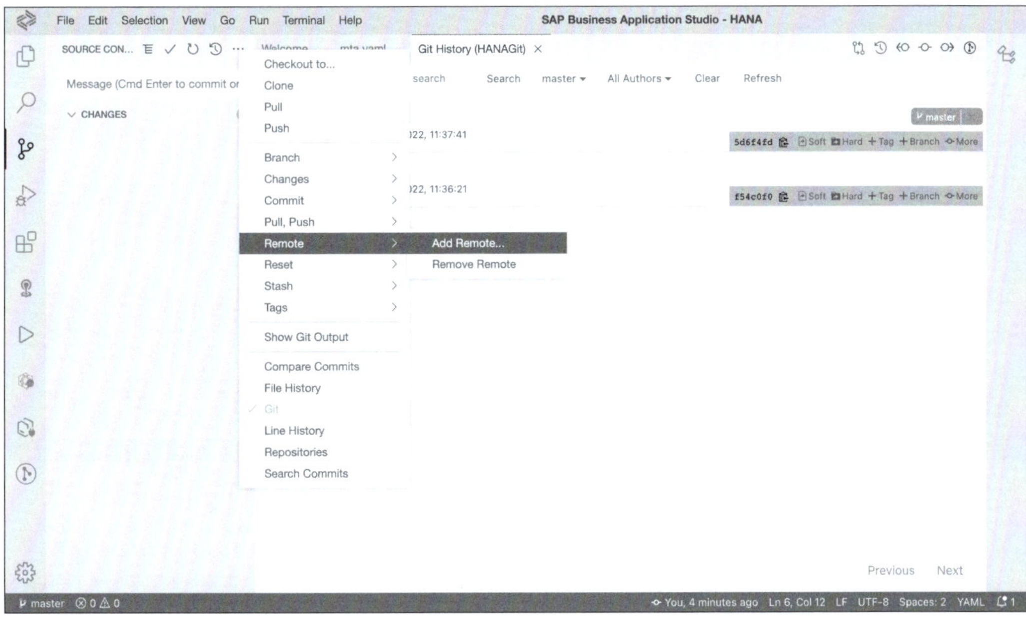

Abbildung 7.35 Remote-Repository hinzufügen

Authentifizierung speichern

Bei der Anbindung werden Sie im letzten Schritt gefragt, ob SAP Business Application Studio Ihre Zugangsdaten für die Zukunft speichern soll (siehe Abbildung 7.36), wahlweise nur die Laufzeit betreffend (**Save for this session only**) oder permanent (**Save as plaintext in the dev space for future use**).

Branch erstellen

In dieser visuellen Aufbereitung der Git-Historie können Sie auch ganz einfach einen Branch erstellen. Neben jedem Commit sehen Sie am Zeilenende grau hinterlegt verschiedene Aktionen. Zum Anlegen eines neuen Branch klicken Sie auf **+ Branch**. Danach vergeben Sie, wie in Abbildung 7.37 gezeigt, einen Namen für diesen Branch, hier haben wir uns für »feature« entschieden. Diese Aktion würden Sie auch in den Einstellungen wiederfinden.

Branch wechseln

Um in den neuen Branch zu wechseln, gibt es mehrere Möglichkeiten: Die einfachste Möglichkeit ist, am linken unteren Rand auf den Namen des aktuell ausgecheckten Branch zu klicken. Alternativ klicken Sie in den Git-Einstellungen auf **Checkout to...** und wählen den gewünschten Branch aus (siehe Abbildung 7.35).

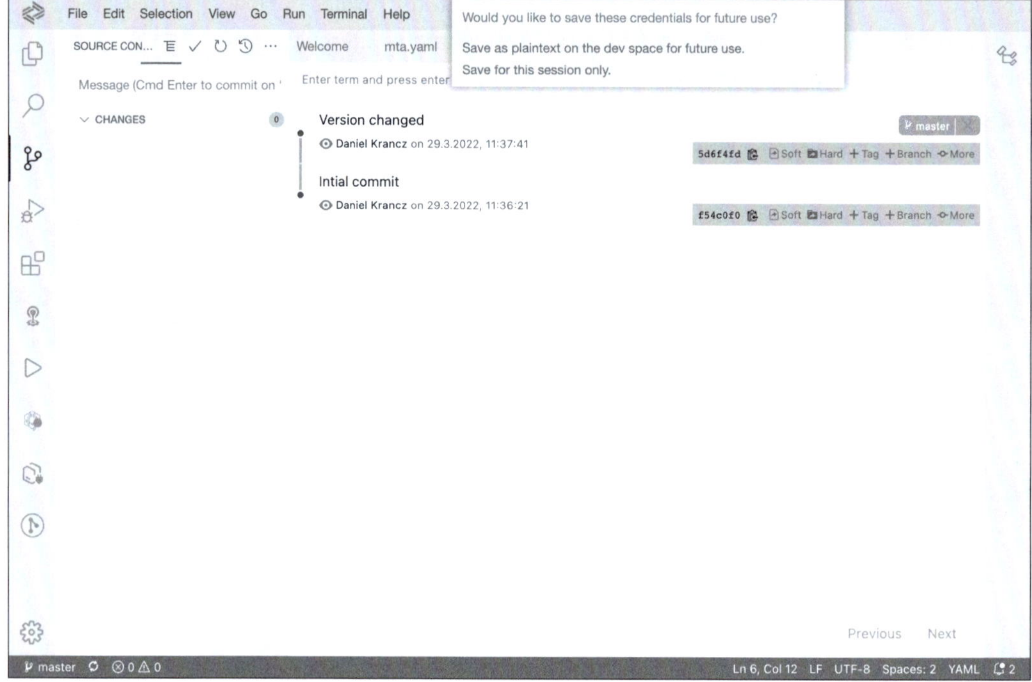

Abbildung 7.36 Authentifizierung speichern

Abbildung 7.37 Branch erstellen

In beiden Fällen erscheint die Auswahl, wie sie in Abbildung 7.38 gezeigt ist.

Konflikt herbeiführen

Nun können Sie im Branch Ihrer Wahl Änderungen vornehmen und Commits erstellen. In Abbildung 7.39 sehen Sie, dass wir jeweils einen Commit im Main-Branch und einen anderen Commit im Feature-Branch vorgenommen haben. Beide Änderungen haben wir in derselben Datei an der gleichen Stelle getätigt. Ein Konflikt ist also vorprogrammiert.

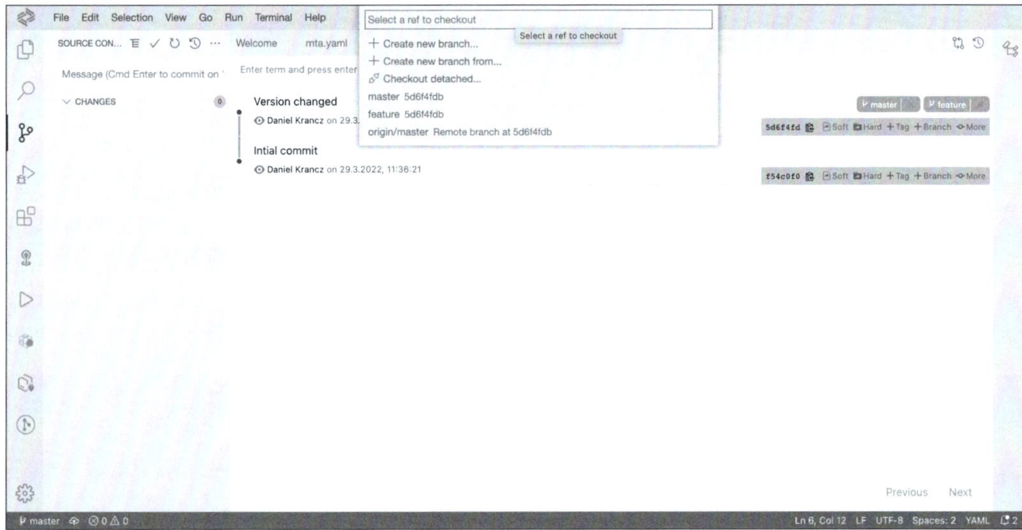

Abbildung 7.38 Branch wechseln

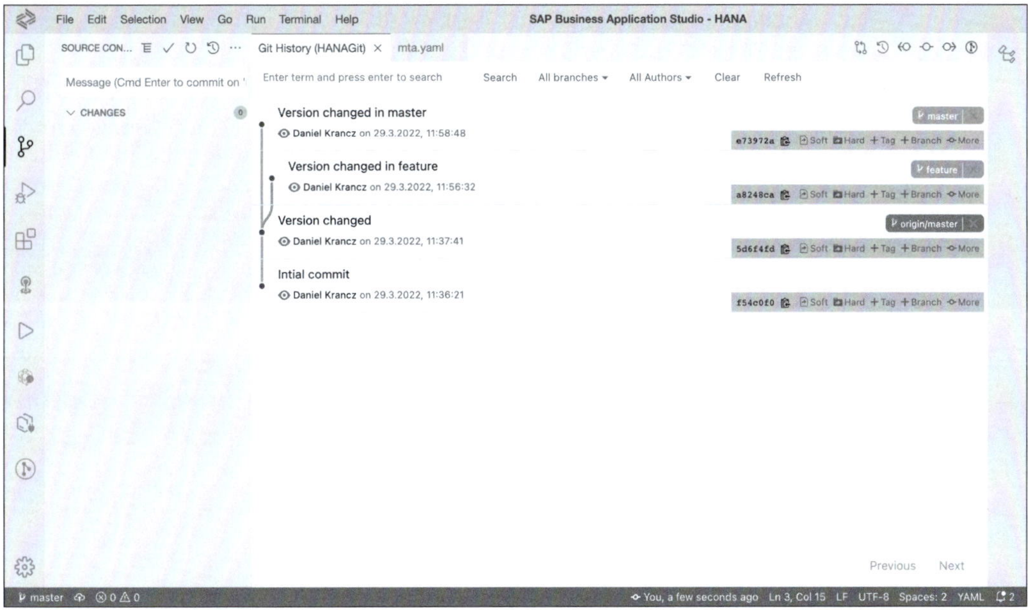

Abbildung 7.39 Konflikt herbeiführen

In den Einstellungen zu Git finden Sie unter **Branch • Merge Branch...** die Möglichkeit, einen Merge durchzuführen (siehe Abbildung 7.40). In einem Pop-up-Fenster werden Sie gefragt, mit welchem Branch Sie den aktuell ausgecheckten Branch zusammenführen möchten.

Merge

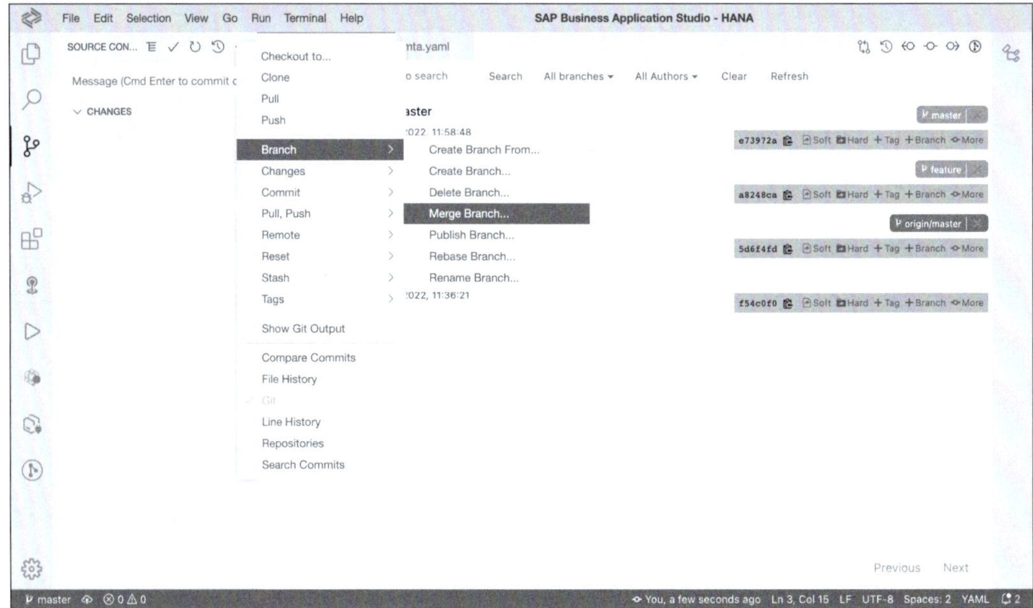

Abbildung 7.40 Merge über die Git-Einstellungen herbeiführen

Konflikt Wenn es zu einem Konflikt kommt, werden die entsprechende Datei, wie in Abbildung 7.41 dargestellt, und die entsprechenden Stellen gekennzeichnet.

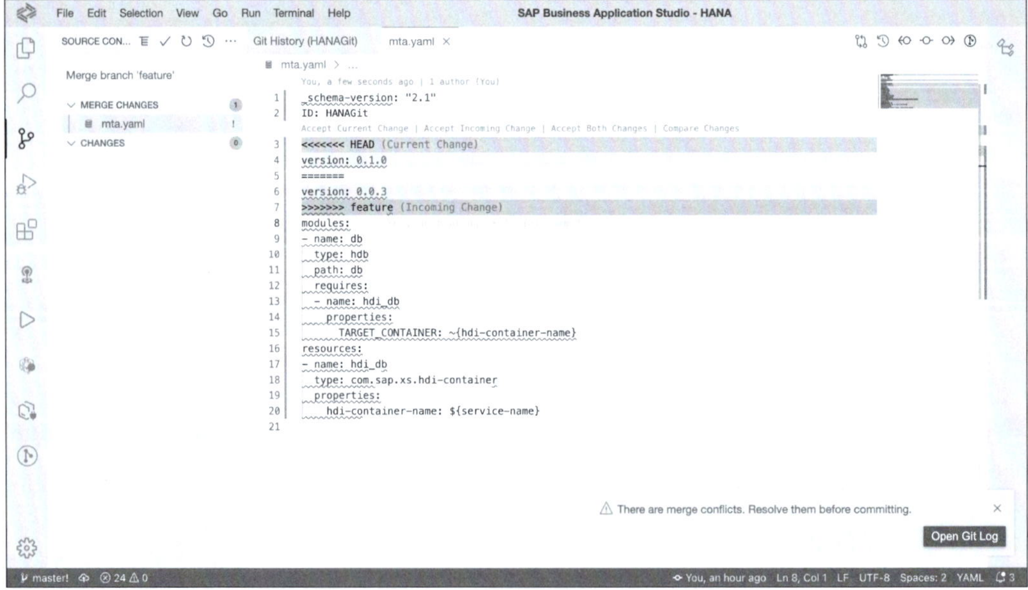

Abbildung 7.41 Konflikte manuell beheben

Zu diesen Stellen haben Sie auch Schnellaktionen, die als Links zur Verfügung stehen. Diese Links sehen Sie direkt oberhalb der grün markierten Zeile. Mit diesen Links können Sie bestimmen, ob die aktuellen Änderungen oder die Änderungen vom anderen Branch übernommen werden oder ob eventuell sogar beide Versionen bestehen bleiben sollen. Sie könnten hier auch manuelle Änderungen tätigen und so den Konflikt lösen.

Als Abschluss verpacken Sie die Änderungen und die Korrektur ebenfalls in ein Commit. Hier können Sie wie gewohnt vorgehen.

Nachdem die beiden Stränge zusammengeführt worden sind, sehen Sie die Zusammenführung auch sehr gut in der visualisierten Git-Historie (siehe Abbildung 7.42). Wie Sie die Historie öffnen, haben wir Ihnen in Abbildung 7.34 schon gezeigt.

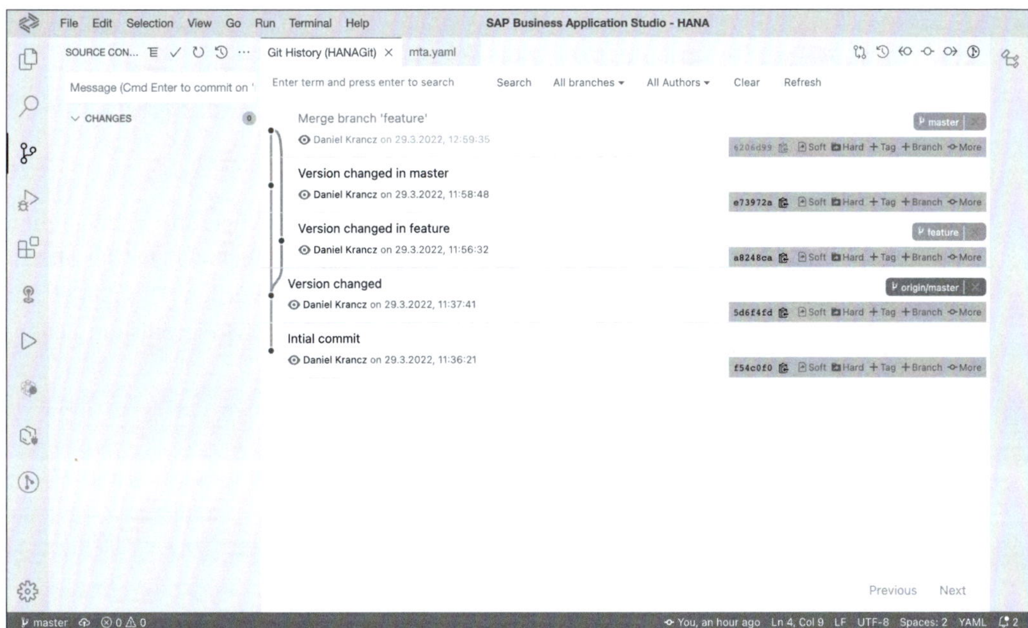

Abbildung 7.42 Historie nach der Konfliktbehebung

Pull und Push

Um einen Pull oder Push auszuführen, öffnen Sie wieder die Einstellungen zu Git und wählen im Kontextmenü **Pull, Push** aus (siehe Abbildung 7.43). Hier können Sie mehr ins Detail gehen und die gewünschte Aktion auswählen. In den meisten Fällen erscheint ein Pop-up-Fenster mit weiteren Informationen, z. B der Nachfrage nach Quell- oder Ziel-Branch bzw. Quell- oder Ziel-Repository.

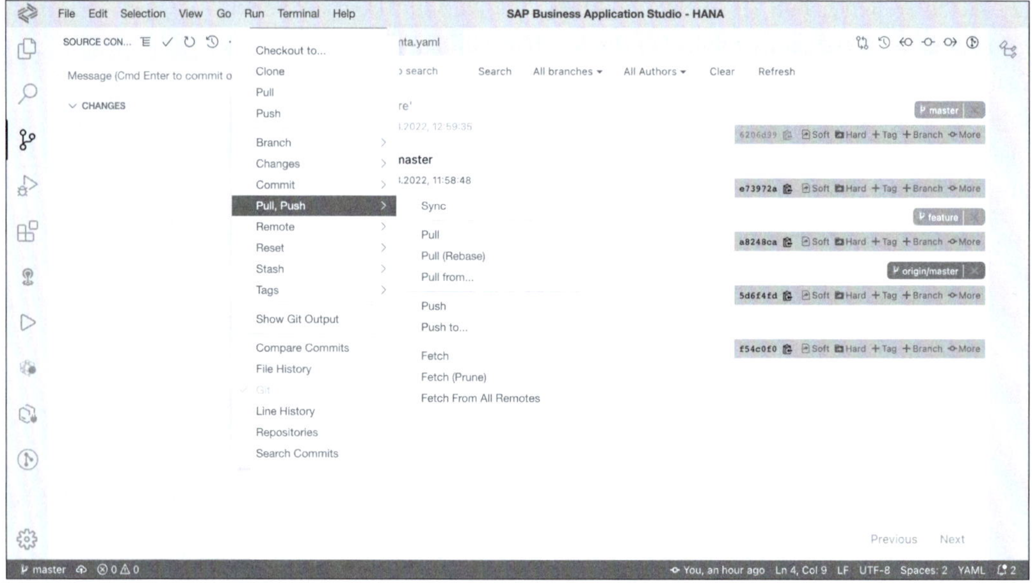

Abbildung 7.43 Pull und Push in den Git-Einstellungen

Nachdem Sie einen Pull und danach einen Push durchgeführt haben, sehen Sie wie in Abbildung 7.44 dargestellt, dass die jeweiligen Zeiger der einzelnen Branches korrekt verschoben bzw. versetzt wurden. Die Zeiger der Branches sehen Sie in den roten und grünen Kästchen jeweils am Zeilenende eines Commits.

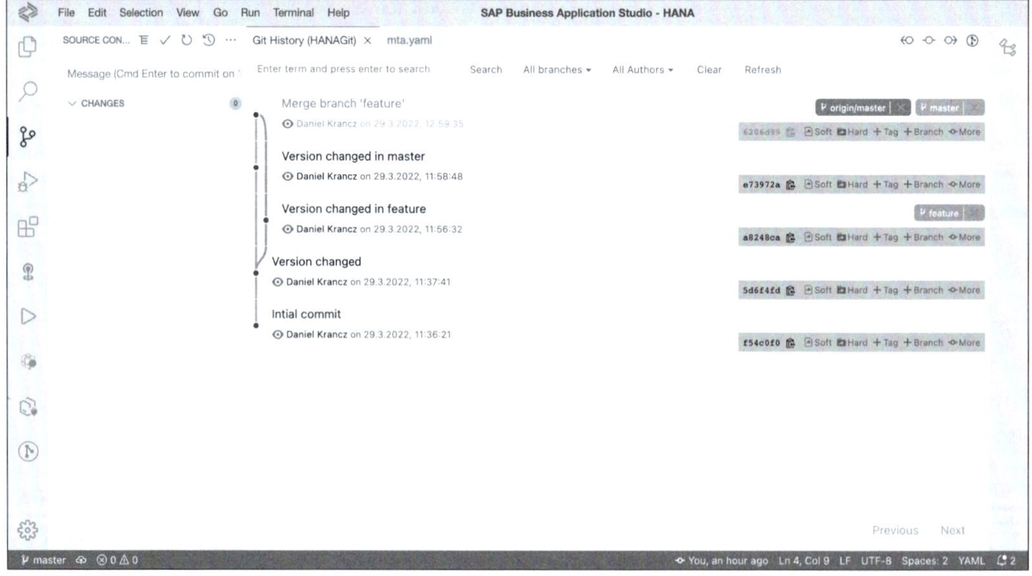

Abbildung 7.44 Ergebnis nach Pull und Push

Sie haben nun zwei gesetzte Entwicklungsumgebungen für SAP-HANA-Entwicklungen gesehen. Die modernere Umgebung von SAP Business Application Studio ist seinem Eclipse-Kernel geschuldet. Nichtsdestotrotz ist es in beiden IDEs möglich, die wichtigsten Git-Befehle über einen visuellen Editor zu tätigen. In SAP Business Application Studio können die Befehle auch einfach über ein Terminal abgesetzt werden, wobei hier alle möglichen Git-Befehle, die Sie in Kapitel 2, »Technische Grundlagen«, gelernt haben, ausgeführt werden können.

Abschließend kann man sagen, dass es Git egal ist, ob es Projekte für SAP-HANA-Entwicklungen versionieren und verwalten muss oder ob es sich um SAPUI5-Applikationen, einfache Webanwendungen, ABAP-Coding oder Sonstiges handelt. Das ist auch das Schöne an Git: Es wurde nicht spezifisch für ein Framework oder eine Programmiersprache ins Leben gerufen und ist universell einsetzbar.

Kapitel 8
Continuous Delivery und Continuous Integration

Bei Continuous Integration und Continuous Delivery handelt es sich um eine Methode, um Kunden oder Auftraggebern in regelmäßigen Intervallen Entwicklungsergebnisse bereitzustellen und alle Phasen der Anwendungsentwicklung zu automatisieren. Dabei spielt die Anwendung von Git eine wichtige Rolle.

Continuous Integration (CI), *Continuous Delivery* (CD) und *Continuous Deployment* (CD) sind Begriffe, die häufig im Bereich von DevOps verwendet werden. Dabei handelt es sich um eine Methode zur Verbesserung der Bereitstellung von Software durch den Einsatz von DevOps. Ziel ist es, dem Kunden oder den Auftraggebern in regelmäßigen Intervallen Entwicklungsergebnisse bereitzustellen. Die Grundprinzipien von DevOps wurden bereits in Kapitel 1, »Einführung in Git«, beschrieben. Die Verwendung von Git als Versionsverwaltung spielt dabei eine entscheidende Rolle. In Abschnitt 8.1, »Einführung«, führen wir in die drei Hauptkonzepte Continuous Integration, Continuous Delivery und Continuous Deployment ein. Wir zeigen Ihnen anhand von Beispielen, wie Continuous Integration, Continuous Delivery und Continuous Deployment im SAP-Umfeld für die Entwicklung mit dem SAP Cloud Application Programming Model und in der SAP-Fiori-Entwicklung nützlich sind. In Abschnitt 8.2, »SAP Continuous Integration and Delivery«, erklären wir, wie der Service SAP Continuous Integration and Delivery eingesetzt werden kann. In Abschnitt 8.3, »Integration mit weiteren Tools«, zeigen wir Ihnen den Einsatz anderer gängiger Tools von Drittanbietern wie Apache Jenkins und Microsoft Azure DevOps.

8.1 Einführung

Damit die Anwendungen erfolgreich verwendet werden können, ist es erforderlich, sie für die produktive Nutzung bereitzustellen. In einer klassischen On-Premise-Landschaft wird dieser Prozess über das in den SAP NetWeaver Application Server ABAP (SAP NetWeaver AS ABAP) integrierte

Change and Transport System (CTS) ermöglicht. Der häufigste Aufbau dahinter ist eine Staging-Landschaft, die aus drei verschiedenen Systemstufen besteht:

- System für die Entwicklung (Entwicklung)
- System für Akzeptanztests (Test)
- produktives System (Produktion)

Grundsätzlich wäre auch eine Zweisystemlandschaft mit Entwicklungs- und Produktivsystem als Minimal-Setup zulässig. Die Systeme sind durch Transportwege miteinander verbunden. Über diese Wege werden Transportaufträge aus einem System exportiert und in das nächste System importiert. Die Grafik aus Abbildung 8.1 veranschaulicht diesen Vorgang.

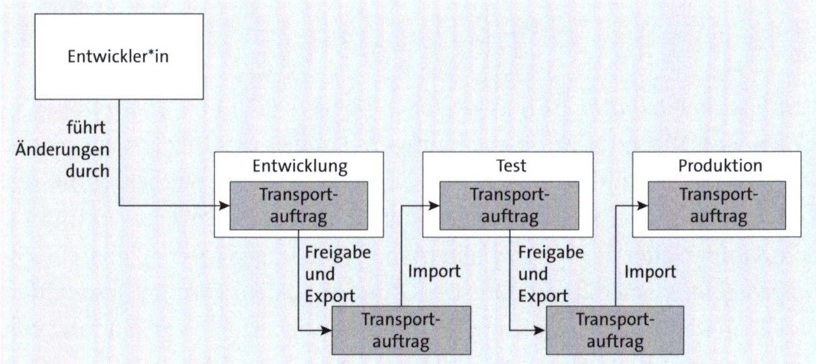

Abbildung 8.1 Grundprinzip von SAP Transport Management

Damit können sowohl Entwicklungen als auch das Customizing in einem System einer Systemlandschaft zentral durchgeführt und anschließend in die nachfolgenden Systemstufen transportiert werden. Typische ABAP-Entwickler*innen sind damit bestens versorgt und müssen sich keine weiteren Gedanken machen. Mit *SAP Cloud Transport Management* lässt sich grundsätzlich eine vollständige Continuous-Deployment-Pipeline abbilden. Im Entwicklungssystem werden dabei die Entwicklungen durchgeführt und aktiviert.

Ein *Build*, wie Sie ihn aus Java- oder node.js-Umgebungen kennen, wird an dieser Stelle nicht durchgeführt. Ein Build entspricht in diesem Fall der Aktivierung von Entwicklungen, bei der die Entwicklungen kompiliert bzw. in ein Binärformat überführt werden. Dabei werden lediglich Syntaxprüfungen durchgeführt. Wenn sich Entwicklungen nicht kompilieren lassen, können sie normalerweise auch nicht aktiviert werden.

Die Aktivierung von Objekten ist Segen und Fluch zugleich, denn grundsätzlich können nur aktive Objekte getestet und ausgeführt werden. Dies stellt an sich kein Problem dar. Jedoch bedeutet eine Aktivierung, dass die Änderung sofort allen Benutzerinnen und Benutzern im System bereitgestellt wird. Es gibt keine Möglichkeit, die Entwicklungen im ersten Schritt nur für den jeweiligen Entwickler oder das Entwicklungsteam zu aktivieren. Sollten Sie Änderungen an der Signatur, an einer Methode oder an einem Funktionsbaustein durchgeführt haben, würden sich diese Änderungen auch auf alle Entwicklungs-Artefakte, die diese Funktionalität verwenden, unmittelbar auswirken. Die Aktivierung prüft jedoch lediglich, ob das aktivierte Objekt in sich frei von Syntaxfehlern ist. Verwendungsbeziehungen werden an dieser Stelle nicht neu geprüft. Daher ist es erforderlich, dass im nächsten Schritt Tests durchgeführt werden. Die Testphase kann im ABAP-Kontext folgende Elemente beinhalten:

- Prüfung durch den SAP Code Inspector bzw. das ABAP Test Cockpit
- Testabdeckung
- Unit-Tests
- Integration-Tests
- UI-Tests
- Performance-Tests
- eCATT

Der *SAP Code Inspector* ist ein Werkzeug zur Überprüfung von Repository-Objekten. Mit seiner Hilfe können Sie einzelne Objekte oder Objektgruppen auf Syntax, Performance und Sicherheit hin überprüfen. Aber auch die Konformität zu Ihren eigenen Namenskonventionen lässt sich damit testen. Build-Aspekte wie statische Codeprüfungen und Tests müssen entweder manuell ausgelöst werden oder können in die Freigabe von Transporten integriert werden.

Nachdem die Testphase durchlaufen ist, ist die Continuous-Integration-Phase abgeschlossen. Danach müssen die Entwicklungen in Form von Transportaufträgen mit darunterliegenden Aufgaben freigegeben und anschließend exportiert werden. Diese beiden Schritte finden zwar noch auf dem Entwicklungssystem statt, fallen jedoch bereits in die Continuous-Delivery-Phase (siehe Abbildung 8.2). Anschließend werden die Entwicklungen in das Testsystem importiert. Beim Import werden wiederum Syntaxprüfungen durchgeführt. Spätestens an dieser Stelle würden Sie erkennen, wenn sich nicht kompatible Änderungen an Ihren Objekten auf andere Entwicklungsobjekte auswirken.

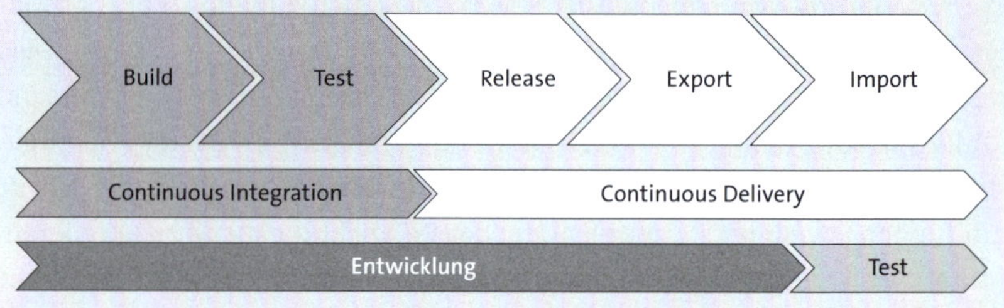

Abbildung 8.2 CI und CD in einer klassischen ABAP-Umgebung

Continuous Delivery

Am Setup einer Dreisystemlandschaft lassen sich auch die Begrifflichkeiten Continuous Delivery und Continuous Deployment gut erklären: Mit Continuous Delivery werden die im Entwicklungssystem durchgeführten Entwicklungen sowie das Customizing auf dem Testsystem bereitgestellt. Die Entwicklungen werden aber nicht unmittelbar in das Produktivsystem übernommen. Die Bereitstellung auf dem Produktivsystem wäre in diesem Fall ein Continuous Deployment.

Da sich dieses Buch mit dem Thema Git beschäftigt, sollten Sie sich die Frage stellen, warum wir an dieser Stelle auf SAP Change and Transport Management eingehen. Diese Frage lässt sich sehr einfach beantworten: Wenn Sie SAP-Fiori-Apps entwickeln, die nicht in SAP S/4HANA laufen und damit *gCTS* verfügbar ist, sind Ihre Entwicklungen zwingend an dieses Konzept gebunden. Das heißt, dass auch, wenn in einer SAP-Fiori-App keine einzige Zeile ABAP entwickelt wird, Sie dennoch auf SAP Change and Transport Management zurückgreifen müssen.

gCTS

Das *Git-enabled Change and Transport System* (gCTS) hat das Ziel, dass Sie Git verwenden können, um Ihre ABAP-Entwicklungsobjekte zu speichern und zu verwalten. Die Entwickler*innen arbeiten weiterhin in den gewohnten Entwicklerwerkzeugen in Form der ABAP Workbench (Transaktionscode SE80) oder in den ABAP Development Tools für Eclipse. Sie zeichnen weiterhin wie gewohnt ihre Änderungen in Aufgaben auf, und sie geben weiterhin Aufgaben und Transportaufträge frei. Die Freigabe des Transportauftrags bedeutet, dass ein Commit in Git erstellt wird. Damit wird der Transportauftrag nicht mehr in die Import-Queues der Folgesysteme Ihrer Systemlandschaft aufgenommen. Sie können ein anderes ABAP-System mit diesem Repository verbinden. Danach können Sie die gewünschten Commits auswählen, um das eine oder andere Commit in dieses ABAP-System zu ziehen.

In der modernen SAP-Welt, die sich rasant in Richtung Cloud bewegt, gibt es neue Anforderungen, die sich mit SAP Change and Transport Management nicht abbilden lassen. Es wäre grundsätzlich sinnbefreit, wenn Sie Cloud-Entwicklungen über ein On-Premise-ABAP-System transportieren. Doch auch hier gibt es Ausnahmen wie z. B. den Transport von SAP-Cloud-Integration-Entwicklungen mittels *CTS+*. Mit diesem erweiterten Change and Transport System können Sie Nicht-ABAP-Objekte über das CTS transportieren.

Continuous Deployment

Die Bereitstellung in der produktiven Systemlandschaft wird als Deployment bezeichnet. Im Normal- und Idealfall werden Entwicklungen ausführlich auf »Herz und Nieren« getestet, bevor sie produktiv gesetzt werden. Um Software automatisiert in der Zielumgebung bereitzustellen, wird eine Continuous-Deployment-Pipeline verwendet. Ein Grundprinzip von DevOps ist, dass Entwickler*innen häufig Merges von Codeänderungen in das zentrale Repository vornehmen. Dadurch werden automatisierte Builds getriggert und Tests automatisiert ausgeführt.

Doch bevor wir detailliert auf die Unterschiede zwischen Continuous Integration, Continuous Delivery und Continuous Deployment eingehen, betrachten wir noch einmal die zugrunde liegenden Konzepte und Begrifflichkeiten, da diese für das Verständnis entscheidend sind:

- **Pipeline**
  Eine *Pipeline* ist ein Programm, das bei jedem Build ausgeführt wird. Die Pipeline besteht aus verschiedenen Stufen (Stages), die während des Jobs ausgeführt werden.
- **Stage**
  Eine *Stage* ist eine Teilaufgabe einer Pipeline. Es kann sich dabei beispielsweise um einen Build, einen Integrationstest oder das Deployment handeln. Jede Stage hat einen dedizierten Status.
- **Step**
  Ein *Step* ist eine Teilaufgabe einer Stage.
- **Job**
  Ein *Job* ist eine wiederkehrende und automatisierte Aufgabe in Continuous Integration und Continuous Delivery. Er hängt von der Pipeline, dem Quellcode-Repository und verschiedenen Konfigurationseinstellungen ab.
- **Build**
  Ein *Build* ist die Ausführung eines Jobs für einen bestimmten Commit. Builds können entweder manuell oder automatisch durch Änderungen im Repository ausgelöst werden.

Nachdem Sie in diesem Abschnitt die Bedeutung von Continuous Integration, Continuous Delivery und Continuous Deployment im SAP-Umfeld kennengelernt haben, führen wir nachfolgend detailliert in die einzelnen Teilbereiche ein. Damit ist der Weg für Sie frei, eine solide Grundlage für Ihre DevOps-Bestrebungen zu legen.

8.1.1 Continuous Integration

CI in Git-Repositorys

Wie Continuous Integration in einer ABAP-Umgebung aussehen kann, haben wir bereits in Abschnitt 8.1, »Einführung«, ausgeführt. Wir betrachten nun, wie Continuous Integration auf einer generischen Ebene unter der Verwendung von Git-Repositorys aussieht. In der Vergangenheit arbeiteten Entwickler*innen eines Teams meist über einen längeren Zeitraum isoliert auf ihrem lokalen Rechner. Nachdem ihre Tätigkeiten abgeschlossen und hoffentlich erfolgreich lokal getestet worden sind, fand die Integration der Änderungen in den Main-Branch statt. Dies machte das Zusammenführen von Codeänderungen schwierig und zeitaufwendig und führte außerdem dazu, dass Fehler lange Zeit unentdeckt blieben. Diese Faktoren erschwerten die rasche Bereitstellung von Aktualisierungen für die Kunden. Genau an dieser Stelle hilft Ihnen Continuous Integration.

Continuous Integration ist eine DevOps-Softwareentwicklungspraxis, bei der Entwickler*innen ihre Änderungen am Quellcode regelmäßig in ein zentrales Repository integrieren. Als Voraussetzung sollte ein lokaler Build auf dem Rechner der Entwickler*innen oder gegebenenfalls in der cloudbasierten Entwicklungsumgebung erfolgreich durchgeführt worden sein. Üblicherweise bestehen auch Abhängigkeiten zu externen Bibliotheken und Komponenten. Für die Verwaltung der Abhängigkeiten kommen, abhängig von der verwendeten Programmiersprache, unterschiedliche Werkzeuge zum Einsatz. Bei der Verwendung von Java kommt entweder das Kommandozeilenwerkzeug *Apache Maven* oder *Gradle*, eine Software, die genutzt wird, um Builds zu automatisieren, zum Einsatz. Bei der Verwendung von JavaScript wird auf den Node Package Manager npm gesetzt. Der Build sorgt dafür, dass alle Abhängigkeiten auf den lokalen Rechner geladen werden und der Build durchgeführt wird. Erst danach werden die Änderungen durch einen Push in das zentrale Repository überführt. An dieser Stelle kann es jedoch zu Konflikten kommen. Daher ist es wichtig, dass Entwickler*innen vor dem lokalen Build den aktuellen Stand aus dem Remote-Repository laden, in ihr lokales Git-Repository integrieren und mit dieser Version den Build durchführen. Sollten Konflikte auftreten, können diese manuell behoben werden. Nachdem der Push in das Remote-Repository erfolgreich durchgeführt worden ist, wird ein serverseitiger Build getriggert. Der Build läuft aber nicht auf dem Git-Server ab, sondern in einem eigenen Werkzeug wie dem Service SAP Continuous Integration and Delivery, Apache Jenkins oder Azure DevOps.

Ein erfolgreicher serverseitiger Build bedeutet, dass die Software ohne Syntaxfehler aus allen beteiligten Komponenten zusammengebaut werden konnte. Leider muss an dieser Stelle auch erwähnt werden, dass damit noch nicht sichergestellt ist, dass die Software wie erwartet und fehlerfrei funktioniert. Für diesen Zweck kommen automatisierte Tests zum Einsatz. Es wäre fatal, wenn jede Änderung in umfangreichen Projekten mit einer Vielzahl an Entwickler*innen vollständig manuell getestet werden müsste. Mit automatisierten Tests kann Abhilfe geschaffen werden. Dabei wird versucht, mit den Tests einen möglichst hohen Prozentsatz des Quellcodes abzudecken. Wie später in diesem Abschnitt detailliert ausgeführt, kommen verschiedene Tests zum Einsatz. Das Ergebnis der Tests wird unmittelbar an die Entwickler*innen zurückgemeldet. So können diese schnell auf Fehler reagieren und sie korrigieren. Damit ist der gesamte Zyklus des CI-Prozesses abgedeckt (siehe Abbildung 8.3).

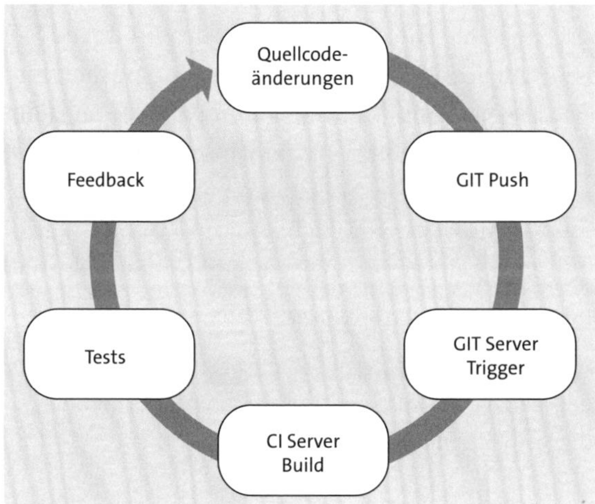

Abbildung 8.3 CI-Prozess

Ein gut funktionierender CI-Prozess setzt voraus, dass sich Entwickler*innen an bestimmte Grundregeln halten. Sie sollten im CI-Prozess die folgenden Prinzipien umsetzen:

- Verwenden Sie Versionskontrolle.
- Automatisieren Sie den Build.
- Führen Sie Tests im Build aus.

- Committen Sie frühzeitig und häufig.
- Builden Sie jede Änderung.
- Beheben Sie Fehler unverzüglich.
- Sorgen Sie dafür, dass der Build schnell ist.
- Testen Sie in einem Klon der produktiven Umgebung.
- Stellen Sie die neuesten Build-Ergebnisse bereit.
- Gestalten Sie den Build-Prozess transparent.
- Automatisieren Sie das Deployment.

Im Folgenden sehen wir uns die einzelnen Punkte genauer an.

Verwenden Sie die Versionskontrolle

Bei größeren Entwicklungen arbeiten verschiedene Softwareentwickler*innen gemeinsam an einem Produkt. Sie entwickeln neue Funktionen und beheben oft gleichzeitig bestehende Fehler. Verwenden Sie ein Quellcode-Verwaltungssystem, um die Artefakte aller Entwickler*innen zu verwalten. Damit können Sie die Beiträge der einzelnen Personen transparent machen und Kollisionen frühzeitig erkennen und vermeiden. In der Versionskontrolle definieren Sie eine Hauptlinie für den Quellcode des Produkts. Die Entwickler*innen ziehen die Quellcodes vom Hauptstrang und pushen ihre Änderungen zurück in den Hauptstrang (siehe Abbildung 8.4). Jede Änderung des Quellcodes erzeugt eine neue Version und wird mit der Identität des Entwicklers bzw. der Entwicklerin, einem Zeitstempel und einer Commit-Nachricht versehen.

Wieso muss es genau einen Hauptstrang geben?

Durch die Verwendung der Hauptlinie sorgen Sie dafür, dass eine *Single Source of Truth*, also ein einziger Punkt der Wahrheit existiert. Dieser Hauptstrang hat den Anspruch, korrekt und verlässlich zu sein.

In komplexeren Szenarien und bei größeren Entwicklungen werden Sie damit schnell an Grenzen stoßen. Es hat sich als gängige Praxis etabliert, dass größere Funktionalitäten in eigenen Feature-Branches zusammengefasst werden. Die Entwickler*innen arbeiten gegen die Feature-Branches, und diese werden wiederum in den Hauptstrang integriert (siehe Abbildung 8.5).

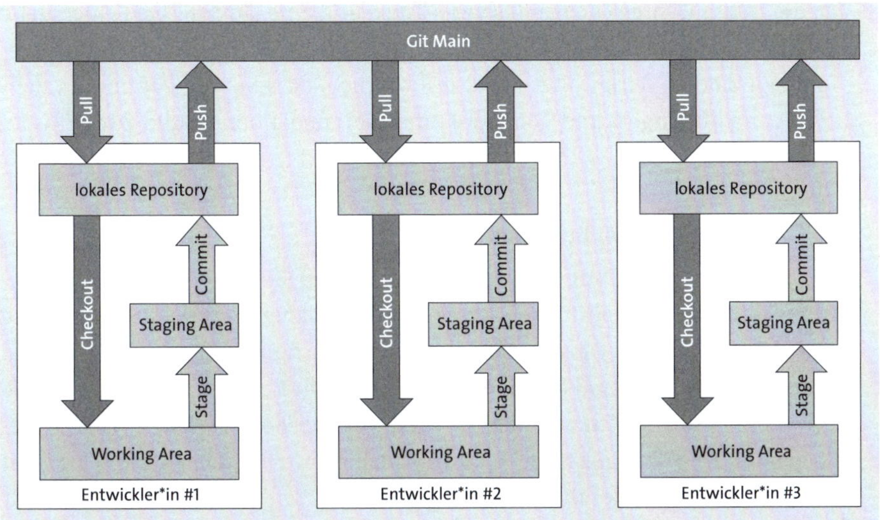

Abbildung 8.4 Git in kleinen Teams

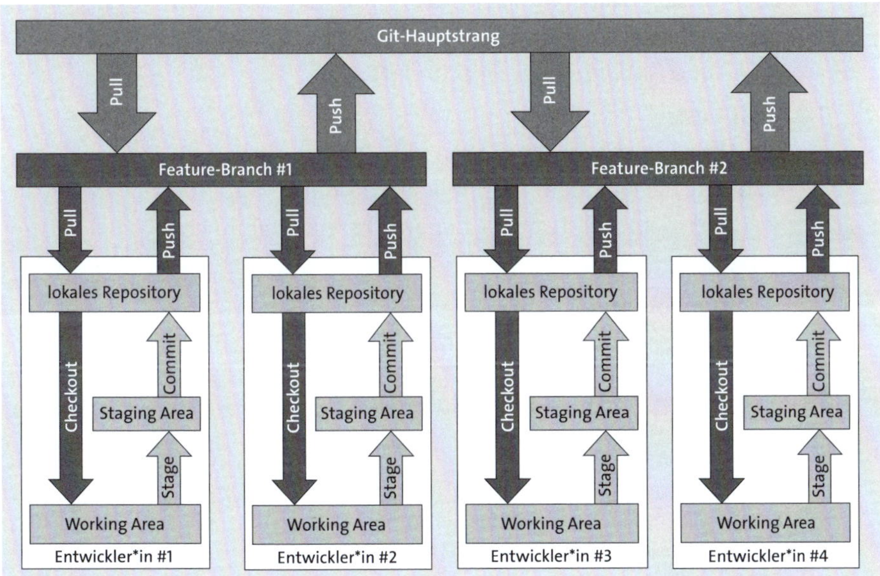

Abbildung 8.5 Feature-Branches in Git

Automatisieren Sie den Build

Stellen Sie sicher, dass Ihre Änderungen durch automatisierte Builds getestet werden. Dazu ist es erforderlich, dass Sie einen standardisierten, zentralen Build-Prozess etablieren. Durch einen regelmäßigen Build können Sie die Qualität Ihres Quellcodes verbessern und eine langwierige Fehlersuche am Ende eines Projekts vermeiden. Die Ergebnisse eines Builds sollten reproduzierbar sein. Daher ist es erforderlich, dass Sie die Parameter, Rahmenbedingungen und Tools dokumentieren, die beim Build zum Einsatz kommen.

Führen Sie Tests im Build aus

Um Fehler von Anfang an zu vermeiden, sollten Sie während des Builds umfassende Tests durchführen. Integrieren Sie daher so viele automatisierte Tests wie möglich. Dies erfordert aber auch, dass entsprechende Werkzeuge beschafft werden und dass Entwickler*innen die Tests implementieren. Die verwendeten Werkzeuge hängen stark von der dem Projekt zugrunde liegenden Programmiersprache ab. Im Idealfall durchlaufen Sie die folgenden Testtypen in der definierten Reihenfolge:

1. **Statische Codeprüfungen**
   Statische Codeprüfungen sind von der verwendeten Programmiersprache abhängig. Dabei wird der Quellcode gegen ein bestimmtes Regelwerk geprüft. Beispiel dafür sind *ESLint* für JavaScript, SAP Code Inspector für ABAP und *FindBugs* oder *PMD* für Java.
2. **Unit-Tests**
   Ein Unit-Test ist ein Verfahren zum Testen einer *Unit*, dem kleinsten Codeteil, der in einem System logisch isoliert werden kann. Typischerweise werden Unit-Testing-Frameworks wie *JUnit* im Java-Umfeld eingesetzt.
3. **Komponententests**
   Bei Komponententests können die Testobjekte unabhängig als Komponente getestet werden, ohne dass sie mit anderen Komponenten integriert werden.
4. **Integrationstests**
   In Integrationstests wird das Zusammenspiel aller Komponenten getestet.
5. **Systemtests**
   Systemtests sind eine Testebene, die das vollständige und voll integrierte Softwareprodukt validiert. Der Zweck eines Systemtests besteht darin, die Ende-zu-Ende-Systemspezifikationen zu bewerten.
6. **Szenariotests**
   Die neu erstellte Anwendung wird installiert und innerhalb eines hypothetischen Szenarios getestet. Die Ergebnisse werden danach bewertet.

Committen Sie frühzeitig und regelmäßig

Integrieren Sie Ihre Änderungen häufig und in kleinen Teilen in den Main-Branch. Je länger Sie mit der Integration Ihrer Änderungen warten, desto mehr weicht Ihre lokale Kopie des Main-Branch vom Original ab. Dies hat zur Folge, dass das Einbinden Ihrer lokalen Änderungen komplexer und zeitaufwendiger wird. Eines der Hauptziele der Continuous Integration ist das schnellere Auffinden und Beheben von Fehlern.

Builden Sie jede Änderung

Jede Änderung, die Sie in den Hauptstrang integrieren, kann ihn destabilisieren und damit das gesamte Entwicklungsteam beeinträchtigen. Um den Hauptstrang vor fehlerhaftem Code zu schützen, sollten Sie automatisierte *Voter Builds* für Ihre Vorschläge durchführen. Bei einem Voter Build erstellt der Continuous-Integration-Server automatisch die vorgeschlagene Änderung, um ihre Qualität zu überprüfen und sicherzustellen, dass sie den Hauptstrang nicht beeinträchtigt.

Beheben Sie Fehler unverzüglich

Jeder Fehler wirkt sich, sobald er in den Main-Branch integriert ist, auf das gesamte Entwicklungsteam aus und verursacht im schlimmsten Fall einen Stillstand, wenn Entwickler*innen nicht mehr arbeiten können. Sollten Sie feststellen, dass Ihr Code Fehler enthält, wenn beispielsweise einer Ihrer Builds fehlschlägt, müssen Sie sofort darauf reagieren und den Fehler beheben.

Sorgen Sie dafür, dass der Build schnell ist

Wenn Sie Änderungen in die Hauptlinie übernehmen möchten, sind automatische Build- und Testschritte entscheidend. Sie helfen dabei, Fehler im Hauptstrang zu vermeiden. Das Erstellen, Validieren und insbesondere das Testen von Szenarien kann jedoch sehr zeitaufwendig sein. Bei der kontinuierlichen Integration ist es wichtig, dass die automatisierten Builds schnell durchgeführt werden. Jeder Commit und jeder Merge triggert einen neuen Build. Dies findet in größeren Teams oft mehrmals am Tag statt. Daher kann sich die Zeit, die Sie auf die Ergebnisse warten, ins Unendliche ziehen. Sie sollten zwischen schnell laufenden Tests und lange laufenden Szenariotests unterscheiden. Die schnell durchzuführenden Tests sind entscheidend für die Qualität Ihres Hauptstrangs und umfassen neben Prüfungen der syntaktischen Korrektheit Ihres Codes die Unit-Tests und schnell durchlaufende Szenariotests. Stellen Sie daher sicher, dass jede Änderung, die in den Hauptstrang integriert wird, diese Tests erfolgreich bestanden hat. Langlaufende Szenariotests sind notwendig, um die Funktionalität Ihres Codes zu gewährleisten. Sie dauern aber während eines CI-Build-Prozesses länger als zulässig. Wir empfehlen, dass Sie für diese Art von Tests zusätzliche Builds einplanen, die unabhängig von den schnelllaufenden Tests sind.

Testen Sie in einem Klon der produktiven Umgebung

Unterschiedliche Konfigurationen und Laufzeitumgebungen in verschiedenen Stadien einer Produktions-Pipeline führen häufig zu Fehlern. Um sicherzustellen, dass Ihr Endprodukt in der Produktionsumgebung voll funktionsfähig ist, sollten Sie alle Szenariotests auf Rechnern durchführen, die ein Klon der Produktionsumgebung sind. Dabei werden Sie vor eine Herausforderung gestellt: Bei der Verwendung herkömmlicher physischer Hardware, auf der die Software manuell installiert und konfiguriert wird, ist es nahezu unmöglich, Abweichungen zu vermeiden. Beschreiben Sie daher die auf einem Rechner installierte Software und deren Konfiguration in Quelldateien genauso, wie Sie es mit Ihrem Quellcode machen. Dieses Verfahren ermöglicht es Ihnen, das Setup der Rechner jederzeit zu reproduzieren. Üblicherweise kommen an dieser Stelle Werkzeuge wie *Puppet*, *Ansible* oder *Chef Infra* zum Einsatz, die sich besonders gut für die Arbeit mit virtueller Hardware eignen. Damit können das Aufsetzen und Bereitstellen neuer virtueller Maschinen sowie die Installation und Konfiguration der erforderlichen Software voll automatisiert werden.

Stellen Sie die neuesten Build-Ergebnisse bereit

Es wird empfohlen, dass Sie einen zentralen Speicherort für Ihre Artefakte in den verschiedenen Versionen einrichten.

Aus Sicherheitsgründen und um das Risiko zu minimieren, dass Build-Ergebnisse verfälscht werden, sollten die Build-Server so laufen, dass sie nicht durch unbefugte Zugriffe gestört werden. Dieser Ansatz bedeutet jedoch auch, dass Entwickler*innen, die ein berechtigtes Interesse daran haben, die neuesten Build-Ergebnisse zu erhalten, diese nicht direkt vom Build-Server herunterladen dürfen. Daher sollten Sie einen zentralen Ort für die Speicherung und Bereitstellung von Artefakt-Versionen einrichten.

Gestalten Sie den Build-Prozess transparent

Nach dem Commit einer Entwicklerin oder eines Entwicklers durchläuft die Änderung die CI-Prozesskette, die mehrere Komponenten umfasst. Richten Sie daher einen zentralen Einstiegspunkt ein, um die Informationen über den Status einer Änderung leicht zugänglich zu machen. Dabei sollten folgende Fragen beantwortet werden:

- Wurde die letzte Änderung kompiliert bzw. erstellt?
- Wie sehen die Build-Ergebnisse aus?
- Wurde die letzte Änderung getestet?
- Wie sehen die Testergebnisse aus?
- Wurde die Änderung via Merge in den Hauptstrang integriert?

Automatisieren Sie das Deployment

Die Bereitstellung, d. h. die Installation einer Anwendung auf einem Laufzeitsystem, sollte automatisch erfolgen. Verteilen Sie die Artefakte automatisch nach jedem Build. Wir empfehlen die manuelle Bereitstellung in der Produktion nach einer bewussten Freigabeentscheidung. Dieser manuelle Schritt sollte jedoch so weit wie möglich durch ein automatisiertes Framework unterstützt werden. Wenn beispielsweise die Freigabe-Schaltfläche angeklickt wird, sollte das Prozess-Framework automatisch den Deployment-Job zum Produktivsystem starten.

8.1.2 Continuous Delivery und Continuous Deployment

Das Konzept Continuous Delivery erweitert das Konzept Continuous Integration bzw. ist die logische Fortführung davon. Sobald die Software automatisch erstellt und getestet worden ist, ist es einfacher, sie zu veröffentlichen. Durch Continuous Delivery wird die Software automatisch für eine Veröffentlichung vorbereitet. In einem perfekt abgestimmten Continuous-Integration- bzw. Continuous-Delivery-Prozess werden alle Codeänderungen nach Abschluss der Continuous-Integration-Phase voll automatisiert in einer Staging-Umgebung bereitgestellt. Werden die Änderungen zusätzlich auch in der Produktivumgebung automatisiert bereitgestellt, spricht man von Continuous Deployment. In der Praxis sieht man häufig, dass nur eine teilweise Automatisierung erfolgt. Der letzte kritische Schritt, die Freigabe für das Deployment in der Produktivumgebung, erfolgt dann oft manuell. Dies liegt in der Regel daran, dass mit einem automatisierten Deployment auch Fragestellungen zur Haftung zu klären sind.

Beiden Szenarien ist gemeinsam, dass die Entwickler*innen in der Continuous-Integration-Phase stets über ein Release-Artefakt verfügen, das einen standardisierten Testprozess durchlaufen hat und fertig für die Bereitstellung ist. Mit Continuous Deployment können Sie den Endanwender*innen schnellstmöglich neue Funktionalitäten zur Verfügung stellen. Aus der Perspektive der Entwickler*innen und auch der Softwareanbieter stellt dies das absolute Wunschszenario dar. Im klassischen SAP-On-Premise-Umfeld begegnet man einem Continuous Deployment eher selten, in Cloud-Umgebungen ist es jedoch state-of-the-art.

Mobile Applikationen

Bei der Entwicklung von mobilen Applikationen ist ein weiterer Aspekt zu berücksichtigen: Die Auslieferung und Verteilung von Apps muss grundsätzlich über App-Stores erfolgen. Dadurch haben Sie als Anbieter einen neuen Vertriebsweg, Sie sind aber auch an bestimmte Vorgaben gebunden. Damit eine App im jeweiligen Store erscheinen darf, muss sie im Normalfall einen Review-Prozess des Store-Betreibers durchlaufen; das gilt auch für Updates. Der Review kann wenige Stunden bis mehrere Wochen dauern. Zusätzlich müssen Sie für das Listing im Store die klassischen Marketing-Materialen wie Screenshots, Beschreibungen und eine Klassifizierung der Apps liefern.

Ein Großteil dieser Schritte lässt sich in einer CI/CD-Pipeline automatisiert erstellen. So können Sie mit den *Fastlane Tools* (siehe *https://fastlane.tools/*) das Erstellen der Screenshots auf verschiedenen Endgeräten in unterschiedlichen Sprachen, das Signieren der Apps und die Verteilung in die verschiedenen App-Stores voll automatisieren. Dieser Review-Prozess bedeutet aber auch, dass im Falle eines Fehlers die Korrektur nicht unverzüglich an die Endbenutzer*innen gelangen kann. Daher ist es besonders wichtig, dass eine möglichst hohe Abdeckung der Funktionalität durch Tests erzielt wird.

Für die Verteilung von Apps in Unternehmen gibt es jedoch eine Ausnahme. Voraussetzung dafür ist, dass die App ausschließlich auf sogenannte *verwaltete Geräte* verteilt wird. Die Endgeräte müssen zwingend mit einer Enterprise-Mobility-Management-Plattform verwaltet werden.

Was ist ein EMM?

Enterprise Mobility Management (EMM) umfasst eine Reihe von Richtlinien, Verfahren und Technologien, die von Unternehmen eingesetzt werden, um sensible Unternehmensdaten sowohl auf firmeneigenen als auch auf mitarbeitereigenen mobilen Geräten zu schützen. Es kombiniert die Funktionen von Mobile Device Management (MDM), Mobile Application Management (MAM), Mobile Identity Management (MIM) und Mobile Content Management (MCM). Ziel ist es, die Sicherheit von Unternehmensdaten auf mobilen Geräten zu verbessern.

Auch im SAP-Umfeld gibt es dazu ein Angebot. SAP betreibt den *SAP Store* (siehe *https://store.sap.com/*). Dort haben SAP-Partner die Möglichkeit, ihre Apps allen SAP-Kunden zentral zu präsentieren und zu verkaufen. Damit eine App im SAP Store gelistet wird, muss sie durch einen Review. Sie werden sich jetzt vielleicht die Frage stellen, was der SAP Store mit CI/CD zu tun hat. Sie können Apps in Form von Subscriptions ausliefern. Sobald ein Kunde die App im Store gekauft hat, wird sie unmittelbar im Subaccount des Kunden subskribiert. Dies bedeutet, dass dem Kunden die Applikation in seinem Subaccount bereitgestellt wird und er sie gegebenenfalls noch konfigurieren kann. Die eigentliche App wird zentral auf einem Provider-Account von Ihnen bereitgestellt. Daher muss die App nur an einer zentralen Stelle aktualisiert werden, und die Änderungen stehen dem Kunden unmittelbar zur Verfügung. Voraussetzung dafür ist jedoch, dass die App so implementiert wird, dass sie Multitenancy unterstützt.

[«]

Was ist Multitenancy?

Multitenancy kann mit Mandantenfähigkeit im klassischen SAP-System gleichgesetzt werden. Dabei können Sie mit einem Deployment einer App unterschiedliche Kunden bedienen. Die Datenhaltung, Sicherheitseinstellungen und Verbindungen zu Drittanwendungen sind dabei pro Tenant isoliert und vor gegenseitigem Zugriff geschützt.

8.2 SAP Continuous Integration and Delivery

SAP stellt Kunden in der SAP BTP den Service *SAP Continuous Integration and Delivery* bereit. Dieser Service wird mit verschiedenen CI/CD-Pipelines für unterschiedliche Anwendungsfälle angeboten und ausschließlich in der Cloud-Foundry-Umgebung ausgeliefert.

8.2.1 Einführung

Der Service SAP Continuous Integration and Delivery ist im Standard nicht aktiviert. Um den Service zu aktivieren, müssen Sie im SAP BTP Cockpit dem Subaccount den Service SAP Continuous Integration and Delivery in Form eines sogenannten *Entitlements* zuordnen. Öffnen Sie dazu im SAP BTP Cockpit im Bereich **Entitlements** die **Entity Assignments** (siehe Abbildung 8.6). Bei Entitlements handelt es sich um die Funktionen und Services, zu deren Nutzung Sie aufgrund Ihrer Lizenz in der SAP BTP berechtigt sind.

Suchen Sie danach in den Entitlements in der Liste der verfügbaren Entitlements nach **Continuous Integration & Delivery**, und klicken Sie auf den Eintrag. Danach werden die verfügbaren Pläne angezeigt (siehe Abbildung 8.7). Selektieren Sie den gewünschten Plan, und klicken Sie abschließend auf die Schaltfläche **Add 1 Service Plan**.

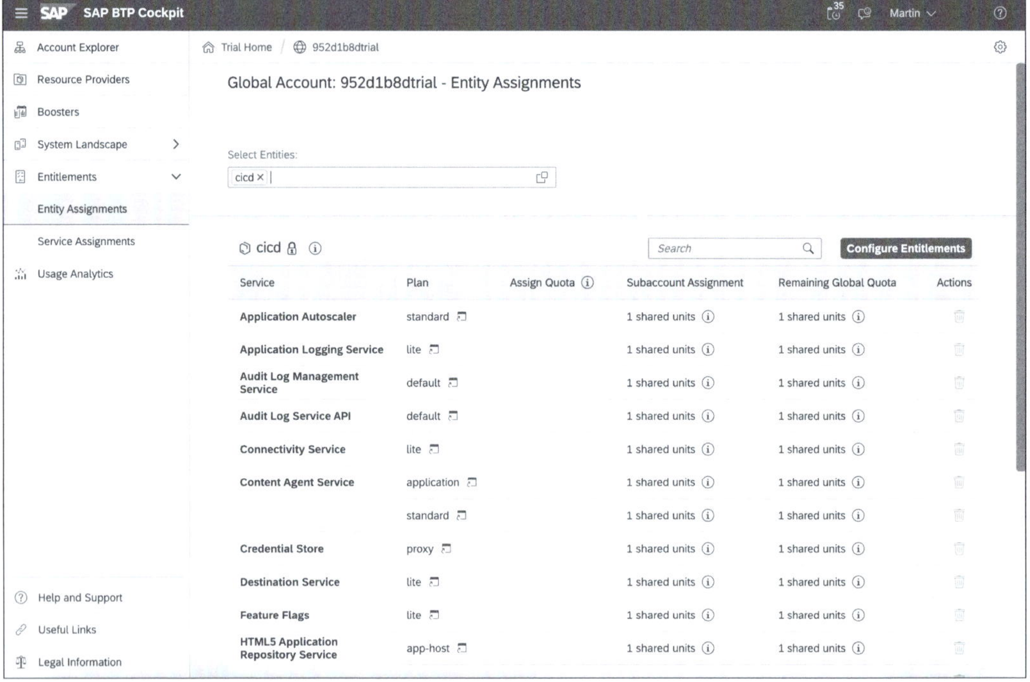

Abbildung 8.6 Entity Assignment durchführen

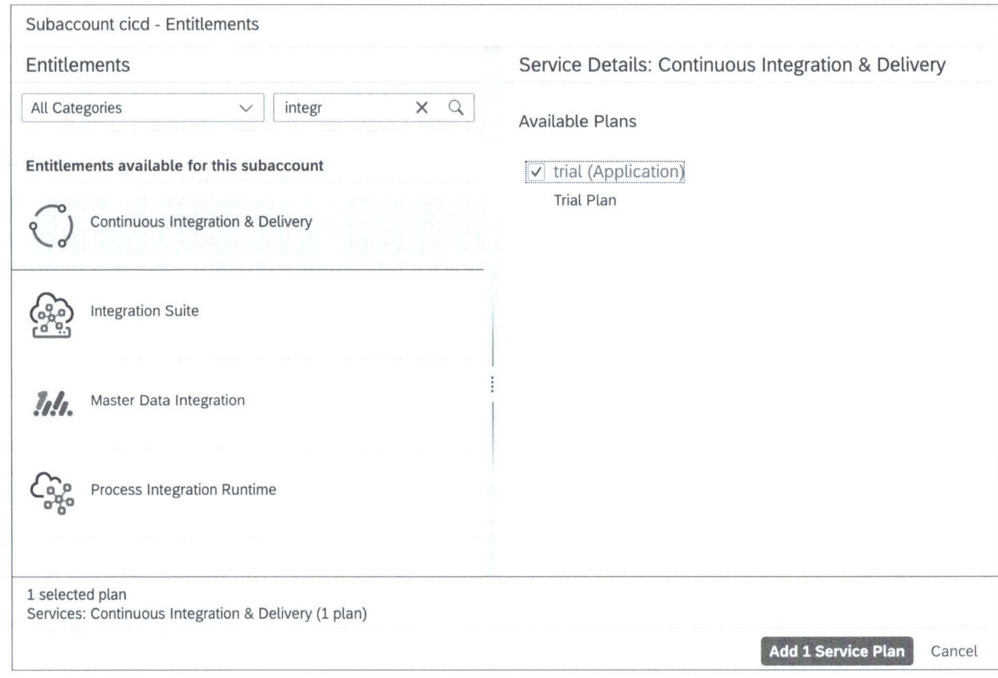

Abbildung 8.7 Entitlement zuordnen

Damit die Entitlements dem Subaccount zugeordnet werden, müssen Sie abschließend auf die Schaltfläche **Save** klicken (siehe Abbildung 8.8). Damit haben Sie alle Voraussetzungen geschaffen, damit der Service im Subaccount instanziiert werden kann.

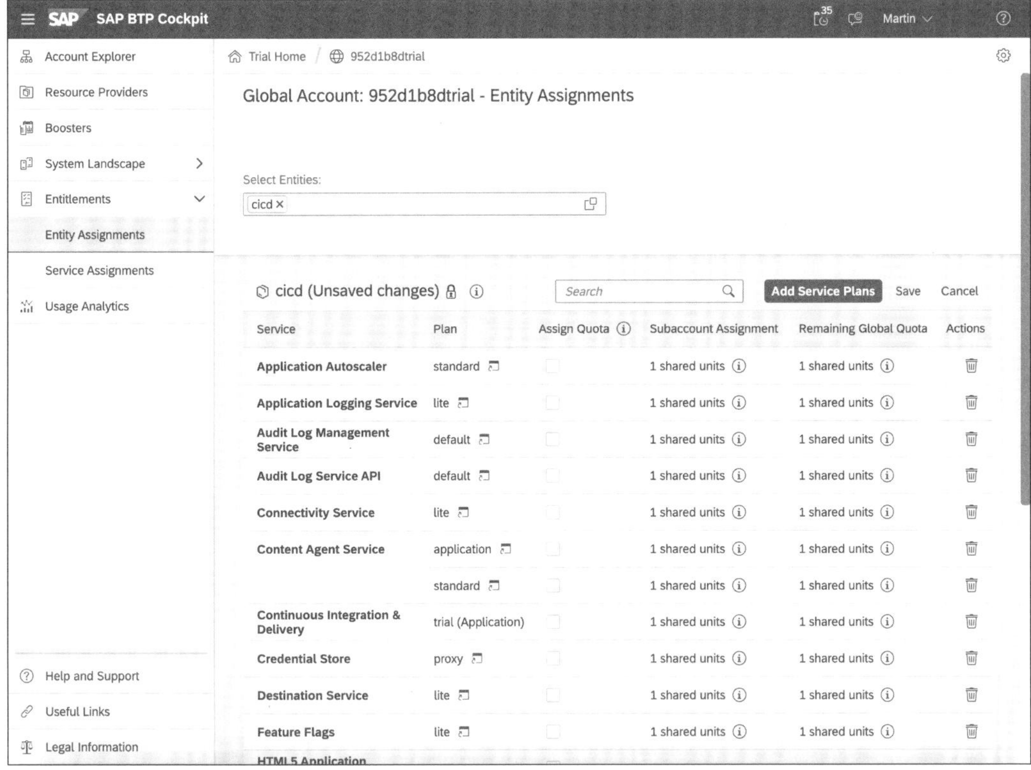

Abbildung 8.8 Entitlement-Zuordnung speichern

Wechseln Sie nun in den gewünschten Subaccount, und verwenden Sie den Pfad **Services • Service Marketplace**. Suchen Sie nach **Continuous Integration & Delivery**, und klicken Sie neben dem Eintrag auf das Icon ⋯. Wählen Sie im Pop-over-Menü den Eintrag **Create** aus, um den Service zu instanziieren (siehe Abbildung 8.9).

Im Dialog zum Erstellen einer neuen Instanz ist der Service bereits ausgewählt. Sie müssen lediglich den gewünschten Plan auswählen und anschließend auf **Create** klicken (siehe Abbildung 8.10).

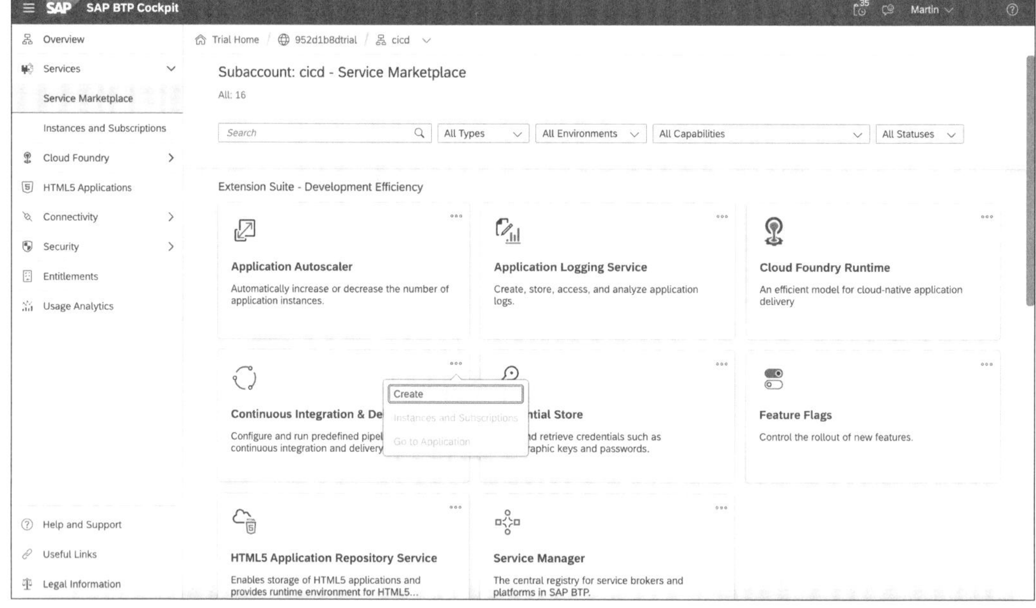

Abbildung 8.9 Instanz erzeugen

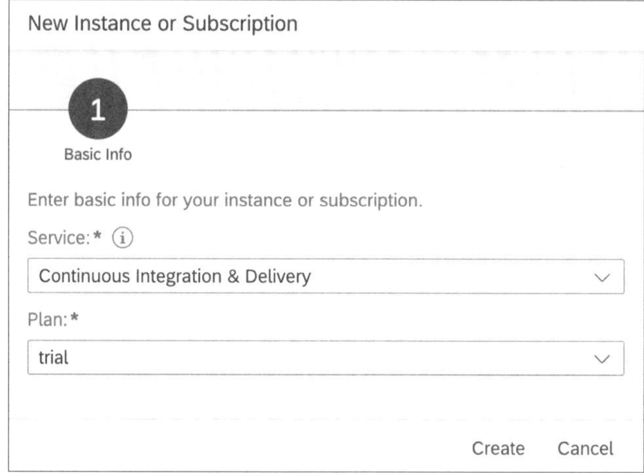

Abbildung 8.10 Serviceinformationen definieren

Damit wird der Service instanziiert, und die im Service definierten Rollen und *Role Collections* werden im Subaccount hinzugefügt. In der SAP BTP können Rollen nicht direkt einem Benutzer zugeordnet werden, sondern sie werden in Role Collections zusammengefasst. Die Role Collections können dem Benutzer direkt oder über Mapping aus dem Identity Provider zugeordnet werden. Der Service SAP Continuous Integration and Delivery wird mit den beiden Role Collections **CICD Service Developer** und **CICD Service Administrator** ausgeliefert. Die in den beiden Rollen enthaltenen Berechtigungen sind in Tabelle 8.1 dargestellt.

Kategorie	Berechtigung	CICD Service Administrator	CICD Service Developer
Credentials	Anlegen	ja	nein
Credentials	Ändern	ja	nein
Credentials	Löschen	ja	nein
Credentials	Anzeigen	ja	ja
Jobs	Anlegen	ja	nein
Jobs	Ändern	ja	nein
Jobs	Löschen	ja	nein
Jobs	Anzeigen	ja	ja
Repository	Anlegen	ja	nein
Repository	Ändern	ja	nein
Repository	Löschen	ja	nein
Repository	Anzeigen	ja	ja
Builds	Triggern	ja	ja
Builds	Anzeigen	ja	ja
Builds	Löschen	ja	nein
Builds	Log anzeigen	ja	ja

Tabelle 8.1 Berechtigungen

Role Collections zuordnen

Um einem Benutzer eine Role Collection zuzuordnen, müssen Sie die entsprechende Role Collection öffnen. Klicken Sie dazu im Menü im Bereich **Security** auf **Role Collections**. Danach sehen Sie eine Liste aller im Subaccount verfügbaren Role Collections (siehe Abbildung 8.11).

Wählen Sie die gewünschte Role Collection, beispielsweise **CICD Service Administrator**, aus, um in die Details der Role Collection zu gelangen. Klicken Sie in den Details auf **Edit**, und scrollen Sie in den Bereich **Users**. Fügen Sie nun im Feld **ID** die E-Mail-Adresse des gewünschten Benutzers ein, und klicken Sie anschließend auf **Save** (siehe Abbildung 8.12).

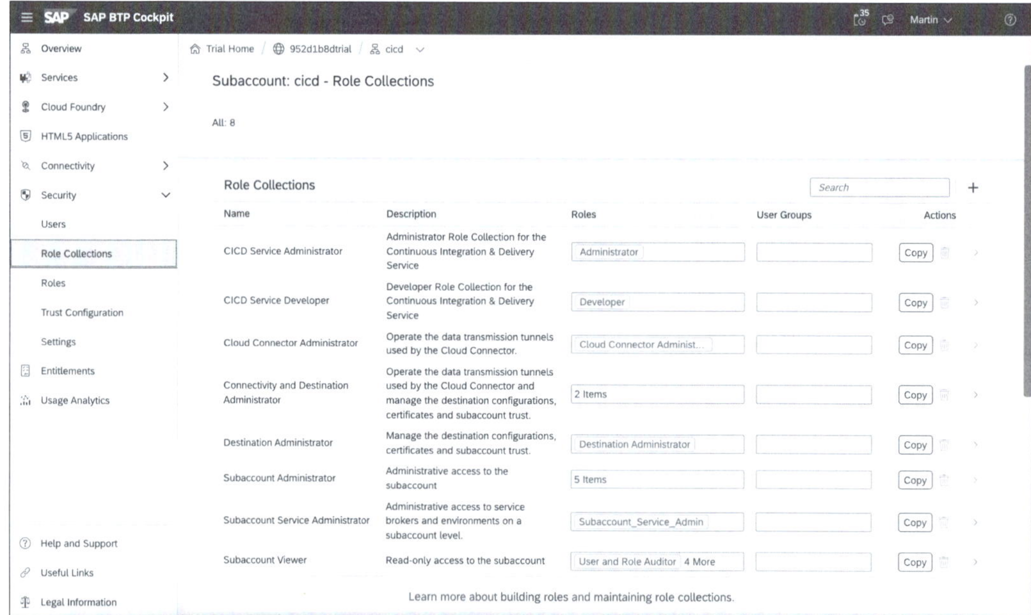

Abbildung 8.11 Role Collections in der Übersicht

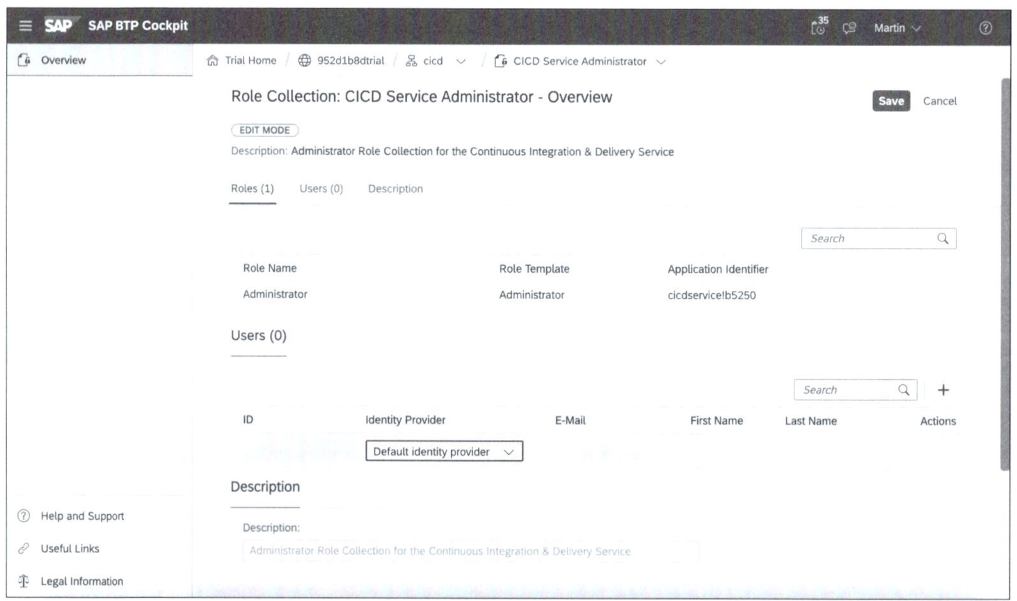

Abbildung 8.12 Role Collection einem Benutzer zuordnen

Sie haben nun alle Voraussetzungen geschaffen, um den Service zu öffnen. Um in den Service abzuspringen, klicken Sie in den Details des Service auf die Schaltfläche **Go to Application** (siehe Abbildung 8.13).

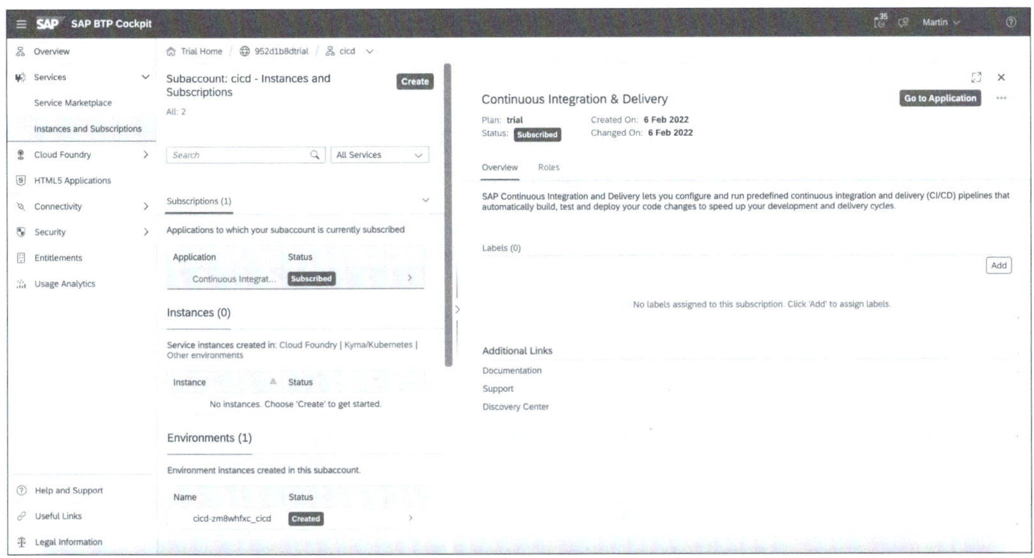

Abbildung 8.13 Servicedetails

Im Service können Sie dann zwischen den Menüpunkten **Jobs**, **Repositories** und **Credentials** auswählen (siehe Abbildung 8.14).

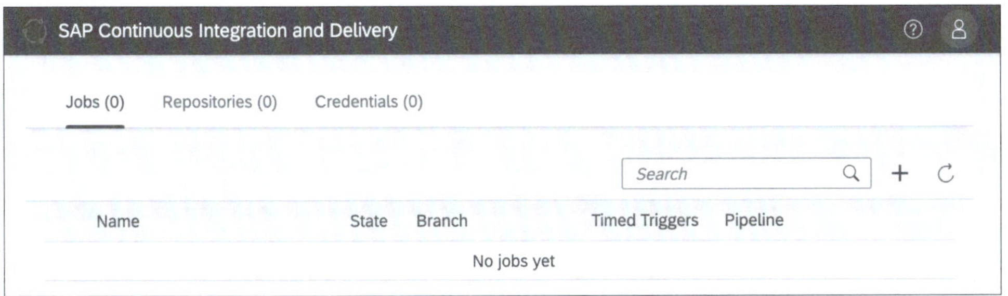

Abbildung 8.14 Der Service SAP Continuous Integration and Delivery

8.2.2 Pipelines

Der Service SAP Continuous Integration and Delivery kommuniziert u. a. mit dem Git-Server und mit der Staging-Umgebung. Für die Kommunikation mit diesen externen Services ist eine Authentifizierung erforderlich. Diese Credentials werden nicht im Job selbst abgelegt, sondern in einem eigenen *Credentials Store* gehalten. Daher müssen Sie im ersten Schritt die Credentials für die beteiligten Systeme hinterlegen. Wechseln Sie dazu in den Bereich **Credentials**, und klicken Sie anschließend auf die Schaltfläche [+] (siehe Abbildung 8.15).

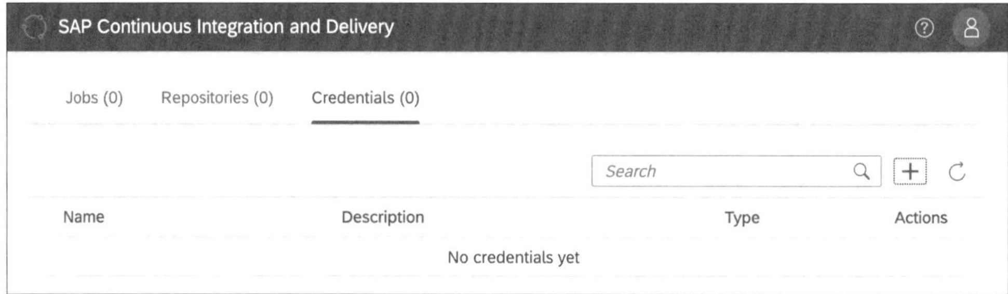

Abbildung 8.15 Übersicht der Credentials

In Abbildung 8.16 wird dies am Beispiel der Credentials für GitHub gezeigt. Sie können, abhängig von Ihren Anforderungen, folgende Typen von Credentials hinterlegen:

- **Basic Authentication**
- **OAuth**
- **Service Key**
- **Secret Text**
- **Cloud Connector**
- **Webhook Secret**

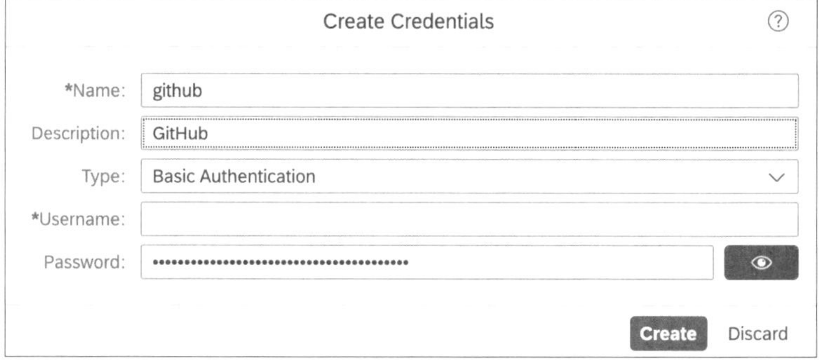

Abbildung 8.16 Credentials anlegen

Der Service SAP Continuous Integration and Delivery lädt die zu verarbeitenden Daten aus einem Git-Repository. Daher ist es erforderlich, dass Sie ein Repository anlegen. Wechseln Sie dazu in den Bereich **Repositories**, und klicken Sie auf die Schaltfläche [+] (siehe Abbildung 8.17).

SAP unterstützt grundsätzlich jeden Git-Anbieter, egal ob in der Cloud oder on-premise. Webhooks werden jedoch nur für GitHub, GibLab und Bitbucket unterstützt.

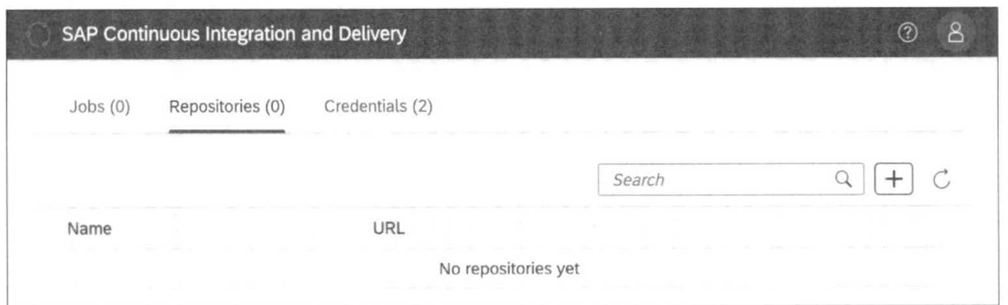

Abbildung 8.17 Repository-Übersicht

[«]

Was ist ein Webhook?

Ein *Webhook*, auch Web-Callback genannt, ist eine Möglichkeit für eine Anwendung, anderen Anwendungen in Echtzeit Informationen zu liefern. Im Fall von Git liefert ein Webhook unmittelbar nach einem Commit die Information an den CI/CD-Service, dass ein Build getriggert werden muss. Eine Alternative dazu wäre es, die Daten über ein Polling in regelmäßigen Intervallen abzufragen.

Für ein Repository müssen Sie zwingend einen Namen und eine Clone-URL pflegen. Die Credentials sind optional, da bei einem öffentlichen Git-Repository keine Authentifizierung erforderlich ist. Zusätzlich haben Sie die Möglichkeit, einen Cloud Connector auszuwählen. Dieser muss vorab über den bereits bekannten Dialog zum Anlegen von Credentials angelegt werden (siehe Abbildung 8.16). Die Konfiguration des Webhook Event Receivers kann optional erfolgen. Ein Beispiel für einen Webhook sehen Sie in Abbildung 8.18.

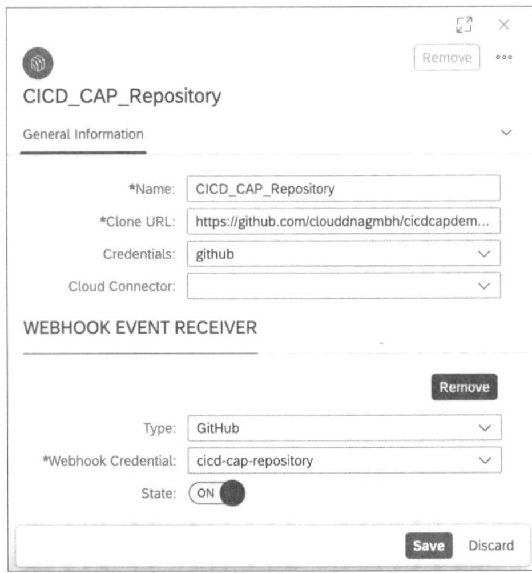

Abbildung 8.18 Repository anlegen

Sollten Sie Webhooks verwenden, müssen Sie die Payload-URL und das Secret im Git-Repository pflegen. Die Daten sehen Sie, wenn Sie auf die Schaltfläche ∘∘∘ und anschließend auf Webhook Data klicken (siehe Abbildung 8.19).

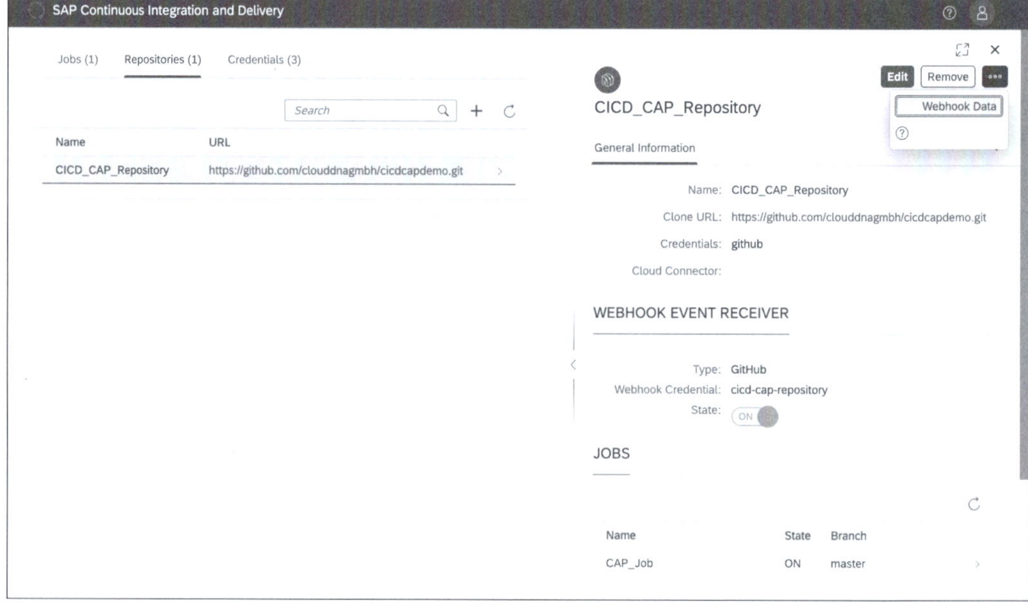

Abbildung 8.19 Webhook-Daten anzeigen

Danach werden die Payload-URL, der Content Type und das Secret in einem Dialog angezeigt. Sie können diese Daten auch zu einem späteren Zeitpunkt erneut abrufen (siehe Abbildung 8.20).

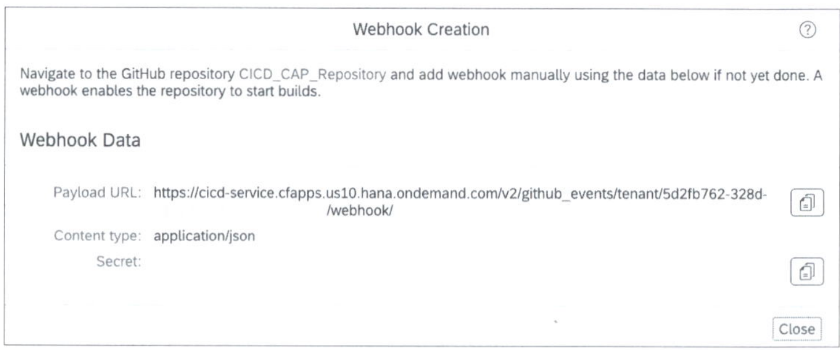

Abbildung 8.20 Webhook-Details

Die Konfiguration von Webhooks erfolgt immer auf der Basis von Repositorys. Auf GitHub gibt es dafür in den Einstellungen des Repositorys einen eigenen Webhook-Bereich. Klicken Sie dort auf **Add webhook** (siehe Abbildung 8.21).

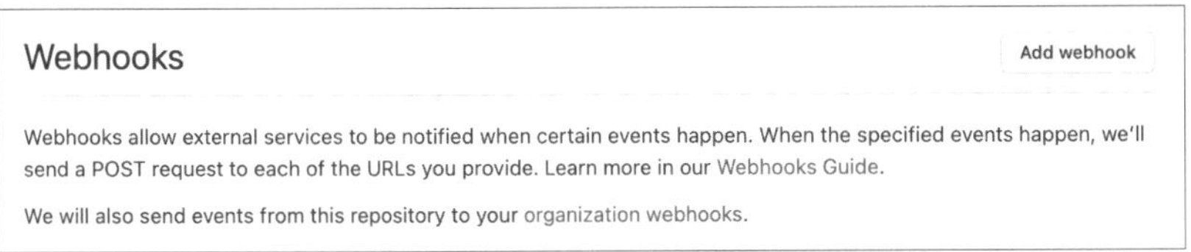

Abbildung 8.21 Webhook im Git-Repository anlegen

Sie müssen im nächsten Schritt die zuvor ermittelte Payload-URL und das Secret in die dafür vorgesehenen Felder kopieren und den passenden Content Type auswählen (siehe Abbildung 8.22). Vergessen Sie dabei nicht, den Webhook über das Kontrollkästchen **Active** zu aktivieren.

Webhooks / Add webhook

We'll send a POST request to the URL below with details of any subscribed events. You can also specify which data format you'd like to receive (JSON, x-www-form-urlencoded, *etc*). More information can be found in our developer documentation.

Payload URL *

https://cicd-service.cfapps.us10.hana.ondemand.com/v2/github_

Content type

application/json

Secret

SSL verification

By default, we verify SSL certificates when delivering payloads.

Enable SSL verification   Disable (not recommended)

Which events would you like to trigger this webhook?

Just the push event.

Send me **everything**.

Let me select individual events.

Active

We will deliver event details when this hook is triggered.

Add webhook

Abbildung 8.22 Webhook-Details pflegen

Damit haben Sie alle Voraussetzungen für die Erstellung von Jobs geschaffen. Die Anlage von Jobs erfolgt im Reiter **Jobs**. Klicken Sie auf die Schaltfläche [+], um einen neuen Job anzulegen (siehe Abbildung 8.23).

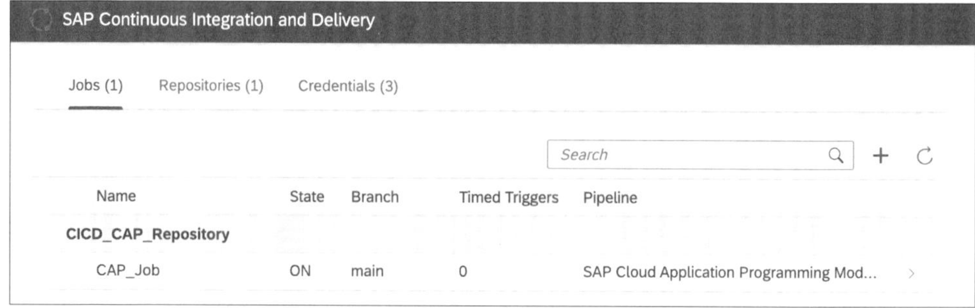

Abbildung 8.23 Jobübersicht

Beim Anlegen eines Jobs können Sie zwischen verschiedenen Pipelines wählen (siehe Abbildung 8.24). Die Auswahl einer Pipeline ist verpflichtend. SAP bietet die folgenden Pipelines:

- *SAP Cloud Application Programming Model*: Für Anwendungen, die auf Basis des SAP-Programmiermodells entwickelt wurden.
- *SAP Fiori in the Cloud Foundry Environment*: Für SAP-Fiori-Apps, die in der Cloud-Foundry-Umgebung bereitgestellt werden sollen.
- *SAP Fiori in the Neo Environment*: Für SAP-Fiori-Apps, die in der Neo-Umgebung bereitgestellt werden sollen.
- *SAP Integration Suite Artifacts*: Für iFlows, die als Designtime-Artefakte in SAP Cloud Integration erstellt wurden.
- *Container-Based Applications*: Für die Bereitstellung von containerbasierten Images in einer Kyma- oder Kubernetes-Umgebung

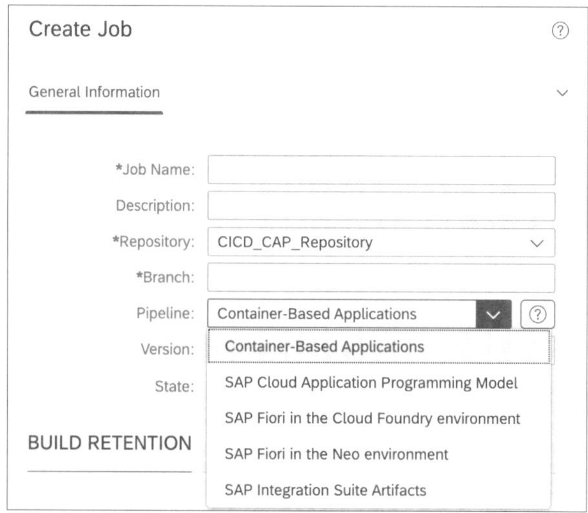

Abbildung 8.24 Pipeline auswählen

Die Konfiguration des Jobs kann entweder über den Job Editor erfolgen oder im Source-Repository im entsprechenden Format bereitgestellt werden. In der weiteren Folge sehen wir uns die Konfiguration der verschiedenen Pipelines an. Die Konfiguration beschränkt sich in allen Fällen auf den Job Editor, da er sozusagen die grafische Benutzeroberfläche für das Source-Repository darstellt.

SAP Cloud Application Programming Model

Als erste Pipeline betrachten wir das SAP Cloud Application Programming Model. Dabei handelt es sich um sogenannte *Fullstack-Anwendungen*, die alle Komponenten von der Persistenzschicht bis hin zur Benutzeroberfläche enthalten. An dieser Stelle sehen Sie in Abbildung 8.25 die Konfiguration mittels Job Editor. Vergeben Sie einen Namen für den Job, und verknüpfen Sie den Job danach mit einem bestehenden Git-Repository. Zusätzlich zum Git-Repository müssen Sie den Branch angeben, der als Basis für den Git-Job herangezogen werden soll. Der Job kann z. B. für den Build von Feature-Branches herangezogen werden. Wählen Sie danach noch eine Version der Pipeline aus (siehe Abbildung 8.25). Definieren Sie die Vorhaltezeiten für die Logs und die Anzahl der Build Items.

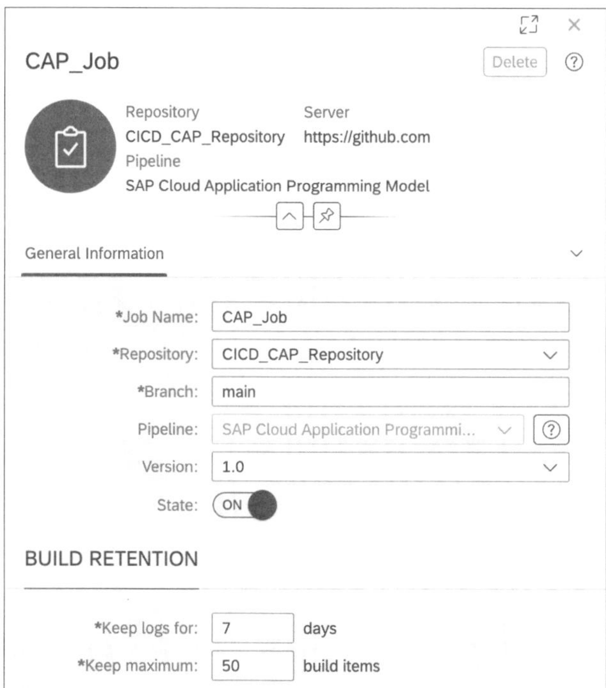

Abbildung 8.25 Jobdetails für die Pipeline

Scrollen Sie vertikal weiter in den Bereich **Stages**, und wählen Sie als **Configuration Mode** den **Job Editor**. Das **Build Tool** muss abhängig von der Implementierung gewählt werden. Dabei stehen Ihnen neben **npm** auch **Maven** und **MTA** zur Verfügung. Im gezeigten Beispiel wird auf **npm** gesetzt (siehe Abbildung 8.26). Sie haben auch die Möglichkeit, Quellcode-Analysen auf der Basis von *Lint* durchzuführen. Mit JavaScript Lint können Sie Ihren gesamten JavaScript-Quellcode auf häufige Fehler hin überprüfen, ohne das Skript tatsächlich auszuführen oder die Webseite zu öffnen. Optional können Sie auch zusätzlich Unit-Tests durchführen.

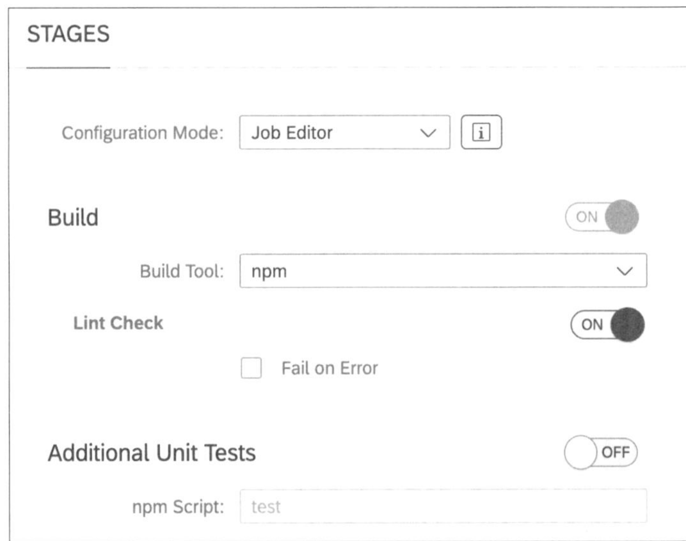

Abbildung 8.26 Build Stages konfigurieren

Nachdem der Build erfolgreich durchlaufen ist, kann optional ein Deployment der Applikation in die *Acceptance Stage* erfolgen. Aktivieren Sie dazu die Acceptance Stage (siehe Abbildung 8.27), und vergeben Sie einen Applikationsnamen. Sie müssen zusätzlich zwingend die folgenden Informationen des Cloud-Foundry-Subaccounts angeben:

- den API-Endpunkt
- den Organisationsnamen
- den Space

Zusätzlich müssen Sie die zuvor angelegten Credentials auswählen.

Sie haben auch die Option, ein Deployment in das Produktivsystem durchzuführen. Dazu müssen Sie den Schalter neben **Deploy to Cloud Foundry** von **OFF** auf **ON** setzen (siehe Abbildung 8.28). Die Konfiguration erfolgt identisch zur Acceptance Stage.

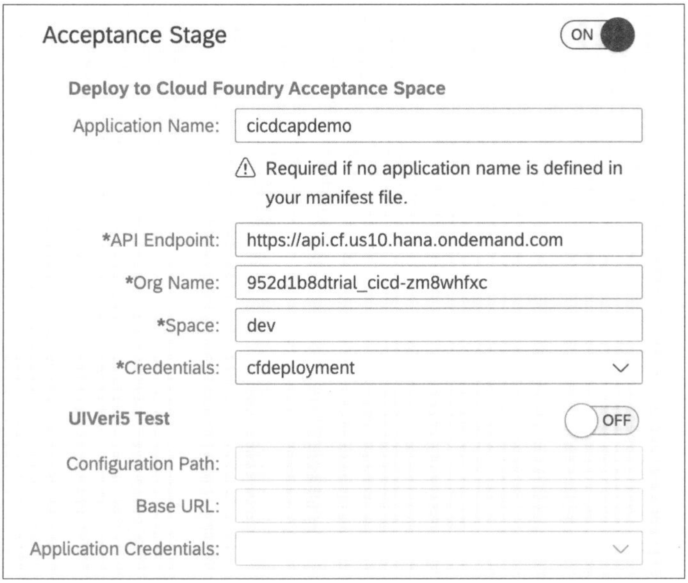

Abbildung 8.27 Acceptance Stage konfigurieren

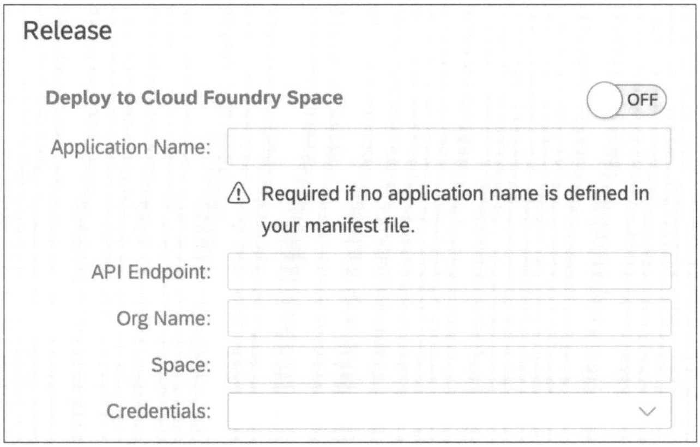

Abbildung 8.28 Release-Stage konfigurieren

Sie haben nun drei Optionen, um den Build zu triggern:

1. mittels Webhook
2. mittels Timer auf der Basis eines Cron-Patterns (z. B. alle 15 Minuten)
3. manuell

Nach dem Start eines Build werden die Ergebnisse der einzelnen Phasen visuell dargestellt (siehe Abbildung 8.29).

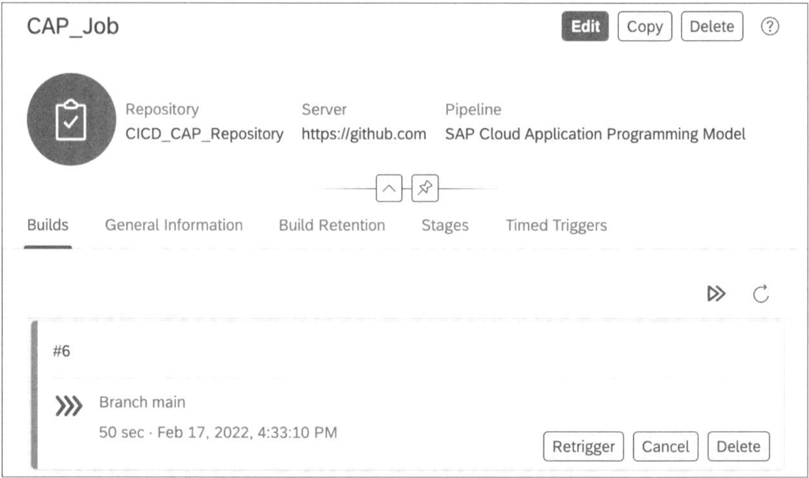

Abbildung 8.29 Build starten

Der Status des Build wird permanent aktualisiert. Erfolgreiche Phasen werden mit einem grünen Statusindikator markiert; in unserem Fall ist **Init** bereits abgeschlossen, **Build** läuft aber noch und ist deshalb in Orange dargestellt (siehe Abbildung 8.30).

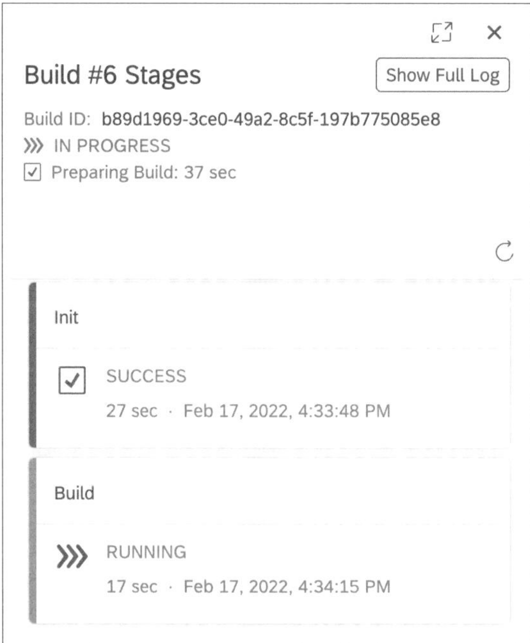

Abbildung 8.30 Build wird ausgeführt

In Grau werden die Phasen dargestellt, die beim Build übersprungen wurden (hier z. B. **Additional Unit Tests**). Falls eine Phase auf einen Fehler läuft, wird diese mit einem roten Statusindikator markiert, und der Build wird abgebrochen (hier **Acceptance**). Über die Schaltfläche **Show Full Log** können Sie auf das Log zugreifen (siehe Abbildung 8.31).

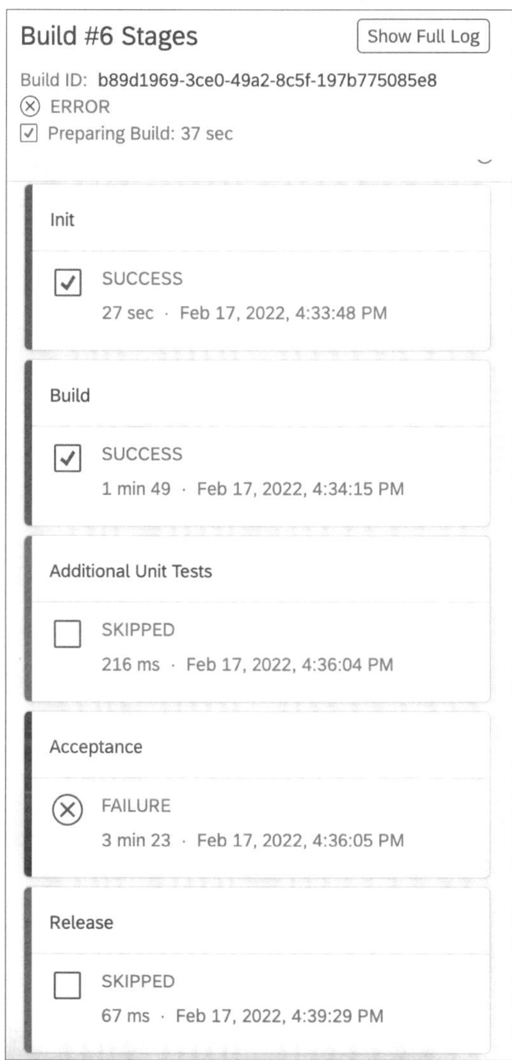

Abbildung 8.31 Ergebnis des Build-Prozesses

SAP-Fiori-Anwendungen in der Neo-Umgebung

Die Pipeline für SAP-Fiori-Apps ermöglicht Ihnen ein Deployment einer SAP-Fiori-App in die SAP-BTP-Neo-Umgebung. Aus der SAP Web IDE heraus wäre das Deployment sehr einfach. Mit dem SAP CI/CD-Service gestaltet sich diese Aufgabe jedoch etwas schwieriger. Um eine App zu deployen, muss sie als Multi Target Application (MTA) vorliegen. Dies bedeutet, dass Sie die App in ein Verzeichnis kopieren und den *Applikationsdeskriptor* **mta.yaml** hinzufügen müssen.

Die Authentifizierung für das Deployment funktioniert mittels OAuth. Daher müssen Sie im ersten Schritt im Subaccount, der als Deployment-Ziel dienen soll, einen OAuth-Client anlegen. Navigieren Sie dazu im Menü zu **Security • OAuth**, und wählen Sie den Reiter **Platform API** aus. Klicken Sie anschließend auf die Schaltfläche **Create API Client** (siehe Abbildung 8.32).

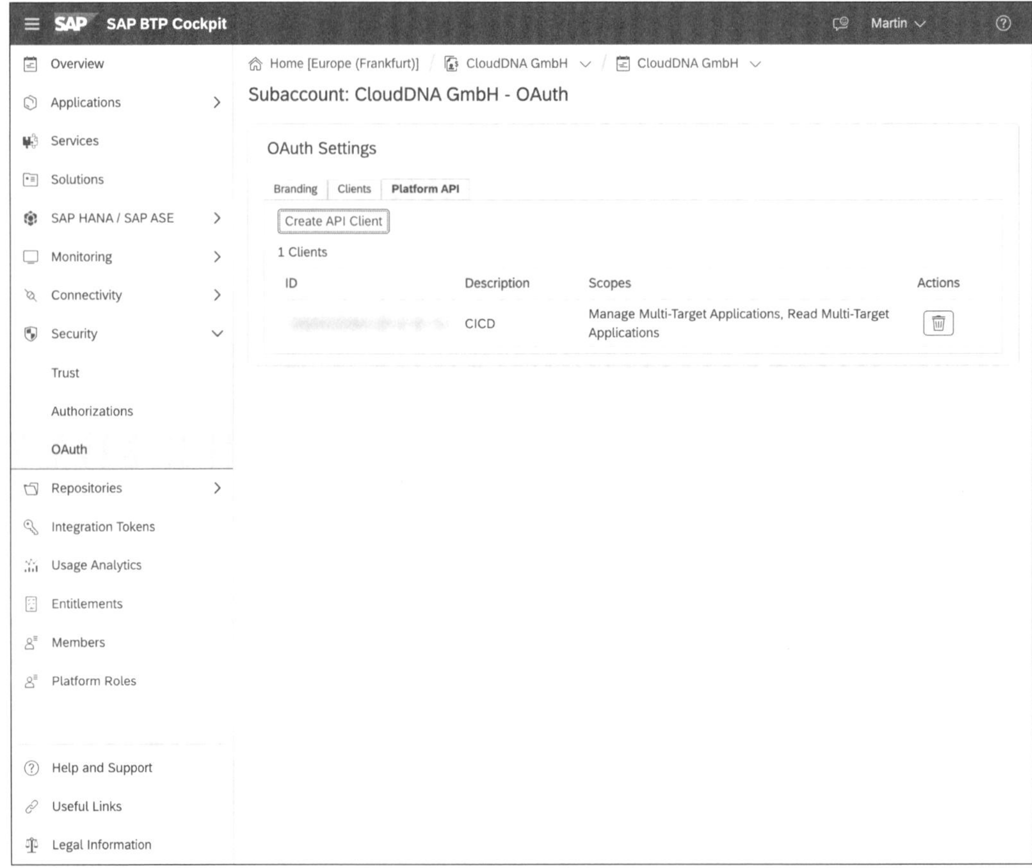

Abbildung 8.32 Neo-OAuth-Client anlegen

Vergeben Sie eine Beschreibung (hier »CICD«) und setzen Sie einen Haken neben die API **Solutions Lifecycle Management**. Vergewissern Sie sich, dass **Manage Multi-Target Applications** ausgewählt wurde. Optional können Sie auch **Read Multi-Target Applications** auswählen (siehe Abbildung 8.33). Klicken Sie anschließend auf **Save**. Danach werden Ihnen eine Client-ID und ein Client-Secret angezeigt. Notieren Sie sich unbedingt beide Werte, da diese im weiteren Verlauf benötigt werden. Das Client-Secret wird Ihnen nur an dieser Stelle angezeigt und kann nachträglich nicht mehr ausgelesen werden.

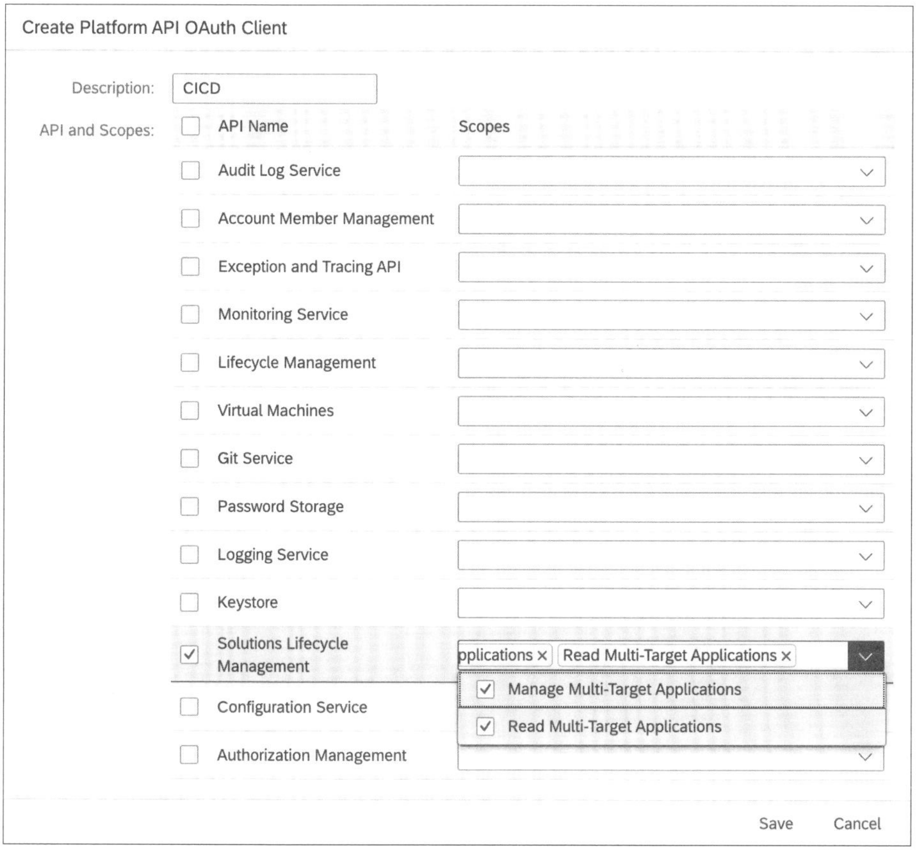

Abbildung 8.33 OAuth-Client-Scopes festlegen

Damit ist die Konfiguration im Neo-Subaccount der SAP BTP abgeschlossen. Im nächsten Schritt müssen Sie im Service SAP Continuous Integration and Delivery neue Credentials anlegen. Klicken Sie dazu auf die Schaltfläche [+] (siehe Abbildung 8.34).

Vergeben Sie einen Namen und eine Beschreibung, und wählen Sie als Type **OAuth** aus. Dadurch werden zusätzliche Felder eingeblendet. Übernehmen Sie nun die zuvor notierte Client-ID und das Client-Secret (siehe Abbildung 8.35).

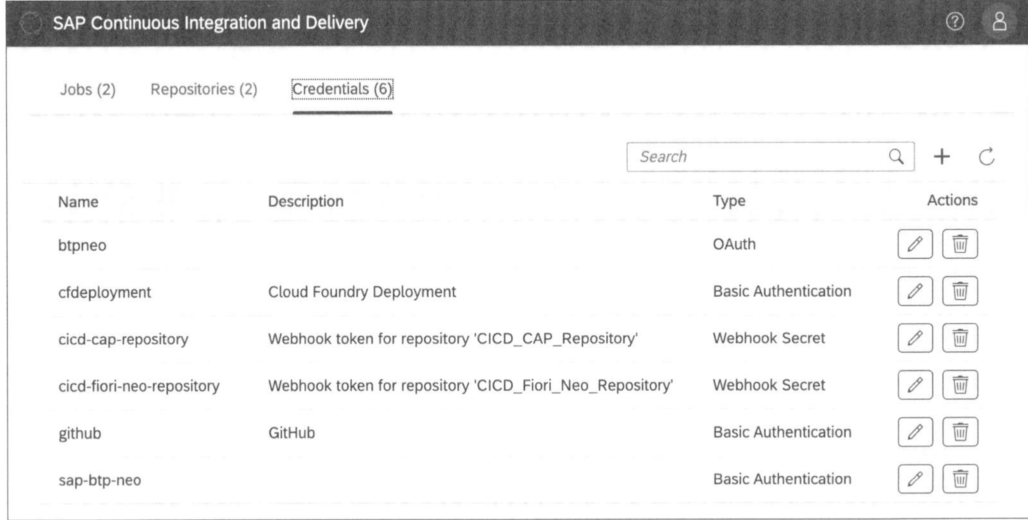

Abbildung 8.34 CI/CD Credentials anlegen

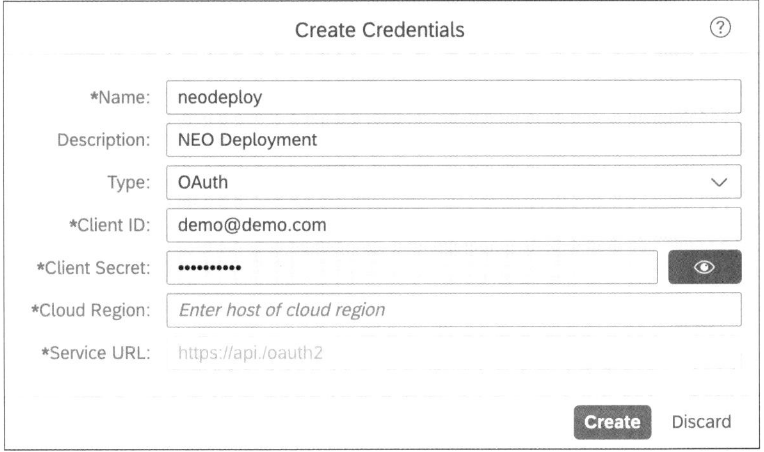

Abbildung 8.35 Credential-Details pflegen

Für die Auswahl der Cloud Region ist es ausreichend, wenn Sie das Data Center (z. B. »eu2« für Frankfurt) eingeben. Dadurch werden Ihnen in einem Dropdown-Menü alle verfügbaren Data Center angezeigt. Klicken Sie auf das gewünschte Data Center und danach auf **Create**, um die Pflege der Credentials abzuschließen (siehe Abbildung 8.36).

Create Credentials

*Name: neodeploy
Description: NEO Deployment
Type: OAuth
*Client ID: demo@demo.com
*Client Secret: ••••••••••
*Cloud Region: eu2.hana.ondemand.com
*Service URL:

URL	Name	Environment
eu2.hana.ondemand.com	Europe (Frankfurt)	Neo Environment

Create Discard

Abbildung 8.36 Cloud-Region auswählen

Pflegen Sie, wie in Abschnitt 8.2.1, »Einführung«, gezeigt, das zugehörige Git-Repository Ihrer SAP-Fiori-Applikation. Analog zu den anderen Pipelines muss auch hier ein Job angelegt werden. Vergeben Sie einen Namen, wählen Sie das zuvor angelegte Repository, und pflegen Sie den Namen des zu klonenden Branch. Wählen Sie danach die Pipeline **SAP Fiori in the Neo environment** aus, und vergewissern Sie sich, dass der Regler **State** auf **ON** gesetzt wurde (siehe Abbildung 8.37).

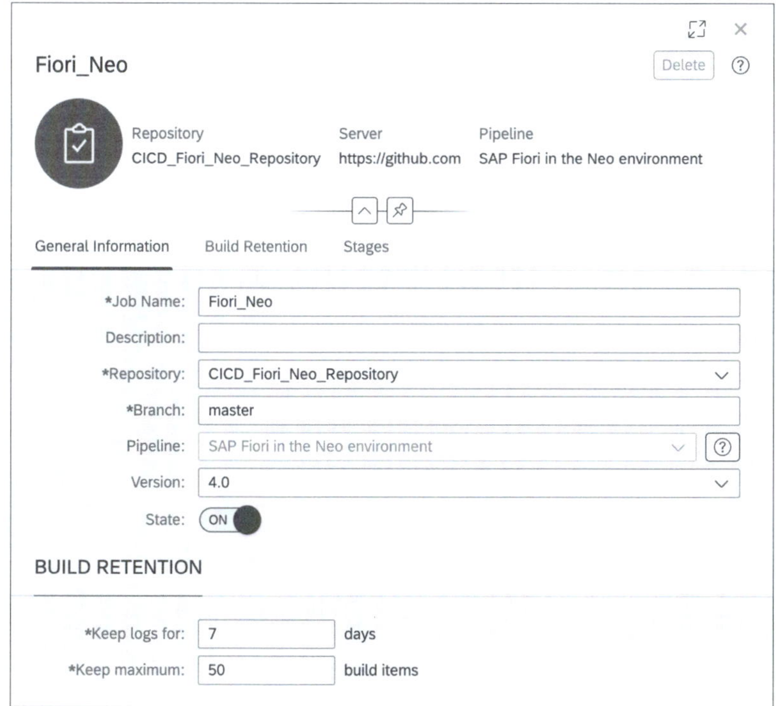

Abbildung 8.37 Pipeline-Konfiguration

Wir zeigen Ihnen an dieser Stelle erneut die Konfiguration mittels Job Editor. Wählen Sie daher im Feld **Configuration Mode** den **Job Editor** aus. Wir empfehlen, dass auch der **Malware Scan** aktiviert wird (siehe Abbildung 8.38). Dies verlängert zwar die Durchlaufzeit des Jobs, bietet Ihnen aber zusätzliche Sicherheit, dass kein schadhafter Code verwendet wird.

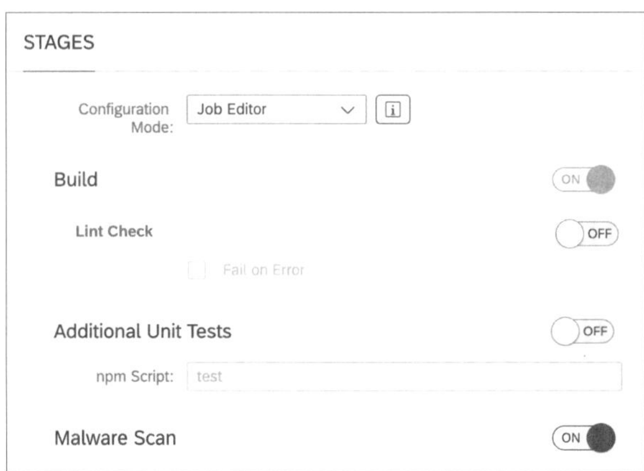

Abbildung 8.38 Pipeline-Stages definieren

Danach müssen Sie nur noch die **Acceptance Stage** und optional die **Release** (Stage) pflegen (siehe Abbildung 8.39).

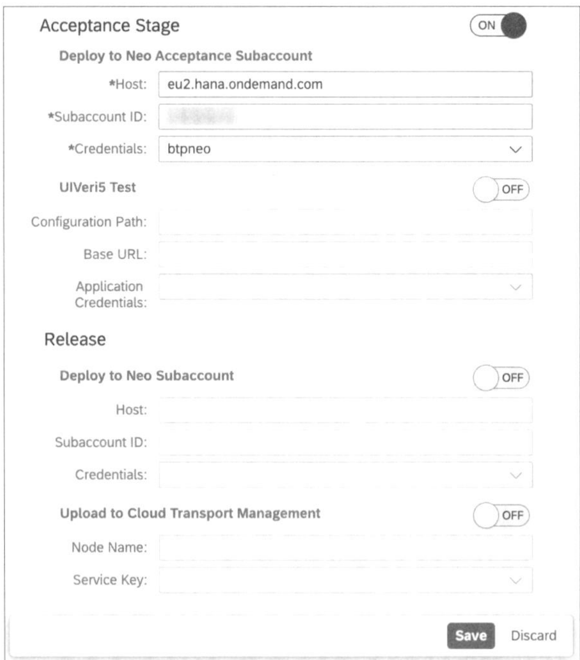

Abbildung 8.39 Pipeline-Acceptance-Stage pflegen

An dieser Stelle müssen Sie den Host selbst pflegen. Der Host muss als voll qualifizierter Name angegeben werden, beispielsweise »eu2.hana.ondemand.com«. Als Subaccount-ID müssen Sie den technischen Namen des Subaccounts angeben. Die Credentials verweisen auf die zuvor angelegten OAuth-Credentials. Vergessen Sie nicht, die Konfiguration durch einen Klick auf **Save** zu speichern.

Sie können nun den Build starten. Das kann entweder durch einen Webhook oder manuell erfolgen. Der Job kann mehrere Minuten laufen. Nachdem der Job ausgeführt worden ist, überprüfen Sie das Ergebnis (siehe Abbildung 8.40).

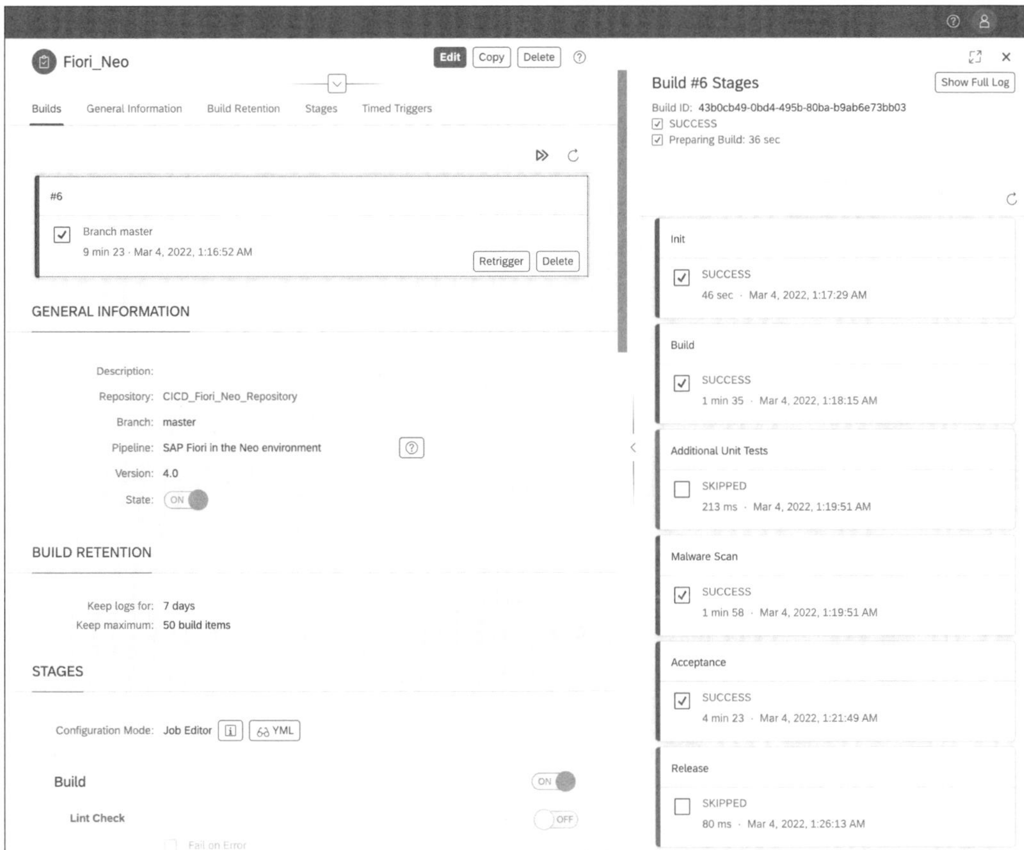

Abbildung 8.40 Pipeline-Build ausführen

Sie können nun in den SAP-BTP-Neo-Subaccount einsteigen und das Ergebnis des Deployments in Form einer HTML-Applikation überprüfen (siehe Abbildung 8.41).

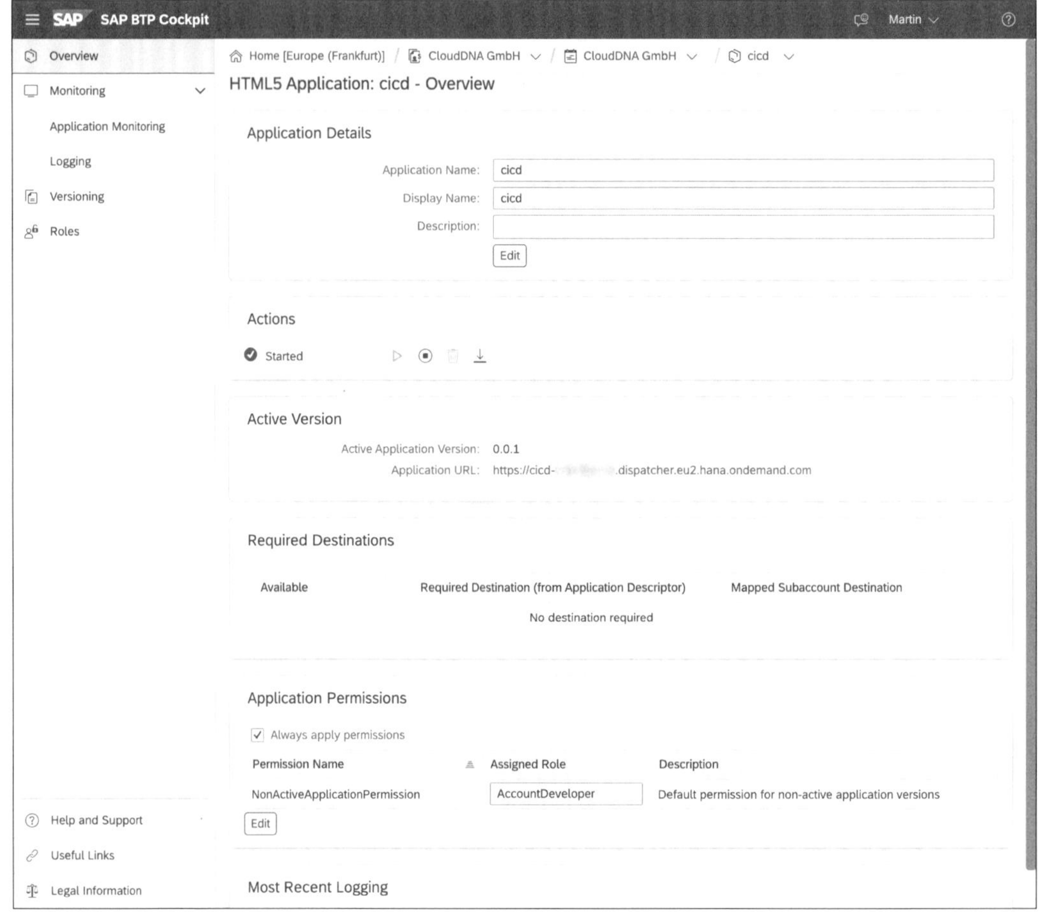

Abbildung 8.41 HTML-App im SAP BTP Cockpit

SAP-Fiori-Anwendungen in der Cloud-Foundry-Umgebung

Der Service SAP Continuous Integration and Delivery bietet auch eine Pipeline für den Build von SAP-Fiori-Apps für die SAP-BTP-Cloud-Foundry-Umgebung. Grundsätzlich erfolgt die Konfiguration analog zur Pipeline für die Neo-Umgebung. Es gibt aber kleine Unterschiede, die wir an dieser Stelle beleuchten. Die Basis ist wieder ein Git-Repository. Dabei kann der Build entweder manuell getriggert werden oder über einen Webhook erfolgen. Beim Anlegen des Jobs müssen Sie die Pipeline **SAP Fiori in the Cloud Foundry environment** auswählen (siehe Abbildung 8.42).

Einen Unterschied zur Pipeline **SAP Fiori in the Neo environment** stellt die Konfiguration des Deployments dar.

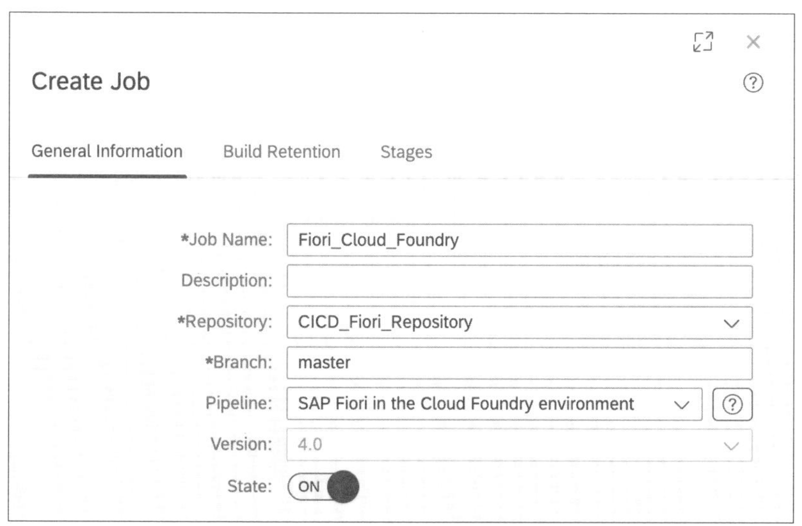

Abbildung 8.42 Jobtyp »SAP Fiori Cloud Foundry«

An dieser Stelle müssen Sie den **API Endpoint**, den (Cloud Foundry) **Org Name** und den **Space** pflegen sowie **Credentials** auswählen (siehe Abbildung 8.43). Hier wird im Gegensatz zu **OAuth** in der Neo-Umgebung eine **Basic Authentication** verwendet.

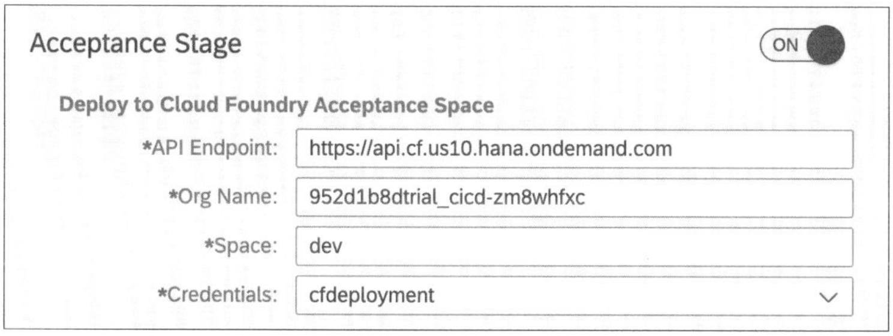

Acceptance Stage
ON
Deploy to Cloud Foundry Acceptance Space
*API Endpoint: https://api.cf.us10.hana.ondemand.com
*Org Name: 952d1b8dtrial_cicd-zm8whfxc
*Space: dev
*Credentials: cfdeployment

Abbildung 8.43 SAP Fiori Cloud Foundry: Deployment

Um Ihren konkreten API-Endpunkt zu ermitteln, müssen Sie sich im SAP BTP Cockpit anmelden und in den Subaccount navigieren. Dort finden Sie im Bereich **Overview** unter **Cloud Foundry Environment** den **API Endpoint** und den **Org Name** (siehe Abbildung 8.44).

Der Space ist Bestandteil der Cloud-Foundry-Umgebung und wird von Ihnen selbst angelegt. Sie können pro Cloud-Foundry-Umgebung mehrere Spaces anlegen. Um den Namen des Space zu ermitteln, navigieren Sie im SAP BTP Cockpit über **Cloud Foundry • Spaces** (siehe Abbildung 8.45). Dort sehen Sie alle Spaces. In der Jobkonfiguration muss der Name des Space eingetragen werden.

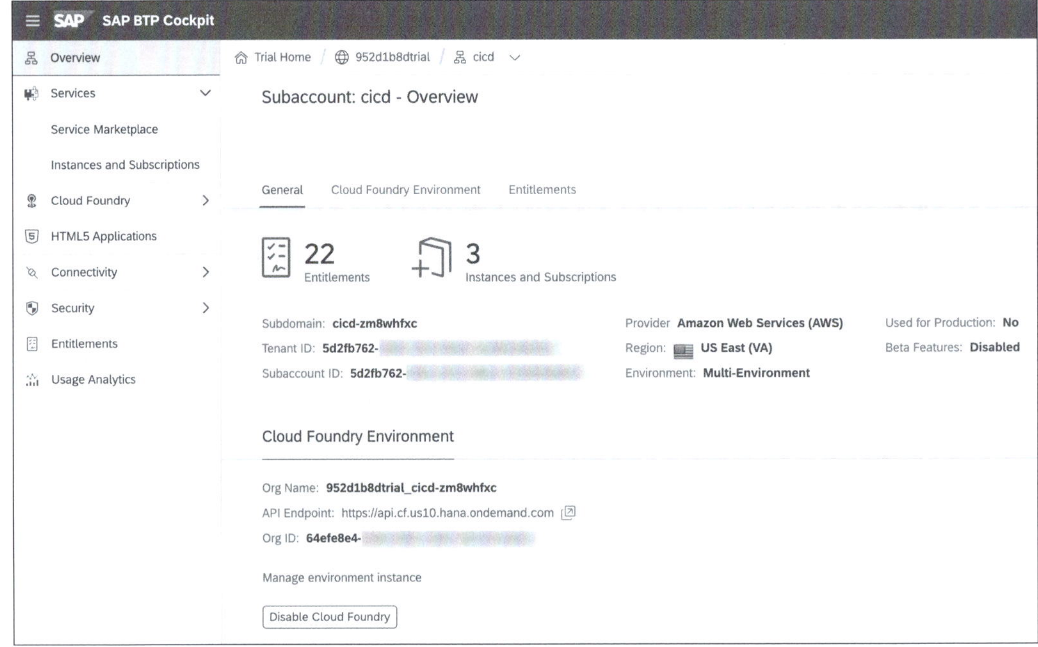

Abbildung 8.44 API-Endpunkt für SAP Fiori Cloud Foundry ermitteln

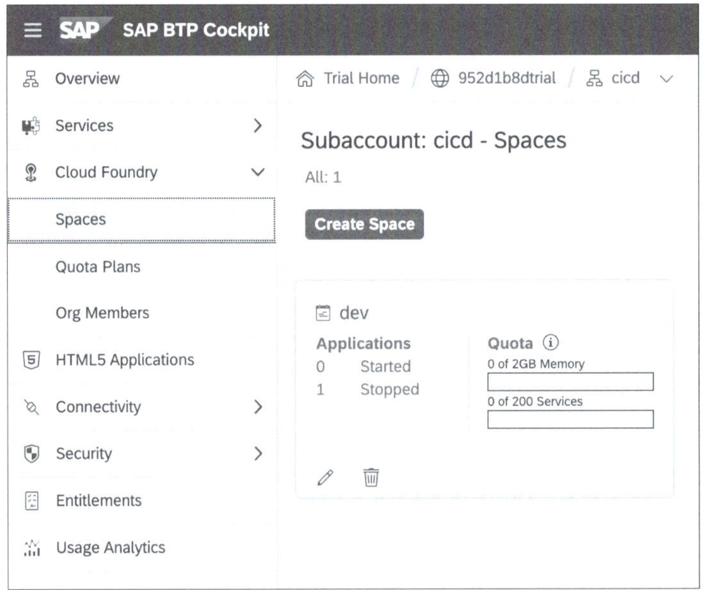

Abbildung 8.45 SAP Fiori Cloud Foundry: Space ermitteln

Zusätzlich können Sie nicht nur in die Acceptance Stage, sondern auch in die Release-Stage deployen, und alternativ einen Upload in den Service SAP Cloud Transport Management durchführen.

8.3 Integration mit weiteren Tools

Der Service SAP Continuous Integration and Delivery stellt eine Option für die Realisierung des CI/CD-Prozesses dar. Daneben gibt es aber noch weitere Werkzeuge, die sich dafür einsetzen lassen. Zwei prominente Vertreter in Form von Apache Jenkins und Azure DevOps stellen wir Ihnen an dieser Stelle vor.

8.3.1 Apache Jenkins

Apache Jenkins ist unbestritten das am weitesten verbreitete Werkzeug. Das liegt daran, dass es der älteste Vertreter seiner Zunft ist und dass der Quellcode unter der MIT-Lizenz open-source veröffentlicht und weiterentwickelt wird. Jenkins bietet eine Vielzahl von Plugins zur Unterstützung der Erstellung, Bereitstellung und Automatisierung beliebiger Projekte. Informationen zu Jenkins finden Sie unter *https://www.jenkins.io*.

Project Piper

SAP implementiert im Project Piper Werkzeuge auf der Basis von Jenkins für den CI- und den CD-Prozess. Ziel des Project Piper ist es, die Einrichtung dieser Prozesse für Projekte, die auf gängigen SAP-Technologien basieren, wesentlich zu erleichtern und zu vereinfachen. Der Project Piper bietet zwei Arten von Pipelines:

- Pipelines für die ABAP-Umgebung
- Pipelines für allgemeine Anwendungsfälle

Sehen wir uns diese beiden Pipelines etwas genauer an.

Pipelines für die ABAP-Umgebung

Das Ziel der Pipeline für die ABAP-Umgebung ist es, Continuous Integration für die SAP-BTP-ABAP-Umgebung zu ermöglichen. Die SAP-BTP-ABAP-Umgebung ist auch unter dem Namen *Steampunk* bekannt. Die Pipeline enthält die folgende Stufen:

- **Init**: Initialisierung der Pipeline
- **Prepare System**: Automatisiertes Erzeugen der ABAP-Umgebung im Subaccount der SAP BTP
- **Clone Repositories**: Klonen des gewünschten ABAP-Git-Repositorys

- **ATC**: Ausführen der ABAP-Test-Cockpit-Checks
- **Post**: Deprovisionierung bzw. Löschen der ABAP-Umgebung im Subaccount der SAP BTP

Pipelines für allgemeine Anwendungsfälle

Das Ziel der Pipelines für allgemeine Anwendungsfälle ist es, typische Anwendungsfälle in klassischen SAP-Systemlandschaften abzudecken. Dazu zählen:

- SAPUI5- und SAP-Fiori-Apps mit SAP-BTP-Deployment
- SAPUI5- und SAP-Fiori-Apps mit Deployment auf die SAP HANA XS Engine Advanced
- Apps auf Grundlage des SAP Cloud Application Programming Models mit SAP-BTP-Deployment
- SAP-Fiori-Apps mit Integration in einen Transportauftrag für das Deployment auf einen SAP NetWeaver AS ABAP
- Hybride Apps, typischerweise zusammengesetzt aus SAPUI5 und SAP Fiori mit Integration in den SAP Solution Manager für den Transport über das klassische SAP CTS
- Integration des Service SAP Cloud Transport Management

Da es sich bei allen verfügbaren Pipelines um unterschiedliche Technologien oder Zielsysteme handelt, sind die Schritte der Pipelines generisch gehalten. Folgende Schritte werden dabei für diese Pipeline bereitgestellt:

- **Init/Pull**: Initialisierung und Pull der Quellcodes aus dem Git-Repository.
- **Build**: Erstellen des Quellcodes und Ausführen von Unit-Tests.
- **Zusätzliche Unit Tests**: Ausführen von Unit-Tests zusätzlich zum Build, wie beispielsweise OPA5- oder QUnit-Tests.
- **Integration**: Ausführen kundenindividueller Testskripte.
- **Acceptance**: Bereitstellen der erstellten Artefakte bzw. Binaries in der Abnahmelandschaft.
- **Security**: Durchführen von Security-Prüfungen. Dieser Schritt muss als sogenannte *Custom Logic* implementiert werden.
- **Performance**: Durchführen von Performance-Tests. Dieser Schritt muss als Custom Logic implementiert werden.
- **Compliance**: Durchführen von Compliance-Prüfungen. Dieser Schritt muss ebenfalls als Custom Logic implementiert werden.
- **Confirm**: Stoppt die Ausführung der Pipeline und wartet auf eine manuelle Bestätigung, bevor die nächsten Stufen aufgerufen werden.

- **Promote**: Bereitstellen der erstellten Artefakte bzw. Binaries in der Vor-Produktivlandschaft. Dieser Schritt muss als Custom Logic implementiert werden.
- **Release**: Bereitstellen der erstellten Artefakte bzw. Binaries in der Produktivlandschaft. Dieser Schritt muss als Custom Logic implementiert werden.

8.3.2 Azure DevOps

Microsoft bietet mit *Azure DevOps* ein Cloud-Angebot für die Realisierung von CI/CD-Prozessen. Diese Technologie kann auch im SAP-Kontext verwendet werden. Als Basis dienen Pipelines. Im ersten Schritt muss eine Pipeline angelegt werden (siehe Abbildung 8.46). Navigieren Sie dazu in Azure DevOps in den Bereich **Pipelines**, und klicken Sie anschließend auf **New pipeline**.

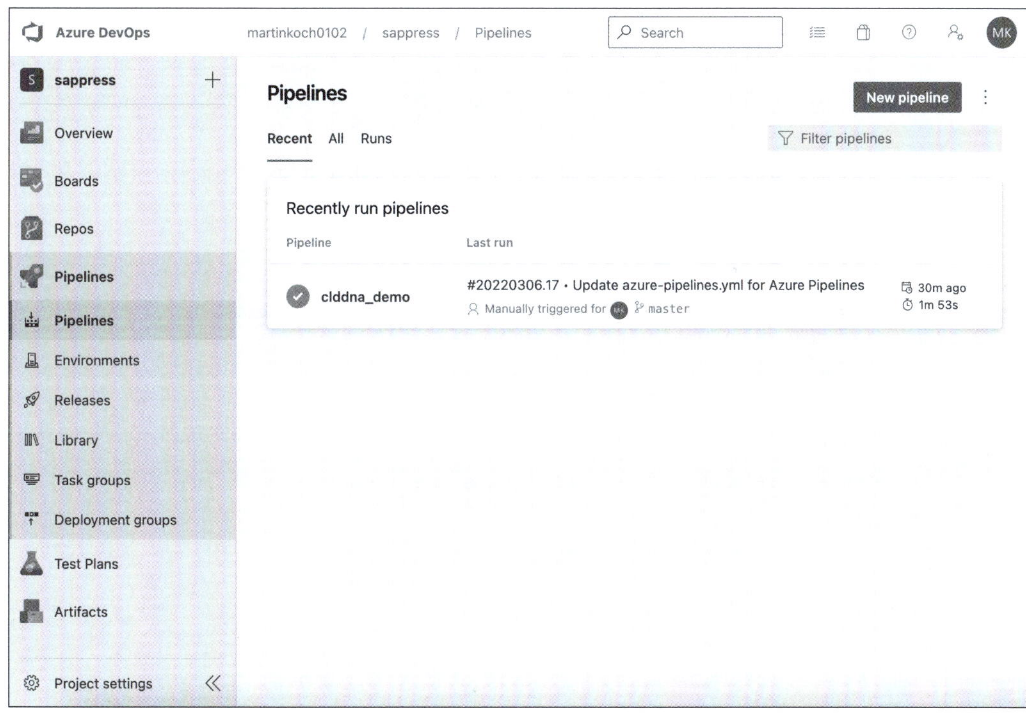

Abbildung 8.46 Übersicht der Azure-DevOps-Pipelines

Danach müssen Sie im Reiter **Connect** das Repository auswählen, in dem sich die zu erstellende App befindet. Dabei werden verschiedene Git-Anbieter, aber auch die Subversion unterstützt (siehe Abbildung 8.47). Im Beispiel verwenden wir GitHub.

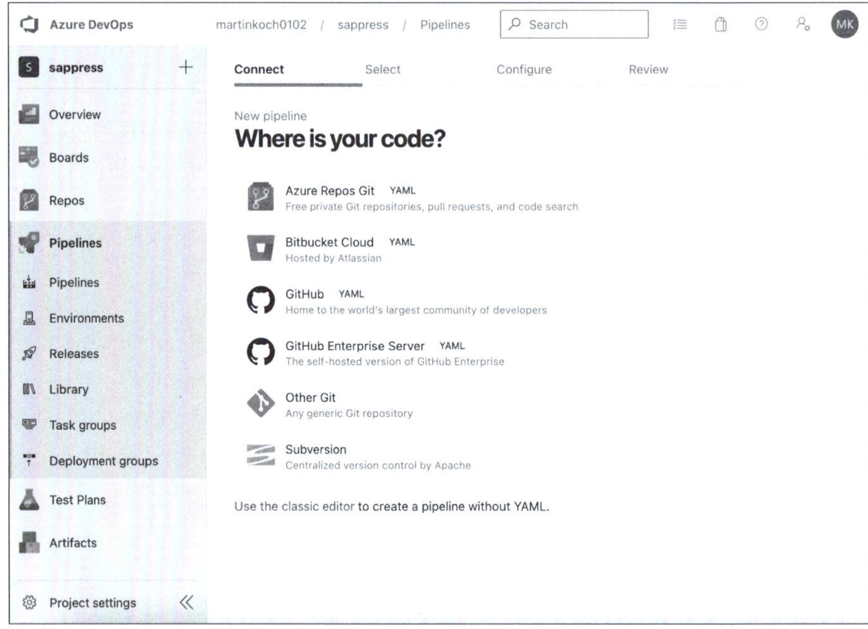

Abbildung 8.47 GitHub-Pipeline anlegen

Wählen Sie im Reiter **Select** das gewünschte Repository aus (siehe Abbildung 8.48).

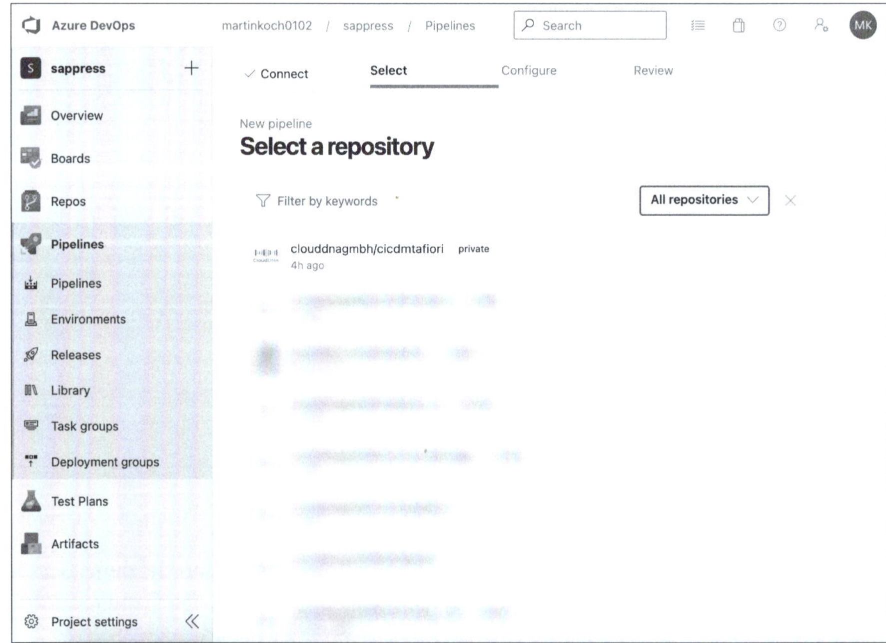

Abbildung 8.48 Repository auswählen

Im Reiter **Configure** können Sie verschieden Vorlagen als Basis Ihrer Konfiguration wählen (siehe Abbildung 8.49). Wir haben uns im Beispiel für die Vorlage **Starter pipeline** entschieden.

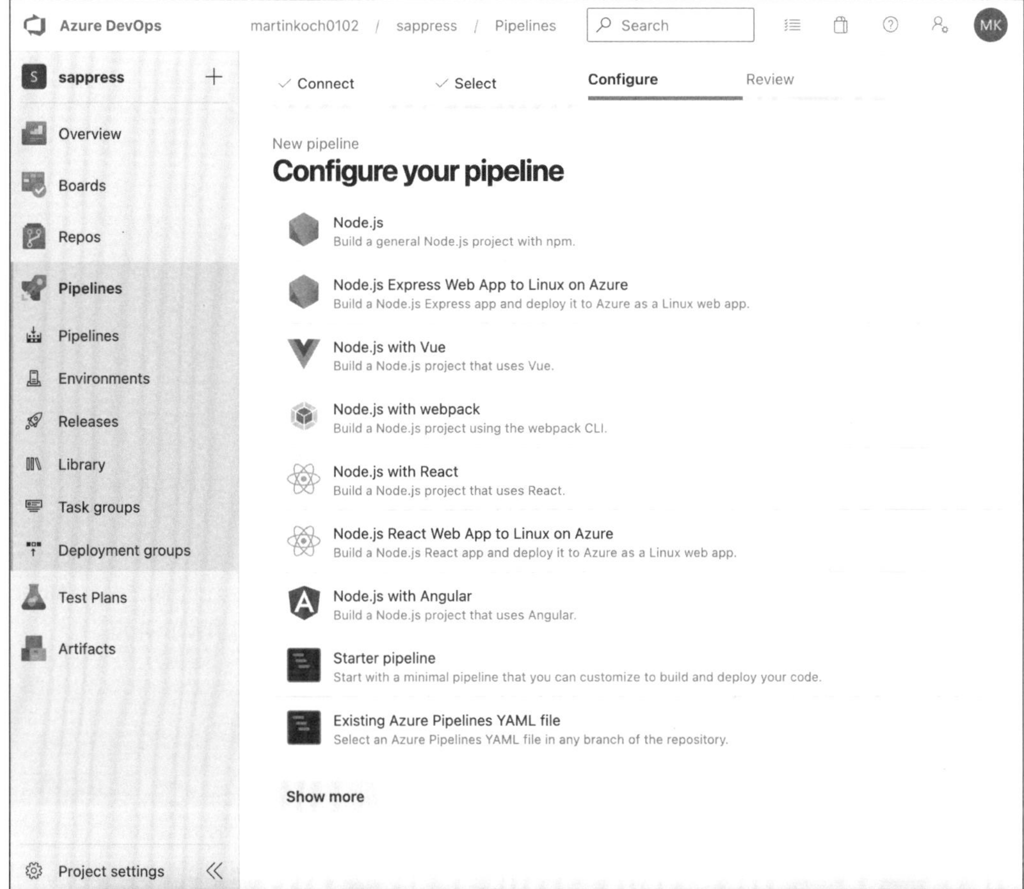

Abbildung 8.49 Template auswählen

Sie müssen im Prozess zuerst das *Cloud MTA Build Tool* installieren, damit Sie in der Lage sind, einen MTA Build auszuführen. Infos zur korrekten Verwendung erhalten Sie unter *https://sap.github.io/cloud-mta-build-tool/*. Danach müssen Sie einen Kommandozeilen-Befehl aufrufen, um das Cloud MTA Build Tool zu installieren. Suchen Sie rechts in der Spalte **Task** nach »command line«, und fügen Sie sie per Klick auf den Eintrag in der Ergebnisliste der Pipeline hinzu (siehe Abbildung 8.50).

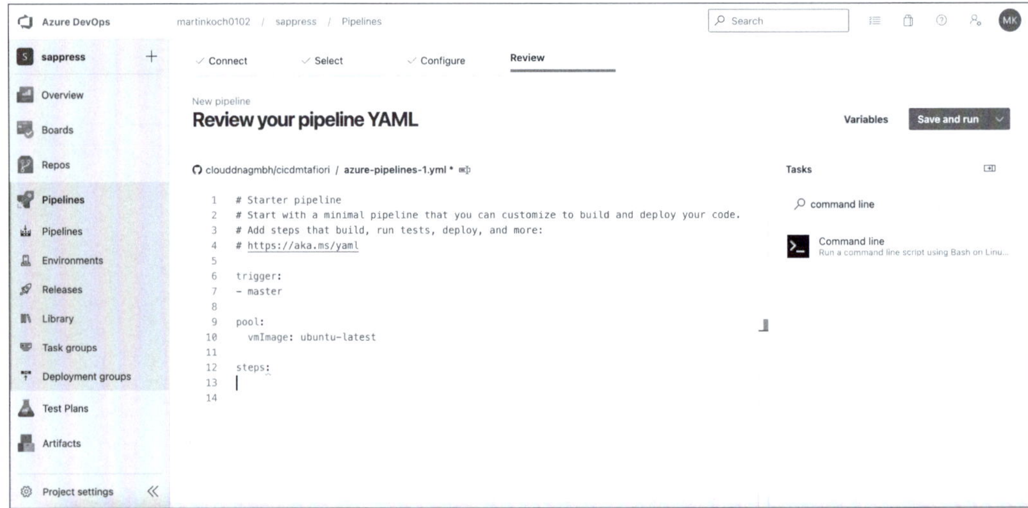

Abbildung 8.50 Command Line hinzufügen

Die Konfiguration der auszuführenden Skripte kann entweder direkt im Quellcode in einer **.yml**-Datei erfolgen oder über die Eigenschaften der Kommandozeile grafisch konfiguriert werden. Hinterlegen Sie im rechten Bereich der Seite im Feld **Script** den Befehl `npm install -g mbt @ui5/cli` (siehe Abbildung 8.51). Klicken Sie anschließend auf die Schaltfläche **Add**.

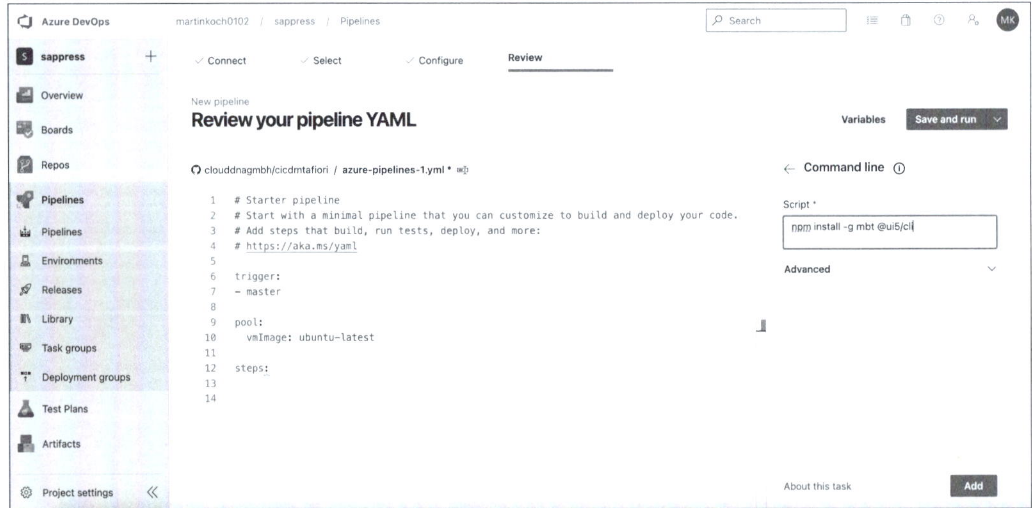

Abbildung 8.51 Kommandozeile konfigurieren

Danach müssen auf dem gleichen Weg noch einen weiteren Task des Typs **Command Line** hinzufügen, um den Build durchzuführen. Hinterlegen Sie dort den Befehl `mbt build -p=cf -t=$(Agent.BuildDirectory)/s`. Damit wird der Build der Anwendung durchgeführt. Nachdem der Build erfolgreich abgeschlossen ist, muss das Ergebnis des Build veröffentlich werden. Fügen Sie dazu in der Spalte **Task** einen Schritt des Typs **Publish Pipeline Artifacts** hinzu (siehe Abbildung 8.52).

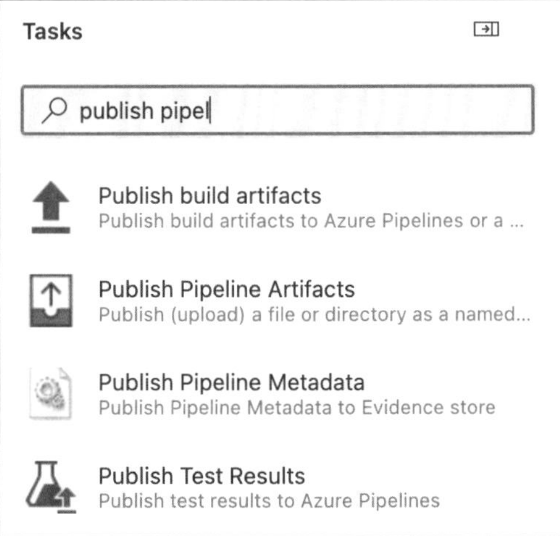

Abbildung 8.52 Publish-Schritt hinzufügen

Konfigurieren Sie den Schritt zur Veröffentlichung wie in Abbildung 8.53 dargestellt. Sie können dabei auch auf Variablen wie `Agent.BuildDirectory` zugreifen. Den **Artifact name** werden Sie später nochmals benötigen. Sie müssen dazu verpflichtend die Felder **File or directory path** und **Artifact publish location** pflegen.

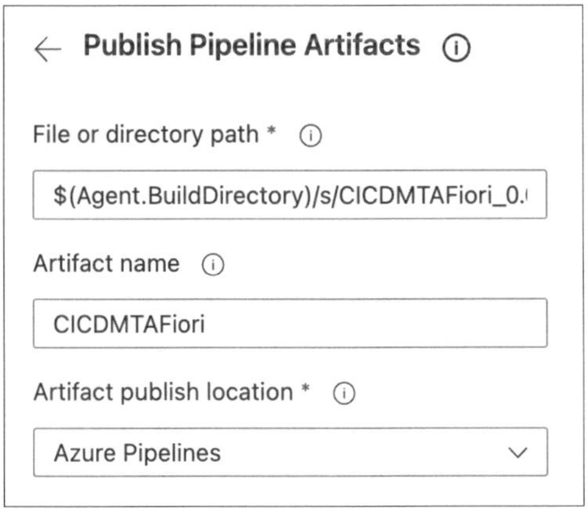

Publish Pipeline Artifacts

File or directory path *

$(Agent.BuildDirectory)/s/CICDMTAFiori_0.

Artifact name

CICDMTAFiori

Artifact publish location *

Azure Pipelines

Abbildung 8.53 Publish-Konfiguration

Der **File or directory path** entspricht jenem Verzeichnis, in dem das Ergebnis des Build-Prozesses abgelegt wurde. Der **Artifact name** kann frei gewählt werden. Sie sollten aber, wenn möglich, einen sprechenden Namen verwenden. Als **Artifact publish location** müssen Sie **Azure Pipelines** auswählen.

Überprüfen Sie nun, ob im YAML-Code keine Syntaxfehler angezeigt werden (siehe Abbildung 8.54). Syntaxfehler sind an den farblichen Markierungen zu erkennen.

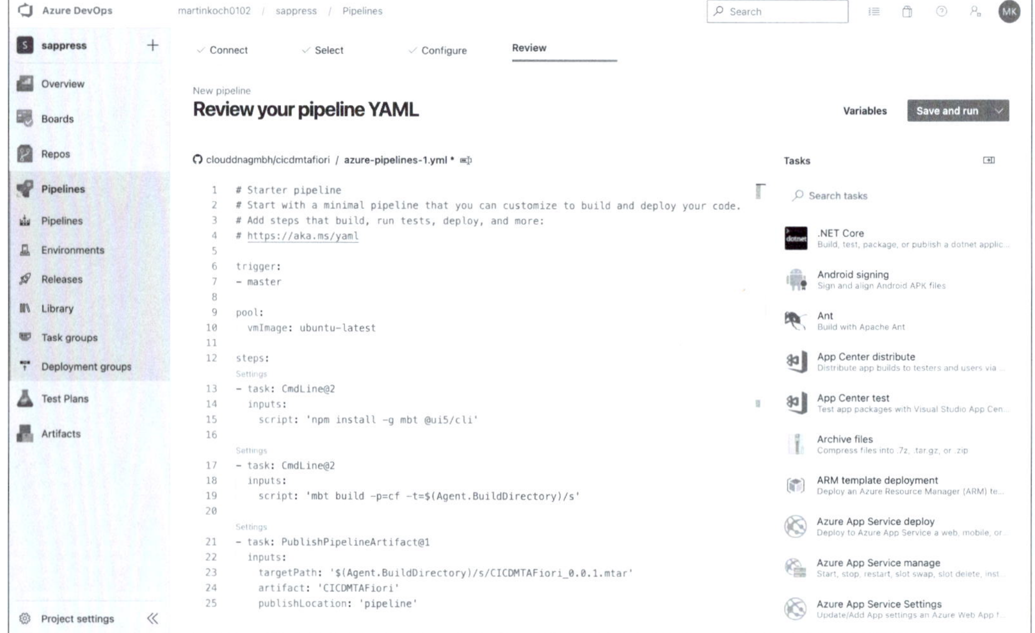

Abbildung 8.54 Pipeline-Konfiguration prüfen

Nachdem der Build erfolgreich durchlaufen ist und das Ergebnis in Azure DevOps zur weiteren Verwendung zur Verfügung steht, können Sie das Artefakt in die Cloud-Foundry-Umgebung deployen. Dieser Schritt geschieht unter der Verwendung einer Release-Pipeline. Wechseln Sie dazu im linken Seitenmenü im Bereich **Pipelines** in die **Releases**, und klicken Sie anschließend im Kopf der Liste links auf die Schaltfläche [+] (siehe Abbildung 8.55).

Auch an dieser Stelle können Sie aus einer Vielzahl an Templates auswählen. Klicken Sie dazu auf die Schaltfläche [Empty job] (siehe Abbildung 8.56).

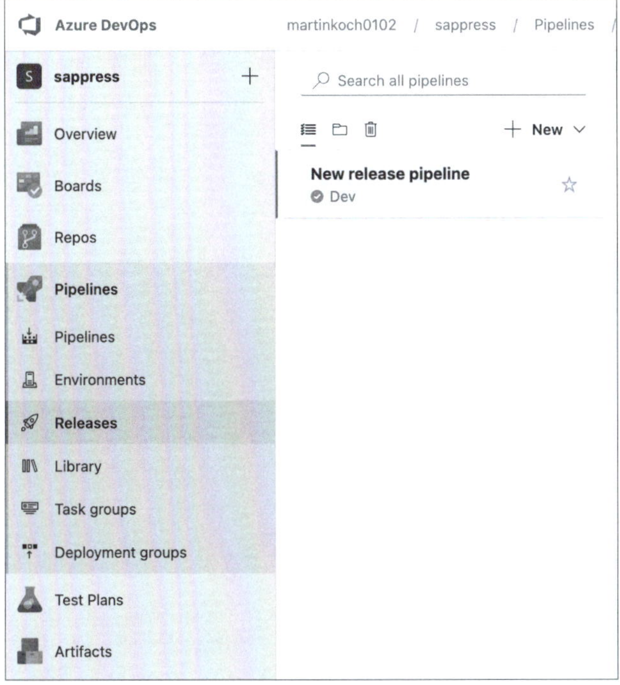

Abbildung 8.55 Neue Release-Pipeline anlegen

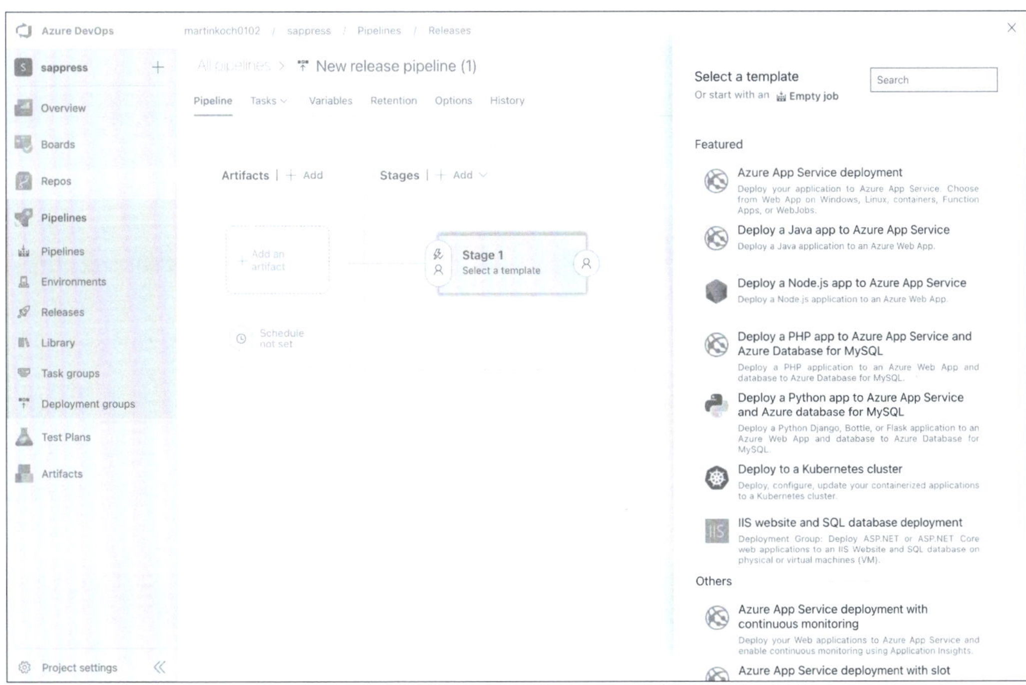

Abbildung 8.56 Jobvorlage auswählen

Vergeben Sie nun einen Namen für die Stage. Klicken Sie dazu auf die Stage, und tragen Sie als Namen beispielsweise »Development« ein (siehe Abbildung 8.57).

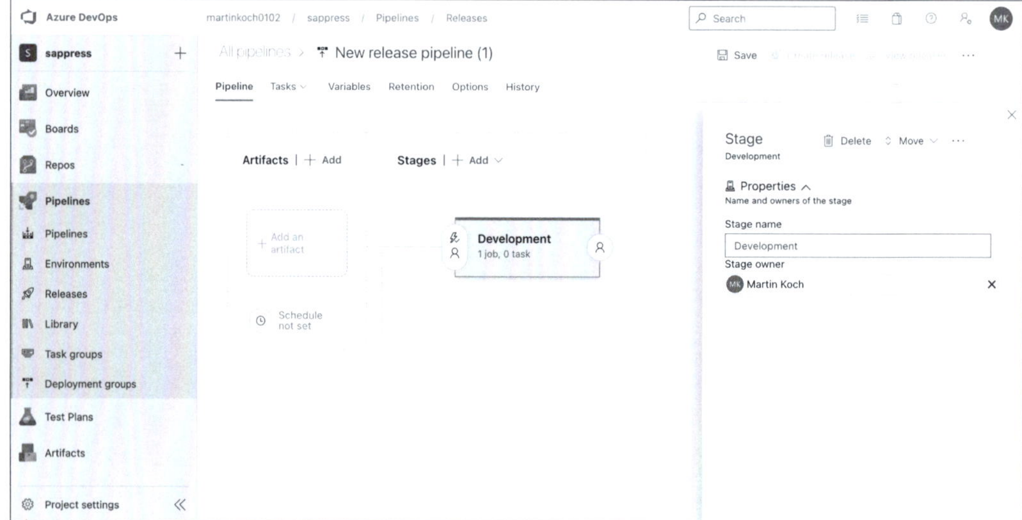

Abbildung 8.57 Stage benennen

Nun müssen Sie den zu durchlaufenden Task konfigurieren. Klicken Sie dazu auf den Reiter **Task**. Dadurch gelangen Sie in die Konfiguration der Tasks (siehe Abbildung 8.58).

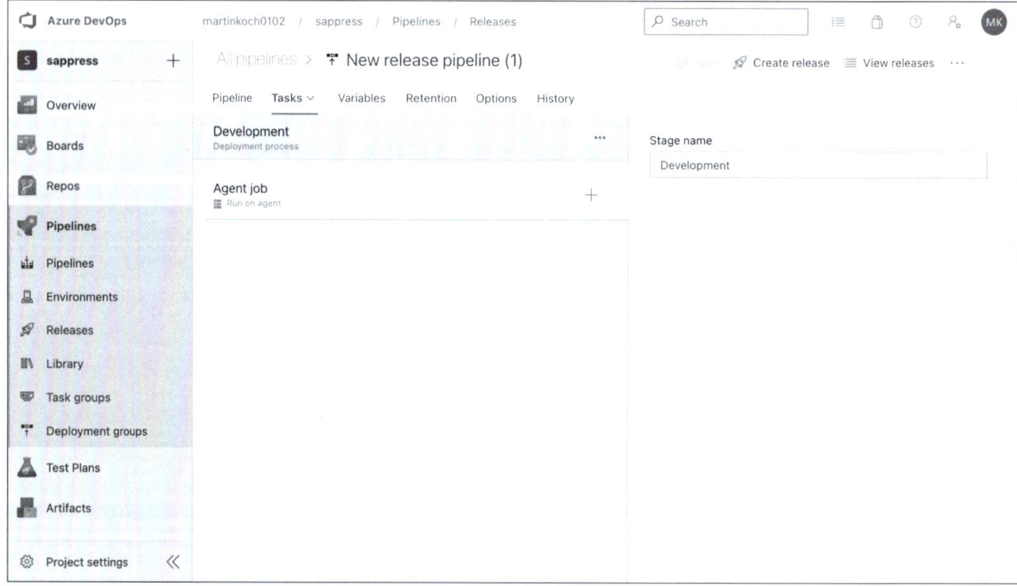

Abbildung 8.58 Pipeline konfigurieren

Klicke Sie in der mittleren Spalte auf die Schaltfläche [+], um einen neuen Task hinzuzufügen. Suchen Sie nach dem Task **Download Pipeline Artifacts** und fügen Sie ihn hinzu (siehe Abbildung 8.59).

Abbildung 8.59 Download-Pipeline-Artefakt hinzufügen

Nun müssen Sie den Download konfigurieren. Vergeben Sie in der rechten Spalte einen **Display name**, und übernehmen Sie den zuvor definierten Artefakt-Namen. In der Konfiguration des **Destination directory** kann mit Variablen gearbeitet werden. In unserem Beispiel verwenden wir die Variable `Pipeline.Workspace` (siehe Abbildung 8.60). Der Pfad kann frei gewählt werden.

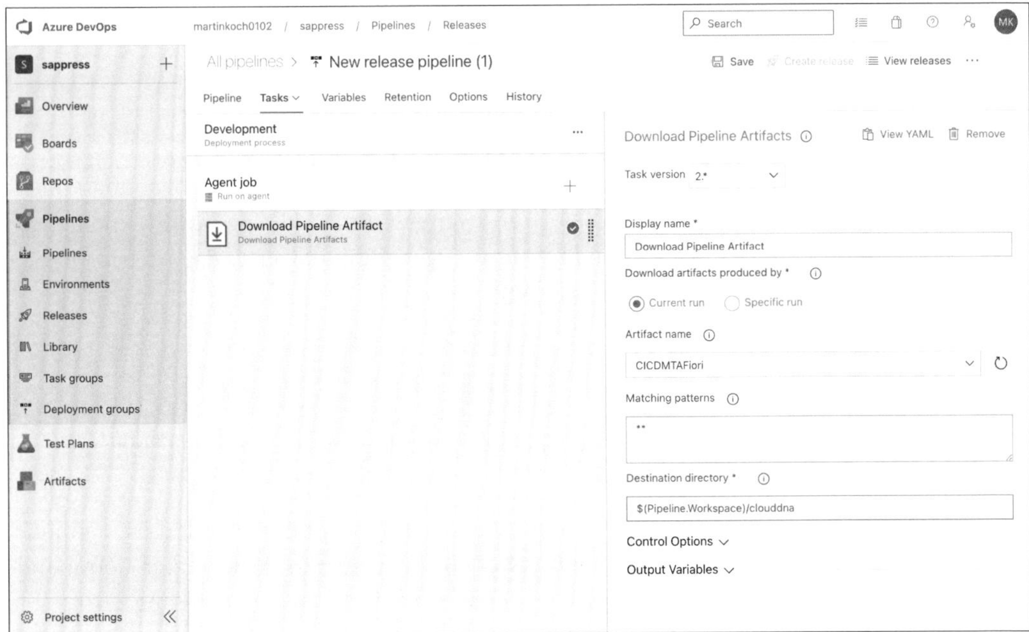

Abbildung 8.60 Pipeline-Artefakt downloaden

Danach müssen drei Befehle in der Kommandozeile ausgeführt werden. Fügen Sie daher, wie zuvor in Abbildung 8.50 dargestellt, drei Command-Line-Schritte hinzu. Benennen Sie den ersten Schritt beispielsweise mit »Install Dependencies«, und hinterlegen Sie als Script den folgenden Code (siehe Abbildung 8.61):

```
cf install-plugin multiapps -f
```

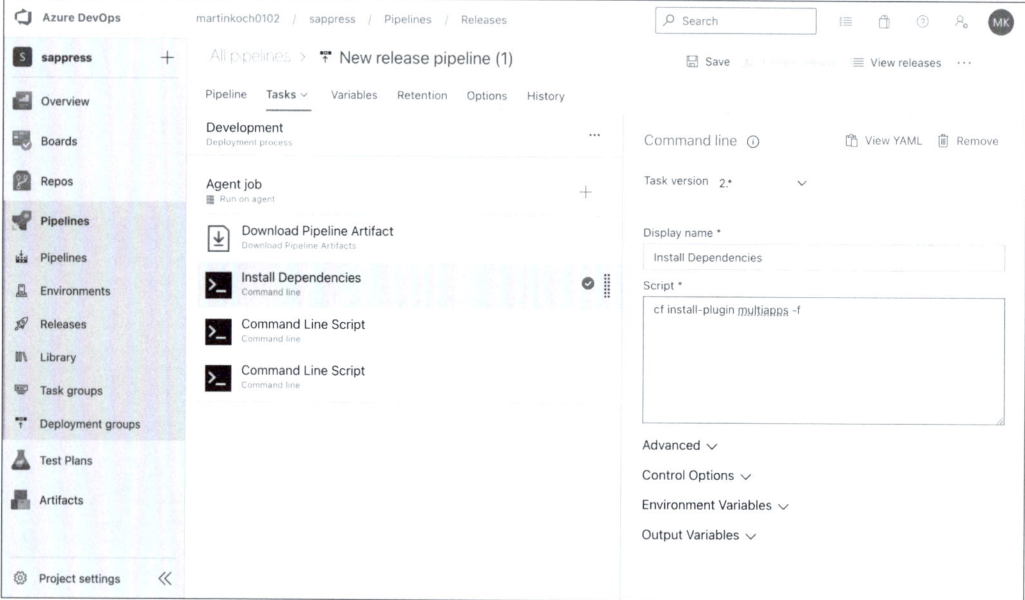

Abbildung 8.61 Abhängigkeiten installieren

Danach muss sich die Pipeline an der Cloud-Foundry-Umgebung anmelden. Klicken Sie dazu auf den zweiten Command-Line-Schritt, und benennen Sie ihn mit »Cloud Foundry Login«. Hinterlegen Sie dazu den folgenden Befehl (siehe Abbildung 8.62):

```
cf login -a $(cf.api) -u $(cf.user) -p $(cf.password) -o $(cf.org)
-s $(cf.space)
```

Der Befehl wird mit Variablen aufgerufen, die in der weiteren Folge noch gesetzt werden müssen.

Nachdem die Anmeldung erfolgreich durchgeführt worden ist, kann das Deployment durchgeführt werden. Dazu müssen Sie im letzten Command-Line-Schritt den folgenden Befehl hinterlegen (siehe Abbildung 8.63):

```
cd $(Pipeline.Workspace)/clouddna
cf deploy CICDMTAFiori_0.0.1.mtar
```

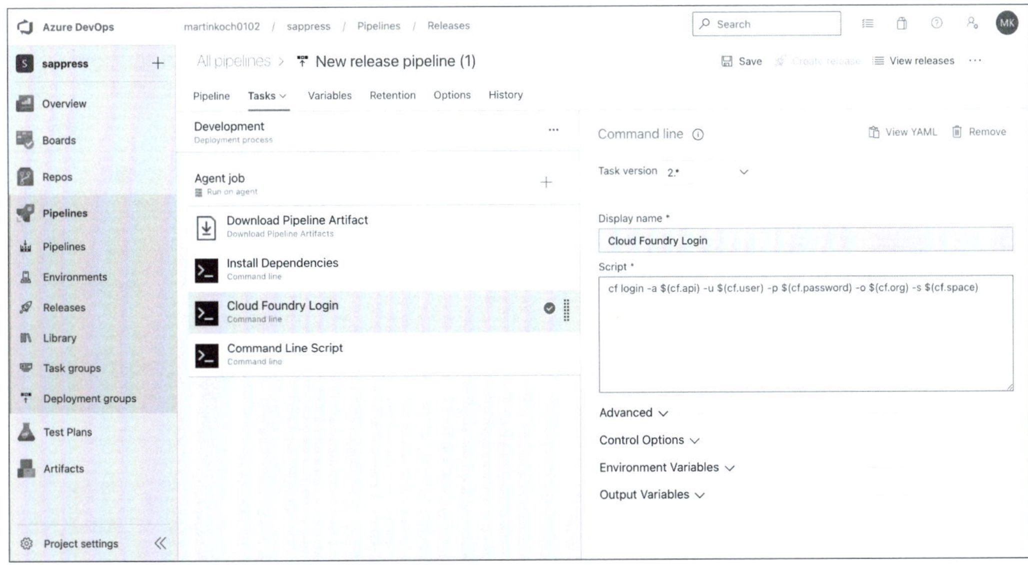

Abbildung 8.62 Cloud-Foundry-Login konfigurieren

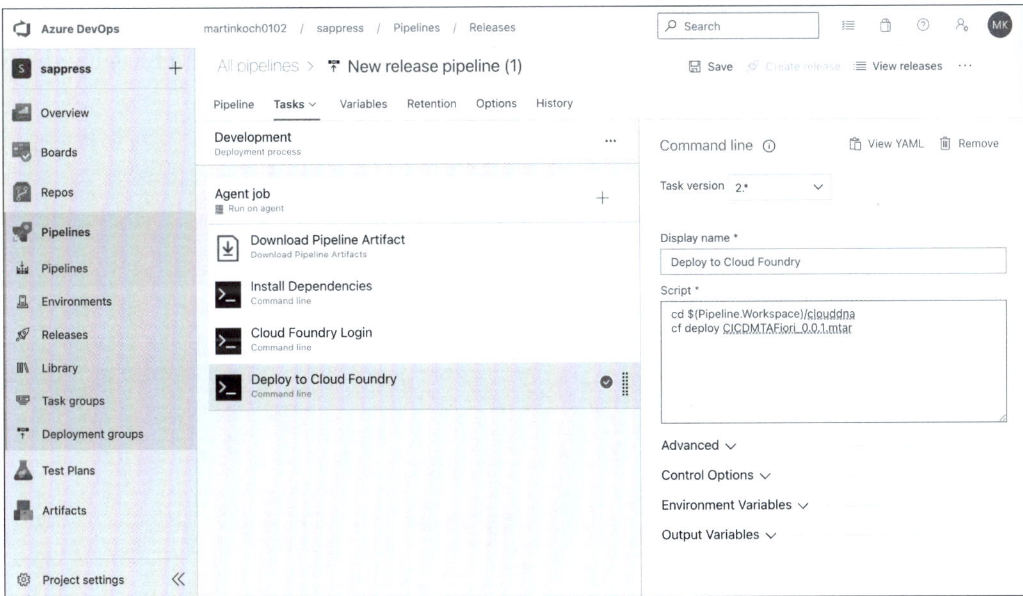

Abbildung 8.63 Deploy-Schritt konfigurieren

Klicken Sie danach auf den Reiter **Variables**, und pflegen Sie die folgenden Variablen (siehe Abbildung 8.64):

- `cf.api` – API-Endpunkt des Cloud-Foundry-Subaccounts
- `cf.org` – Name der Cloud Foundry Organization

- `cf.password` – Passwort des Anmeldebenutzers
- `cf.space` – Space, in dem das Deployment der App stattfinden soll
- `cf.user` – Benutzername des Anmeldebenutzers

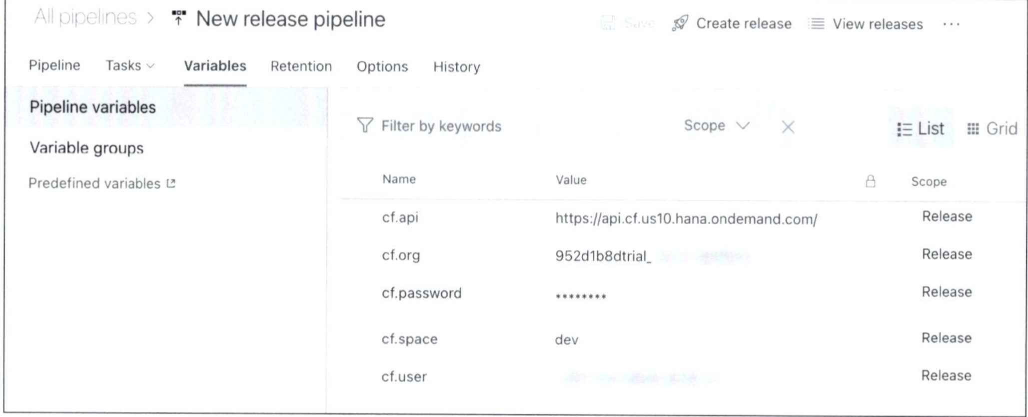

Abbildung 8.64 Variablen pflegen

Damit die Pipeline gestartet werden kann, müssen Sie in der Pipeline auf die hellblau hinterlegte Schaltfläche **Add an Artifact** klicken (siehe Abbildung 8.65).

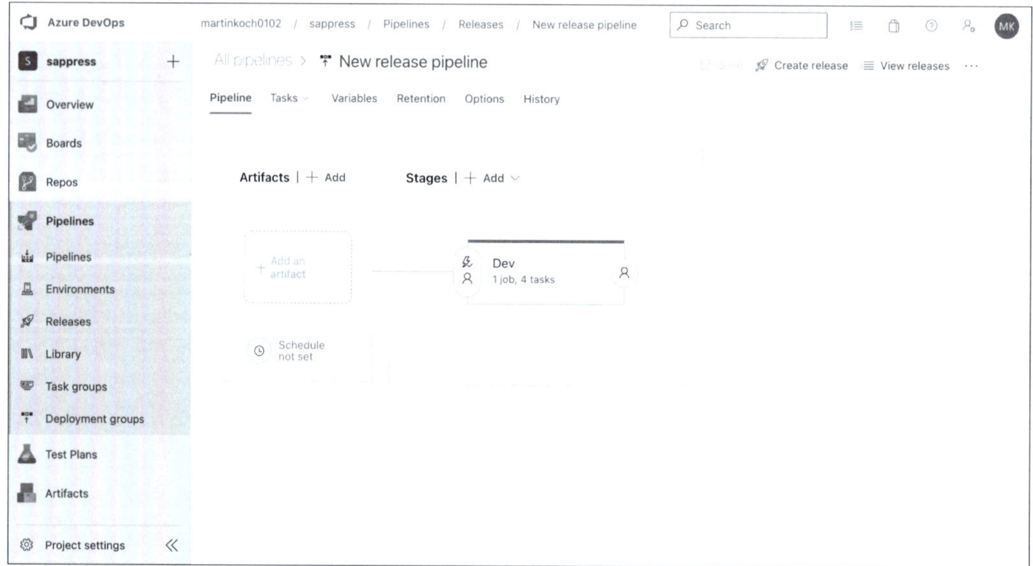

Abbildung 8.65 Artefakt hinzufügen

Wählen Sie im nächsten Schritt als **Source** die zuvor angelegte Build-Pipeline aus, und klicken Sie anschließend auf **Add** (siehe Abbildung 8.66).

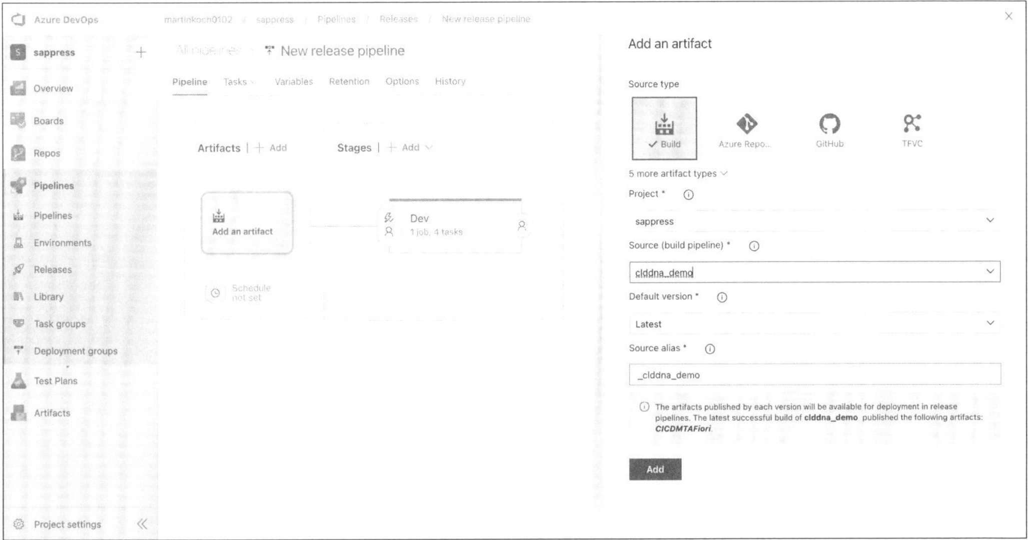

Abbildung 8.66 Artefakt anlegen

Klicken Sie danach auf das Blitzsymbol des Artifacts, und setzen Sie in der rechten Spalte den **Continuous deployment trigger** auf **Enabled** (siehe Abbildung 8.67). Klicken Sie danach oben rechts auf die Schaltfläche Save. Damit ist die Konfiguration der Pipeline abgeschlossen.

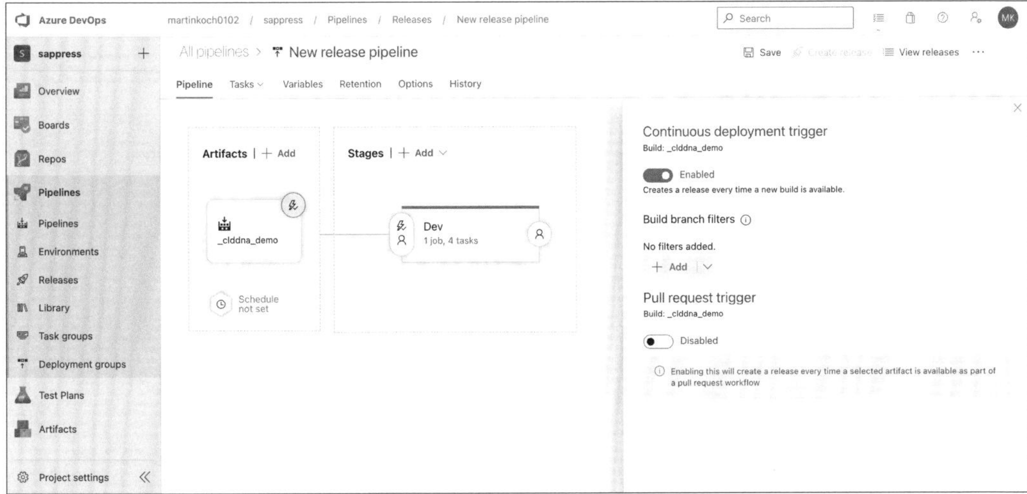

Abbildung 8.67 Trigger konfigurieren

Nun kann der gesamte Prozess getestet werden. Wechseln Sie dazu in die von Ihnen angelegte Pipeline, und klicken Sie auf die Schaltfläche **Run new** (siehe Abbildung 8.68).

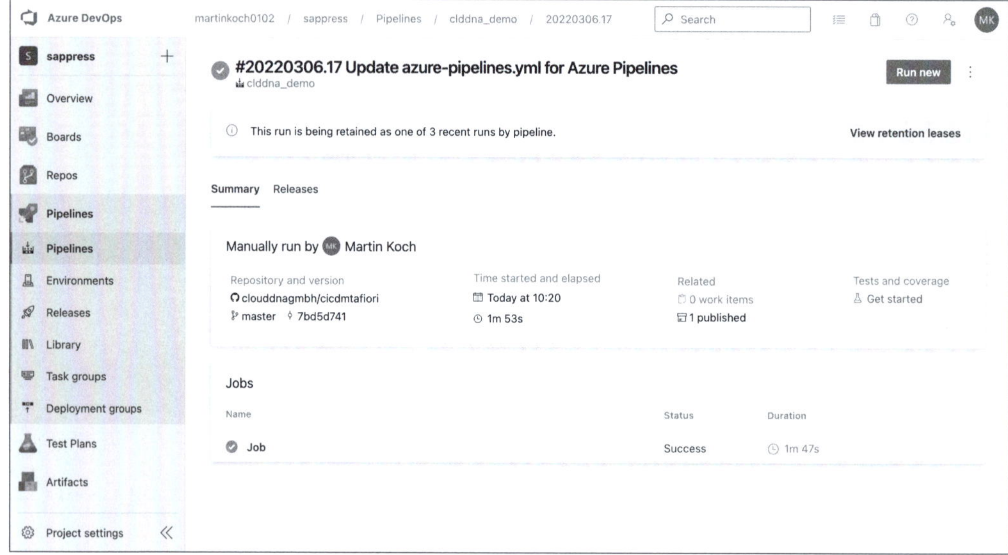

Abbildung 8.68 Übersicht des Pipeline-Jobs

Klicken Sie danach im Bereich **Jobs** auf den gerade getriggerten Job, um die Details einzusehen. Sie sehen nun das Ergebnis des Jobs (siehe Abbildung 8.69).

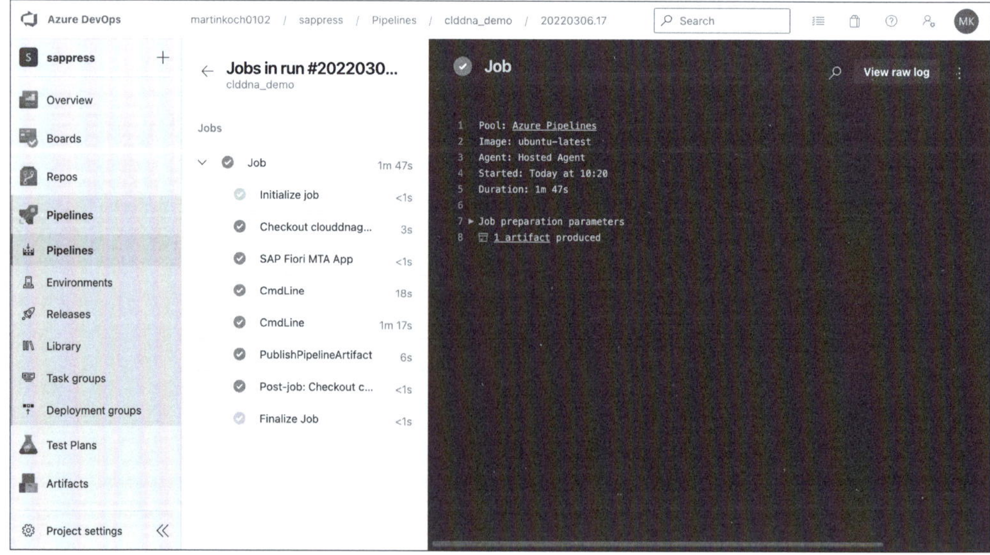

Abbildung 8.69 Pipeline-Ergebnis

Falls der Job erfolgreich ausgeführt wurde, wird die Release-Pipeline gestartet. Wechseln Sie daher in die Release-Pipeline, und klicken Sie im Reiter **Releases** in den zuletzt angelegten Job (siehe Abbildung 8.70).

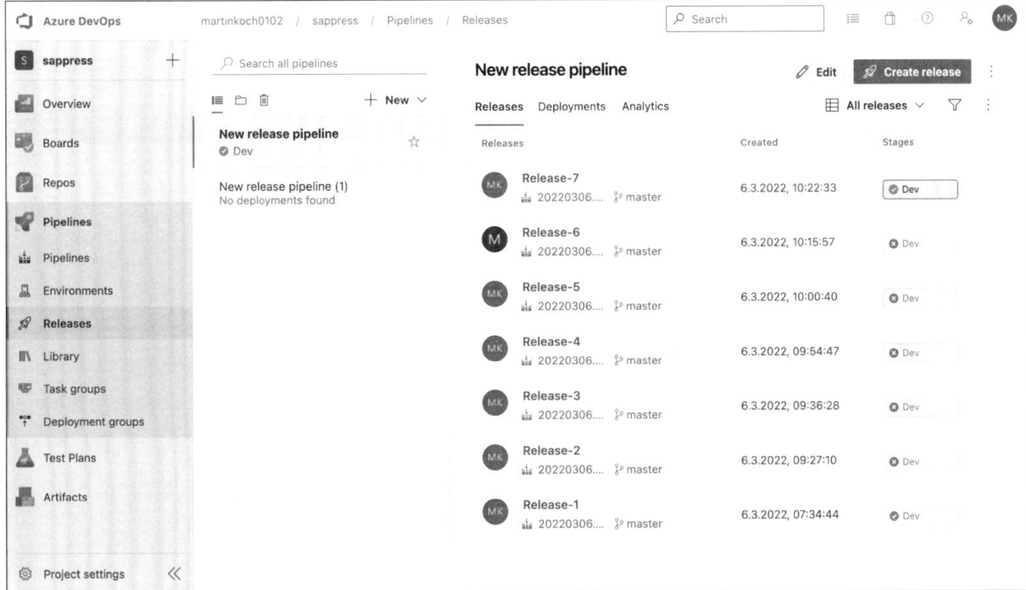

Abbildung 8.70 Übersicht des Release-Pipeline-Jobs

In den Jobdetails können Sie überprüfen, ob alle Schritte erfolgreich durchlaufen wurden (siehe Abbildung 8.71). In unserem Fall zeigen alle Schritte ein grünes Häkchen und den Kommentar **Succeeded**.

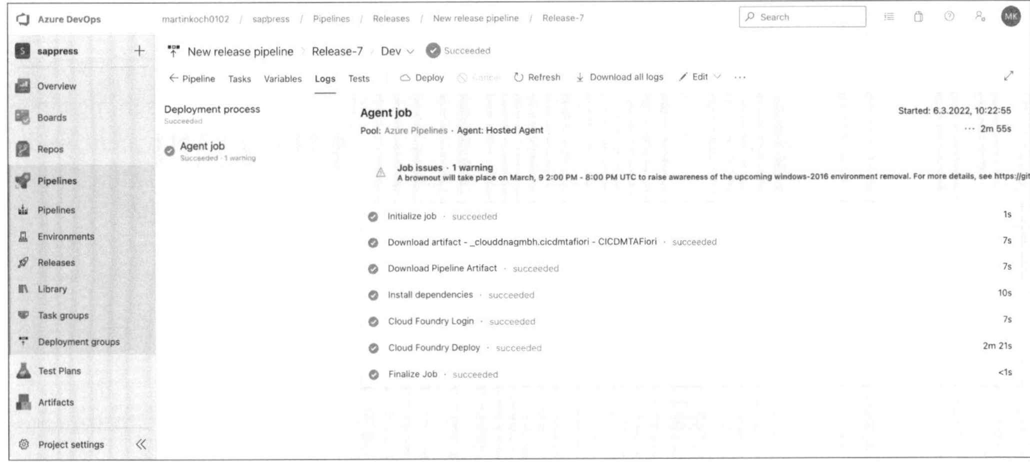

Abbildung 8.71 Ergebnis der Release-Pipeline

Die App sollte nun im Space des Cloud-Foundry-Subaccounts verfügbar sein. Öffnen Sie das SAP BTP Cockpit, und navigieren Sie in den entsprechenden Space. Klicken Sie dort auf die deployte App, und prüfen Sie die Details. Sie sollten eine Application Route sehen, die den Endpunkt der App darstellt (siehe Abbildung 8.72). Über diesen Endpunkt können Sie die App testen.

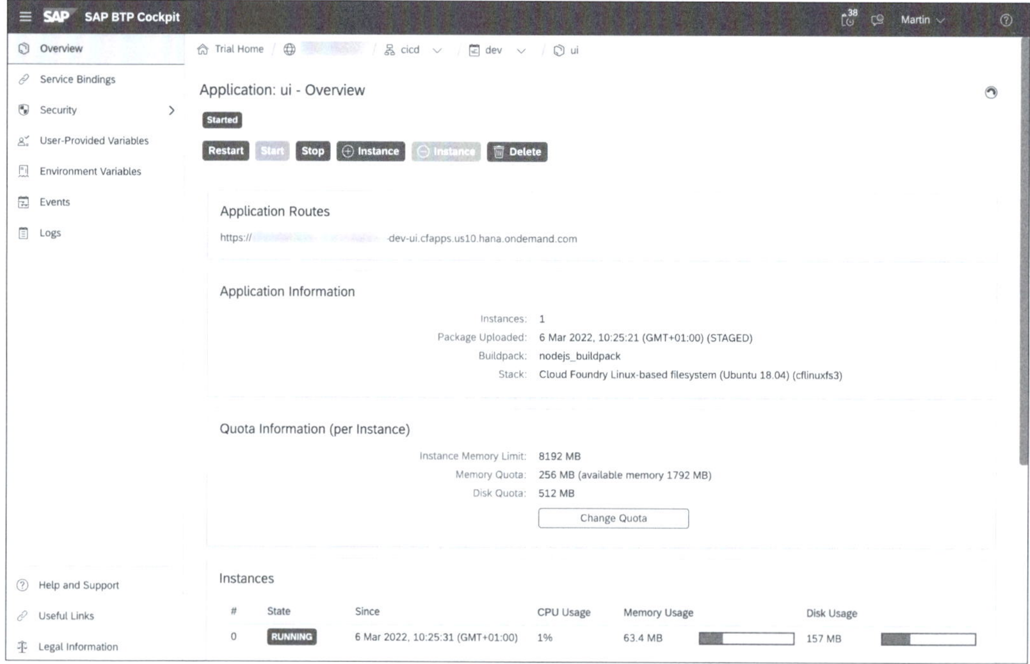

Abbildung 8.72 Deployte App starten

Der CI/CD-Prozess kann in Azure DevOps beliebig erweitert werden. So können Sie beispielsweise nach dem Deployment in die Testumgebung einen manuellen Freigabeschritt einfügen und danach das Deployment in die produktive Umgebung anstoßen. Azure DevOps bietet Ihnen dadurch mehr Flexibilität als der Service SAP Continuous Integration and Delivery.

8.4 Zusammenfassung

In diesem Kapitel haben Sie einen umfassenden Überblick über die Anforderungen und Herausforderungen von DevOps und Softwarelogistik in modernen SAP-Cloud-Landschaften erhalten.

Um die Thematik besser verstehen zu können, wurden die Vorteile des seit Jahrzehnten bewährten SAP Change und Transport Managements erklärt. Danach haben Sie einen technologie-agnostischen Überblick über die Continuous-Integration-, Continuous-Delivery- und Continuous-Deployment-Phasen in DevOps erhalten. Im nächsten Schritt wurde gezeigt, wie sich eine CI/CD-Pipeline mit dem Service SAP Continuous Integration and Delivery auf der SAP BTP abbilden lässt. Im Zuge dessen wurden die verschiedenen Pipelines vorgestellt. Da sich DevOps und CI/CD/CD auch außerhalb der SAP BTP umsetzen lässt, wurde in der weiteren Folge auf Apache Jenkins mit dem Project Piper sowie auf Microsoft Azure DevOps eingegangen.

Anhang A
Die wichtigsten Git-Befehle

Dieser Anhang enthält ein Nachschlagwerk der wichtigsten Git-Befehle. Diese Befehle finden Sie über alle Kapitel hinweg, wobei an diesen Stellen die Befehle meist ausführlich beschrieben werden.

[+]

Optionen anzeigen lassen

In der Kommandozeile können Sie sich mit dem Befehl `--help` zu jedem Befehl eine genaue Beschreibung mit all dessen Optionen und wichtigen Eigenschaften anzeigen lassen.

- **`git`**
  Alle weiteren Befehle bezüglich Git starten mit diesem Befehl.

  Beispiel: `git --version`
- **`git config`**
  Mit `git config` legen sie Konfigurationen global, systemweit oder lokal (pro Repository) fest.

  Beispiel: `git config --global init.defaultBranch main`
- **`git init`**
  Mit diesem Befehl erstellen Sie ein neues, lokales Repository. Wichtig ist, dass das Repository in dem Verzeichnis initialisiert wird, in dem Sie gerade mit der Kommandozeile stehen.
- **`git remote add`**
  Dieser Befehl wird verwendet, um ein lokales Repository mit einem Remote-Repository zu verknüpfen.

  Beispiel: `git remote add origin https://github.com/clouddnagmbh/git-und-sap`
- **`git clone`**
  Damit ein erstelltes Remote-Repository geklont und als lokales Repository am eigenen Rechner abgelegt werden kann, müssen Sie diesen Befehl ausführen. Die Verknüpfung zwischen lokalem Repository und Remote-Repository wird hier automatisch durchgeführt.

  Beispiel: `git clone https://github.com/clouddnagmbh/git-und-sap`

- **`git add`**
  Mit diesem Befehl bringen Sie entweder ausgewählte oder alle offenen Änderungen in die Staging Area. Die Staging Area enthält alle Änderungen, die im nächsten Schritt zu einem Commit verpackt werden.
  Beispiel: `git add .`
- **`git rm`**
  Um Dateien wieder aus der Staging Area zu entfernen, müssen Sie bei diesem Befehl den entsprechenden Pfad angeben (Datei, Verzeichnis, Platzhalter, ...).
  Beispiel: `git rm --chached datei.txt`
- **`git restore`**
  Mit diesem Befehl können Sie Änderungen in einer Datei verwerfen.
  Beispiel: `git restore datei.txt`
- **`git commit`**
  Die Änderungen, die sich in der Staging Area befinden, können mit diesem Befehl zu einem Commit verpackt werden.
  Beispiel: `git commit -m "Initial commit"`
- **`git fetch`**
  Dieser Befehl bewirkt das Prüfen und Herunterladen der Änderungen, die sich seit dem letzten Fetch auf bestimmten Remote-Repositorys und/oder Remote-Branches ergeben haben.
- **`git merge`**
  Dieser Befehl dient dazu, Entwicklungsstränge beziehungsweise Branches zusammenzuführen. Viele Optionen bezüglich Merge-Commit-Erstellung, Abbruch und vielem mehr sind möglich.
  Beispiel: `git merge feature`
- **`git pull`**
  Dieser Befehl vereint zwei andere Befehle: Hierbei werden `git fetch` und `git merge` oder `git rebase` nacheinander ausgeführt. Viele weitere Optionen bezüglich Ziel-Repositorys, Ziel-Branches, Zusammenführung, Strategie, und vielem mehr können mit angegeben werden.
- **`git checkout`**
  Dieser Befehl setzt den Zeiger `HEAD` auf eine bestimmte Position. Die Position erfolgt über eine Parameterangabe und kann eine Datei, einen Commit oder einen Branch beinhalten.
  Beispiel: `git checkout feature`

- **git rebase**
  Dieser Befehl stellt neben `git merge` eine zweite Variante des Zusammenführens dar. Hierbei wird ein Strang mit all seinen Commits in einen anderen integriert.

  Beispiel: `git rebase main`
- **git push**
  Mit diesem Befehl werden alle Commits, die sich seit dem letzten Push ergeben haben, in ein bestimmtes Remote-Repository und/oder in einen bestimmten Remote-Branch geschoben. Mit weiteren Optionen können Ziel-Repository, Ziel-Branch und vieles mehr mitgegeben werden.
- **git branch**
  Mit diesem Befehl erstellen Sie u. a. einen Branch. Viele weitere Optionen für das Löschen, Verschieben, Auflisten und für vieles mehr sind bei diesem Befehl möglich.

  Beispiel: `git branch feature`
- **git log**
  Dieser Befehl zeigt die Historie mit all den für den aktuell ausgewählten Strang sichtbaren Commits an. Des Weiteren werden die jeweiligen Zeiger angezeigt. Mit weiteren Optionen kann die Ausgabe verfeinert und anders visualisiert werden.

  Beispiel: `git log --graph`
- **git show**
  Dieser Befehl zeigt die Details von einer Anzahl an Objekten (z. B. von einem Commit), die als Parameter mitgegeben werden können. Weitere Optionen definieren die Ausgabeform, die Formatierung und vieles mehr.

  Beispiel: `git show ef9cf84`
- **git diff**
  Dieser Befehl zeigt Details zu Unterschieden von Objekten, wie z. B. Commits. Hierbei kann die Ausgabeform, Granularität und vieles mehr durch Optionen gesteuert werden.

  Beispiel: `git diff ef9cf84 26469cc`
- **git tag**
  Dieser Befehl erstellt ein Tag-Objekt. Tags werden verwendet, um bestimmte Stellen in einem Repository zu markieren. Mit weiteren Optionen können Sie Tags auflisten, löschen und vieles mehr.

  Beispiel: `git tag -a v1.0.0`

- **`git cherry-pick`**
  Mit diesem Befehl führen Sie eine gewisse Spezialform von Rebase durch. Hierbei werden ein oder mehrere Commits ausgewählt und an einen bestimmten Branch angehängt.

  Beispiel: `git cherry-pick 1249bb9`
- **`git stash`**
  Um Änderungen zwischenzuspeichern, ohne dass diese in der Staging Area landen oder zurückgesetzt werden müssen, können Sie diesen Befehl durchführen.
- **`git stash pop`**
  Mit diesem Befehl können Sie die Änderungen wieder aus dem Stash holen.
- **`git stash apply`**
  Dieser Befehl kopiert die Änderungen aus dem Stash heraus.
- **`git blame`**
  Mit diesem Befehl können Sie eine Datei genauer unter die Lupe nehmen. Es werden die einzelnen Zeilen mit Zeitstempel, Autor und Inhalt angezeigt.

  Beispiel: `git blame datei.txt`
- **`git switch`**
  Das Wechseln zwischen Branches ist nicht nur mit `git checkout` möglich, sondern auch mit diesem Befehl. Dabei können Sie den Namen des gewünschten Branch angeben. Auch das Erstellen eines neuen Branch, ausgehend von einem älteren Commit, ist mit diesem Befehl unter der Nutzung der richtigen Optionen möglich.

  Beispiel: `git switch feature`
- **`git revert`**
  Mit diesem Befehl können Sie einzelne Commits umkehren. In einem neuen Commit wird das Umkehren dokumentiert.
- **`git reset`**
  Mit diesem Befehl werden Änderungen gänzlich zurückgesetzt. Mit den entsprechenden Optionen können Sie zwischen mehreren Verfahren für die Zurücksetzung wählen.

Die Autoren

Rene Glavanovits ist SAP Consultant und Entwickler bei der CloudDNA GmbH. Er ist spezialisiert auf die neuesten SAP-Technologien, insbesondere auf die Entwicklung von Full-Stack-Applikationen mit SAP Fiori, SAPUI5, OData, CDS und dem SAP Cloud Application Programming Model. Daneben beschäftigt er sich mit SAP Cloud Integration. Die ersten Erfahrungen mit SAP machte Rene Glavanovits bereits im Zuge seiner Ausbildung. Das Erlernte setzte er bei Kunden verschiedenster Branchen und Größen immer wieder erfolgreich in die Praxis um. Neben den Entwicklungen im SAP-Umfeld wendet er sein Können in diversen Java- oder anderen Webentwicklungen an.

Martin Koch ist Managing Director der CloudDNA GmbH, einem SAP-Partner in Österreich. Er und sein Team führen für SAP sehr erfolgreich Trainings durch und haben vier eigene Trainings zu den Themen SAPUI5, SAP Fiori, Cloud-Integration und Cloud Security entwickelt, die im SAP-Trainingskatalog gelistet sind. Neben seiner Tätigkeit als Trainer ist Martin Koch als Architekt, Berater und Entwickler bei internationalen SAP-Kunden aller Unternehmensgrößen im Einsatz. Er ist ursprünglich ausgebildeter Linienpilot und Fluglotse und über Umwege 2007 in einem Trainee-Programm bei SAP Österreich gelandet. Dort beschäftigte er sich zunächst mit den Themen Integration und SAP NetWeaver Application Server Java. Ab 2010 rückten mobile Applikationen im SAP-Umfeld in seinen Fokus. Nach einigen Projekten zur Architektur, Sicherheit und Entwicklung mobiler Lösungen widmete sich Martin Koch ab 2012 schwerpunktmäßig SAP HANA, SAPUI5, SAP Fiori und der SAP Business Technology Platform.

Daniel Krancz ist Softwareentwickler und Berater bei der CloudDNA GmbH. Bereits während seiner Ausbildung kam er mit SAP in Berührung, weshalb er sich auf die neuesten SAP-Technologien spezialisierte, insbesondere auf Full-Stack-Entwicklungen mit SAPUI5, SAP Fiori, OData, dem SAP Cloud Application Programming Model sowie auf den Bereich Mobile. Auf diesen Gebieten unterstützt er SAP-Kunden aller Unternehmensgrößen und Branchen. Abseits von SAP stellt er seine Kompetenzen in Java- und Angular-Projekten stetig unter Beweis. Seit 2019 ist Daniel Krancz als externer Trainer bei SAP gelistet und hält internationale Kurse und Workshops im User-Experience-Umfeld ab. Dafür wurde er 2020 zu einem der jüngsten SAP Authorized Trainer ernannt.

Maximilian Olzinger ist Software Developer und Consultant bei der CloudDNA GmbH. Als SAP Certified Development Associate wickelt er Projekte für Unternehmen aller Branchen mit großem Erfolg ab. Er hält darüber hinaus Trainings in den Bereichen SAP Fiori, ABAP und Webentwicklung und hat mehrere SAP-Standardtrainings im Umfeld von SAP Fiori entwickelt. Erste Berührungspunkte mit den SAP-Technologien hatte Maximilian Olzinger bereits während seiner Ausbildung an der HTL Pinkafeld. Anschließend vertiefte er dieses Wissen bei der CloudDNA GmbH und wählte die Schwerpunkte SAP Fiori, SAPUI5, ABAP und OData. Neben den Tätigkeiten im SAP-Umfeld ist er dort als Experte für diverse Web-Frameworks wie Angular tätig.

Index

.gitignore ... 55, 79, 150

A

ABAP ... 178
ABAP Development Tools ... 29, 207
  Berechtigung ... 211
abapGit ... 29, 177
  Commit ... 193
  Developer ... 190
  Programm anlegen ... 181
  Staging Area ... 196, 215
  Standalone ... 190
  Versionen ... 181
abapGit Repositories ADT Plug-In ... 177, 212
abapGit Staging ... 215
ABAP-Objekt ... 196
ABAP-Perspektive ... 210
ABAP RESTful Application Programming Model ... 19
ABAP Workbench ... 28
Acceptance Stage ... 298
Active Directory ... 47
Administrator ... 112
ADT-Backend ... 211
ADT → ABAP Development Tools
Agile Entwicklung ... 40
Agiles Manifest ... 40
Angular ... 122
Ansible ... 282
Apache Jenkins ... 311
API-Key ... 77
Applikationsdeskriptor ... 302
App-Store ... 284
Atlassian ... 106
Azure DevOps ... 311
Azure DevOps Server ... 107
Azure Repos ... 105

B

Basic Authentication ... 309
Berechtigung ... 112
Berechtigungssystem ... 22
Bitbucket ... 105, 129, 134
  Bitbucket Data Center ... 131
Bitbucket (Forts.)
  Bitbucket Server ... 107
BitKeeper ... 18
Blame ... 101
Bookmarks ... 25
Branch ... 21, 51, 155
Branching-Konzept ... 198
Branch-Mapping ... 22
Build ... 272, 275
  lokaler ... 276
  zentraler ... 279

C

CALMS ... 39
CDS ... 29
Change and Transport System ... 29
Changesets ... 25
Checkout ... 68
Chef Infra ... 282
Cherry-Pick ... 100
CI/CD ... 35, 130, 136
CI/CD-Pipeline ... 39
CLI → Command Line Interface
Clone ... 57
Cloud Connector ... 140–141, 144
Cloud-Deployment ... 104
Cloud-first ... 104
Cloud Foundry ... 33, 296
Cloud Foundry Organization ... 309
Cloud Foundry Space ... 309
Cloud-Foundry-Umgebung ... 258
Cloud MTA Build Tool ... 315
Cloud-only ... 104
Codeprüfung, statische ... 280
Code Review ... 130
Collaborative Coding ... 122
Command Line Interface ... 70
Commit ... 21, 23, 54, 56, 188, 202
Commit-Nachricht ... 156
Concurrent Versions System ... 23
Container ... 296
Continuous Delivery ... 43, 273
Continuous Deployment ... 43
Continuous-Deployment-Pipeline ... 272
Continuous Feedback ... 43
Continuous Integration ... 43, 276

Continuous-Integration-Server 31
Continuous Integration und Continuous Delivery 35
Core Data Services 29
Credential 291
Credentials Store 291
CTS+ 275
CTS → Change and Transport System

D

Datenbank 219
SAP HANA 219
Dependency Scanning 135
Design Time Repository 32
Developer 112, 178
DevOps 38, 135, 275
DevOps-Pipeline 41
DevOps-Plattform 134
Dev Space 258
Dreisystemlandschaft 52

E

Eclipse 177, 207
Eclipse Theia 258
Enterprise Cloud 124
Enterprise Mobility Management 284
Entitlement 285
Entwicklungs-Branch 220
Entwicklungspaket 179

F

Fast-forward Merge 60
Fastlane 284
Feature-Branch 221
Fetch 59, 93
Folder Logic 192
Fork 50
Freigabe 273
Full-Stack-Entwicklung 218

G

Garbage Collector 113
gCTS 30, 274
Git 177
Git Bash 70
Git-Befehle 331
Gitea 107
Git-enabled Change and Transport System 274
Git History 159, 257, 262
GitHub 18, 104, 121, 178, 292
GitHub Desktop 123–124
GitHub Enterprise Server 124
Git-Installation 71
GitLab 18, 105, 134
GitLens 166, 229
GitOps 44
Git Pane 152, 246
Branch erstellen 255
Git-Repository → Repository
Git SVN 24
Gogs 107
Gradle 276

H

HEAD 81
Historie 76
HTML5 113

I

IDE 160
Identity Provider 115
Integration Manager 27, 48
Integrationstest 280
IP Whitelisting 132

J

Job 275

K

Klonen 119
Komponententest 280
Konflikt 95, 266
beheben 98
Resolve Conflicts 158
Konflikthinweis 97
Kubernetes 296
Kyma 296

L

LDAP 110
Lebenszyklus 54

Lint ... 298
Lizenz ... 116

M

Main-Branch ... 276
Maven ... 276, 298
Mercurial ... 25, 130
Merge ... 21, 60, 83, 226
Merge-Commit ... 60
Merge vs. Rebase ... 228
MTA → Multi-Target Application
Multi-Target Application ... 34, 242, 298, 302
Multitenancy ... 285

N

Namensraum ... 180
Neo-Umgebung ... 110, 296, 301
node.js ... 219
Node Package Manager → npm
npm ... 276, 298

O

OAuth ... 302
Object Serializer ... 180
On-Premise-Deployment ... 104
On-Premise-Repository ... 107
OpenID ... 131
Open Source ... 180
OpenUI5 ... 122

P

Package ... 192
Perforce ... 21
Pipeline ... 275, 296
Postgres ... 219
Projekt Piper ... 311
Proxy ... 187
Publish-Branch ... 173
Pull ... 21, 63, 93, 204
Pull Request ... 50, 169
Puppet ... 282
Push ... 21, 62, 92
Push Request ... 169
Python ... 35

R

Raspberry Pi ... 108
React ... 122
Rebase ... 64, 90, 226
Remote-Branch ... 156
Repository ... 21, 107
Blessed Repository ... 48
Browser ... 114
klonen ... 27
löschen ... 205
on-premise ... 107
Remote-Repository ... 162
Shared Repository ... 48
Reset ... 102, 165
Revert ... 102
Role Collection ... 288

S

SAML 2.0 ... 131
SAP BTP Cockpit ... 111
SAP BTP Neo ... 112
SAP BTP → SAP Business Technology Platform
SAP Business Application Studio 34, 160, 218, 220, 258
Branch anlegen ... 223
Branches zusammenführen ... 227
Commit ... 260
Git History ... 165, 226
lokales Repository anlegen ... 161
lokales Repository initialisieren ... 222
Merge-Konflikt ... 163
Project Explorer ... 261
Remote-Branch erstellen ... 221
Remote-Repository anlegen ... 162
Repository initialisieren ... 160
SAP Business Technology Platform ... 35
SAP Change and Transport Management ... 274
SAP Change and Transport System ... 272
SAP Cloud Application Programming Model ... 19, 217, 296–297
Einbindung in SAP Business Application Studio ... 220
Einbindung in Visual Studio Code 230
Einsatzszenarien ... 219
SAP Code Inspector ... 273
SAP Continuous Integration and Delivery ... 285

SAP Fiori ... 35
SAP-Fiori-App ... 274
SAP Git Service ... 110, 116
SAP HANA ... 207, 241
SAP HANA Web-based Development Workbench ... 33
SAP HANA XS Advanced ... 33–34, 241
SAP HANA XS Classic ... 34
SAP Integration Suite ... 296
SAP NetWeaver ... 207, 211
SAP NetWeaver Developer Studio ... 32
SAP NetWeaver Development Infrastructure ... 28, 32
SAP S/4HANA Cloud ... 219
SAP Store ... 284
SAP Transport Management ... 272
SAPUI5 ... 19, 35
SAPUI5-Entwicklung ... 149
Einbindung in die SAP Web IDE ... 152
Einbindung in SAP Business Application Studio ... 160
Einbindung in Visual Studio Code 169
SAP Universal ID ... 116
SAP Web IDE ... 152
Commit ... 246
Einstellungen ... 248
Konflikte lösen ... 253
lokales Repository anlegen ... 153
Project Explorer ... 246
Remote-Repository anlegen ... 153
Remote-Repository setzen ... 244
SAP Web IDE für SAP HANA ... 33, 242
Security Token ... 128
SourceForge ... 105
Sourcetree ... 132
Spring ... 219
SSL-Konfiguration ... 182
SSL-Zertifikat ... 184
Stage ... 275
Staging ... 25
Staging Area ... 54, 74
Standalone ... 178
Stash ... 101
Stashing ... 101
Step ... 275
Subversion ... 17, 24, 313
Support User ... 112
Switch ... 101
System, zentralisiertes ... 19
Systemtest ... 280
Szenariotest ... 280

T

Tagging ... 99
Tags ... 99
Testphase ... 273
Three-Way-Merge ... 60
Token-basierte Authentifizierung ... 127
Transaktion
SE80 ... 274
STRUST ... 185
ZABAPGIT ... 184
Transport ... 29
Transportauftrag ... 205, 272
Transportwesen ... 179

U

UI5 Tooling ... 122
UI5 Web Components ... 122
Unit-Test ... 280

V

Value Stream Management ... 136
Versionskontrolle ... 17
Versionsverwaltung ... 19
CVS ... 23
Grundbegriffe ... 21
Mercurial ... 25
Perforce ... 21
Subversion ... 24
Visual Studio Code ... 34, 169, 218, 230
Branch anlegen ... 231
Branches zusammenführen ... 237
Branch wechseln ... 237
Voter Build ... 281
VPN ... 110
Vue.js ... 122

W

Webhook ... 123, 292–293
Workflow ... 26
Dictator and Lieutenants Workflow 49
Integration Manager Workflow 27, 48
Subversion-Style Workflow ... 48
verteilter ... 47
zentralisierter ... 26, 48

- Git effektiv nutzen und sicher administrieren
- Features von GitHub und GitLab einsetzen
- Best Practices & Workflows für eigene Repositorys

Bernd Öggl, Michael Kofler

Git

Projektverwaltung für Entwickler und DevOps-Teams

Git gehört zum unverzichtbaren Handwerkszeug aller IT-Profis und darf in keiner Toolbox fehlen. Ob Sie Konfigurationsdateien versionieren wollen, an Open-Source-Projekten mitarbeiten oder im Team komplexe Anwendungen entwickeln: Git sorgt dafür, dass Sie den Überblick behalten. Daher lernen Sie hier nicht nur, wie Sie Änderungen einchecken und fremde Repositorien klonen, sondern erfahren, wie Git Ihnen den Arbeitsalltag leichter macht. Schnelleinstieg mit Praxistipps und Kommandoreferenz inklusive.

423 Seiten, gebunden, 39,90 Euro
ISBN 978-3-8362-8845-3
2. Auflage 2022
www.rheinwerk-verlag.de/5478

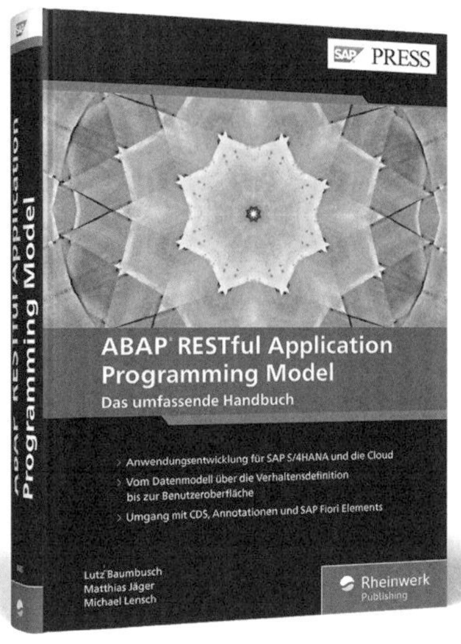

- Anwendungsentwicklung für SAP S/4HANA und die Cloud
- Vom Datenmodell über die Verhaltensdefinition bis zur Benutzeroberfläche
- Umgang mit CDS, Annotationen und SAP Fiori Elements

Lutz Baumbusch, Matthias Jäger, Michael Lensch

ABAP RESTful Application Programming Model

Das umfassende Handbuch

SAP hat die ABAP-Entwicklung revolutioniert! Erfahren Sie, wie Sie mit Core Data Services, Behavior Definitions und UI-Annotationen Anwendungen entwickeln, die für SAP S/4HANA optimiert sind – egal, ob on-premise oder in der Cloud. Die Autoren führen Sie in die neuen Entwicklungstools und -technologien ein und zeigen Ihnen in End-to-End-Beispielen das Vorgehen in Projekten.

558 Seiten, gebunden, 79,90 Euro
ISBN 978-3-8362-8685-5
erschienen April 2022
www.sap-press.de/5412

Jetzt als Buch, E-Book und Bundle: www.sap-press.de

- SAP-Geschäftsanwendungen und Erweiterungen für SAP S/4HANA
- Durchgängiges Beispiel für die Anwendung von CAP
- Von der lokalen Entwicklung bis zum Deployment auf der SAP Cloud Platform

Dr. Klaus Kopecz

Anwendungsentwicklung auf der SAP Cloud Platform

Das SAP Cloud Application Programming Model

Ob Erweiterungen für SAP-Cloud-Lösungen oder eigenständige Anwendungen auf der SAP Cloud Platform (SAP BTP) – dieses Buch macht Ihnen die Entwicklung leicht! Klaus Kopecz zeigt Ihnen, wie Sie mit dem SAP Cloud Application Programming Model im Handumdrehen Ihre erste eigene Cloud-Anwendung erstellen. Von der Anlage des Daten- und Servicemodells bis zur produktiven Anwendung werden Sie durch alle erforderlichen Schritte geführt.

423 Seiten, gebunden, 79,90 Euro
ISBN 978-3-8362-7651-1
erschienen November 2020
www.sap-press.de/5110

- Clean Code für ABAP-Programme
- Praktische Beispiele für Klassen, Methoden, Interfaces, Tabellen und Variablen
- Namenskonventionen, Formatierung, Kommentare u. v. m.

Klaus Haeuptle et al.

Clean ABAP

Lesbarer und wartbarer ABAP-Code

Schluss mit Spaghetticode und unleserlichen ABAP-Programmen! Dieses Begleitbuch zum Repository »Clean ABAP« auf GitHub zeigt Ihnen, wie Sie intuitiv verständlichen und leicht zu wartenden Code schreiben. Gespickt mit Best Practices zu Namenskonventionen, Kommentaren und Formatierungen, ist dieser Leitfaden unverzichtbar für den Programmieralltag und dient als offizielle Programmierrichtlinie für SAP S/4HANA.

398 Seiten, gebunden, 79,90 Euro
ISBN 978-3-8362-8659-6
erschienen Januar 2022
www.sap-press.de/5403

Das gesamte Buchprogramm: www.sap-press.de